本书为国家社科基金一般项目
"原始儒家道德哲学之建构研究"（11BZX065）最终成果

生活与思想的互动
——原始儒家道德哲学之建构研究

The Interaction Between Life and Thought:
A Study of The Construction
of Primitive Confucian Moral Philosophy

张继军／著

目 录
CONTENTS

绪 论 ·· 001
  一 原始儒家道德哲学建构的一般途径 ············· 004
  二 原始儒家道德哲学发展的思想理路 ············· 013

上篇 先秦时期道德生活的形成与展开

第一章 殷商及之前道德生活的萌芽 ················ 025
  一 禁忌与社会秩序 ································· 027
  二 崇拜与道德情感 ································· 048

第二章 西周时期道德生活的发展与道德观念的产生 ····· 066
  一 西周时期道德生活发展与道德观念产生的
     社会背景 ······································· 067
  二 西周时期"德"观念的产生与初步发展 ········· 086
  三 西周时期的礼俗与"礼"观念 ················· 098
  四 西周时期的"孝"观念 ······················· 116

第三章 春秋战国时期的社会生活与道德观念 ········ 133
  一 春秋战国时期的社会生活 ······················ 133
  二 春秋战国时期的家庭生活与孝慈观念 ·········· 149
  三 春秋战国时期的政治生活与忠信观念 ·········· 164
  四 春秋战国时期的婚姻生活与贞节观念 ·········· 184

下篇　原始儒家道德哲学的建构

第四章　原始儒家道德哲学产生的思想背景 …………… 201
  一　礼乐文明与儒家思想 …………………………… 201
  二　"六经"与儒家思想 …………………………… 215
  三　春秋文化与儒家思想 …………………………… 230

第五章　原始儒家道德形而上学的建构 ………………… 243
  一　天道与道德形而上学 …………………………… 243
  二　人性与道德形而上学 …………………………… 267

第六章　仁义与道德价值 ………………………………… 307
  一　善恶的道德评价 ………………………………… 307
  二　孔子与"仁者爱人" …………………………… 318
  三　孟子与"居仁由义" …………………………… 339
  四　荀子与"行义以礼" …………………………… 363

第七章　修养与道德人格 ………………………………… 386
  一　礼乐与道德教化 ………………………………… 386
  二　工夫与道德修养 ………………………………… 406
  三　圣人与道德人格 ………………………………… 439

第八章　王霸之辨与政治实践 …………………………… 443
  一　"民之所欲，天必从之" ……………………… 443
  二　"富而后教" …………………………………… 451
  三　德治、仁政与王霸之辨 ………………………… 457

余　论 ……………………………………………………… 468

参考文献 …………………………………………………… 469

绪　论

在西方，苏格拉底往往被视为道德哲学的开创者，"被赋予了道德哲学、伦理学的真正创立者的角色"①。黑格尔认为，苏格拉底以通俗的方式开创了道德哲学，"在古代哲学史中，苏格拉底的特出贡献，就是他建立了一个新的概念，亦即他把伦理学加进了哲学"，因此，"细说起来，苏格拉底的学说是道地的道德学说"。黑格尔得出这样的结论，主要是基于他对道德与伦理及其关系的理解②，在黑格尔看来，"伦理之为伦理，更在于这个自在自为的善为人所认识，为人所实行"；相对于伦理而言，道德及其哲学则

---

① T. W. 阿多诺：《道德哲学的问题》，谢地坤、王彤译，谢地坤校，人民出版社，2007年，第223页。
② 关于道德与伦理的关系，当代学者多有论述。黑格尔在《精神现象学》和《法哲学原理》等著作中，对于道德与伦理及其关系的理解展现了两种不同的倾向。先刚教授认为，"黑格尔在《精神现象学》里面认为'道德'是一个比'伦理'更高级的精神形态，然而在《法哲学原理》里面又把'伦理'放在一个比'道德'更高的阶段"，经过对于黑格尔对这两个概念的阐释及两个概念在不同文本中的定位的分析，"从存在的角度看，'伦理'高于'道德'，而从认识的角度看，'道德'高于'伦理'"［先刚：《试析黑格尔哲学中的"道德"和"伦理"问题》，《北京大学学报》（哲学社会科学版）2015年第6期］。邓晓芒教授认为，黑格尔在《精神现象学》和《法哲学原理》中对于伦理与道德及其关系的理解，"关键的区别就在于伦理和道德关系的颠倒。《精神现象学》作为'意识经验的科学'从时间上把伦理安排在道德觉醒之前；而《法哲学原理》则按照逻辑把伦理放在道德之后，伦理被说成是用道德来理解抽象法的结果"，在对康德哲学批判的基础上，黑格尔"把伦理看作因其具有现实性而凌驾于道德之上的最高理念"（邓晓芒：《黑格尔论道德与伦理的关系》，《哲学分析》2021年第3期）。

体现了人类对于社会生活，尤其是伦理生活的自觉、理性的反思，"道德的主要环节是我的识见，我的意图；在这里，主观的方面，我对于善的意见，是压倒一切的。道德学的意义，就是主体由自己自由地建立起善、伦理、公正等规定"。因此，只有经过理性反思的伦理生活才能被称为真正的"道德"，"道德将反思与伦理结合，它要去认识这是善的，那是不善的。伦理是朴素的，与反思相结合的伦理才是道德"①。这里所说的"伦理"实际上指的是伦理生活或道德习俗，亦有学者将其视为"客观伦理中的风俗礼教"②。本书对于道德哲学的使用正是基于黑格尔的这种理解。

与苏格拉底同一时代，在世界另一端的华夏大地，道德、道德生活和道德哲学也正在历史地渐次展开，正在为世界文明，尤其是世界的道德文明书写着灿烂的思想。

本书坚持思想源于生活、理论来自实践的马克思主义基本观点，意在从世俗道德生活的角度说明原始儒家③道德哲学建构的历史性与逻辑性。要想说明这一点，需要关注四个方面的问题。第一，严格区分道德生活、道德观念与道德哲学。它们的重心分别在于强调"生活""观念"与"哲学"的现实不同。一般来说，道德生活倾向于说明体现在人伦日用之间的社会存在，它所反映

---

① 黑格尔：《哲学史讲演录》第二卷，贺麟、王太庆译，商务印书馆，2009年，第44~45页。
② 任丑：《简析黑格尔的伦理有机体思想》，《武汉大学学报》（人文社会科学版）2005年第6期。
③ 原始儒家是现代新儒家代表人物之一的方东美先生提出的学术概念。从历史演进的维度来看，原始儒家代表了儒家发展的早期阶段，以"六经"和孔孟等为主要代表，因此，有学者指出，"原始儒家指的是由孔子开创的，孟子、荀子发展的春秋战国时期的儒家"（阎韬：《孔子与儒家》，商务印书馆，1997年，第60页）。从思想发展的维度来看，原始儒家代表了儒家精神价值的本来面目，方东美先生的弟子傅佩荣教授在《〈方东美全集〉校订版介绍》中强调指出，"方先生特别标举'原始'一词，意在展现其原来面目与基本精神"（《广大和谐的哲学境界》，载方东美《原始儒家道家哲学》，中华书局，2012年，第11页），侧重强调原始儒家作为儒家思想起源的重要地位，并以此区别于后世儒家，尤其是宋明儒家所主张的思想与方法。

的是人们直观的生活样态；道德观念体现的是在日常生活中，由道德生活反映出来的思想观念；而道德哲学则更多地倾向于表现基于道德生活和道德观念而形成的理性的道德认知，它源于道德生活和道德观念，又超越和引领道德生活和道德观念。第二，分析先秦道德生活的演变过程和总体面貌，揭示在不同的历史时期，社会生活所表现出来的不同的道德生活的要求、内容和特征，同时，说明历史上道德生活所有的不同又都有着某种历史和逻辑的关联和一致性，在价值取向上表现为多样性基础上的统一，而这正是原始儒家道德哲学之建构的生活基础和逻辑起点。第三，揭示原始儒家道德哲学之建构的历史性，古圣先贤的仰观俯察、天道性命的理性思辨等不足以成为原始儒家道德哲学得以建构的最深层次的根源，原始儒家道德哲学的建构是一个历史过程，是在社会历史的演进中逐渐生成和渐次生成的。世俗的生活、日常的规范以及历史的经验在长期的社会历史发展过程中逐渐显现为理性而自觉的道德观念，这才是原始儒家道德哲学建构的真正开始。第四，从具体的道德生活出发总结出原始儒家道德哲学基本问题及其范畴的主要内容及发展脉络，从原始的禁忌中产生出来的"善""恶"的观念及道德评价机制、从祖先崇拜中产生出来的"德"的观念及道德情感心理、从社会生活中衍生出来的"仁"的观念及道德范畴体系等。就"仁"而言，孔子之"仁"的提出体现了对于西周和春秋时期道德生活的继承与超越，"仁"亦由一般的道德范畴上升为"全德之称"和道德本体，实现了康德所言的"从道德的普通理性知识过渡到道德的哲学理性知识"[①]和"从大众道德哲学过渡到道德形而上学"[②]，原始儒家道德哲学已初露端倪。

---

① 伊曼努尔·康德：《道德形而上学基础》，孙少伟译，中国社会科学出版社，2009年，第1页。
② 伊曼努尔·康德：《道德形而上学基础》，孙少伟译，中国社会科学出版社，2009年，第23页。

一　原始儒家道德哲学建构的一般途径

学术界对于原始儒家道德哲学的考察一般是从逻辑维度和历史维度这两个层面开始切入的。

首先是逻辑维度，即主要从思想史、文化史、观念史，尤其是伦理思想史的角度，通过梳理、分析历代思想家对于原始儒家道德哲学的论述和理解，揭示其思想内容在逻辑上的演进过程，主要体现为"仁""礼""忠""诚"等在哲学和道德上的内在联系与逻辑观照，注重的是原始儒家道德哲学自身在思想层面产生、演化的内在性，这是关于中国先秦原始儒家道德哲学研究的主要方面。

其次是历史维度，即主要从社会史、生活史、风俗史，尤其是道德生活史的角度，通过对于社会生活，尤其是以孝为核心的道德生活的考察，揭示不同历史阶段原始儒家道德哲学在现实生活中的不同表现，注重的是原始儒家道德哲学在传统社会日常生活中的历史沿革与变迁，具体体现在道德、法律、乡约、民俗、家教等不同的社会层面。

逻辑维度和历史维度在有效拓展本研究的广度和深度方面所发挥的作用是不言而喻的，单一维度很难对原始儒家道德哲学思想发展的现实观照、社会生活的思想来源这两个问题给予清晰的论述。

毋庸置疑，历史维度和逻辑维度是一体之两面，表现为社会生活与思想理论的双向互动。一方面，生活是思想产生的背景和推动思想发展变化的动力；另一方面，已经形成的思想，尤其是社会主流思想会反过来规范生活的方式、引导生活的方向。本书试图从这一视角出发，梳理和揭示中国传统社会中原始儒家道德哲学的产生与演化过程。

（一）"大传统"与"小传统"

学术界往往用"大传统"和"小传统"来说明思想与生活的联系与分野。不管是"大传统"还是"小传统"，都是"特定的人类族群或群体与其生存环境进行无数'对话'和交锋的记录，经过了反复的精炼提纯，这一过程最终凝结成了个体的行动方式，定格为了形式各异的社会程式"[1]。这一观点在肯定了思想与生活的民族性和历史性的基础上，确认了思想的形成、发展与具体的社会生活之间的紧密联系。

"大传统"与"小传统"的概念是由美国人类学家罗伯特·雷德菲尔德（Robert Redfield）教授提出的，在他看来，"大传统"是指生活在都市社区的社会精英所掌握的有文字记载的文化传统，往往是由与国家和权力相关联的思想家、宗教家等知识分子经过深入思考和系统整理而产生的；"小传统"则是指在保有大量口传的、非正式记载的文化内涵的乡村社区产生的地方性的乡民文化，是代表一般社会大众的下层文化。雷氏认为，"大传统"代表了特定文明的内核与价值，而"小传统"则是由"大传统"进行解释和规范的。[2] 因此，从文化模式的发展来看，"在一切有古老传统的大文明中，文明的传统特色主要是由大传统所决定的"[3]。

这种观点基本上代表了学术界关于本问题的主要观点。郑杭生教授通过引述指出，在雷氏本人看来，尽管"大传统"与"小

---

[1] 北京市社会科学界联合会组织编写、郑杭生分册主编《新中国60年·学界回眸 社会学与社会建设卷》，北京出版社，2009年，第104页。
[2] 关于"大传统"和"小传统"的相关论述可以参见李亦园《人类的视野》（上海文艺出版社，1996年，第142~145页）、陈来《古代宗教与伦理——儒家思想的根源》（生活·读书·新知三联书店，1996年，第12~14页）、郑杭生《论社会建设与"软实力"的培育——一种"大传统"和"小传统"的社会学视野》（《社会科学战线》2008年第10期）等。
[3] 陈来：《古代宗教与伦理——儒家思想的根源》，生活·读书·新知三联书店，1996年，第14页。

传统"基本还是相互影响、相辅相成的关系,但从根本上看,"大传统"是在一定的社会生活中占据优势的历史和文化模式,为整个社会的历史发展和文化研究提供了规范性的要素,从而形成了整个文明精神价值的核心;而"小传统"则更多的是在"大传统"的精神价值和规范性要素的引导下进行展开,在多数情况下处于被动和简单接受的地位。

因此,"大传统"的宏大叙事对于思想史的逻辑延展与书写是十分必要且重要的。郑杭生教授认为,这是由"大传统"作为历史和文化的精神价值或价值内核所具有的特征决定的,这种特征主要体现为四个方面,即关于终极实在的崇高趋向、关于观念层面的价值共享、关于制度层面的秩序导向、关于日常实践层面的策略解释。在郑杭生教授看来,"'大传统'成为一种事实性的行动原则体系,经历了历史和实践的'过滤',客观上说这是在集体生活中的开放式的选择过程。这意味着,作为'伟大传统'的文化价值观既是历史的、实践的,也是社会的、民族的,因而对其进行阐释的书面文本会采取特定的内容和具体的形式"[1]。

同样,在陈来教授看来,基于对儒家思想根源的考察,"可以这样说,在文化的早期进程中,大小传统的分离是一个特别重要的碑界,因为任何一个复杂文明的特色主要是由其大传统所决定的,从这一点说,大传统的构成和发展有着决定的重要性"[2]。这是从宏观角度对于世界不同文化模式和文化类型在一个较长历史时期内连续发展所形成的文化传统所做的考察,不管是希腊文化、希伯来文化、印度文化、日本文化,还是中华文化,都是如此。王元化先生指出,"我是比较同意精英文化在整个民族文化中起的

---

[1] 郑杭生:《论社会建设与"软实力"的培育——一种"大传统"和"小传统"的社会学视野》,《社会科学战线》2008年第10期。
[2] 陈来:《古代宗教与伦理——儒家思想的根源》,生活·读书·新知三联书店,1996年,第13页。

主导作用的"①。

同时,陈来教授认为,对于任何一个特定历史传统的文化类型的综合考察,都必须兼具"大传统"和"小传统","从某一个角度说,小传统代表的俗民生活可能相当重要,可以使对文明的了解具体化"②。显而易见的是,"大传统"主导和规范着整个文化的发展方向,而"小传统"则为"大传统"的提出和发展提供真实的生活素材和现实资料。郑杭生教授后来也完善了其关于"大传统"与"小传统"关系的论述,在他看来,"大传统"的存在对于思想史的书写固然十分重要,但"大传统"的形成并不是无源之水、无本之木,"大传统"是从不同类型与层面的各种"小传统"中经过反复选择、凝炼、提升和转化才最终形成的。已经形成而且稳定地在社会生活和思想文化发展过程中发挥着决定作用的"大传统",必须通过各种各样、不同层次和类型的"小传统"才能表现出来。因此,可以认为,"大传统"与"小传统"之间不是单向决定的关系,而是双向互动的关系,"大传统"是在"小传统"的基础上形成的,同时又潜移默化地渗透到"小传统"中去,在不同层面程度不一地持续影响和不断改变着"小传统",代表着"小传统"的思想内涵和精神价值。"可以说,不能有效影响、转化,甚至内化成为小传统的大传统,是软弱无力的。"③ 应该说,这种观点对我们清醒地认识二者之间的关系是非常重要且极具启发意义的。

李亦园教授认为,杜维明教授所提出的"文化中国"的概念是一个典型的从"大传统"出发的概念,体现了一种更加重视社会上层士大夫阶层的文化模型。非常有必要从垂直的角度来深入

---

① 王元化:《大传统与小传统及其他》,《民族艺术》1998 年第 4 期。
② 陈来:《古代宗教与伦理——儒家思想的根源》,生活·读书·新知三联书店,1996 年,第 14 页。
③ 郑杭生:《论社会建设与"软实力"的培育——一种"大传统"和"小传统"的社会学视野》,《社会科学战线》2008 年第 10 期。

观察"文化中国"的结构,应该把"文化中国"视为一个由上层士大夫文化和下层民间文化共同构筑而成的文化模型,应特别从民间文化,即"小传统"的立场去探讨"文化中国"所蕴含的重要意义。李亦园教授在深入考察了中国传统文化中"致中和"所包含的自然系统的均衡和谐、个人有机体系统的均衡和谐和人际关系的均衡和谐的基础上,明确指出,这三个层面的均衡和谐,"在纵的形式上勾连了中国文化中大传统与小传统两个部分,在小传统的民间文化上,追求和谐均衡的行为表现在日常生活上最多,因此总体的和谐目标大都限定在个体的健康及家庭兴盛上面;而在大传统的士绅文化上,追求和谐均衡则表达在较抽象的宇宙观以及国家社会的运作上,而'致中和'的观念则成为最高和谐均衡的准则"[1]。

在二者的关系问题上,王元化先生也曾鲜明地指出,"大传统与小传统的关系不是一方面决定另一方面的关系,而是互补互动的关系",并以胡适的《白话文学史》为例说明了这一观点。在他看来,胡适在《白话文学史》中就非常强调民歌、民谣等用民间创作形式创作的作品的重要性,并以此为文学的正宗。更为可贵的是,王元化先生提出了一种转化的观点,他认为,"不可忽视某些大众文化随着历史进展也会转化为精英文化的。比如莎士比亚的戏剧、元代的戏曲、明清的几部小说本来都属于通俗文化大众文化,后来都成了精英文化"。同时,精英文化也必须通过民间文化的形式才能为广大社会民众所认可、接受,"精英文化的读者少,但必须看到它是通过中间的媒介,渗透到社会上去的"[2]。在传统社会当中,女性受教育的程度和范围都是很有限的,但这却没有妨碍传统女性接受儒家的贞洁观念,儒家的这些观念当然在相当程度上是通过诸多民间文化的形式渗透到世俗生活中去的。

---

[1] 李亦园:《从民间文化看文化中国》,《中国文化》1994年第1期。
[2] 王元化:《大传统与小传统及其他》,《民族艺术》1998年第4期。

再比如，对于一般知识分子来说，佛教经典是很难阅读和理解的，但中国传统社会发展的历史表明，佛教思想在普通社会大众当中有着很高的接受度，显然，这也是通过各种各样民间文化的形式传递到那些文化水平较低，甚至是大字不识的普通民众的生活和观念当中去的。由此可见，传统社会中的精英文化是以民间文化的形式表达出来的，也只有以民间文化的形式表达出来的精英文化才能够真正渗透、浸染到普通民众的日常生活当中。所以，不管是学术界还是社会民众，都能够清晰地意识到，"大传统"是以"小传统"为媒介和渠道而被传到民间，并为普通民众所认可、接受和践行的。

（二）一般知识、思想与信仰的世界

以上论述充分表明，思想史并不仅仅表现为观念史和范畴史，还与生活史紧密相连，否则，"大传统"的宏大叙事在说明思想产生和变化的社会因素方面就会显得力不从心。对此，葛兆光教授在精英人物和经典思想与普通的社会生活和人民大众之间，增加了一个"一般知识、思想与信仰的世界"，强调指出，它"不是天才智慧的萌发，也不是深思熟虑的结果，当然也不是最底层的无知识人的所谓'集体意识'，而是一种'日用而不知'的普遍知识和思想"，"这些知识和思想通过最基本的教育构成了人们的文化底色"[①]，"真正地构成了思想史的基盘和底线"。[②] 恰如葛兆光教授所指出的那样，"一般知识、思想与信仰的世界"并不完全体现为"小传统"或"民间思想"，在他看来，"大传统"和"小传统"这样的词语及其用法容易给人一种二元对立的印象，而使用"一般知识、思想与信仰的世界"可以很好地消除用上述词语描述思想史叙述对象的弊端。

---

① 葛兆光：《中国思想史》第一卷，复旦大学出版社，1998年，第14页。
② 葛兆光：《中国思想史》第一卷，复旦大学出版社，1998年，第17页。

葛兆光教授在思考思想史的书写问题的时候敏锐地发现，不管是思想史还是哲学史，都是精英人物和经典思想的历史排列，这种写法固然有很多便利之处，且易于为人所接受。首先，根据一般为人们所接受的思想史及其写法，人们往往会认为，"真实的思想史历程就是由这些精英与经典构成的，他们的思想是思想世界的精华，思想的精华进入了社会，不仅支配着政治，而且实实在在地支配着生活"，"描述那个世界上存在的精英与经典就描述了思想的世界"。其次，在传统的精神世界中，思想的发展毋庸置疑地展现为一个历史过程，后世的思想阐发都基于之前的论述，所以，"描述了思想家的序列就等于描述了思想的历史"。最后，这种思想史的传统书写是以一个不自觉的预设为前提的，那就是我们看到的精英人物和经典思想就是真实的历史场景的再现，"人们应当承认现存的历史记载和历史陈述的合理性"[①]。但是，思想史的这种书写方式存在很大的问题，葛兆光教授也提出了自己的疑问。首先，葛兆光教授认为，思想史在时间意义上和历史意义上的顺序并不是完全相吻合的，而是往往有出入的，思想的发展经常会出现溢出或断裂的现象。其次，精英人物和经典思想在历史发展和社会生活中不一定会起到实质性作用，"尤其是支持着对实际事物与现象的理解、解释和处理的知识与思想，常常并不是这个时代最精英的人写的最经典的著作"[②]。最后，思想史对于精英人物和经典思想的历史定位往往是"事后由思想史家所进行的'回溯性的追认'"[③]。因而，假如思想史仅仅表现为精英人物和经典思想的历史排列的话，那么，思想史也就只能是一个"悬浮在思想表层的历史"了。

因此，我们似乎更应该关注传统社会中的现实生活，在普通

[①] 葛兆光：《中国思想史》第一卷，复旦大学出版社，1998年，第10页。
[②] 葛兆光：《中国思想史》第一卷，复旦大学出版社，1998年，第11页。
[③] 葛兆光：《中国思想史》第一卷，复旦大学出版社，1998年，第12页。

社会民众的日常生活和人伦日用之间,往往"还有一种近乎平均值的知识、思想与信仰,作为底色或基石而存在",并在人们感知、认识、理解当前世界的过程中持续地发挥着重要作用。葛兆光教授坚持认为,在精英文化和大众生活之间,"还有一个'一般知识、思想与信仰的世界',而这个知识、思想与信仰世界的延续,也构成一个思想的历史过程,因此它也应当在思想史的视野中"[①]。

(三) 生活与思想的双重互动

然而,必须指出的是,"大传统"作为精英文化,主要呈现为某种思想理论、价值体系或文化模式,这是毋庸置疑的;而不管是"小传统",还是"一般知识、思想与信仰的世界",都体现为某种具体的文化或思想,而不完全是社会生活本身。社会生活,尤其是道德生活,所反映的是历史上世俗生活真实而直观的样态,是人伦日用的真切表达,体现为现实生活与思想观念的统一,包括"孝"在内的传统社会道德观念的产生与演化都是在生活与思想双重互动中实现的。思想来源于生活,并通过历史的、具体的生活不断地展现自身;思想又高于生活,不断引领和规范生活在历史中的变化与发展。历史维度与逻辑维度的双向互动,为我们重新理解和认识传统社会的道德观念提供了现实的生活材料和必要的理论支撑。

一方面,生活产生思想并推动思想的发展。思想源于生活属于实践哲学的理路,它的提出是建立在马克思主义关于人的实践本质的理解基础之上的。马克思认为,"人们的存在就是他们的现实生活过程"[②],现实的人就是从事实践活动的人,这是因为"我们首先应当确定一切人类生存的第一个前提,也就是一切历史的

[①] 葛兆光:《中国思想史》第一卷,复旦大学出版社,1998年,第13页。
[②] 《马克思恩格斯文集》第一卷,中共中央马克思恩格斯列宁斯大林著作编译局编译,人民出版社,2009年,第525页。

第一个前提,这个前提是:人们为了能够'创造历史',必须能够生活。但是为了生活,首先就需要吃喝住穿以及其他一些东西。因此第一个历史活动就是生产满足这些需要的资料,即生产物质生活本身,而且,这是人们从几千年前直到今天单是为了维持生活就必须每日每时从事的历史活动,是一切历史的基本条件"[①]。对此,马克思强烈批判了费尔巴哈的思想,在他看来,一切旧唯物主义思想——包括费尔巴哈的思想在内——的缺陷主要在于"对对象、现实、感性,只是从客体的或者直观的形式去理解,而不是把它们当作感性的人的活动,当作实践去理解,不是从主体方面去理解"[②]。可以说,马克思的经典论述为我们更好地认识实践与生活世界提供了科学的依据。关于这一点,恩格斯也曾深刻地指出:"正像达尔文发现有机界的发展规律一样,马克思发现了人类历史的发展规律,即历来为繁芜丛杂的意识形态所掩盖着的一个简单事实:人们首先必须吃、喝、住、穿,然后才能从事政治、科学、艺术、宗教等等。"[③] 毫无疑问,社会历史和日常生活决定人的道德、宗教、艺术等思想、意识层面的精神活动,而不是反之,历史维度是我们理解思想起源与发展的首要选择,原始儒家道德哲学的产生和发展也概莫能外。

另一方面,思想发展有其自身的逻辑,已经形成的思想也在不断引领生活的方向、塑造生活的价值。"我们的出发点是从事实际活动的人,而且从他们的现实生活过程中还可以描绘出这一生活过程在意识形态上的反射和反响的发展。"[④] 当然,思想是人的

---

① 《马克思恩格斯文集》第一卷,中共中央马克思恩格斯列宁斯大林著作编译局编译,人民出版社,2009年,第531页。
② 《马克思恩格斯文集》第一卷,中共中央马克思恩格斯列宁斯大林著作编译局编译,人民出版社,2009年,第499页。
③ 《马克思恩格斯文集》第三卷,中共中央马克思恩格斯列宁斯大林著作编译局编译,人民出版社,2009年,第601页。
④ 《马克思恩格斯文集》第一卷,中共中央马克思恩格斯列宁斯大林著作编译局编译,人民出版社,2009年,第525页。

实践和社会生活的反映，人们可以从各种各样的思想形式出发去追溯思想的历史来源和发展过程。当然，必须强调指出的是，此处所使用的"生活"，正如胡塞尔所指出的那样，"是指有目的的生活，它表明精神的创造性——在最广泛的意义说，它在历史之中创造文化。正是这种生活构成了种种精神科学的主题"[①]。因此，人的生活不能仅仅表现为生理学、物质性的生活，还要表现为思想、意识、意义和价值所指引的生命活动，传统社会中原始儒家道德哲学的种种体现和变化都是在历代儒家思想家对其内涵的理解和论述下实现的。逻辑维度与历史维度的沟通互渗，可以更加全面和科学地勾勒出中国传统社会原始儒家道德哲学产生、发展的基本面貌和思想、理论的主要内容。

道德观念的形成是一个历史过程，是在社会历史的发展中逐渐生成和渐次展开的。具体的生活、历史的经验只有经过长期的历史积淀才能逐渐显现为生活中的道德观念，并进而不断被历史凝炼、提升为理性的道德知识与思想；而这种理性的道德知识与思想又必然会反过来被具体的道德生活、在道德生活中形成的道德观念以及历史的经验强化为各种各样的生活传统，从而在社会历史和思想文化的发展过程中展现为历史维度与逻辑维度的双向互动。

二　原始儒家道德哲学发展的思想理路

在中国传统的社会生活和思想观念当中，道德生活对周围世界所产生的影响都是悄无声息的，如春风化雨，润物无声。同时，具体的道德生活对于社会各个层面、各个领域的影响，尤其是对原始儒家道德哲学建构的影响是十分深远的。

[①] E. 胡塞尔：《现象学与哲学的危机》，吕祥译，国际文化出版公司，1988年，第135页。

抛却细枝末节，从中国传统社会，尤其是先秦时期的核心思想来看，仁、义、礼构建了原始儒家道德哲学的重要内容和基本结构，同时也代表了原始儒家道德哲学的思想逻辑。其中，仁强调的是作为道德主体的人的道德情感的超越性和内在性，礼重在强调礼乐制度及以之为核心的社会秩序的规范性与合理性，而义作为联结道德主体内在的道德情感与社会秩序的媒介，主要关注人的内在情感的当下呈现，体现为内在之仁向外在之礼的过渡与转化。由仁至义、由义到礼的过程正体现了原始儒家道德哲学由内至外、由近及远的逻辑演进，实现了从仪式伦理向心志伦理、从心志伦理向规范伦理的过渡。这一过程体现在原始儒家关于道德形而上学、道德价值、道德评价、道德修养、道德教化、道德人格、道德实践等机制的诸多方面。

（一）原始儒家道德哲学的思想渊源

原始儒家道德哲学的建构，源自殷商末年直到西周初年"德"与"德治"等观念的大行其道，"德"与"德治"的观念遂成为有周以来评判个体人格和社会价值优劣的核心指标以及论证政权合法性的主要依据，由此开启并确立了中国古代社会中礼乐文化的传统，道德哲学也由此取代天命神学而成了思想文化的主要方面。

孔子对于"仁者爱人"观念的论证正体现了对中国礼乐文化传统的继承与深化，孟子通过对仁义关系的分析得出了"居仁由义"的结论，而荀子则通过强化"隆礼贵义"的礼义统一思想，提出了"行义以礼"的观念。通过孔子、孟子、荀子的论证，从"仁者爱人"到"居仁由义"，从"居仁由义"到"行义以礼"，先秦儒家"仁—义—礼"的道德哲学的内在逻辑由此渐次展开。对此，《郭店楚墓竹简·语丛三》中有明确的概括："义，宜也。爱，仁也。义处之也，礼行之也。"[①]

[①] 荆门市博物馆编《郭店楚墓竹简》，文物出版社，1998年，第211页。

一般认为，在祖先崇拜的基础上，基于血缘关系形成的、以孝为核心的道德情感和道德观念逐渐在人类的生活中沉淀、积累，并不断扩散开来。由此，中国传统的文化形态在经历了以神灵为中心的巫觋文化和祭祀文化之后，开始渐渐走向以道德和人文为核心的礼乐文化。[①] 这种肇端于殷末周初的新的文化形态最为显著的特征就是对于"德"的强调，"德"日益成为当时社会生活和价值秩序中最重要的评价尺度。

虽然，学术界对于具有规范意义的"德"的产生过程并未形成一致的观点，但是，作为观念形态的"德"在社会生活中的广泛使用则应始于西周初年，这是基本没有疑义的。王国维在《殷周制度论》中曾明确指出，周初在政治与文化领域所进行的重大的社会变革，"其旨则在纳上下于道德，而合天子、诸侯、卿、大夫、士、庶民以成一道德之团体。周公制作之本意，实在于此"[②]。受当时天帝崇拜的影响，这种社会变革是在"以德配天"的观念和框架下渐次展开的。作为变革的主导者，召公在《尚书·召诰》中通过对于夏命移商、商命移周历史过程的反思与分析，认为天命发生转移与人尤其是社会管理阶层的德行密不可分。"皇天无亲，惟德是辅"（《尚书·蔡仲之命》）的结论既是对历史经验的深刻总结，也表现了周初的思想家和政治家对于天命与"德"的关系的切己体察，并以"德"为人们修身、治国的指导思想。因此，召公指出，"王其德之用，祈天永命"，而"惟不敬厥德，乃早坠厥命"（《尚书·召诰》），可见，天子的德行是影响天命的唯一因素。这种劝诫与警告的目的即在于提醒当权者要谨言慎行、克己修身、施行德政、保民惠民，这是保证社会长治久安的根本之道，体现了周初思想家对于历史经验的总结。

[①] 陈来：《古代宗教与伦理——儒家思想的根源》，生活·读书·新知三联书店，1996年，第10页。

[②] 王国维：《观堂集林》（附别集）全二册，中华书局，2004年，第454页。

在"以德配天"的基础上,周朝制定了一整套典章文物制度,郭沫若先生指出,"礼是由德的客观方面的节文所蜕化下来的,古代有德者的一切正当行为的方式汇集了下来便成为后代的礼"①,二者体现为表里关系。"礼"作为"德"的一种制度化、规范化的表现形式,体现在周朝社会生活的诸多方面,并对当时产生了广泛、持久、有效的约束力。对此,我们从《周礼》繁复、细琐的描述中就能够略窥一斑。可以认为,"德"与"礼"的兴起,取代了神灵对社会历史和人世生活的主导作用,确定了中国传统文化的人文走向,而孔子对于"仁"的论述正体现了对于以"德"与"礼"为代表的人文传统的继承与深化。

(二) 原始儒家道德哲学的产生

春秋以降,随着生产力的发展和社会制度的演变,伴随着周朝王室的日渐衰微与诸侯国势力的不断强大,"德"作为原有社会秩序内在的精神价值遭到抛弃,礼乐制度开始出现形式化的趋势,中国传统社会一般称之为"礼坏乐崩"。"礼乐征伐自天子出""庶人不议"(《论语·季氏》)的礼制传统不断被削弱,"八佾舞于庭"(《论语·八佾》)、"陪臣执国命"(《论语·季氏》)的僭越现象时有发生,类似的事例在《春秋》《左传》《国语》等文献中比比皆是。在对社会现实批判、反思的基础上,为了实现"正名"的目的,孔子提出了以"仁"为核心的思想体系,论证了"仁者爱人"的思想主张,把"仁"上升为最高的哲学范畴;通过落实忠恕之道、"克己复礼"和以"孝悌"为中心的爱有差等的观念,强调"仁"必须以道德主体内在的真实而自然的道德情感为基础,把以"礼"为秩序和规范的外在他律转化为以"仁"的情感与德性为基础的内在自律。"仁者爱人"的思想与价值构成了原始儒家道德哲学的逻辑起点。

---

① 郭沫若:《中国古代社会研究》(外二种),河北教育出版社,2004年,第260页。

近 20 年来，关于"父子相隐"的争论引起了学术界的广泛关注，各种不同的观点和论述层出不穷。[①]《论语·子路》曾载："叶公语孔子曰：'吾党有直躬者，其父攘羊，而子证之。'孔子曰：'吾党之直者异于是。父为子隐，子为父隐，直在其中矣。'"千百年来，孔子对"父子相隐"、孟子对"窃负而逃"的态度饱受非议。事实上，通过孔子的立场可以看出，孔子试图论证的既不是"证"与"不证"的应然问题，也不是社会的公平正义问题，实际上他是在讨论父子之间的道德情感的真实性问题。[②] 在孔子看来，"仁"体现为发自道德主体内心的、对他人有"爱"的道德情感，它是人的一切道德行为、道德观念、道德意识的前提和基础，而这种道德情感首先就存在于基于血缘而形成的父子、兄弟关系之间。因此，不管是从理论阐发的角度来看，还是从现实生活的视域来讲，子对父的"孝"、弟对兄的"悌"都应该是人的道德情感的最初体现，故而孔子把孝弟（悌）视作推行、实践"仁"的开始[③]，

---

① 关于这场学术争论，可以参见邓晓芒教授的《儒家伦理新批判》（重庆大学出版社，2010 年）、郭齐勇教授主编的《〈儒家伦理新批判〉之批判》（武汉大学出版社，2011 年）和《儒家伦理争鸣集——以"亲亲互隐"为中心》（湖北教育出版社，2004 年）等著作及诸多学者从哲学、法学、社会学等角度进行的论述。

② 张继军：《先秦道德生活研究》，人民出版社，2011 年，第 241 页。

③ 这一点在现实生活和法制建设中也有体现。2011 年 8 月，第十一届全国人大常委会第二十二次会议审议的《中华人民共和国刑事诉讼法修正案（草案）》增加一条，作为第一百八十七条："经人民法院依法通知，证人应当出庭作证。证人没有正当理由不按人民法院通知出庭作证的，人民法院可以强制其到庭，但是被告人的配偶、父母、子女除外。"对此，2012 年 3 月 8 日，王兆国副委员长在第十一届全国人民代表大会第五次会议上做了关于《中华人民共和国刑事诉讼法修正案（草案）》的说明，明确指出："证人出庭作证，对于核实证据、查明案情、正确判决具有重要意义。修正案草案规定：公诉人、当事人或者辩护人、诉讼代理人对证人证言有异议，且该证人证言对案件定罪量刑有重大影响，人民法院认为有必要的，证人应当出庭作证……同时，考虑到强制配偶、父母、子女在法庭上对被告人进行指证，不利于家庭关系的维系，规定被告人的配偶、父母、子女除外。"《中华人民共和国刑事诉讼法修正案（草案）》中的这一修正是为了维护家庭成员之间的和谐而做出的，充分考虑了"以人为本"的原则，且正是以该原则为修正的伦理基础。

"孝弟也者，其为仁之本与"（《论语·学而》）。

基于这种理解，孔子认为，以发自行为主体内心的、真实无欺的道德情感为基础和内在要求的礼乐制度才是真正合乎"礼"的精神和要求的。以孝为例，针对时人以奉养父母为孝的错误认知，孔子强调："今之孝者，是谓能养。至于犬马，皆能有养；不敬，何以别乎？"（《论语·为政》）。显然，对父母"敬"的道德情感是区分、评判孝与不孝的关键。因此，当子夏问孝时，孔子的回答是"色难"。对此，朱熹认为，"盖孝子之有深爱者，必有和气；有和气者，必有愉色；有愉色者，必有婉容。故事亲之际，惟色为难耳，服劳奉养未足为孝也"（《四书章句集注·论语集注·为政》）。由此可知，孝作为一种具体的道德观念和道德规范，其核心不应该仅仅在于饮食奉养，还应该体现对父母所怀有的"报本反始"的报恩情怀和真挚的道德情感。

在"仁""礼""义"的关系问题上，首先，孔子认为，"仁"是"礼"的本质和内容，"礼"是"仁"的表现与外化。孔子强调完美的君子人格应该是"文质彬彬"（《论语·雍也》）、仁礼兼具，也就是后儒所追求的"情文俱尽"（《荀子·礼论》）的境界。但在二者不能兼具的情况下，则必须舍文求质、去礼存仁，"文质不可以相胜。然质之胜文，犹之甘可以受和，白可以受采也。文胜而至于灭质，则其本亡矣。虽有文，将安施乎？然则与其史也，宁野"（《四书章句集注·论语集注·雍也》）。其次，对于"义"，孔子表现出了较为浓厚的理论兴趣，"君子喻于义"（《论语·里仁》）、"君子义以为上"（《论语·阳货》）等论述都使得"义"成为孔子道德哲学的重要范畴。然而不可否认的是，在孔子那里，"仁"常与"智""勇""礼"等并用，却从未与"义"放在一起使用或论述。因此，虽然"礼""义"与"仁"一样，都是孔子道德哲学的重要范畴，但其与"仁"的作用、意义和地位都是不可同日而语的。因此，在孔子的思想体系中，把三者相并列的观点是值得商榷的。① 实际上，孔子只是原始儒家道德哲学的起点，把"义"与"礼"纳入"仁"的内涵和体系当中，则是由孟子和荀子相继完成的。

（三）原始儒家道德哲学的发展

在孔子所论证的以"仁者爱人"为起点的道德情感的内在性基础上，孟子继而要着力解决的就是内在之仁的显现和外化问题，他所使用的最重要的思想武器就是"性"与"义"，这既体现了孟子对于儒家道德哲学体系的深化、对孔子"仁爱"思想的逻辑展开，又深刻地反映了孟子面对严酷的现实而进行的深层思考。这主要是因为，在孟子看来，对于人的道德修养和伦理实践来说，只有将道德主体内在的道德情感和道德认知充分地、合理地展示出来，才能成就真正的人格和功业，才是真正具有理论意义和现实价值的理论延展。

在"仁""义"的关系问题上，首先，儒家认为，"'仁者，义之本也''义者，仁之节也'"（《礼记·礼运》）。在孟子看来，一方面，"义"是对于人皆有之的"不忍人之心"的具体呈现，因此必须以"仁"的道德情感为基础和前提，这种观点与孔子并无二致；另一方面，"不忍人之心"的表达不是随心所欲的，它只有在一定条件或者境遇下才能显现出来，只有对其给予自觉的评判和节制，"不忍人之心"行之于外才不至于泛滥成灾，而体现为"各有所宜"。如此，孟子所讲的"以羊易牛""君子远庖厨""乍见孺子将入于井"（《孟子·公孙丑上》）等才能与其理论相契合，这是孟子思想合理性的重要来源。

其次，在"仁"与"义"内外关系问题上，孟子认为，"义"

---

① 劳思光认为，"孔子之学，由'礼'观念开始，进至'仁''义'诸观念。故就其基本理论言之，'仁、义、礼'三观念，为孔子理论之主脉，至于其他理论，则皆可视为此一基本理论之引申发挥"[《新编中国哲学史》（一），生活·读书·新知三联书店，2015年，第84页]。

也是内在于人心的,"义"在本质上与"仁"是完全一样的,正所谓"仁义内在"。包括先秦在内的历代儒家学者都承认"仁"的内在性,即便是孟子的论敌告子也承认"仁,内也,非外也"。但是,在"义"应被定性为内在还是外在的问题上,当时一直存在着分歧,甚至存在截然对立的观点和立场。孟子认为,"义"作为人普遍、内在的人性在人内心的反映,理所当然应该是内在的。因此,孟子坚定地认为,人们所敬的对象虽然是外在于"我"的,但"我"所具有的主观能动性却使得"我"能够因地制宜地把"我"内心的道德情感表达出来,"行吾心之敬以敬之"(《四书章句集注·孟子集注·告子章句上》)。在他看来,人具有根据实际情况和生活经验从而做出何时应该敬兄敬叔父、何时应该敬弟敬乡人的正确判断的能力,因此,"义"自然也就应该是内在于"我"的。

以这样的认识为基础,孟子认为,在"仁"与"义"的相互关系问题上,"仁"是"义"存在的前提和根据,而"义"则是实现"仁"、落实"仁",从而使人人本具的"不忍人之心"能够发挥出来、行之于外的根本途径,正所谓"居仁由义,大人之事备矣"(《孟子·尽心上》)。在孟子看来,"仁,人之安宅也;义,人之正路也。旷安宅而弗居,舍正路而不由,哀哉!"(《孟子·离娄上》)。显然,孟子把"仁"比作"安宅",而把"义"比作回家的"正路",这就很好地说明了二者的内在关联。

(四) 原始儒家道德哲学的形成

可以认为,孔子注重对于"仁"内在的道德情感的强调,而与之不同的是,孟子则时常将"仁"与"义"视为同等重要的范畴,把"义"作为对于孔子之"仁"的历史延续和逻辑展开。宋明理学家,尤其是二程把这一点视为孟子在理论上的最大贡献与创新,"孟子有功于圣门,不可胜言。仲尼只说一个仁字,孟子开口便说仁义"(《四书章句集注·孟子集注·孟子序说》)。但必须指出的是,孟子对于"义"的内在性的强调,虽然赋予了其人为善的超越依据,然而在理论上和客观上,却大大弱化了"义"作为"仁"之"正路"的作用,"仁"在现实生活中的落实缺乏有力的外在保障。而荀子对于"礼""法"等社会规范的论证与强调则在很大程度上弥补了孟子在这一方面的理论缺失。

面对诸侯争霸的残酷现实,荀子通过反思、继承并改造孟子关于"义"的理解而重点阐述了"礼"的观念。因此,荀子对于"礼"的阐释与论证,极大地丰富、发展和完善了原始儒家道德哲学的思想体系,确立了其基本框架、逻辑结构和思想内容,对儒家的精神价值和现实的社会生活都产生了重要影响。

针对孔子之"仁"的内在性,孟子将"义"作为实现"仁"的根本途径,但他对于"仁义内在"的论证又使得"义"无法作为"仁"的道德情感行之于外的有效保障。对此,荀子试图有所突破。相对于孟子而言,荀子赋予"义"以内外两重性,"夫义者,内节于人而外节于万物者也,上安于主而下调于民者也。内外上下节者,义之情也"(《荀子·强国》)。一方面,"义"仍然具有内在性的特征,体现为人区别于禽兽的根本所在,"水火有气而无生,草木有生而无知,禽兽有知而无义,人有气、有生、有知,亦且有义,故最为天下贵也"(《荀子·王制》)。另一方面,"义"又是调节和整合人与人、人与社会关系的指导原则,是人能够团结一致、组成社会从而战胜自然和外物的根本保障,"夫义者,所以限禁人之为恶与奸者也"(《荀子·强国》)。因此,对于"义",荀子更加注重其社会实践层面的价值,"惟仁之为守,惟义之为行"(《荀子·不苟》)的论述说明,荀子对于"仁"的态度与孔、孟是一样的;但对于"义",荀子则更加强调实行、践履的意义。所以,"义,理也,故行"(《荀子·大略》)。在这里,"义"不再是对于自我本心的外化和呈现,而体现为对于人的社会行为和个人活动的约束、规范与节制。正是基于这样的考虑,荀子论证了关于"礼"的起源及其内容和作用等方面的思想。

在荀子看来,"礼"是圣人在"人之性恶,其善者伪也"的思想前提下，根据人的社会生活的实际，尤其是作为个体的人的感性生活的需要，为有效节制人欲、消除纷争、规范行为、强化等级秩序而创制出来的，其目的在于有序地满足个体多方面的社会生活需要。必须指出的是，"礼"对于个体感性欲求的节制和满足都是以等级区分为前提和基础的，"故礼者，养也。君子既得其养，又好其别。曷谓别？曰：贵贱有等，长幼有差，贫富轻重皆有称者也"（《荀子·礼论》）。可以认为，等级差别反映了包括荀子在内的儒家思想家对于"礼"的共同理解，而等级区分也正是"义"的重要内容。可以认为，在这一层面，"礼"与"义"是统一的。因此，荀子时常"礼""义"并举，"礼"的规范所体现的正是"义"的精神。

只有到荀子这里，原始儒家道德哲学的建构才真正得以完成，其内在的逻辑思路应该是这样的：孔子提出的以人的真实的道德情感为基础的"仁"是原始儒家道德哲学的逻辑起点，重点强调个体道德情感的内在性与真实性；在此基础上，孟子提出了"居仁由义"的思想，"仁"内在的道德情感需要以"义"为媒介和途径，如此才能使"仁"真正得以呈现和外化；而荀子提出的"行义以礼"的思想，强调指出"义"需要通过"礼"的规范才能真正贯彻到社会生活和人伦日用之中。"仁""义""礼"三者之间彼此联系，融汇相通，有序递进，实现了从心志伦理、情感伦理向制度伦理、规范伦理的过渡，在此基础上，才真正实现了对于原始儒家道德哲学的理论建构与思想完善。

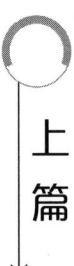

上篇

先秦时期道德生活的形成与展开

先秦时期的道德生活和道德观念是当时社会生活最重要的组成部分之一，是中国传统道德生活和伦理精神的源头，也是原始儒家道德哲学产生的社会基础和思想前提。显而易见的是，在不同的具体阶段和历史时期，先秦时期的道德生活在总体特征和思想面貌上都不同程度地表现出了各种差异；与此同时，所有的这些差异又都展现出了某种连续的性质和内在的逻辑关联，表现为相对统一的价值取向。通过社会生活与思想理论的双向互动，中国传统的道德生活、道德观念与原始儒家道德哲学表现出历史发展与思想逻辑的有机统一，这是原始儒家道德哲学最终形成的前提和基础。

第一章　殷商及之前道德生活的萌芽

由于确证史料的缺乏和文献的层累①，诸多学者都不得不承

---

① 这里所说的"层累"借用了顾颉刚先生关于历史构造的相关理论和提法。在古史运动中，顾颉刚先生从中国古代的汉学传统中继承了怀疑主义的精神和方法，从新文化运动过程中吸收了西方学术的研究理论，从对古代典籍的考辨入手得出了古史是"层累地造成"的观点，从而提出了"古史层累说"的思想与理论。顾颉刚先生在整理《尚书》《诗经》《论语》的过程中，发现这三部书对于尧、舜、禹的描述、理解和定位各有不同，"我便把这三部书中的古史观念比较着看，忽然发现了一个大疑窦——尧、舜、禹的地位问题……我就将这三部书中说到禹的语句抄录出来，寻绎古代对于禹的观念，知道可以分作四层：最早的是《商颂·长发》的'禹敷下土方……帝立子生商'，把他看作一个开天辟地的神；其次是《鲁颂·閟宫》的'后稷……奄有下土，缵禹之绪'，把他看作一个最早的人王；其次是《论语》上的'禹稷躬稼'和"禹……尽力乎沟洫'，把他看作一个耕稼的人王；最后乃为《尧典》的'禹拜稽首，让于稷契'，把后生的人和缵绪的人都改成了他的同寅。尧舜的事迹也是照了这个次序……越是起得后，越是排在前面。等到有了伏羲神农之后，尧舜又成了晚辈，更不必说禹了。我就建立了一个假设：古史是层累地造成的，发生的次序和排列的系统恰是一个反背"［顾颉刚编著《古史辨》（一），上海古籍出版社，1982年，第52页］。在顾颉刚先生看来，"层累地造成的中国古史"主要包含三个方面的意思，"第一，可以说明'时代愈后，传说的古史期愈长'。如周代人心目中最古的人是禹，到孔子时有尧舜，到战国时有黄帝神农，到秦有三皇，到汉以后有盘古等。第二，可以说明'时代愈后，传说中的中心人物愈放愈大'。如舜，在孔子时只是一个'无为而治'的圣君，到《尧典》就成了一个'家齐而后国治'的圣人，到孟子时就成了一个孝子的模范了。第三，我们在这上，即不能知道某一件事的真确的状况，但可以知道某一件事在传说中的最早的状况。我们即不能知道东周时的东周史，也至少能知道战国时的东周史；我们即不能知道夏商时的夏商史，也至少能知道东周时的夏商史"［顾颉刚编著《古史辨》（一），上海古籍出版社，1982年，第60页］。应该说，顾颉刚先生对于中国历史的理解对当时和后世（转下页注）

认，西周之前的中国历史，很多内容我们已无法考究，这当然是后人的莫大遗憾。但随着更多的考古文物和出土文献展露于世，以及国内外学者对于中国古代历史和文化的研究日益深入，尤其是中华文明探源工程的实施及其所取得的系列成果为人所知，我们对于西周之前的社会生活有了更加确切的了解和认知。当然，相对于对早期社会的物质性生活和其他非思想性生活的了解而言，我们对于西周及之前社会生活中精神活动和文化现象的认识，更多的还是依赖于既有理论的论述和思想逻辑的推演。

通过对古代社会的考察和对现代人类学、文化学、社会学等方面的基础理论的运用，我们大概可以认为，尽管理性的道德生活在当时还没有形成，自觉的道德观念也尚处于萌芽状态，但从对甲骨文、金文等的考释、分析以及各种类型的考古发掘来看，在西周及之前的社会生活中已经产生了关于"秩序"的朴素观念，这应该是确定无疑的了。虽然，当时的"秩序"观念更主要体现在人与神、人与天、人与世界的关系当中，并没有主要体现在人与人、人与社会、人与自身的关系当中，但是，随着社会生活的演进，随着人们对于自然宇宙、社会人生的了解和认知程度的不断加深，社会上关于"秩序"的观念最终逐渐落实到人的日常生活和社会的历史演进当中。虽然，在落实的过程中，"秩序"依然主要体现为神意的主宰，宗教尤其是原始宗教的色彩依然十分

（接上页注①）都产生了重大的学术影响和社会影响，不管是高度评价的，还是猛烈批判的，都不得不承认顾颉刚先生的"古史层累说"开辟了古史研究的新时代。它给予我们的主要还不是具体的思想和方法，而是对于经典和古史的怀疑精神。当然，随着更多的考古发掘活动和出土文献，以及对于经典和古史研究的日益深入，顾颉刚先生的某些具体观点已经很难成立了。于是，1992年，李学勤教授发表了《走出"疑古时代"》这篇号角性的著名演讲，明确提出，在现在的条件下，走出"疑古时代"，"不但是必要的，而且也是可能的"（《走出"疑古时代"》，《中国文化史》1992年第2期）。可以认为，顾颉刚先生开创的古史运动的时代虽然已经过去，但是，他留给后人的怀疑精神和治学态度是值得我们继续保留、传承和发扬的。

浓厚，但不可否认的是，在人与人、人与社会、人与自身，甚至人与神、人与天、人与世界的"秩序"中已经产生了某种以情感为内在心理机制的道德生活的需要。正是这种需要，通过生活的展开和观念的演化，最终构成了中国传统道德生活和礼乐文化得以萌芽和产生的社会基础与思想前提。

一 禁忌与社会秩序

卡西尔（Ernst Cassirer）在他最具影响力的名著《人论》中，着重论述了禁忌的起源及其社会价值："禁忌体系尽管有其一切明显的缺点，但却是人类迄今所发现的唯一的社会约束和义务的体系。它是整个社会秩序的基石。社会体系中没有哪个方面不是靠特殊的禁忌来调节和管理的。"[1] 由此可见，禁忌，尤其是原始禁忌代表了人类最早的关于秩序的观念。

对此，苏联史学家谢苗诺夫也持相同的观点，在他看来，"禁忌是比一般原始社会的禁规更为古老的社会规范的变种，是最古老的社会规范"[2]。在《婚姻和家庭的起源》一书中，谢苗诺夫用大量的历史资料力图证明，原始禁忌是人类最早的社会规范。其中，"禁止性规范"指的就是原始禁忌，代表了人类社会中秩序和规范的起点。因此，我们完全有理由认为，早期社会中的原始禁忌是人类生活中最早出现的进行自我约束和自我规范的法则，甚至可以认为，原始禁忌的出现使得当时那些近乎生活在自然状态下的人的社会性得到极大的凸显。对此，金泽教授明确指出，早期社会的原始禁忌"对于'自然'之人转变为'社会'之人，对于人类群体新成员的社会化和内在化，具有如同催化剂和杠杆一

---

[1] 恩斯特·卡西尔：《人论》，甘阳译，上海译文出版社，1985年，第138页。
[2] Ю. И. 谢苗诺夫：《婚姻和家庭的起源》，蔡俊生译，沈真校，中国社会科学出版社，1983年，第71页。

样不可磨灭的作用"①。

应该说,这种观点代表了目前学术界关于原始禁忌的社会功能的主流,有学者认为,原始禁忌"成为原始社会唯一的社会约束力,是人类以后社会中家族、道德、宗教、政治、法律等所有规范性质的禁制的总源头"②。弗洛伊德非常赞同德国学者冯特的观点,他提出,"禁忌随着文化形态的不断转变,逐渐形成一种有它自己特性的力量,同时也慢慢地远离了魔鬼迷信而独立。它逐渐发展成为一种习惯、传统,而最后则变成了法律"③。同时,弗洛伊德也认为,"禁忌在它所影响的社会里常变成一种类似法律的程序,而且通常都具有某种社会目的"④。霍贝尔同样指出,在爱斯基摩人的社会制度当中,往往存在宗教控制取代法律规范的现象,"其宗教性质的社会控制方法要多于法律性质的控制方法",而"只有当宗教的制裁不灵或禁忌的规范一直为人们所忽视时,法律才作为最后的救济手段来维护宗教的权威"⑤。显而易见,原始禁忌在早期人类那里正发挥着法律和规范对于社会的限制和引导作用。

(一) 图腾与禁忌

关于原始禁忌的产生,人类学、民族学、社会学,甚至心理学等领域的专家有着不同的看法。谢苗诺夫认为,"由于某种神秘不可测的危险的存在,人们触犯了禁忌,此危险就会危及集体和个人的安全,甚至使群体毁灭"⑥。在谢苗诺夫看来,

---

① 金泽:《宗教禁忌》,社会科学文献出版社,1998年,第1页。
② 任骋:《中国民间禁忌》,作家出版社,1991年,第14页。
③ 弗洛伊德:《图腾与禁忌》,文良文化译,中央编译出版社,2005年,第26页。
④ 弗洛伊德:《图腾与禁忌》,文良文化译,中央编译出版社,2005年,第40页。
⑤ E. A. 霍贝尔:《初民的法律——法的动态比较研究》,周勇译,罗致平校,中国社会科学出版社,1993年,第293~294页。
⑥ Ю. И. 谢苗诺夫:《婚姻和家庭的起源》,蔡俊生译,沈真校,中国社会科学出版社,1983年,第71页。

第一章　殷商及之前道德生活的萌芽

原始禁忌作为外部世界强加于人类社会的一种行为规范，之所以从对于违反禁忌的个体意识转化为一种群体意识，主要是由于违反禁忌而带来的种种危险不但意味着对于违反者个人的惩罚，更重要的是往往会威胁到违反者所在的整个群体的安全与存在。

从人类学的立场来看，在人类社会的早期阶段，社会生产力水平和人对于自然宇宙、社会人生的认知水平都还处于初级阶段，人们必然会对外在于自己的世界产生某种神秘的恐惧和不安，这种对于自然物或自然力的敬畏，会使人们在行为和思想上自觉地去遵守某些禁制，并期望通过有效的自我约束来实现人与外界的沟通与联系，从而尽可能地避免来自外界或神意的惩罚。因此，英国学者埃文斯－普理查德把禁忌归于人类由于对外界的无知而产生的敬畏感，即人类的恐惧心理。"处于无知之中的原始人生活在一个神秘的世界里，在这个世界里，他对主观性和客观性的存在不加区分。隐藏在他所有思想背后的动力便是恐惧，尤其是对社会关系——具体而言即是男女的关系中的危险和恐惧……宗教最终只是原始人的恐惧、胆怯、缺乏原创性、无知和无经验的产物。"[1] 显然，在埃文斯－普理查德看来，禁忌来源于人类对于触犯禁忌对象带来的惩罚而感到害怕的普遍心理，而不是来源于禁忌对象本身，这是需要特别说明的。[2]

对此，弗洛伊德认为，"我们知道要了解野蛮民族之所以产生禁忌的真正来源，即禁忌的起因，这是不可能的"[3]。但同时，他又试图从精神分析的角度对此给予合理的解释，在弗洛伊德看来，"禁忌是针对人类某些强烈的欲望而由外来所强迫加入（由某些权威）的原始禁制"[4]，"禁忌，我们必须假设，是在远古时代的某

---

[1] E. E. 埃文斯－普理查德：《原始宗教理论》，孙尚扬译，商务印书馆，2001年，第44页。
[2] 关于禁忌起源的各种讨论，可以参见万建中教授所著的《中国禁忌史》（武汉大学出版社，2016年）第二章的相关论述，尤其是其在"针对西方一些观点的批评"一节中对于西方相关理论的分析，更有启发意义。
[3] 弗洛伊德：《图腾与禁忌》，文良文化译，中央编译出版社，2005年，第34页。
[4] 弗洛伊德：《图腾与禁忌》，文良文化译，中央编译出版社，2005年，第39页。

一个时期里，外在压力（某些权威）所附加于某一原始民族的禁制，它们是上一代的长辈所强迫要求接受的。这些禁忌和具有某种强烈意愿的活动相互联系。它们一代一代地留传下来，也可能只是一种经由父母和社会权威承接传统的结果。如果延续到后代后，它们很可能被组织化，而成为一种遗传性的心理特征（此处并非指基因上的遗传）"①。

图腾是早期人类信仰体系中的重要内容，往往是与原始禁忌紧密联系在一起的。弗洛伊德明确指出，"之所以对禁忌所包含的两个主要禁制难以理解，是因为它们和图腾崇拜相关联"②，"在图腾的社会结构里存在着极严厉的禁忌"③。弗雷泽将之归于原始人类对于图腾所怀有的崇敬心理，他指出，"图腾是野蛮人出于迷信而加以崇拜的物质客体"，"个体与图腾之间的联系是互惠的，图腾保护人们，人们则以各种方式表示他们对图腾的敬意"④。正是由于原始人类对于图腾的恐惧和敬意，所以围绕不同的图腾产生了各种各样的社会禁忌。⑤ 对

---

① 弗洛伊德：《图腾与禁忌》，文良文化译，中央编译出版社，2005年，第34~35页。
② 弗洛伊德：《图腾与禁忌》，文良文化译，中央编译出版社，2005年，第40页。
③ 弗洛伊德：《图腾与禁忌》，文良文化译，中央编译出版社，2005年，第115页。
④ 转引自朱狄《原始文化研究》，生活·读书·新知三联书店，1988年，第77页。
⑤ 弗洛伊德对于图腾崇拜问题的探讨是从雷诺在1900年对图腾崇拜所总结的12条"图腾崇拜法"开始的，它们分别是：1. 禁止杀害或食用某种动物，但是，这种动物却可单独地被饲养和照顾。2. 某种动物因意外而死亡时，它将像其他族人的死亡一样受到隆重的礼葬。3. 在某些情形下，禁食的禁忌仅仅是指动物身体的某一部位。4. 当某种通常已被赦免的动物，由于事实需要而必须加以杀害时，则必须举行请求宽恕的仪式，同时，制造不同的伪装和借口来试图避免因破坏禁忌（也就是指这种谋杀）而可能遭受的报复。5. 当动物被用作某一种仪式典礼的祭品时，它将得到庄严的哀悼。6. 在某些庄严的场合和宗教仪式里，人们披上了某种动物的皮。在这种情况下，图腾崇拜仍然发挥着作用，因为，它们是图腾动物。7. 部落和个人必须以动物即图腾动物名称命名。8. 许多部落在他们的军旗和武器上画上动物的形态，人们还将动物的形态刻画到身体上。9. 如果图腾是一种令人感到危险的动物，那么他们坚信在部落中以它为名的氏族成员能够免遭痛苦。10. 图腾动物能够保护和警告它的部族。11. 图腾动物能够对部落内的忠贞族人预言未来，并充当他们的引路人。12. 在图腾部落内的成员常深信他们和图腾动物之间祖先的起源相同（弗洛伊德：《图腾与崇拜》，文良文化译，中央编译出版社，2005年，第110~111页）。

此，我们从中国原始宗教中也能够发现相似的端倪。

在禁忌、图腾与秩序的关系问题上，有学者曾针对广西大瑶山的无字石牌进行过细致而深入的田野调查与研究。

> 大瑶山的石牌制度，是长期以来在大瑶山地区实行的一种带有原始民主残余、维持社会秩序的政治组织。习惯以一个或几个村寨为单位，订立共同遵守的规约，叫做"石牌律"。而宗教禁忌是石牌律的前身，由以下两点可以得到验证。其一，宗教禁忌经过演变出现在石牌律条文中。瑶族原始宗教在"万物有灵"观念基础之上，产生了自然崇拜、图腾崇拜、祖先崇拜和鬼神崇拜等，形成对崇拜对象的敬畏和恐惧，不可触犯。瑶族历史上盛行的图腾崇拜带来了诸多图腾禁忌，包括禁止杀狗和食狗肉以及禁止图腾内部通婚等。……这些内容均被固定在石牌律当中。其二，石牌头人由宗教的师公和道公转变而来。金秀石牌头人大多同时是师公和道公，金秀四村近百年来，在所有的头人之中，只有三个不是师公和道公。师公和道公是鬼神意志的代言人，容易取得群众的推崇。[①]

显然，广西大瑶山的无字石牌，代表了瑶族社会历史发展中形成的一种维持生活秩序的社会组织制度，带有典型的原始民主制的特征。石牌律所揭示的宗教禁忌只是一种氏族内部的劝诫，缺乏必要的强制力以保证宗教禁忌的实施，即便是巫师本人也毫无任何特权可言，而且如果被氏族部落认定不能胜任的话，还将遭到罢免。随着社会融合和民族融合程度的不断加深，原来流行于汉民族生活区的道教、佛教等宗教信仰也不断地被引入和接受，

[①] 郝国强：《从宗教禁忌、石牌律到习惯法——大瑶山无字石牌的田野调查与研究》，《宗教学研究》2014年第3期。

已经出现由宗教禁忌向人为宗教、伦理宗教转化的迹象。同时，大多数石牌头人都由当地的师公和道公担任，他们凭借族人对于鬼神的信仰而在氏族部落内部享有较高的权力。瑶族宗教禁忌向石牌律转变，使之最终成为具有一定强制力的条规和乡俗。

当然，我们必须要承认，从发生学的意义上讲，作为原始宗教早期形态的图腾崇拜及其观念和原始禁忌，与父系氏族公社阶段之后不断成熟起来的、具有意识形态性质的图腾观念和社会禁忌还是有区别的。二者不管是在产生的时间与社会条件，还是内容与形式等各个方面都表现出了很大的不同，其中，最为重要的不同体现在社会功能的差异上。一般情况下，我们认为在前父系氏族公社阶段所产生的原始图腾崇拜和社会禁忌并不是完全意义上的宗教和宗教信仰，而是原始社会习俗和氏族习惯法的雏形。

（二）巫术与禁忌

巫术是人类社会最早出现的文化现象之一。但是，巫术到底是什么时候产生的，国内外学术界还没有统一的观点，甚至有学者认为，巫术的起源是一件根本无法考究的事情。对此，马林诺夫斯基就曾撰文明确指出，"巫术永远没有'起源'，永远不是发明的，编造的，一切巫术简单地说都是'存在'，古已有之的存在；一切人生重要趣意而不为正常的理性努力所控制者，则在一切事物一切过程上，都自开天辟地以来便以巫术为主要的伴随物了"[1]。应该说，这种观点还是具有一定普遍性的。

英国著名人类学家、文化学家爱德华·泰勒在其享誉世界的名著《原始文化：神话、哲学、宗教、语言、艺术和习俗发展之研究》中把巫术的思维方式认定为"联想"，在他看来，巫术是建立在联想基础上的一种人类能力，同时，这种能力又往往与人类

---

[1] 马林诺夫斯基：《巫术科学宗教与神话》，李安宅译，上海社会科学院出版社，2016年，第82页。

的愚蠢密切相连，人类在早期意识中会把那些被认为彼此之间有实际联系的事物结合起来。但是，人类在后来的社会生活中又不断地歪曲这种联系，从而得出了错误结论。对此，泰勒指出，"联想当然是以实际上的同样联系为前提的。以此为指导，他就力求用这种方法来发现、预言和引出事变，而这种方法，正如我们现在所看到的这种，具有纯粹幻想的性质"[1]。

后来，詹姆斯·弗雷泽继承并发展了泰勒关于"联想"的理论与方法，提出了"相似的联想"，并由此推演出"顺势巫术"和"接触巫术"的概念。在弗雷泽看来，原始禁忌是"顺势巫术""模拟巫术""接触巫术"的一种体现，其思想理论的基本逻辑就是，"如果他按照一定方式行动，那么，根据那些规则之一将必然得到一定的结果。而如果某种特定行为的后果对他将是不愉快的和危险的，他就自然要很小心地不要那样行动，以免承受这种后果。换言之，他不去做那类根据他对因果关系的错误理解而错误地相信会带来灾害的事情。简言之，他使自己服从于禁忌"[2]。对此，弗雷泽列举了大量的事例来说明这一点，奥吉布瓦印第安人在试图要加害或打击敌人的时候，往往按照敌人的模样，用木头或者布匹制作一个小的人像，然后用一根针刺入其身体的要害或致命部位，这与中国古代的巫术——魇镇如出一辙。汉武帝因为魇镇巫蛊之祸，曾杀了数万人；《三国演义》第九十一回中也曾提到，"时丕有疾，韬乃诈称于甄夫人宫中掘得桐木偶人，上书天子年月日时，为魇镇之事"。中国传统社会一般认为，魇镇是一种在古代社会就流传已久的巫术行为，无论是宫廷还是民间，都有人利用它来加害他人。如果哪一户人家被用了"厌胜之术"，

---

[1] 爱德华·泰勒：《原始文化：神话、哲学、宗教、语言、艺术和习俗发展之研究》，连树声译，谢继胜、尹虎彬、姜德顺校，广西师范大学出版社，2005年，第93页。

[2] 弗雷泽：《金枝——巫术与宗教之研究》（上册），汪培基、徐育新、张泽石译，汪培基校，商务印书馆，2013年，第39页。

轻则家宅不宁，时有损伤或惹上官非；重则患上恶疾、遇上灾劫、孩童夭折，甚至会家破人亡，是一种非常恶毒的诅咒。当然，在弗雷泽看来，巫术往往与原始宗教联系在一起，但事实上，二者并不完全是一回事。巫术在对待神灵的方式上，实际上与对待无生命的存在物是基本一样的，主要是通过压制、强迫等手段来迫使神灵就范，而不是像崇拜和宗教那样主要通过取悦或讨好对方的方式来处理与它们的关系，"因此，巫术断定：一切具有人格的对象，无论是人或神，最终总是从属于那些控制着一切的非人的力量。任何人只要懂得用适当的仪式和咒语来巧妙地操纵这种力量，他就能够继续利用它"①。弗雷泽通过对埃及、印度等的神话的研究论证了自己的观点。

由此，我们可以想象，在早期人类的社会生活中，作为个体的人还没有完全从自然状态下真正独立出来，人的一切情感、欲望、精神、意识、思想和活动等都不是从他自身而是从一种神秘而未知的、外在的力量出发的，"部落的每一个成员对部落习惯法的无意识服从，很长时间来被看成是构成研究原始秩序人们遵守法则之基础的基本公理"②。显然，这里的"部落习惯法"指的就是那些能影响和支配人类生活的社会规范，具体体现为原始生活中的各种禁忌。

在中国古代社会，"巫"的出现也是很早的，常常与"祝"连用，《说文解字》就曾明确指出，"巫，祝也"，说明二者是可以互释和通用的。陈梦家先生在对殷墟卜辞进行深入研究的基础上，明确指出，"祝即是巫，故'祝史'、'巫史'皆是巫也，而史亦巫也"③。但正如陈来教授所说的那样，"以'祝'释巫，是在祭

---

① 弗雷泽：《金枝——巫术与宗教之研究》（上册），汪培基、徐育新、张泽石译，汪培基校，商务印书馆，2013年，第93页。
② 恩斯特·卡西尔：《人论》，甘阳译，上海译文出版社，1985年，第115页。
③ 陈梦家：《商代的神话与巫术》，载陈梦家《陈梦家学术论文集》，中华书局，2016年，第86页。

祀文化的体系中说明巫，因为'祝，祭主赞词者'，祝本来明显地就是祭祀仪式中承担祝祷职责的人士或官员。也因此，在这种解释中，巫是已经或已被祭祀化了的"①。张光直先生认为，中国古代文献中的"巫祝"类似于西伯利亚地区和蒙古国、中国西藏等地盛行的"萨满"，当然，二者在社会功能上是十分接近的，"因此把'巫'译为萨满是合适的"②。毫无疑问，这种把中国古代的巫祝等同于萨满的观点显然是对其做了简单化的处理。

《周礼》中明确记载了关于巫祝分类、仪式、职能等方面的内容，按照不同的分工与职能，把"大祝"分为顺祝、年祝、吉祝、化祝、瑞祝、筴祝，另外，还有小祝、丧祝、甸祝、诅祝、司巫、男巫、女巫等多种类型，分类细致，极尽繁复。为说明问题，兹录于下。

大祝，掌六祝之辞，以事鬼神示，祈福祥，求永贞。一曰顺祝，二曰年祝，三曰吉祝，四曰化祝，五曰瑞祝，六曰筴祝。掌六祈以同鬼神示：一曰类，二曰造，三曰襘，四曰禜，五曰攻，六曰说。作六辞，以通上下、亲疏、远近，一曰祠，二曰命，三曰诰，四曰会，五曰祷，六曰诔。辨六号，一曰神号，二曰鬼号，三曰示号，四曰牲号，五曰齍号，六曰币号。辨九祭，一曰命祭，二曰衍祭，三曰炮祭，四曰周祭，五曰振祭，六曰擩祭，七曰绝祭，八曰缭祭，九曰共祭。辨九拜，一曰稽首，二曰顿首，三曰空首，四曰振动，五曰吉拜，六曰凶拜，七曰奇拜，八曰褒拜，九曰肃拜，以享右祭祀。……

小祝，掌小祭祀，将事、侯、禳、祷、祠之祝号，以祈

---

① 陈来：《古代宗教与伦理——儒家思想的根源》，生活·读书·新知三联书店，1996年，第46页。
② 张光直：《美术、神话与祭祀》，敦净、陈星译，王海晨校，辽宁教育出版社，1988年，第88页。

福祥，顺丰年，逆时雨，宁风旱，弥灾兵，远罪疾。大祭祀，逆粢盛，送逆尸，沃尸盥，赞隋，赞彻，赞奠。凡事，佐大祝。大丧，赞渳，设熬，置铭。及葬，设道粢之奠，分祷五祀。大师，掌衈祈号祝。有寇戎之事，则保郊，祀于社。凡外内小祭祀、小丧纪、小会同、小军旅，掌事焉。

丧祝，掌大丧劝防之事。及辟，令启。及朝，御柩，乃奠。及祖，饰棺，乃载，遂御。及葬，御柩，出宫乃代。及圹，说载，除饰。小丧亦如之。掌丧祭祝号。王吊，则与巫前。掌胜国邑之社稷之祝号，以祭祀祷祠焉。凡卿大夫之丧，掌事，而敛，饰棺焉。

甸祝，掌四时之田表貉之祝号。舍奠于祖庙，弥亦如之。师甸，致禽于虞中，乃属禽。及郊，馌兽，舍奠于祖祢，乃敛禽。禂牲、禂马，皆掌其祝号。

诅祝，掌盟、诅、类、造、攻、说、禬、禜之祝号。作盟诅之载辞，以叙国之信用，以质邦国之剂信。

司巫，掌群巫之政令。若国大旱，则帅巫而舞雩。国有大灾，则帅巫而造巫恒。祭祀，则共匰主及道布及蒩馆。凡祭事，守瘗。凡丧事，掌巫降之礼。

男巫，掌望祀、望衍授号，旁招以茅。冬堂赠，无方无筭。春招弭，以除疾病。王吊，则与祝前。

女巫，掌岁时祓除、衅浴。旱暵，则舞雩。若王后吊，则与祝前。凡邦之大灾，歌哭而请。①（《周礼·春官宗伯》）

---

① 《周礼·春官宗伯》中对于各种不同职能的巫祝的人数也有相当明确的要求，"大祝，下大夫二人，上士四人；小祝，中士八人、下士十有六人、府二人、史四人、胥四人、徒四十人。丧祝，上士二人、中士四人、下士八人、府二人、史二人、胥四人、徒四十人。甸祝，下士二人、府一人、史一人、徒四人。诅祝，下士二人、府一人、史一人、徒四人。司巫，中士三人、府一人、史一人、胥一人、徒十人。男巫，无数。女巫，无数。其师中士四人、府二人、史四人、胥四人、徒四十人"。

陈梦家先生在分析巫的职事的基础上，认为"卜辞卜史祝三者权分尚混合，而卜史预卜风雨休咎，又为王占梦，其事皆巫事而皆掌之于卜史。《周礼》将古之巫事分任于若干官：舞师、旄人、籥师、籥章、鞮鞻氏等为主舞之官；大卜、龟人、占人、筮人为占卜之官；占梦为占梦之官；大祝、丧祝、甸祝、诅祝为祝；司巫、男巫、女巫为巫；大史、小史为史；而方相氏为驱鬼之官：其职于古统掌于巫"①。此外，关于巫祝在社会生活中的具体职能和作用，我们还可以通过一个具体的事例来展示和说明。《国语》中曾记载了西周时期的昭王和观射父关于"巫觋"的功能与作用的一段对话。

> 昭王问于观射父，曰："《周书》所谓重、黎实使天地不通者，何也？若无然，民将能登天乎？"对曰："非此之谓也。古者民神不杂。……于是乎有天地神民类物之官，是谓五官，各司其序，不相乱也。民是以能有忠信，神是以能有明德，民神异业，敬而不渎，故神降之嘉生，民以物享，祸灾不至，求用不匮。及少皞之衰也，九黎乱德，民神杂糅，不可方物。夫人作享，家为巫史，无有要质。民匮于祀，而不知其福。烝享无度，民神同位。民渎齐盟，无有严威。神狎民则，不蠲其为。嘉生不降，无物以享。祸灾荐臻，莫尽其气。颛顼受之，乃命南正重司天以属神，命火正黎司地以属民，使复旧常，无相侵渎，是谓绝地天通。……"（《国语·楚语下》）

通过对话可知，在观射父看来，在遥远的上古时代，巫觋就是天与人沟通的渠道与媒介，是当时社会上"齐肃中正""敬恭神明"的那部分人。这些人大多异于常人，拥有超乎常人的特殊能

---

① 陈梦家：《商代的神话与巫术》，载陈梦家《陈梦家学术论文集》，中华书局，2016年，第91页。

力，对于神明往往怀有更加诚敬之心，他们的职责就是通过某种特定的仪式和活动，对祭祀对象的位次、祭品的丰寡等进行精心、周到的安排。九黎乱德之后，社会上出现了"家为巫史""民神同位"的局面，由此即产生了"嘉生不降，无物以享"的可怕后果。于是，颛顼委任重黎分司天、地，沟通神人。自此，巫祝开始出现了专业化和专门化的倾向。"古代，在阶级社会的初期，统治者居山，作为天人的媒介，全是'神国'，国王们断绝了天人的交通，垄断了交通上帝的大权，他就是神，没有不是神的国王。"[1]陈梦家先生也认为，"由巫而史，而为王者的行政官吏；王者自己虽为政治领袖，同时仍为群巫之长"[2]，"王乃由群巫之长所演变而成的政治领袖"[3]。一般认为，这就是中国早期社会所形成的关于君权神授的观念。此类的例子在传统文献中是比较常见的，兹不赘述。另外，巫咸作为中国殷周时期最负盛名的巫师，曾在《尚书》《庄子》《列子》《韩非子》《吕氏春秋》《楚辞》等文献中出现，由此也可见殷周时代巫祝盛行的程度。

在中国早期社会，巫觋用以沟通天人的手段主要为卜筮，《周礼》对于卜筮方法有较为详备的记载。

> 大卜，掌《三兆》之法，一曰《玉兆》，二曰《瓦兆》，三曰《原兆》。其经兆之体，皆百有二十，其颂皆千有二百。掌《三易》之法，一曰《连山》，二曰《归藏》，三曰《周易》。其经卦皆八，其别皆六十有四。掌《三梦》之法，一曰《致梦》，二曰《觭梦》，三曰《咸陟》。其经运十，其别九

---

[1] 杨向奎：《中国古代社会与古代思想研究》（上册），上海人民出版社，1964年，第164页。
[2] 陈梦家：《商代的神话与巫术》，载陈梦家《陈梦家学术论文集》，中华书局，2016年，第91页。
[3] 陈梦家：《商代的神话与巫术》，载陈梦家《陈梦家学术论文集》，中华书局，2016年，第92页。

十。以邦事作龟之八命，一曰征，二曰象，三曰与，四曰谋，五曰果，六曰至，七曰雨，八曰瘳。以八命者，赞《三兆》、《三易》、《三梦》之占，以观国家之吉凶，以诏救政。凡国大贞，卜立君，卜大封，则眡高作龟。大祭祀，则眡高命龟。凡小事，莅卜。国大迁、大师，则贞龟。凡旅，陈龟。凡丧事，命龟。①（《周礼·春官宗伯》）

《周礼》中更有"九筮之名"的说法，"筮人，掌《三易》，以辨九筮之名，一曰《连山》，二曰《归藏》，三曰《周易》。九筮之名，一曰巫更，二曰巫咸，三曰巫式，四曰巫目，五曰巫易，六曰巫比，七曰巫祠，八曰巫参，九曰巫环，以辨吉凶。凡国之大事，先筮而后卜。上春，相筮。凡国事，共筮"（《周礼·春官宗伯》）。由此，我们可以非常清晰地看到，中国早期社会对于巫觋及其职能的分类已经达到了非常细致，甚至可以说是繁复的程度，不同的巫觋所祭祀和卜问的对象、仪式、程序、方式、手段等都是各不相同的。归根到底，这些都代表了不同的生活禁忌和社会规范，对后世——不管是社会生活还是思想观念——产生了重大的影响。

（三）性与禁忌

在诸多的原始禁忌中，性禁忌是迄今所知最早产生，也是对社会生活和历史演进影响最大的一种原始禁忌。

美国著名的人类学家摩尔根在其名著《古代社会》中，在对美国印第安人婚姻形式考察的基础上，从家族模式演化的角度描述了早期人类婚姻习俗的演变过程。摩尔根认为，人类大体经历了五种婚姻制度和与之相伴生的五种婚姻和家族模式：第一，血

---

① 除此之外，《周礼·春官宗伯》还记述了卜师、龟人、菙氏和占人等不同类型的神职人员的占卜方式和手段。

婚制家族,"是由嫡亲的和旁系的兄弟姐妹集体相互婚配而建立起来的";第二,伙婚制家族,"是由拥有若干嫡亲的和旁系血亲的姐妹集体地同彼此的丈夫""由若干嫡亲的和旁系的兄弟集体地同彼此的妻子婚配而建立";第三,偶婚制家族,"是由一对配偶结婚而建立的,但不专限于固定的配偶同居";第四,父权制家族,"是由一个男子与若干妻子结婚而建立的";第五,专偶制家族,"是由一对配偶结婚而建立的,专限与固定的配偶同居"。[①] 在摩尔根看来,在由血婚制家族向伙婚制家族过渡的过程中,原始的性禁忌发挥了至关重要的作用,其核心要求就是同一氏族内部的男女禁止通婚。这样的要求所带来的结果就是有效地杜绝了氏族内部同辈或异辈之间乱伦现象的发生。在族内婚阶段,"婚姻集团是按照辈分来划分的:在家庭范围以内的所有祖父和祖母,都互为夫妻;他们的子女,即父亲和母亲,也是如此;同样,后者的子女,构成第三个共同夫妻圈子。而他们的子女,即第一个集团的曾孙子女们,又构成第四个圈子。这样,这一家庭形式中,仅仅排斥了祖先和子孙之间、双亲和子女之间互为夫妻的权利和义务(用现代的说法)"[②]。由此亦可见族内婚的混乱及其对人类生活产生的负面影响。

而族外婚所具有的最重大的社会意义就是同一氏族内部基于血缘关系的男女——在婚姻关系上——只能到其他氏族中寻找配偶,这就意味着其只能同与自己没有直接血缘关系的异性进行结合,这样做的好处是显而易见的。"群与群的成员之间性关系的结合……杂交的后果之一是杂交优势——健壮、有力、生命力强;……后代的繁殖力超过生育他们的双亲。杂交的另一个最重要的结果是遗传基础的丰饶化,是变异范围的急剧增加和机体进

---

① 路易斯·亨利·摩尔根:《古代社会》,杨东莼、马雍、马巨译,商务印书馆,1977年,第382页。
② 恩格斯:《家庭、私有制和国家的起源》,中共中央马克思恩格斯列宁斯大林著作编译局译,人民出版社,1999年,第35页。

化可塑性的异乎寻常的增长"①。此外，摩尔根在转述艾瑞腊对于玛雅人的有关论述的过程中说，"他们一贯非常重视血统，因而认为他们全都有亲属关系……他们不与母辈的人或兄弟之妻通婚，也不与父亲同姓的人通婚，这都被视为非法的……他们认为同姓通婚是一种非常可耻的秽行"②。

恩格斯甚至把摩尔根的《古代社会》与达尔文的《物种起源》视为同等重要的著作，认为摩尔根对于原始社会生活状态，尤其是婚姻生活状态的描述就像达尔文的著作对于生物学那样意义非凡，"在论述社会的原始状况方面，现在有一本像达尔文的著作对于生物学那样具有决定意义的书，这本书当然也是被马克思发现的，这就是摩尔根的《古代社会》（1877年版）"③。马恩对摩尔根关于原始社会生活，尤其是婚姻生活的论述给予了高度评价和认可。

弗洛伊德从社会心理学的角度对这种由原始性禁忌带来的氏族外通婚给予了高度关注，重点描述了性禁忌以及由之而来的族外婚的形成。在他看来，"在图腾社会里，禁止相同图腾内的族民相互结婚或发生性关系是一个相当严厉的禁忌。在此，我们将发现一个与图腾具有神秘关联的现象——外婚制"④。显然，弗洛伊德认为，这种由原始性禁忌带来的族外婚，在人类自身繁衍、历史进化和社会发展过程中都具有无可争议的作用和无可替代的意义。对于整个人类遗传基因的巨大改善、对于人类自身生命力的提高、对于更加广阔的生活交往范围、对于更加充分的社会统一，这场人类自身变革和社会变革的实际意义都是显而易见的。

---

① Ю. И. 谢苗诺夫：《婚姻和家庭的起源》，蔡俊生译，沈真校，中国社会科学出版社，1983年，第168~169页。
② 路易斯·亨利·摩尔根：《古代社会》，杨东莼、马雍、马巨译，商务印书馆，1977年，第176~177页。
③ 《马克思恩格斯文集》第十卷，中共中央马克思恩格斯列宁斯大林著作编译局编译，人民出版社，2009年，第512~513页。
④ 弗洛伊德：《图腾与禁忌》，文良文化译，中央编译出版社，2005年，第116页。

在恩格斯看来,"氏族的任何成员都不得在氏族内部通婚。这是氏族的根本规则,维系氏族的纽带;这是极其肯定的血缘亲属关系的否定表现,赖有这种血缘亲属关系,它所包括的个人才成为一个氏族。摩尔根由于发现了这个简单的事实,就第一次揭示了氏族的本质"[①]。这说明,族外婚是氏族社会最主要的婚姻形式,氏族内部成员相互之间的性关系和婚姻关系是被严厉禁止的,这是一种典型的性禁忌。对此,谢苗诺夫认为,之所以出现原始性禁忌,主要是因为在早期人类看来,违反性禁忌所带来的后果是可怕的,是群体性和灾难性的,会直接威胁整个族群的生存和发展,显然,这是早期人类在长期的族内婚的实践中得到的惨痛教训和宝贵经验。

同时,族内婚还是氏族内部冲突与对立的根源所在。恩格斯通过对动物界雄性动物对雌性动物争夺的考察,发现族内婚或者氏族内部成员之间的混乱的行为最终会导致氏族内部的对立、冲突与纷争。然而,残酷的现实生活又使得氏族为了整体的生存不得不放下彼此之间的斗争,而向着更加紧密的关系迈进,"为了在发展过程中脱离动物状态,实现自然界中的最伟大的进步,还需要一种因素:以群的联合力量和集体行动来弥补个体自卫能力的不足"[②]。显然,放弃族内婚而奉行族外婚就成了历史演进的选择和社会发展的必然。因此,早期人类在氏族内部所确立的原始性禁忌以及随之而来的族外婚,是人类社会发展进步的重要保障和标志,对此,谢苗诺夫指出,"族外婚的产生是控制动物利己主义过程已经完成的明显标志,也是人类社会形成过程已经完成的明显标志"[③]。

[①] 恩格斯:《家庭、私有制和国家的起源》,中共中央马克思恩格斯列宁斯大林著作编译局译,人民出版社,1999年,第88页。

[②] 恩格斯:《家庭、私有制和国家的起源》,中共中央马克思恩格斯列宁斯大林著作编译局译,人民出版社,1999年,第33页。

[③] Ю. И. 谢苗诺夫:《婚姻和家庭的起源》,蔡俊生译,沈真校,中国社会科学出版社,1983年,第79页。

在这里，正是原始的性禁忌或者婚姻禁忌，在控制人类的生物性本能和需要的同时，把人类的社会性和群体性充分地彰显出来，这不能不算作人类发展的一大进步。

具体到中国早期社会的性禁忌或者婚姻禁忌，"同姓不婚"是在中国早期社会中最通行的，同时也是影响最大的禁忌。对此，先秦时期的诸多文献，如《左传》《周礼》《礼记》《国语》《论语》等均有所记载，这些文献分别从不同角度说明了"同姓不婚"这一婚姻禁忌的历史来源、社会功能及其在日常生活中的落实情况。

《左传·僖公二十三年》中记载，"男女同姓，其生不蕃"，对此，孔颖达认为，"礼'取妻不取同姓'。辟违礼而取，故其生子，不能蕃息昌盛也。《晋语》曰：'同姓不昏，惧不殖也。'又曰：'异姓则异德，异德则异类。异类虽近，男女相及，以生民也。同姓则同德，同德则同心，同心则同志。同志虽远，男女不相及，畏黩故也。黩则生怨，怨乱育灾，灾育灭姓。是故取辟同姓，畏乱灾也。'《周礼》不得取同姓，彼遂演说其意耳，未必取同姓者皆灭姓也"（《春秋左传正义·僖公二十三年》）。显然，孔颖达为我们提供了关于"同姓不婚"的三种解释：首先，其源自先周时期礼制的规定；其次，其源自人们对于近亲结婚所带来的生理和生殖问题的恐惧；最后，其源自人们对对天不敬而可能招致的"灭姓"的担忧。另外，《左传·襄公二十八年》中提到了"男女辨姓"，《左传·昭公元年》强调了"男女辨姓，礼之大司也"等，在心理机制上这些大体处于孔颖达的解释范围之内。

《礼记·坊记》中也有相似的记载，"取妻不取同姓，以厚别也。故买妾不知其姓，则卜之。以此坊民，鲁《春秋》犹去夫人之姓，曰'吴'，其死，曰'孟子卒'"。对此，孔颖达指出，"'买妾不知其姓，则卜之'者，妾既卑贱，不可尽知其所生本姓，但避其凶害，唯卜其姓，吉乃取之"（《礼记正义·坊记》）。

显然，在孔颖达看来，孟子去世不称"夫人姬氏薨"，而记作"孟子卒"①，称字而不称氏、言卒而不言薨，都是出于对同姓而婚的一种避讳，这与郑玄、何休的理解大体是一致的。同时，《礼记·曲礼》也认为，"取妻不取同姓，故买妾不知其姓，则卜之"。对此，《礼记·大传》指出，"系之以姓而弗别，缀之以食而弗殊，虽百世而昏姻不通者，周道然也"。

鲁昭公元年，晋侯身体有恙。郑伯为表示对晋侯的重视和关心，委派朝中重臣子产到晋国去聘问。晋国贵族叔向请求子产帮助分析晋侯患病的原因并提供治疗方法。于是，子产在具体解释了卜人"实沈、台骀为祟"的判断之后，把晋侯染疾的原因归结为其因触犯了"同姓不婚"的婚姻禁忌而受到了上天的惩罚。

> 内官不及同姓，其生不殖。美先尽矣，则相生疾，君子是以恶之。故《志》曰："买妾不知其姓，则卜之。"违此二者，古之所慎也。男女辨姓，礼之大司也。今君内实有四姬焉，其无乃是也乎？若由是二者，弗可为也已。四姬有省犹可，无则必生疾矣。(《左传·昭公元年》)

杜预认为，"同姓之相与，先美矣。美极则尽，尽则生疾"。孔颖达则进一步解释认为，"内官若取同姓，则夫妇所以生疾，性命不得殖长。何者？以其同姓，相与先美。今既为夫妻，又相宠爱，美之至极，在先尽矣。乃相厌患，而生疾病。非直美极恶生，疾病而已，又美极骄宠，更生妒害也"(《春秋左传正义·昭公元年》)。在这里，孔颖达又在一定程度上修正了自己在《礼记正义》

---

① 此处的"孟子"即指鲁昭公的夫人，乃吴大伯之后，二人同为"姬"姓。本着"同姓不婚"的原则，二人不应结合。但既已结合，因此在孟子去世之后，就不便称其为"夫人姬氏"，而只能称其名，故记曰"孟子卒"。

中的说法，认为"同姓不婚"之制始于西周初年①，同姓之婚并不必然带来"不殖"的恶果，其是周王为了纠正夏商时期"未设防禁"的敬简之风而立法禁止的，是劝慰、勉励百姓的礼法举措而已。

由此可以看出，子产认为，晋侯本是周朝的姬姓王室成员，根据"同姓不婚"禁忌的要求，晋侯是不能以姬姓女子为配偶的。但晋侯却明知故犯，居然娶了四名姬姓女子，显然，这是对"同姓不婚"禁忌的极大不尊重。晋侯的病并不纯粹是由身体原因造成的，更主要的是其触犯了婚姻禁忌而招致了上天和鬼神的惩罚。因此，唯一的解救之道就只能是要求晋侯立即解除与四名姬姓女子的婚姻关系。对于子产的此番高论，叔向给予了极高的评价，并表示赞同，"善哉！肸未之闻也，此皆然矣"（《左传·昭公元年》）。这很好地说明了"同姓不婚"的婚姻禁忌是历史上和当时社会中一条深入人心的通行禁忌。

除此之外，中国早期社会中还流行着一些其他的婚姻禁忌，比如，禁止母子通婚。在西周乃至春秋时期的社会生活中，烝报婚是一种较为普遍的社会现象，又被称为收继婚。儿子在父亲死后有权继娶除生母之外的其他庶母为妻，这种婚姻形式被称为"烝"；而弟弟或侄子，则在兄长或叔叔死后，有权继娶其寡嫂或寡婶为妻，这种婚姻形式被称为"报"。

> 初，卫宣公烝于夷姜，生急子，属诸右公子。为之娶于齐，而美，公取之，生寿及朔，属寿于左公子。（《左传·桓公

---

① 王国维赞同孔颖达的这一观点，在《殷周制度论》中，王国维强调"同姓不婚之制，实自周始"〔王国维：《观堂集林》（附别集）全二册，中华书局，2004年，第474页〕。在王国维看来，"中国政治与文化之变革，莫剧于殷、周之际"（同上，第451页），"欲观周之所以定天下，必自其制度始矣。周人制度之大异于商者，一曰立子立嫡之制，由是而生宗法及丧服之制，并由是而有封建子弟之制、君天子臣诸侯之制；二曰庙数之制；三曰同姓不婚之制"（同上，第453～454页）。

十六年》)

　　初，惠公之即位也少，齐人使昭伯烝于宣姜。不可，强之。生齐子、戴公、文公、宋桓夫人、许穆夫人。(《左传·闵公二年》)

　　晋献公娶于贾，无子。烝于齐姜，生秦穆夫人及太子申生。(《左传·庄公二十八年》)

　　楚之讨陈夏氏也，庄王欲纳夏姬。申公巫臣曰："不可。……"……王以予连尹襄老。襄老死于邲，不获其尸，其子黑要烝焉。(《左传·成公二年》)

从以上可以看出，虽然烝体现的是一种异辈婚，但是，必须指出的是，以上所列举的被烝者一般与所烝者都不存在直接的血缘关系，是子与庶母的关系，如夷姜为宣公之庶母、齐姜为晋献公之父晋武公之妾等，莫不如是。由此，我们大体可以推定亲生母子之间的婚姻关系在当时社会是被严厉禁止的。同样被严厉禁止的还有兄妹婚。春秋时期，齐襄公与其同父异母妹文姜在长达数十年的时间内一直保持私通，《左传》对这件事的记载达十余次之多，这种行为遭到了社会舆论的普遍谴责，《诗经·齐风·南山》中有"南山崔崔，雄狐绥绥。鲁道有荡，齐子由归。既曰归止，曷又怀止"，讽刺的就是二人的不伦关系。因此，《毛诗序》中明确记载，"《南山》，刺襄公也。鸟兽之行，淫乎其妹。大夫遇是恶，作诗而去之"。从当时的社会情况来看，这种亲兄妹之间的男女关系在现实生活中显然是不被认可和接受的。

（四）道德与禁忌

在原始禁忌与道德等其他社会调节方式的关系问题上，卡西尔明确指出，"在人类文明的初级阶段，（禁忌）这个词包括了宗教和道德的全部领域。在这个意义上，许多宗教史家都给了禁忌体系以很高的评价。尽管它有着明显的不足之处，但还是被称为较高的文化生活的最初而又不可缺少的萌芽,甚至被说成是道德和宗教思想的先天原则"①。显而易见,禁忌——作为人类社会最早出现的、旨在进行自我控制的社会规范——是与早期人类的发展阶段相适应的,已经在很大程度上代表了社会生活和历史发展过程中的新变化。

必须明确的是,禁忌与道德虽然在功能上有着相似的特征,但二者又存在着根本性的区别。对此,金泽教授总结了禁忌与道德之间的主要不同,在他看来,禁忌是以否定的形式进行的自我规范的行为,而道德是以肯定的形式进行的自我规范的行为;禁忌主要强调行为的结果,而道德则更加重视行为的动机;触犯禁忌意味着行为个体,甚至是关联性的群体都必定要遭受来自未知神秘力量的强制性惩罚,而违背道德却一般只受到社会和舆论的谴责。② 万建中教授则主要从禁忌与道德的成因及作用等方面说明了二者的差异。他认为,在人类最早的社会规范——禁忌当中深刻地蕴含着道德的胚胎和萌芽,原始禁忌代表了道德和宗教思想的先天原则,禁忌中的某些规范恰恰对道德规范的产生与形成起到了必要的铺垫作用,道德规范大多是沿着原始禁忌的道路和轨迹形成和发展的。③ 因此,我们往往可以从原始禁忌中发现大量后来道德规定的内容,比如不许杀害本氏族的图腾动物、不许对神灵不恭敬、不许伤害本氏族的其他成员、不许用不洁净的东西祭祀祖先、不许与本氏族内部的异代女性发生性关系等。这些都充分说明,此时的禁忌在一定程度上已经有了某种道德化的倾向和表现。

在禁忌与道德的关系问题上,我们一般肯定二者都是调节社会关系、实现社会控制的有效方式。禁忌主要是从消极的角度实

---

① 恩斯特·卡西尔:《人论》,甘阳译,上海译文出版社,1985年,第133页。
② 金泽:《宗教禁忌》,社会科学文献出版社,1998年,第19~24页。
③ 万建中:《禁忌与中国文化》,人民出版社,2001年,第498~503页。

现对于人的自我行为和社会行为的约束,卡西尔认为,禁忌体系为人类生活提供的规范和义务无一例外都表现为消极的强制,其中,没有任何积极的理想和价值可言,"因为支配着禁忌体系的正是恐惧,而恐惧唯一知道的只是如何去禁止,而不是如何去指导。它警告要提防危险,但它不可能在人身上激起心的积极的即道德的能量"[①]。相反,道德则主要是从积极和鼓励的角度实现对人的自我行为和社会行为的引导。但在道德产生和发展的过程中,禁忌起到了至关重要的作用,对此,吕大吉教授深刻地指出,正是严格,甚至严酷的原始禁忌体系为早期人类提供了必须遵守的社会规范,从而使早期人类的动物性本能受到了最大限度的限制。毫无疑问,这种禁忌体系对于人类自身的成长和发展是十分重要且必要的。在这里,吕大吉教授引用了弗雷泽的观点,认为"与神圣观念相联系的禁忌制度在社会生活中对确立和稳定政治,对确保私有财产不被盗窃和不受侵犯,对婚姻的神圣性,对保护尊重人的生命都有作用和意义"[②]。显然,正是禁忌,为社会道德的出现做了充分且必要的铺垫。

二 崇拜与道德情感

崇拜,尤其是祖先崇拜是早期社会原始宗教信仰最主要的形式之一。与原始禁忌源自恐惧的心理机制不同的是,崇拜,尤其是祖先崇拜更多来自崇拜者本身对于崇拜对象怀有的崇敬和感恩的心理机制。以这种心理机制为前提,人们开始在谄媚、讨好、祈求等心态支配和驱动下,试图通过占卜、祭祀等活动博得崇拜对象的怜悯和眷顾,从而实现保护安全、平安生活等目的。可以说,如果认为原始禁忌主要体现的是早期人类在自然面前的完全

[①] 恩斯特·卡西尔:《人论》,甘阳译,上海译文出版社,1985年,第138页。
[②] 吕大吉:《宗教学通论新编》,中国社会科学出版社,1998年,第329页。

被动的状态的话，那么崇拜则意味着早期人类已经开始试图用自己力所能及的方式去窥知、参与，甚至是改变上帝和神灵对自身及氏族命运的安排，表现为人类认识世界、改造自然的最初方式。在此过程之中，蕴含着一种积极的秩序和道德生活的原则，"出于对一种异于人的未知而友好的力量的尊重而对个人特权的限制，不管细节上对我们会显得如何琐碎和可笑，它们却包含着社会进步和道德秩序的活生生的原则"[1]。由此，一种全新的生活开始展现在人类社会的面前。

在中国早期社会中，崇拜对象呈现多样化的倾向，崇拜谱系也是十分冗长和复杂的。《礼记》当中详细记载了西周时期的祭祀方式和祭祀对象，并追溯了有虞氏、夏后氏、殷人、周人等五帝后期以及殷商时期的祭祀仪式与活动。

> 有虞氏禘黄帝而郊喾，祖颛顼而宗尧。夏后氏亦禘黄帝而郊鲧，祖颛顼而宗禹。殷人禘喾而郊冥，祖契而宗汤。周人禘喾而郊稷，祖文王而宗武王。燔柴于泰坛，祭天也。瘗埋于泰折，祭地也。用骍犊。埋少牢于泰昭，祭时也。相近于坎坛，祭寒暑也。王宫，祭日也；夜明，祭月也；幽宗，祭星也；雩宗，祭水旱也；四坎坛，祭四方也。山林、川谷、丘陵，能出云，为风雨，见怪物，皆曰神。有天下者祭百神。诸侯在其地则祭之，亡其地则不祭。（《礼记·祭法》）

从中我们可以非常明晰地看出，从五帝到西周初年的祭祀仪式和祭祀对象都是极尽繁复的，已经有了"百神"的概念，由此亦可见神灵的数量是很多的，从祖先神到自然神，几乎面面俱到，无所不包，天地、四时、寒暑、日月、山林、川谷、百物等，均在祭祀的范围之内。当然，必须指出的是，相比于其他自然神，

---

[1] 恩斯特·卡西尔：《人论》，甘阳译，上海译文出版社，1985年，第136页。

对于早期人类来说，祖先神在他们心目中是最为重要、突出且不可或缺的。

（一） 图腾与崇拜

自然崇拜是人类历史上最早出现的崇拜形式之一，在仰韶文化遗址、屈家岭文化遗址等早期遗址中，往往都会出现太阳的图形。在新石器时代的遗址和岩画上，我们也会经常发现太阳神的存在，这就是一种典型的自然崇拜，与《礼记·祭法》中的记载十分吻合。可见，在中国早期社会中，自然崇拜是相当普遍的。对此，我们也可以从殷墟卜辞中得到验证。

相传，舜继承天子之位后，曾经到全国各地遍祭群神。"舜让于德，弗嗣。正月上日，受终于文祖。在璇玑玉衡，以齐七政。肆类于上帝，禋于六宗，望于山川，遍于群神。辑五瑞，既月，乃日觐四岳，群牧，班瑞于群后。岁二月东巡守，至于岱宗，柴。望秩于山川，肆觐东后。协时、月正日，同律、度、量、衡。修五礼、五玉、三帛、二生、一死，贽。如五器，卒乃复。五月南巡守，至于南岳，如岱礼。八月西巡守，至于西岳，如初。十有一月朔巡守，至于北岳，如西礼。归，格于艺祖，用特。五载一巡守，群后四朝，敷奏以言，明试以功，车服以庸。"（《尚书·舜典》）以《周礼》的思想为基础，陈梦家把祭祀的对象初步划分为天神、地示和人鬼三个部分，其中，天神主要包括昊天、上帝、日、月、星辰、司中、司命、风、雨；地示主要包括社、稷、五岳、山、川、林、泽、四方、百物；人鬼则主要是指先王。[1] 而朱凤瀚则把殷墟卜辞中提及的殷商时期的各种神灵主要划分为四种类型，即上帝、自然神、具有自然神色彩的祖神和非本于自然物的祖神。[2]

---

[1] 陈梦家：《殷虚卜辞综述》，中华书局，1988年，第562页。
[2] 朱凤瀚：《商周时期的天神崇拜》，《中国社会科学》1993年第4期。

有学者指出，尽管目前国内外学界对于图腾的产生、性质、功能、作用等方面还存在较多的争议，但是，已经至少在四个方面达成了基本的共识，这是我们了解和认识图腾以及图腾崇拜的基础和关键。首先，在每个氏族成员的思想意识中，他们都坚定地认为，自己的氏族与其所崇拜的对象——图腾物之间存在着密切的血缘关系，图腾物是作为本氏族的保护神而存在的，以此为基础形成了图腾感生之类的神话传说；其次，每个氏族都对本氏族的图腾物加以崇敬，并相应地制定了一系列与图腾物直接相关的氏族禁忌，比如，严禁进食图腾物等；再次，每个氏族都基于对本氏族图腾物的崇拜而形成了相应的祭祀仪式和祭祀活动；最后，崇拜同一个图腾的氏族、社会组织或集团的男女成员之间是严格禁止结婚的，这也就是前文所论证和说明的"同姓不婚"的婚姻禁忌，族外婚是图腾崇拜的重要内容。① 其中，氏族与图腾物之间的密切联系无疑是最核心的部分和内容。因此，从发生学的意义上讲，在人类的早期阶段，祖先崇拜与图腾崇拜具有同一起源，二者的起源过程表现出了巨大的同一性。所以，我们完全有理由认为，图腾崇拜是祖先崇拜的原始起点，这应该是没有疑义的。

具体到中国来说，图腾崇拜的出现也是很早的，据学界对考古资料所做的分析来看，至少可以追溯到距今6500多年前的新石器时代中期。相传，黄帝之时，图腾崇拜就已经普遍存在了，《史记》记载了黄帝与炎帝大战于阪泉之野的事。

> 轩辕之时，神农氏世衰。诸侯相侵伐，暴虐百姓，而神农氏弗能征。于是轩辕乃习用干戈，以征不享，诸侯咸来宾从。而蚩尤最为暴，莫能伐。炎帝欲侵陵诸侯，诸侯咸归轩辕。轩辕乃修德振兵，治五气，蓺五种，抚万民，度四方，

---

① 梅新林：《祖先崇拜起源论》，《民俗研究》1994年第4期。

教熊罴貔貅貙虎，以与炎帝战于阪泉之野。三战，然后得其志。(《史记·五帝本纪》)

在轩辕氏时期，神农氏的后代已经逐渐衰败了，各诸侯——实际上也就是各个不同的氏族——之间互相攻战，残害百姓，民不聊生，而此时神农氏却已经没有力量征讨他们了。于是，轩辕氏就开始习兵练武，去征讨那些不来朝贡的诸侯，各诸侯都归服于轩辕氏。此时，蚩尤在各诸侯中最为凶暴，没有人能去征讨他。轩辕氏修行德业，练兵强军，研究五行四时的各种变化，大力发展农业生产以安抚民众，训练熊、罴、貔、貅、貙、虎六种猛兽，最后与炎帝的军队在阪泉的郊外作战，先后交战三次，才得以征服炎帝，取得了战争的最后胜利。后来，蚩尤纠集队伍，发动叛乱，肆意违抗黄帝的命令。于是，黄帝征调和集合了各个诸侯的军队，在涿鹿的郊外与蚩尤作战，最终擒获并杀死了蚩尤。在这种情况下，各个诸侯都尊奉轩辕黄帝为天子。当然，由于确证史料的缺乏，黄帝与炎帝大战于阪泉之野、与蚩尤大战于涿鹿之野是不是历史事实，学术界恐怕还难以给出明确的答案。《史记》中提到的"熊、罴、貔、貅、貙、虎"六兽，司马贞在《史记索隐》中认为应当理解为六种猛兽，"此六者猛兽，可以教战"，即认为这六种猛兽经过训练之后，可以成为战场之利器。而张守节在《史记正义》中认为这种理解是有问题的，不应该将其视为六种凶猛的动物，而应当理解为对于士卒的不同命名，"言教士卒习战，以猛兽之名名之，用威敌也"，以达到震慑敌军的目的。显然，张守节的注解应该相对合理一些。但更加合理的解释则是把六兽理解为六个以这六种猛兽为图腾的氏族，黄帝率领这六个氏族与炎帝、蚩尤作战，而不是率领六种猛兽与蚩尤作战，这种理解应该更加合乎当时社会的实际。

到殷商时期，图腾崇拜的多样化倾向依然存在，但与之前不同的是，殷商时期的人们试图为这些纷繁复杂的神灵给予一种谱系上的安排，以使之呈现有序化的状态。对此，葛兆光教授在探讨卜辞中所记录的殷人观念系统时曾深刻指出，"在卜辞中，殷商人不仅已经把神秘力量神格化，而且已经把它们大体组成了一个有秩序的神的系谱。在这个系谱中，第一个重要的当然是殷商时代神灵世界的最高位'帝'"[1]。郭沫若先生在《先秦天道观之进展》一文中，通过对先秦时期的文献如《山海经》《楚辞》等的考察，以较大篇幅论证了"殷时代是已经存在至上神的观念的，起初称为'帝'，后来称为'上帝'，大约在殷周之际的时候又称为'天'，……由卜辞看来可知殷人的至上神是有意志的人格神，……但这殷人的神同时又是殷民族的宗祖神，便是至上神是殷民族自己的祖先"[2]。侯外庐先生也曾明确指出，"殷代的帝王宗教观是一元的，即先王和'帝'都统一于对祖先神的崇拜。这种一元性的宗教观，是殷代氏族成员基本一致，没有分裂，人与人之间一元性的反映"[3]。郭瑞祥教授从宗教学的角度出发，通过对原始宗教的产生与形成及其社会历史条件等的考察，认为"原始宗教产生以后，在极其漫长的时间里，经过了一系列极其复杂的由具体到抽象、由多神到一神的演变过程；到殷商时代的天神'帝'，已经是较为完备形态的至上神了"[4]。由此可见，殷商时期的图腾崇拜和宗教信仰表现出了一元论的倾向，当然，这种一元论是以承认神灵的多样性为前提的，只不过殷商时期的人们把多样性的神灵用一个统一的系统整合起来，而居于神灵系统或神灵谱系顶点的自然是帝神。

通过诸多前辈学者对甲骨文和殷商史的研究，我们可以发现，居于殷商时期图腾崇拜谱系顶点的是帝神而不是天神，对此，诸

---

[1] 葛兆光：《中国思想史》第一卷，复旦大学出版社，1998年，第91页。
[2] 郭沫若：《中国古代社会研究》（外二种），河北教育出版社，2004年，第245～256页。
[3] 侯外庐：《我对中国社会史的研究》，《历史研究》1984年第3期。
[4] 郭瑞祥：《先秦天人观的辩证发展》，《世界宗教研究》1985年第1期。

多学者均有论述。在顾颉刚先生看来,"'天'字,商代原来是不用的,甲骨文中有'天'字只作'大'字使用"[1];而郭沫若先生则认为,殷墟卜辞中虽然在事实上已经有了"天"字的出现,但是,这里的"天"却还暂时没有后来所说的天的含义,"如像大戊称为'天戊',大邑商称为'天邑商',都是把天当为了大字的同意语"。在这种观点的基础上,郭沫若先生甚至提出了更加激进的看法,他认为"凡是殷代的旧有的典籍如果有对至上神称天的地方,都是不能信任的东西"[2]。陈梦家先生认为,"卜辞的'天'没有作'上天'之意的。'天'之观念是周人提出来的"[3],"西周时代开始有了'天'的观念,代替了殷人的上帝"[4]。因此,我们基本可以断定,作为殷商时期图腾崇拜谱系的顶点,也就是至上神而存在的,实际上是"帝"或"上帝",而并不是"天"。在河南安阳小屯村出土的殷墟甲骨中,"帝"出现的频率是很高的,而"天"出现的频率却相对要少得多,由此也可以说明以上所论述观点的可靠性与科学性。

毋庸置疑,"尊神"已经成为殷商文化的显著标志与典型特征。《礼记·表记》在比较夏、商、周三代的文化特点时强调指出,"夏道尊命,事鬼敬神而远之,近人而忠焉。先禄而后威,先赏而后罚,亲而不尊。其民之敝,蠢而愚,乔而野,朴而不文。殷人尊神,率民以事神,先鬼而后礼,先罚而后赏,尊而不亲。其民之敝,荡而不静,胜而无耻。周人尊礼尚施,事鬼敬神而远之,近人而忠焉,其赏罚用爵列,亲而不尊。其民之敝,利而巧,文而不惭,贼而蔽"。由此可见,"尊神""事鬼"已经成为殷商

---

[1] 顾颉刚、刘起釪:《〈盘庚〉三篇校释译论(续完)》,《历史学》1979年第2期。
[2] 郭沫若:《中国古代社会研究》(外二种),河北教育出版社,2004年,第248页。
[3] 陈梦家:《殷虚卜辞综述》,中华书局,1988年,第581页。
[4] 陈梦家:《殷虚卜辞综述》,中华书局,1988年,第562页。

社会最普遍的文化现象,"殷人尊神,率民以事神,先鬼而后礼"也因此而成了殷商时期最显著的文化特征。

在殷商时期的祭祀文化中,作为图腾崇拜重要表现的祭祀仪式是非常繁复的。同时,祭祀周期也是非常长的,简直超乎了我们现代人的想象。陈梦家在对殷商社会研究的基础上,明确指出,殷商时期"一个完整周祀共需三十七旬,……一祀约当一年"[①]。当然,对于殷祀周期的说明和推断,有学者也表达了一些不同的意见和看法,关于该问题的有关学术争论,大家可以参见常玉芝研究员所作的《商代周祭制度》[②],该书对于殷商时期的祭祀制度和祭祀周期都进行了详备的梳理与考察,为我们研究和学习殷商时期的祭祀制度和祭祀周期等问题都提供了重要的参考资料和思想依据。

(二) 祖先与崇拜

相对于自然崇拜而言,图腾崇拜和祖先崇拜则是较为高级的崇拜形式。其中,祖先崇拜源自图腾崇拜,有学者认为,"祖先崇拜是一种以崇祀死去祖先亡灵而祈求庇护为核心内容,由图腾崇拜、生殖崇拜、灵魂崇拜复合而成的原始宗教"[③]。图腾崇拜可以被视为原始人类的一种早期崇拜形式。在列维-布留尔看来,"这是一些个体的体外灵魂,是祖灵的媒介,也许还是这些祖先本人的身体;这是图腾本质的精华,是生命力的贮存器"[④]。由此,我们可以看出祖先崇拜与图腾崇拜的密切关联。

在中国古代社会,祖先崇拜的起源时间是很早的,其间也经历了一个漫长的发展和演化过程。有学者指出,在中国的新石器时代,至少存在四种形式的祖先崇拜。第一,集体性的祖先崇拜。

---

① 陈梦家:《殷虚卜辞综述》,中华书局,1988年,第395~396页。
② 常玉芝:《商代周祭制度》,中国社会科学出版社,1987年。
③ 梅新林:《祖先崇拜起源论》,《民俗研究》1994年第4期。
④ 列维-布留尔:《原始思维》,丁由译,商务印书馆,1981年,第86页。

在陕西龙岩寺的仰韶文化遗址中，环绕在 168 座墓葬周围的是 150 多个祭祀坑，这些祭祀坑与墓葬并不存在一一对应的关系，而是对整个墓葬群的整体性祭祀。第二，父系的祖先崇拜。在属于仰韶文化时期的陕西中部的某个墓葬遗址中，我们发现，某些女性被不断排斥在集体性祖先崇拜的范围之外，这是一种典型的父系氏族公社的文化遗存。第三，个体性的祖先崇拜。在属于公元前 24 世纪前后时期的马家窑遗址中，有学者发现，尽管从墓葬的形制和规格很难发现当时已经存在社会等级和不平等的现象，但在某些氏族及其成员的墓葬的形制、规模、规格以及随葬品的数量和品质等方面，都已经表现出了某种特殊待遇和地位。祭祀坑主要分布在两个大的墓葬周围，这就充分表明这两个墓葬内的死者拥有与众不同的社会地位和影响力。第四，具有明显等级区分的祖先崇拜。这类崇拜明显与社会的等级制度相联系，应该是相对较晚出现的一种崇拜形式，在龙山文化时期的山东诸城呈子遗址中，根据墓葬的形制、规格和随葬品的数量，可以把整个墓葬群划分为不同的社会等级，由此可知，祖先崇拜已与社会政治制度紧密联系起来，并成了社会政治制度的重要部分和内容。但是，"从集体祖先到个人祖先，祖先祭祀仪式的转换过程，恰与从平等社会发展到等级社会的过程相呼应"[1]。应该承认，这种对祖先崇拜演化过程的梳理与分析还是有科学性的。

对于祖先崇拜，《尚书》《左传》《国语》《礼记》等文献多有记载。

> 昔烈山氏之有天下也，其子曰柱，能殖百谷百蔬。夏之兴也，周弃继之，故祀以为稷。共工氏之伯九有也，其子曰后土，能平九土，故祀以为社。黄帝能成命百物，以明民共

---

[1] 刘莉：《中国祖先崇拜的起源和种族神话》，星灿译，《南方文物》2006 年第 3 期。

财,颛顼能修之,帝喾能序三辰以固民,尧能单均刑法以仪民,舜勤民事而野死,鲧鄣洪水而殛死,禹能以德修鲧之功,契为司徒而民辑,冥勤其官而水死,汤以宽治民而除其邪,稷勤百谷而山死,文王以文昭,武王以武烈,去民之秽。故有虞氏禘黄帝而祖颛顼,郊尧而宗舜。夏后氏禘黄帝而祖颛顼,郊鲧而宗禹。商人禘舜而祖契,郊冥而宗汤。周人禘喾而郊稷,祖文王而宗武王。(《国语·鲁语上》)

以上所记载的就是鲁国诸侯对姬周部族先代圣王的德业、功绩以及后人对他们的祭祀之礼。相对于《国语·鲁语上》的描述,《礼记·祭法》的记载就要更加详细和完备,对祭坛的分布、祭品的多寡、主祭者的分类,以及祭祀效果等方面都进行了描述。尽管详略不同,但二者对祖先崇拜和祭祀仪式的记述大体一致,核心在于圣王制定的祭祀原则。在《国语·鲁语上》中,凡是被百姓树立为榜样、因公殉职、能安邦定国建功立业、能为大众预防灾害、能救民于水火等有功于国家和社会的人,都可以成为崇拜和祭祀的对象。所以,中国古代的崇拜和祭祀对象都是人们经过长期考察而筛选出来的。因此,他们在死后被人们当作神灵来祭祀。除此之外,还有日、月、星辰之神和山林、川谷、丘陵之神,百姓依靠他们来区分四时、安排农事、获得各种必要的生产和生活资料。凡是不属于以上所论述的情况的,自然就不会被人们当作神灵来祭祀了。

在殷商时期,"帝神"作为至上神,处于整个神灵谱系的顶点。诸多学者通过对甲骨文和传世文献等的考察,认为对祖先神的崇拜和祭祀才是殷商时期崇拜与祭祀的主流。美国著名汉学家本杰明·史华兹先生认为,"当人们考查甲骨文的时候,就会立刻为如下的现象所震惊:我们称为祖先崇拜的现象几乎无所不在。它并非一种排他性的宗教取向,跟对于河流、大山、土地、风、雨、天体以及'高高在上的神'('帝'或'上帝')等等的关注一直存在着相互往来。然而，对于祖先崇拜的取向是如此无处不在，对中国文明的整个发展又是如此至关重要，以至于值得对它可能具有的潜在含义作一番单独的反思"①。

这种现象的出现，首先是因为殷商贵族对于"帝神"的了解、认知和定性。在他们的心目中，作为神灵谱系最高位次的至上神，即他们所说的"上帝"或"帝神"，"并不单是降福于人、慈悲为怀的慈爱的神，同时也是降祸于人、残酷无情的憎恶的神"②。对此，余敦康教授指出，"这个天神对殷人来说，作为一种盲目支配的力量，与包括殷王在内的所有的人相对立"③。因此，在殷商时期的人们看来，真正能够关心、眷顾和保护他们的并不是作为至上神的上帝或"帝神"，而恰恰是已经去世，并"宾于帝廷"的先王先祖，这才是他们遍祀群祖而鲜祭"帝神"的心理机制和最终原因。对此，陈梦家先生提出，"殷人的上帝或帝，是掌管自然天象的主宰，……人王通过先公先王或其他诸神而向上帝求雨祈年，或祷告战役的胜利"④，此言确当。关于这一点，我们还可以从《诗经·商颂》的诸多篇章当中体会出殷人对于祖先的热爱与感恩。

> 嗟嗟烈祖，有秩斯祜。申锡无疆，及尔斯所。……来假来飨，降福无疆。顾予烝尝，汤孙之将。（《诗经·烈祖》）
> 猗与那与，置我鞉鼓。奏鼓简简，衎我烈祖。汤孙奏假，绥我思成。鞉鼓渊渊，嘒嘒管声。既和且平，依我磬声。于赫汤孙，穆穆厥声。庸鼓有斁，万舞有奕。我有嘉客，亦不

---

① 本杰明·史华兹：《古代中国的思想世界》，程钢译，刘东校，江苏人民出版社，2004年，第27页。
② 李亚农：《李亚农史论集》，上海人民出版社，1962年，第561页。
③ 余敦康：《殷周之际宗教思想的变革及其对哲学思想发展的影响》，《中国哲学史研究》1981年第1期。
④ 陈梦家：《殷虚卜辞综述》，中华书局，1988年，第280页。

夷怿。自古在昔，先民有作。温恭朝夕，执事有恪。顾予烝尝，汤孙之将。(《诗经·那》)

汤降不迟，圣敬日跻。(《诗经·长发》)

昔有成汤，自彼氐羌，莫敢不来享，莫敢不来王。曰商是常。(《诗经·殷武》)

必须承认，殷人对祖先的情感是真挚而浓烈的。祖先崇拜在很大程度上起到了凝聚和团结殷人的作用，形成了一个以血缘关系为纽带，同时以祖先和祖先崇拜为核心的社会组织；而在社会观念方面，祖先和作为祖先代表的氏族、宗族被放置在社会生活的中心位置，殷人的其他一切社会生活，不管是物质生活，还是精神生活，都是以此为根据而渐次展开的。

（三）崇拜与政治

从陈梦家、常玉芝等人对殷商社会生活和祭祀制度的梳理和描述当中，我们可以非常清晰地看到，在殷商时期，祖先崇拜已经被高度系统化和制度化了，祖先以及对祖先的崇拜渗透到了殷商国家政治生活和社会生活的方方面面。殷商时期的贵族们非常坚定地相信，他们的先公先王能够很好地保佑时人，包括保证社会生产的顺利开展和取得战争的胜利等社会生活和政治生活的有序进行。因此，对祖先的崇拜和祭祀，为殷商王朝的存在提供了巨大的心理支撑和精神支持，祖先崇拜在社会生活的各个领域都发挥着不可替代的重要作用。

以祖先崇拜为中心的原始宗教进入殷商时代社会政治生活的重要表现首先是君权神授观念的产生。在君权与神权的关系问题上，"绝地天通"打开了时人阐述二者关系的新思路。正是有感于"民神同位""民神杂糅"的混乱局面，作为天子的颛顼才"命南正重司天以属神，命火正黎司地以属民，使复旧常，无相侵渎"。这样，就能够回到社会生活各个层面各司其职的正常轨道上来，从而实现"民是以能有忠信,神是以能有明德,民神异业,敬而不渎,故神降之嘉生,民以物享,祸灾不至,求用不匮"(《国语·楚语下》)的目的。如果说,"绝地天通"的思想与祖先崇拜的关系还有些间接的话,那么《诗经》中关于君权神授、君权与神权的关系的论述则要直接得多。《诗经·商颂》当中就有诸多诗歌都表达了这一方面的思想。

> 天命玄鸟,降而生商,宅殷土芒芒。古帝命武汤,正域彼四方。(《诗经·玄鸟》)
> 天命多辟,设都于禹之绩。岁事来辟,勿予祸适,稼穑匪解。
> 天命降监,下民有严。不僭不滥,不敢怠遑。命于下国,封建厥福。(《诗经·殷武》)
> 濬哲维商,长发其祥。洪水芒芒,禹敷下土方。外大国是疆,幅陨既长。有娀方将,帝立子生商。(《诗经·长发》)

从以上可以看出,不管是"天命玄鸟,降而生商",还是"帝立子生商",所表达的都是"帝神"与殷商国家政治生活的密切联系。在殷人看来,"帝神"是殷商政权合法性的来源和根本保障。但是,紧接着,《诗经·商颂》把主要篇幅都放在了对祖先的歌颂和赞美上,如"天命多辟",正是在殷商先公先王的努力和庇佑下,殷商社会才能实现"商邑翼翼,四方之极。赫赫厥声,濯濯厥灵。寿考且宁,以保我后生"《诗经·殷武》的局面和目的。因此,诗歌中充满了商人对先公先王强烈的热爱与感恩的情感。

殷商时期,以祖先崇拜为中心的原始宗教进入社会政治生活的另一个重要表现就是,祖先崇拜具有高度等级化的倾向。当时,祭祀礼仪盛大而隆重,祭祀周期也格外长。在整个祭祀周期当中,通过对群祖降神、献腥、馈食、祝册等仪式活动,时王和时人表达对先公先王的崇拜和感恩。除此之外,我们还能够从中看到对先妣、诸兄等对象的祭祀要求。常玉芝认为,"殷墟甲骨卜辞表明,商人对祖先神是非常尊崇的,他们对各类祖先神进行着频繁的、有的还是很隆重的祭祀。我们从这些祭祀卜辞中可以看到,商人对各类祖先神的尊崇程度是不一样的,是有亲疏之别的"[1]。这种等级制的祭祀制度,就充分说明了"殷商时代对于人间即家族、社会、天下已经形成了一种观念:血缘亲族的关系,在建构家族、社会、天下的结构与秩序上,是至关重要的,生存时如此,死亡后依然如此,在家族内如此,在社会上也是如此。作为社会结构的经纬,血缘关系的意义,不仅在王室,在王以下的社会阶层中也同样重要"[2]。虽然在殷商时期,古代社会的诸多传统依然保留并影响着人们的社会生活,各辈的兄弟都进入了祭祀的序列,但祖先崇拜以及由之而形成的家族纵向的血缘关系和以男性为主导的继承顺位,在此时已经基本形成了,社会结构的有序化也已经成了社会生活的重要支撑。

在祖先崇拜的基础上而形成的王权与神权的结合,对殷商社会产生了重要影响。《尚书·盘庚》提到,在盘庚关于迁都之事对贵族、卿士和庶民所做的说服工作中,就主要利用了"帝神"和祖先的权威以及人们对他们的感恩与崇拜。

> 我王来,即爰宅于兹,重我民,无尽刘。不能胥匡以生,卜稽曰:"其如台。"先王有服,恪谨天命,兹犹不常宁。不常厥邑,于今五邦。今不承于古,罔知天之断命,矧曰其克从先王之烈?若颠木之有由蘖,天其永我命于兹新邑,绍复先王之大业厎绥四方。(《尚书·盘庚上》)
>
> 古我前后,罔不惟民之承。保。后胥戚鲜,以不浮于天时。殷降大虐,先王不怀厥攸作,视民利用迁。汝曷弗念我

---

[1] 常玉芝:《商代宗教祭祀》,中国社会科学出版社,2010年,第173页。
[2] 葛兆光:《中国思想史》第一卷,复旦大学出版社,1998年,第96页。

古后之闻？承汝俾汝，惟喜康共，非汝有咎，比于罚。予若吁怀兹新邑，亦惟汝故，以丕从厥志。(《尚书·盘庚中》)

今予其敷心腹肾肠，历告尔百姓于朕志。罔罪尔众，尔无共怒，协比谗言予一人。古我先王，将多于前功，适于山，用降我凶德，嘉绩于朕邦。今我民用荡析离居，罔有定极。尔谓朕曷震动万民以迁，肆上帝将复我高祖之德，乱越我家。朕及笃敬，恭承民命，用永地于新邑。肆予冲人，非废厥谋，吊由灵各。非敢违卜，用宏兹贲。(《尚书·盘庚下》)

孔安国认为，"先王有所服行，敬谨天命，如此尚不常安，有可迁辄迁"，"今不承古而徙，是无知天将断绝汝命"，"天其长我命于此新邑，不可不徙"。显然，在孔安国看来，盘庚把迁都这件事定性为天命所使。在此基础上，孔颖达对盘庚迁都的原因、过程和理由等方面都有着更加详细的说明。孔颖达指出，有鉴于殷民普遍不愿迁居他地的心理和埋怨，盘庚主要从先王自旧都迁于此的背景入手，重点强调了迁都是符合上天和先王期待的，"上天其必长我殷之王命于此新邑，继复先王之大业"，这是"更求昌盛""以安四方之人"(《尚书正义·盘庚》)的必要举措。于是，上天和先王就成了盘庚迁都的主要理论依据。

显然，在盘庚看来，迁都首先是秉持先代圣王，尤其是商汤迁都的先例及其迁都的思想理念。盘庚认为，商汤迁都是其伟大功业的重要组成部分，也是其超越前人的重要标志。其次，盘庚指出，迁都既体现出对先代圣王的继承，同时，更是遵守天命的必然要求，这是通过占卜得来的最终结果。因此，人们必须无条件遵从，从而为迁都的合法性和必要性给予了形而上的论证。在这里，盘庚并没有从社会生产、政治生活、经济活动等角度去劝说大家，而主要是把"帝神"，尤其是包括成汤在内的、对殷商贵族和百姓有着巨大说服力和感召力的祖先神抬出来，作为自己主张的核心根据。由此，充分体现了祖先崇拜在殷商政治生活和社会生活中的重要地位。

再有一例，相传《尚书·洪范》为殷末贵族箕子所作，他在"稽疑"中明确写道：

> 择建立卜筮人，乃命卜筮：曰雨，曰霁，曰蒙，曰驿，曰克，曰贞，曰悔，凡七。卜五，占用二，衍忒。立时人作卜筮，三人占，则从二人之言。汝则有大疑，谋及乃心，谋及卿士，谋及庶人，谋及卜筮。汝则从、龟从、筮从、卿士从，庶民从，是之谓大同。身其康强，子孙其逢吉。汝则从、龟从、筮从、卿士逆、庶民逆，吉。卿士从、龟从、筮从、汝则逆、庶民逆，吉。庶民从、龟从、筮从、汝则逆、卿士逆，吉。汝则从、龟从、筮逆、卿士逆、庶民逆，作内吉，作外凶。龟筮共违于人，用静吉，用作凶。

孔安国认为，"考正疑事，当选择知卜筮人而建立之"。卜筮是时人处理悬而未决的疑难问题的重要方式。对于占卜的原则，"其卜筮必用三代之法，三人占之，若其所占不同，而其善钧者，则从二人之言，言以此法考正疑事也"（《尚书正义·洪范》）。《洪范》认为，用卜筮的方式解答社会生活和政治生活中的疑惑是一种十分有效的方式，这样就必须选择并任命负责卜筮的官员，命令他们掌管占筮的方法。龟兆或雨或雾，或晴或阴，各不相同。因此，卦象也就表现出了不同的性质。在这里，殷王直接参与到了卜筮的活动之中，并亲自发表意见，显然，殷王本身就代表了神权与王权的高度统一，这是以祖先崇拜为代表的原始宗教思想积极参与社会生活和政治生活的有力证明。

除此之外，殷商时期中央政府的诸多高官同时又是可以沟通天人的巫祝。《尚书·君奭》中重点提到了商代历史上七位著名的贤臣，分别是：成汤在位时的伊尹，太甲在位时的保衡，太戊在位时的伊陟、臣扈及巫咸，祖乙在位时的巫贤和武丁在位时的甘盘,这七个人在殷商历史上的不同时期发挥了重要的作用。

　　公曰:"君奭,我闻在昔成汤既受命,时则有若伊尹,格于皇天。在太甲,时则有若保衡。在太戊,时则有若伊陟、臣扈,格于上帝。巫咸乂王家。在祖乙,时则有若巫贤。在武丁,时则有若甘盘。率惟兹有陈,保乂有殷,故殷礼陟配天,多历年所。天维纯佑命,则商实百姓王人,罔不秉德明恤,小臣屏侯甸,矧咸奔走。惟兹惟德称,用乂厥辟。故一人有事于四方,若卜筮罔不是孚。"(《尚书·君奭》)

　　在周公看来,以成汤为代表的殷商诸王,接受天命以治理天下,于是上天就为他们派下了重要的贤臣以为之辅助。正是这些贤德之臣帮助殷商的帝王治理国家、安定社会、抚慰黎民,因此,根据殷人的制度,这些贤臣和帝王去世之后,他们的神灵都会德配天地。"这七人中,衡为保(据陈梦家先生考证,保衡为黄父),盘为师(据卜辞)。这篇文献还说,商汤用伊尹,'格于皇天';太戊用伊陟、臣扈,'格于上帝';'巫咸乂主家'。另外,伊陟即戊(巫)陟(据卜辞),是伊尹之子(据《竹书纪年》);巫贤是巫咸之子(据《史记正义》)。根据这些材料来看,居长老之任、佐商王治理国家的贤臣多是大巫,而且这些大巫多是世任其业的显赫的神职贵族族长。从神权被控制在神职贵族及其族长手中这一角度来看,商朝的神权也可说是一种族权。"[1] 由此亦可见以祖先崇拜为代表的原始宗教思想对殷商社会生活和国家政治生活的重要影响。

　　总而言之,"从生者对于祖灵的态度来看,殷人的孝慈伦理观念似乎还很朦胧和淡薄,其于祭祀,更多的是为了祛祸出祟,而

---

[1] 李光霁:《商朝政制中的神权、族权与王权》,《历史教学》1986年第2期。

绝不同于周人的'追孝',这也为殷人甚至殷代不可能提出'孝'提供了旁证"。然而,在殷商时期的人们通过祖先崇拜而不断培养起来的道德情感和思想意识当中,我们似乎已经看到了"孝"的历史积淀,"尽管这还不是后世意义上的孝道,但应是孝的渊源所在"[①]。

[①] 何平:《"孝"道的起源与"孝"行的最早提出》,《南开学报》(哲学社会科学版)1988年第2期。

第二章 西周时期道德生活的发展与道德观念的产生

众所周知,王国维先生的《殷周制度论》是讨论和比较殷商与西周社会变革方面最重要的成果,其立论的主旨在于辨析和说明殷商和西周在文化、政治、道德等制度诸多层面的不同。其文开宗明义地讲道:"中国政治与文化之变革,莫剧于殷、周之际。……殷、周间之大变革,自其表言之,不过一姓一家之兴亡与都邑之移转;自其里言之,则旧制度废而新制度兴,旧文化废而新文化兴。"具体来说,这种差异主要表现为三个方面,"欲观周之所以定天下,必自其制度始矣。周人制度之大异于商者,一曰'立子立嫡'之制,由是而生宗法及丧服之制,并由是而有封建子弟之制,君天子臣诸侯之制;二曰庙数之制;三曰同姓不婚之制。此数者,皆周之所以纲纪天下。其旨则在纳上下于道德,而合天子、诸侯、卿、大夫、士、庶民以成一道德之团体。周公制作之本意,实在于此"[1]。以此为基础,王国维先生具体论述了嫡庶之制、宗法与服术、丧服之制、男女之别等。应该说,王国维先生的论证是极具说服力的,始终占据国内外学术界该类问题研究的主流地位,在学术界产生了重要影响。

必须指出的是,殷商和西周确实在文化、政治、习俗,乃至

---

[1] 王国维:《观堂集林》(附别集)全二册,中华书局,2004年,第451~453页。

社会生产与生活等诸多层面都存在着巨大的差异,但同时,二者又有着千丝万缕的联系。"夏礼吾能言之,杞不足征也;殷礼吾能言之,宋不足征也。文献不足故也,足,则吾能征之矣。"(《论语·八佾》)虽然孔子本人认为,夏、商、周三代之间的礼俗是有所损益的,但是,他依然得出了"周因于殷礼"(《论语·为政》)的结论。然而,遗憾的是,孔子却并未就二者之间的传承关系及殷商文化与西周文化之间的联系给予具体论述。

而且,殷礼与周礼的差异主要表现为礼节、仪式、程序等操作层面的不同,通过祭祀活动所传达出来的对于先王、先祖、昊天、上帝及百物的崇拜与敬奉心理,说明二者在文化精神方面并无本质性区别。因此,可以认为,"综观三代文化,固有异同之处,未逾损益相因;寻本则一脉相承,未尝有变焉"①。但是,亦有学者坚持认为商周礼俗文化之间的差异是实质性的,如前文所论,最具代表性的当属王国维,兹不赘述。

一 西周时期道德生活发展与道德观念产生的社会背景

社会存在决定社会意识,这是马克思主义唯物史观的基本原理之一。马克思在《〈政治经济学批判〉序言》中明确指出:"人们在自己生活的社会生产中发生一定的、必然的、不以他们的意志为转移的关系,即同他们的物质生产力的一定发展阶段相适合的生产关系。这些生产关系的总和构成社会的经济结构,即有法律的和政治的上层建筑竖立其上并有一定的社会意识形式与之相适应的现实基础。物质生活的生产方式制约着整个社会生活、政治生活和精神生活的过程。不是人们的意识决定人们的存在,相反,是人们的社会存在决定人们的意识。社会的物质生产力发展

---

① 张光直:《中国青铜时代》,生活·读书·新知三联书店,1999年,第64页。

到一定阶段，便同它们一直在其中运动的现存生产关系或财产关系（这只是生产关系的法律用语）发生矛盾。"① 因此，我们对西周时期道德生活的发展和道德观念的产生的研究，也应从对这一时期社会生活基本面貌的论述和分析开始。

（一）经济制度与社会生活

新中国成立后，学术界关于殷周经济生活的研究是从"亚细亚生产方式"的相关论题展开的。

"亚细亚生产方式"是马克思在19世纪50年代前后提出的。1853年，马克思在关于英国与印度关系的两篇文章《不列颠在印度统治的未来结果》和《不列颠在印度的统治》中，分别提出了关于农村公社、东方专制制度和公共工程等的重要问题，并把这些问题的社会特征统统概括在"亚细亚社会"之中。1857年至1858年，马克思在《政治经济学批判大纲》中再次提到了亚细亚的公社所有制。1859年，马克思在《〈政治经济学批判〉序言》中第一次划分了人类社会相继发展的四个阶段："大体说来，亚细亚的、古希腊罗马的、封建的和现代资产阶级的生产方式可以看做是经济的社会形态演进的几个时代。"② 当然，也有学者强调指出，"亚细亚生产方式是马克思对原始社会形态初创性的理论概括，其内涵是以原始共同体土地共同所有制为核心的原始共产主义。马克思以留存于文明世界中的公社残片为依据，运用逆向推演和残片复原相结合的方法，在材料相当缺乏的情况下成功地揭示了原始社会生产关系最基本的特点。将经过抽象而形成的亚细亚生产方式的'一般'概念，同它依以抽象的素材的亚洲村社及东方社会实态区分开来，是正确理解亚细亚生产方式

---

① 《马克思恩格斯文集》第二卷，中共中央马克思恩格斯列宁斯大林著作编译局编译，人民出版社，2009年，第591页。
② 《马克思恩格斯文集》第二卷，中共中央马克思恩格斯列宁斯大林著作编译局编译，人民出版社，2009年，第592页。

的关键"①。

因此，新中国成立后，诸多学者把"亚细亚生产方式"的相关理论与方法应用到了对中国古代社会的理解和论述之中，其中最具代表性的学者之一就是侯外庐先生。侯外庐先生明确指出，运用"亚细亚生产方式"的相关理论理解中国古代社会的性质是非常重要和必要的，这个问题如果搞不清楚的话，就不能研究中国古代社会的性质。在他看来，"灌溉、热带等自然环境是亚细亚古代'早熟'的自然条件；氏族公社的保留以及转化成为土地所有者的氏族王侯（古称'公族'），是它的'维新'的路径；土地国有而无私有地域化的所有形态，是它的因袭的传习；征服了周围部族的俘获，是它的家族奴隶劳动力的源泉"②。因此，中国古代社会和古代文明就是一种早熟的社会和文明，"农业耕种是文明社会的先决条件，土字出现是殷末在氏族公社之下的耕作的证明，已经具有进到文明的条件。殷末比古代希腊、罗马大约早一千年，正像上文所说，希腊代表正常的小孩，其他很多氏族在古代代表发育不良和早熟的小孩。殷末周初的文明史，我以为是早熟的历史"③。也就是说，以印度和中国为代表的古代东方国家发生和发展的路径是不同于西方的，采取的是一种包括土地在内的主要生产资料国家所有的制度，这在西周时期就表现为"井田制"④。同时，侯外庐先生又对运用马克思关于"亚细亚生产方式"的论述科学解释中国古代社会和古代历史的做法持谨慎的态度，他认为，"简单地说来，我断定'古代'是有不同路径的。在马克思、恩格

---

① 李根蟠：《"亚细亚生产方式"再探讨——重读〈资本主义生产以前的各种形式〉的思考》，《中国社会科学》2016 年第 9 期。
② 侯外庐：《中国古代社会史论》，河北教育出版社，2000 年，第 27 页。
③ 侯外庐：《中国古代社会史论》，河北教育出版社，2000 年，第 97 页。
④ 亦有学者对"亚细亚生产方式"在印度和中国的体现进行区分，指出"有别于印度，对中国来说，'亚细亚生产方式'可以概括为四点：父权家长社会、东方专制政治、蒙古游牧因素、国家形态变迁"（宋培军：《马克思"亚细亚生产方式"理论与"中国式现代化"命题》，《文史哲》2022 年第 6 期）。

斯的经典文献上，所谓'古典的古代'、'亚细亚的古代'，都是指的奴隶社会。但是两者的序列却不一定是亚细亚在前。有时古典列在前面，有时两者平列，作为'第一种'和'第二种'看待的。'古典的古代'是革命的路径；'亚细亚的古代'却是改良的路径。前者便是所谓'正常发育'的文明'小孩'；后者是所谓'早熟'的文明'小孩'，用中国古文献的话来说，便是人维求旧、器维求新的'其命维新'的奴隶社会。旧人便是氏族（和国民阶级相反），新器便是国家或城市"①。

当然，对于"亚细亚生产方式"在解释中国古代社会发生、发展中的运用，也有不同的意见和声音。田昌五教授认为，恩格斯在《家庭、私有制和国家起源》中所说的国家起源，并没有涉及中国问题，因此，马克思和恩格斯所说的"亚细亚生产方式"对于中国文明的起源而言，多半是不能适用的。因此，田昌五教授明确指出，马克思和恩格斯所说的村社，或者农村公社，其范围主要是从印度到爱尔兰，充其量最多再加上埃及而已，那么他们是怎么认识和看待中国的呢？"马克思在提到印度的村社时只顺便说了一句'这在中国，也是原始的形式'。很显然，这句话纯属揣测之辞，并无任何事实作依据，我们怎能拿这句揣测之辞去附会中国古代的土地制度呢？"② 显然，在田昌五教授看来，用马克思和恩格斯关于"亚细亚生产方式"和农村公社的相关思想来分析和解读中国古代社会及其性质，是需要慎重考虑的。③

---

① 侯外庐：《中国古代社会史论》，河北教育出版社，2000年，第4页。
② 田昌五：《中国古代社会的真象与亚细亚形态的神话》，《史学理论研究》1995年第2期。
③ 有学者对此提出异议。沈长云教授"赞同马克思恩格斯的亚细亚社会形态理论"，"赞成中国古代属于马克思主张的亚细亚生产方式社会"［沈长云：《亚细亚生产方式与中国道路（笔谈）·谈中国古代的亚细亚社会形态》，《文史哲》2022年第6期］。但其所坚持的"中国古代没有经历过奴隶制社会""中国古代自夏商周至鸦片战争以前的社会属于马克思所说的亚细亚生产方式的社会"的结论，与马克思恩格斯关于"亚细亚生产方式"的论述和中国社会历史发展的实际过程难以完全吻合，这是显而易见的。

关于"井田制",古代典籍和当代学者都多有论述。

使毕战问井地。孟子曰:"……夫仁政,必自经界始。经界不正,井地不钧,谷禄不平。是故暴君污吏必慢其经界。经界既正,分田制禄可坐而定也。夫滕壤地褊小,将为君子焉,将为野人焉。无君子莫治野人,无野人莫养君子。请野九一而助,国中什一使自赋。卿以下必有圭田,圭田五十亩。余夫二十五亩。死徙无出乡,乡田同井。出入相友,守望相助,疾病相扶持,则百姓亲睦。方里而井,井九百亩,其中为公田。八家皆私百亩,同养公田。公事毕,然后敢治私事,所以别野人也。"(《孟子·滕文公上》)

乃均土地以稽其人民而周知其数。上地家七人,可任也者家三人;中地家六人,可任也者二家五人;下地家五人,可任也者家二人。凡起徒役,毋过家一人,以其余为羡,唯田与追胥竭作。凡用众庶,则掌其政教与其戒禁,听其辞讼,施其赏罚,诛其犯命者。凡国之大事,致民;大故,致余子。乃经土地而井牧其田野,九夫为井,四井为邑,四邑为丘,四丘为甸,四甸为县,四县为都,以任地事而令贡赋,凡税敛之事……(《周礼·小司徒》)

初税亩。初者,始也。古者什一,藉而不税。初税亩,非正也。古者三百步为里,名曰井田。井田者,九百亩,公田居一。私田稼不善,则非吏;公田稼不善,则非民。初税亩者,非公之去公田而履亩,十取一也,以公之与民为已悉矣。古者公田为居,井灶葱韭尽取焉。(《春秋穀梁传·宣公十五年》)

由上可知,古代典籍中关于"井田制"的描写一般相对较晚,大多是战国中期之后,乃至秦汉时期的记载。记载的时间越晚则材料论述得就越细致,这与顾颉刚先生关于"古史层累说"的论述是基本符合的。虽然，不同文献对于"井田制"的具体描写各不相同，但至少有一点是所有古代文献共同认可的，那就是"井田制"在中国古代社会是历史的存在，代表了周代土地制度和经济制度的核心内容。在"井田制"研究上具有较大影响的金景芳教授把中国古代的"井田制"与马克思、恩格斯关于东方社会、"亚细亚生产方式"和农村公社等相关理论和方法紧密联系在了一起。金景芳教授认为，"井田制"实际上就是马克思和恩格斯所描述的农村公社在中国古代社会的具体表现，"中国古书上所记述的井田制，就是马克思、恩格斯所说的'马尔克'或'农村公社'、'农业公社'在中国的具体表现形式"，"井田制的存在，恰恰是中国奴隶社会之为'古代东方型'的一个铁证"①。徐喜辰认为，存在于我国古代社会中的井田制度应该就是原始社会解体后残存于商周时期奴隶社会中的一种公社所有制，是一种从公有制到私有制的中间阶段的公社所有制。②吴慧也认为，最早的"井田制"就是家族公社的土地公有制，以后"井田制"在很长时间内都还保留着家族公社的遗存，到成为与农村公社有联系的土地制度，已经是很晚的事情了。③

当然，亦有学者对"井田制"的真实存在持怀疑态度。胡适就曾明确指出，"豆腐干块的井田制度也是不可能的。井田的均产制乃是战国时代的乌托邦。战国以前从没有人提及古代的井田制"④。在他看来，孟子主张的"井田制"，毫无疑问是其本人构想出来的，完全没有历史的根据。郭沫若在《中国古代社会研究》中认为"周代自始至终并无所谓井田制的施行"⑤。胡寄窗基本同

---

① 金景芳：《中国古代史分期商榷》（上），《历史研究》1979年第2期。
② 徐喜辰：《井田制度研究》，吉林人民出版社，1984年，第32页。
③ 吴慧：《井田制考索》，农业出版社，1985年，第51页。
④ 胡适：《胡适文存》，黄山书社，1996年，第302页。
⑤ 郭沫若：《中国古代社会研究》（外二种），河北教育出版社，2004年，第234页。

第二章　西周时期道德生活的发展与道德观念的产生

意胡适的观点,也认为,"孟轲以前没有井田制的记载,甲骨文和金文中也找不出井田制的痕迹。……所谓井田制历史上是不曾存在过的。我们认为,井田制只是孟轲的一种乌托邦思想,决不是他力求要见诸实行的理想,还可能是他的尚未完全成熟的未来理想"①。

此外,摩尔根关于古代社会的理论也被引入对殷商西周时期经济社会发展问题的说明。当然,必须指出的是,摩尔根关于"人类文明发展阶段"的理论对于解释和论证中国殷商西周时期的社会性质和社会生活显然并不完全适用。摩尔根在《古代社会》中把野蛮社会在东半球的终点确定为"冶铁技术的发明"。② 对此,恩格斯表示赞同。但必须指出的是,殷商西周时期的中国还没有发现关于铁器的痕迹与证据。在可考的先秦时期各种文献中,学者们还无法发现关于殷商西周时期冶铁技术的任何记载,"在西周主要的农业生产上,不但周金中没有铁的记载,而且在可靠的文献中也没有用铁的直接证据"③。郭沫若先生认为"在这时代（指作为青铜时代的西周时期）当然不能说没有铁器的使用",但他同时又认为,"然而铁的使用是还没有支配到一般的器制"。④ 在后来的研究和著述当中,他又进一步修正了自己之前的观点和论述,明确指出"即使是铁器也只是春秋后半叶的情形"⑤。

既然如此,那么殷商时期还属于野蛮时代的中级阶段吗?答案自然是否定的,摩尔根的论述与殷商社会的实际情况显然并不十分贴切。因为,在殷墟出土的大量甲骨和卜辞中,频繁出现以"雨""河""风"等为贞问对象的词句,毫无疑问,这些都与当时

---

① 胡寄窗:《中国经济思想史》(上),上海人民出版社,1962年,第250~251页。
② 路易斯·亨利·摩尔根:《古代社会》,杨东莼、马雍、马巨译,商务印书馆,1977年,第10页。
③ 侯外庐:《中国古代社会史论》,河北教育出版社,2000年,第74页。
④ 郭沫若:《中国古代社会研究》(外二种),河北教育出版社,2004年,第193页。
⑤ 郭沫若:《中国古代社会研究》(外二种),河北教育出版社,2004年,第524页。

的社会生产生活，尤其是农业生产生活密切相关。对此，吕振羽先生认为，殷商时期的人们似乎对畜牧业并不十分重视[1]，显然，农业生产生活在殷商时期已经成为社会生产生活中的重要方面了。虽然暂时还没有铁器的出现和使用，但在社会生产方面却已经大大超越渔猎时代，则是显而易见的事实。对此，侯外庐先生选择了较为折中的方案，认为"根据马克思、恩格斯的公式，殷代似乎是处在野蛮末期的畜牧兼农耕阶段，并且有转化到文明阶段的痕迹"。由此可知，殷代社会是"在从野蛮末期进入文明（无铁而有文字）的时期"[2]。从这一点来看，西周时期的社会亦处于类似的阶段。

根据摩尔根和恩格斯的古代社会理论，高级野蛮社会应该是"始于铁器的制造，终于标音字母的发明和使用文字来写文章"[3]，铁器的使用和文字的出现是由野蛮社会进入文明社会的两个必要条件。但必须指出的是，对于中国古代社会，尤其是早期社会而言，情况似乎恰恰相反。如果说，殷商时期的甲骨文已经代表了中国早期文字的最初形态的话，那么，西周时期的青铜器铭文则显然要相对成熟得多，而当时，铁器的使用却依然只能是人们期待中的事情。

尽管如此，我们一般还是认为，"井田制"在中国古代社会的存在和发展应该是没有问题的。而且，"井田制"与马、恩所强调的"亚细亚生产方式"、农村公社等是密切相关的。

（二）宗法制度与政治生活

宗法制度（以下简称宗法制）是我国早期社会出现的、对中

---

[1] 吕振羽：《史前期中国社会研究》（外一种）下，河北教育出版社，2000年，第405页。
[2] 侯外庐：《中国古代社会史论》，河北教育出版社，2000年，第54~55页。
[3] 路易斯·亨利·摩尔根：《古代社会》，杨东莼、马雍、马巨译，商务印书馆，1977年，第11页。

国传统社会产生了重大影响的社会制度。就其来源而言，应该源自父系家长制，在商代的时候已经初具雏形。[①] 周代，尤其西周是宗法制最为完备和盛行的时期，宗法制代表了中国古代社会中一种以血缘关系为纽带、以等级制为核心的宗族制度。

关于宗法制，当代学者多有论及。谢维扬教授指出，"所谓周代的宗法制度，是指在国家允许和帮助下，由血缘团体领袖，凭藉血缘理由，对亲属进行管理并支配他们的行为乃至人身，以及这些亲属相应地服从这种管理和支配的制度"[②]。钱宗范教授认为，"宗法制度，这是一种以父权和族权为特征的，包含有阶级对抗内容的宗族家族制度"[③]。郭宝钧教授则认为，"宗法制本是由氏族社会演变下来的以血缘关系为基础的族制系统，周人把它与嫡长制结合起来，使族的纵（嫡长继承）横（宗法系统）两面，都生联系"[④]。

在宗法制的起源问题上，学术界的观点大抵可以分成两类：一类认为宗法制应该是西周社会发展的产物，同时也代表着西周社会的典型特征；另一类认为宗法制应该是父系氏族社会的产物，因此，其应该出现和产生在从原始社会向阶级社会过渡的时期。

王国维认为，殷商西周社会的制度差异首先就表现在以嫡长子继承制为重要内容的宗法制上面，殷商西周及之前没有嫡庶之别和嫡庶之制，因此也就不可能产生和存在宗法制。在继承制方面，周朝改变了殷商"兄终弟及"的继位传统，而实行"父死子继"的继承制度，由"父死子继"而衍生出嫡庶之别和嫡庶之制，"定为立子立嫡之法，以利天下后世；而此制实自周公定之。是周

---

① 比如，常玉芝教授就认为，"商代已经有了一定程度的宗法制度"（《商代宗教祭祀》，中国社会科学出版社，2010年，第137页）。
② 谢维扬：《周代家庭形态》，中国社会科学出版社，1990年，第209页。
③ 钱宗范：《周代宗法制度研究》，广西师范大学出版社，1989年，第1页。
④ 郭宝钧：《中国青铜器时代》，生活·读书·新知三联书店，1963年，第202页。

人改制之最大者，可由殷制比较得之。有周一代礼制，大抵由是出也"①。由嫡庶之制产生了宗法、服术和分封等多种具体的社会制度。金景芳教授认为，以天然的血缘关系为纽带而形成的宗法制，是早期氏族社会的产物，因此，如果认真考察它的起源的话，自然应该从氏族开始分裂为家庭的时候开始。但必须指出的是，真正严格意义上的宗法制的完善与落实则只能是西周及以后的事情了，"因为这个宗法制度的存在是与分封制直接联系着的，而分封制是自周初开始的"，"没有分封制，这个宗法制度不会产生；分封制破坏，这个宗法制度也必然破坏"②。同样，晁福林教授也持此种观点，他认为，"宗法制度的形成可以说是在周公制礼作乐时所完成的"，"作为一种社会制度，宗法制从周公制礼作乐才开始出现，它随着分封制的发展而发展，成为调整贵族内部关系的根本大法"③。应该说，这种观点是有道理的。

也有观点认为，宗法制的出现时间应该是在更加久远的年代。吴浩坤教授就认为，"宗法制从产生到消亡，大约延续了三千多年"④。钱宗范也撰文指出，中国早期社会的宗法制很可能形成于从原始社会向阶级社会过渡的时期。"西周春秋时代的宗法制度是从原始宗法制度发展起来的。"⑤ 毋庸置疑，西周时期嫡长子继承制的产生与出现，很好地巩固了宗法制家族中嫡长子的继承地位，嫡长子继承制的确立的确应该被视为宗法制家族发展和壮大的标志。

综合以上，我们暂且不考虑宗法制出现和产生的具体时间，宗法制作为一种成熟而完整的，并对社会生活产生重大影响的社

---

① 王国维：《观堂集林》（附别集）全二册，中华书局，2004年，第454页。
② 金景芳：《论宗法制度》，《东北人民大学人文科学学报》1956年第2期。
③ 晁福林：《试论宗法制的几个问题》，《学习与探索》1999年第4期。
④ 吴浩坤：《西周和春秋时代宗法制度的几个问题》，《复旦学报》（社会科学版）1984年第1期。
⑤ 钱宗范：《周代宗法制度研究》，广西师范大学出版社，1989年，第1页。

第二章　西周时期道德生活的发展与道德观念的产生

会制度被广泛应用，毫无疑问，应该是西周时期的事情。从诸多学者对宗法制的描述和说明来看，其在内容上主要涉及三个方面，即嫡长子继承制、庙制和分封制。本书对宗法制的说明主要是着眼于这三个方面而展开的。

第一，嫡长子继承制是宗法制的核心内容。钱宗范教授认为，"嫡长子继承制本身是原始宗法制家族发展到繁荣时期的产物"，"嫡长子继承制的形成，是原始宗法制度发达的标志"。① 关于这一点，《礼记》中的相关篇章可以为我们提供有益的帮助和思考。

> 别子为祖，继别为宗，继祢者为小宗。有五世而迁之宗，其继高祖者也。是故，祖迁于上，宗易于下。尊祖故敬宗，敬宗所以尊祖祢也。庶子不祭祖者，明其宗也。庶子不为长子斩，不继祖与祢故也。庶子不祭殇与无后者，殇与无后者从祖祔食。庶子不祭祢者，明其宗也。（《礼记·丧服小记》）

> 别子为祖，继别为宗，继祢者为小宗。有百世不迁之宗，有五世则迁之宗。百世不迁者，别子之后也；宗其继别子者，百世不迁也。宗其继高祖者，五世则迁者也。尊祖故敬宗。敬宗，尊祖之义也。（《礼记·大传》）

这两段话历来被认为是描写宗法制，尤其是嫡长子继承制最权威的文献资料，历代注家都高度重视。郑玄对于别子、大宗和小宗分别是这样解释的，"诸侯之庶子，别为后世为始祖也。谓之别子者，公子不得祢先君"，"别子之世长子，为其族人为宗，所谓百世不迁之宗"，"别子，庶子之长子，为其昆弟为宗也。谓之小宗者，以其将迁也"（《礼记正义·丧服小记》）。显然，在"天子绝宗"的前提之下，宗法制与分封制是紧密联系的，诸侯的嫡

---

① 钱宗范：《中国宗法制度论》，《广西民族学院学报》（哲学社会科学版）1996年第4期。

少子和众庶子在接受新的采邑之后，孔颖达认为，"别与后世为始祖，谓此别子子孙为卿大夫，立此别子为始祖"（《礼记正义·丧服小记》），始祖由此而来。在继祖的问题上，嫡长子拥有优先权，"恒继别子"，于是嫡长子就成了这一宗族的大宗，其最显著的特征就是"百世不迁"；而"祢"就是别子之庶子，"以庶子所生长子，继此庶子，与兄弟为小宗"（《礼记正义·丧服小记》）。郑玄认为，"小宗有四，或继高祖，或继曾祖，或继祖，或继祢，皆至五世则迁"（《礼记正义·丧服小记》），也就是说别子之后，族人众多，继高祖者，与三从兄弟为宗；继曾祖者，与再从兄弟为宗；继祖者，与同堂兄弟为宗；继祢者，与亲兄弟为宗，不废族人。因此，对于小宗的族人而言，如果每一世均为庶子，则"一身凡事四宗：事亲兄弟之适，是继祢小宗也；事同堂兄弟之适，是继祖小宗也；事再从兄弟之适，是继曾祖小宗也；事三从兄弟之适，是继高祖小宗也。于族人唯一俱时事四小宗，兼大宗为五也"（《礼记正义·丧服小记》）。在这种情况下，五世之后，"不复与四从兄弟为宗"，这就是"五世则迁之宗"。按照郑玄的理解，"迁，犹变易也"，不得与族人为宗。所以，孔颖达认为，"此五世合迁之宗，是继高祖者之子，以其继高祖之身，未满五世，而犹为宗。其继高祖者之子，则已满五世，礼合迁徙"（《礼记正义·丧服小记》）。

简单来说，就是天子和诸侯都仅属君统而不在宗统范围之内，此所谓"天子绝宗"。诸侯的庶子就是别子，别子当然不能继位为诸侯，而只能受封为卿或者大夫。之后，他的嫡子就可以一代一代地传下去了，这就是祖，而继承祖的地位和财产的就是大宗。作为庶子，就只能算是小宗，如果庶子恒继庶子，则小宗到了五世之后，就必须脱离与大宗的关系而另立门户，同族的人不再有任何的宗族关系，有丧事的时候也不再需要服丧。因此，为了尊崇共同的祖先，就必须要敬守宗法，而敬守宗法本身就蕴含着对祖先的尊重和爱戴。对于"五世则迁"，孙希旦引用陈详道之言，认为"人生而莫不有孝弟之心,亲睦之道。先王因其有道而为之节文,故立五宗以纠序族人,使之亲疏有以相附,赴告有以相通,然后恩义不失,而人伦归厚"(《礼记集解·丧服小记》)。孙希旦以亲疏之别作为解释小宗"五世则迁"的原因,是符合儒家思想一贯的精神价值的。

对此,郭沫若先生指出,周天子"既是政治上的共主,又是天下的大宗。其王位由嫡长子继承,世代保持大宗的地位;嫡长子的兄弟们则受封为诸侯或卿大夫,对周王而言处于小宗的地位。诸侯在其封国内又为大宗,其君位也由嫡长子继承;嫡长子的兄弟们再分封为卿大夫,又为各封国的小宗,而卿大夫在其本宗族的各个分支中则又处于大宗的地位"[①]。范文澜强调指出,西周时期的封建制度与宗法制有着极为密切的联系,周天子自称上天的儿子,人间的统治权、土地和臣民都是上天所赋予的,天子算是天下的大宗,同姓的所有诸侯都必须尊奉他为大宗的宗子。周天子把所属的土地和臣民分别分封给诸侯或者卿大夫。同姓或者异姓的庶民,则可以分得小块的土地,从而成为户主,做一家人的尊长,户主由嫡长子继承,于是,"上起天子,下至庶民,在宗法与婚姻的基础上,整个社会贯彻着封建的精神"[②]。余者如翦伯赞、李亚农、吕振羽、杨宽、吴浩坤、刘家和等人的论述大体与之相类似。因此,我们可以认为,西周时期的王室、诸侯等基本上都是按照宗族的血缘关系组建起来的统一体,宗法制在当时社会各阶层是普遍存在的。

第二,庙制是宗法制的重要体现。庙制,即宗庙制度,有人据此把"宗法"解释为宗庙之法,那么宗法制就是指关于宗庙之法的相关规定和制度。其中,作为宗庙制度核心的就是昭穆制度。

[①] 郭沫若主编《中国史稿》(第一册),人民出版社,1976年,第262页。
[②] 范文澜:《中国通史简编》(修订本·第一编),人民出版社,1964年,第135～136页。

晋侯复假道于虞以伐虢。宫之奇谏曰："虢，虞之表也。虢亡，虞必从之。晋不可启，寇不可玩，一之谓甚，其可再乎？谚所谓'辅车相依，唇亡齿寒'者，其虞、虢之谓也。"公曰："晋，吾宗也，岂害我哉？"对曰："大伯、虞仲，大王之昭也。大伯不从，是以不嗣。虢仲、虢叔，王季之穆也，为文王卿士，勋在王室，藏于盟府。将虢是灭，何爱于虞？且虞能亲于桓、庄乎？其爱之也，桓、庄之族何罪？而以为戮，不唯逼乎？亲以宠逼，犹尚害之，况以国乎？"（《左传·僖公五年》）

显然，《左传》认为，泰伯和虞仲都是太王的儿子，因此应当为"昭"，而作为王季之子而与文王同辈的虢仲和虢叔自然应该为"穆"，当无疑义。

天子七庙，三昭三穆，与太祖之庙而七。诸侯五庙，二昭二穆，与太祖之庙而五。大夫三庙，一昭一穆，与太祖之庙而三。士一庙，庶人祭于寝。（《礼记·王制》）

对此，郑玄认为，按照昭穆制度的要求，天子七庙是西周时期就已经确立下来的古制，"此周制。七者，大祖及文王、武王之祧，与亲庙四"（《礼记正义·王制》）。而按照孔颖达的理解，昭穆制度作为在西周时期施行的宗庙制度中的一种，被诸多文献所记载，应该是确定无疑的了。因此，在孔颖达看来：

郑氏之意，天子立七庙，唯谓周也。郑必知然者，按《礼纬稽命徵》云："唐虞五庙，亲庙四，始祖庙一。夏四庙，至子孙五。殷五庙，至子孙六。"《钩命决》云："唐尧五庙，亲庙四，与始祖五。禹四庙，至子孙五。殷五庙，至子孙六。周六庙，至子孙七。"郑据此为说，故谓七庙，周制也。周所以七者，以文王武王受命，其庙不毁，以为二祧，并始祖后稷，及高祖以下亲庙四，故为七也。若王肃则以为天子七庙者，谓高祖之父，及高祖之祖庙为二祧，并始祖及亲庙四为七，故《圣证论》肃难郑云："周之文武受命之王，不迁之庙，权礼所施，非常庙之数。殷之三宗，宗其德而存其庙，亦不以为数。凡七庙者，皆不称周室。《礼器》云：'有以多为贵者，天子七庙。'孙卿云：'有天下者事七世。'又云：'自上以下，降杀以两。'今使天子诸侯立庙，并亲庙四而止，则君臣同制，尊卑不别。礼，名位不同，礼亦异数，况其君臣乎。又《祭法》云'王下祭殇五'，及五世来孙。则下及无亲之孙，而祭上不及无亲之祖，不亦诡哉！《穀梁传》云：'天子七庙，诸侯五。'《家语》云：'子羔问尊卑立庙制，孔子云：礼，天子立七庙，诸侯立五庙，大夫立三庙。'又云：'远庙为祧，有二祧焉。'"又儒者难郑云："《祭法》'远庙为祧'，郑注《周礼》云：'迁主所藏曰祧'，违经正文。郑又云'先公之迁主，藏于后稷之庙。先王之迁主，藏于文武之庙'，便有三祧，何得《祭法》云有二祧？"难郑之义，凡有数条，大略如此，不能具载。郑必为天子七庙唯周制者，马昭难王义云"按《丧服小记》王者立四庙"，又引《礼纬》夏无大祖，宗禹而巳，则五庙。殷人祖契而宗汤，则六庙。周尊后稷，宗文王武王则七庙。自夏及周，少不减五，多不过七。《礼器》云周旅酬六尸，一人发爵，则周七尸，七庙明矣。今使文武不在七数，既不同祭，又不享尝，岂礼也哉！故汉侍中卢植说文云"二祧谓文武"。《曾子问》当七庙，无虚主；《礼器》天子七庙，堂九尺；《王制》七庙。卢植云："皆据周言也。《穀梁传》天子七庙，尹更始说天子七庙，据周也。《汉书》韦玄成四十八人议，皆云周以后稷始封，文武受命。石渠论《白虎通》云：'周以后稷文武特七庙。'"又张融谨按："《周礼·守祧职》'奄八人，女祧每庙二人'。自太祖以下与文、武及亲庙四，用七人，姜嫄用一人，适尽。若除文武，则奄少二人。《曾子问》孔子说周事，而云七庙无虚主。若王肃数高祖之父、高祖之祖庙，与文、武而九，主当有九。孔子何云七庙无虚主乎？"（《礼记正义·王制》）

在这里，孔颖达不厌其烦地引用《礼纬》《孔子家语》《穀梁传》《周礼》《汉书》《白虎通》等文献，涉及荀子、郑玄、王肃、卢植等诸多儒家学者，通过引证和辩难的方式，反复阐释昭穆制度，其目的有二：一是要说明昭穆制度是"周制"；二是要证明昭穆制度在西周时期是真实存在的。孔颖达严厉批判了王肃"君臣同制，尊卑不别"的观点，认为"王肃云下祭无亲之孙，上不及无亲之祖，又非通论"（《礼记正义·王制》）。在此基础上，孔颖达明确提出，昭穆制度应"以《周礼》孔子之言为本，《穀梁》说及《小记》为枝叶，韦玄成石渠论《白虎通》为证验，七庙斥言，玄说为长，是融申郑之意。且天子七庙者，有其人则七，无其人则五。若诸侯庙制，虽有其人，不得过五。则此天子诸侯七、五之异也"（《礼记正义·王制》）。因此，在孔颖达看来，昭穆制度是西周时期明确等级与名位的重要依据，一般情况下必须严格执行。但在王命眷顾的前提下，特例的存在是具有合法性的，"若有大功德，王特命立之则可"（《礼记正义·王制》）。为此，孔颖达还举了鲁国的例子，"若鲁有文王之庙，郑祖厉王是也。鲁非但得立文王之庙，又立姜嫄之庙，及鲁公文公之庙，并周公及亲庙，除文王庙外，犹八庙也"（《礼记正义·王制》）但孔颖达马上又表示，"此皆有功德特赐，非礼之正"（《礼记正义·王制》），即言这种情况只是周天子有感于周公旦为西周王室和西周天下所做出的巨大贡献才给予的特殊赏赐，并不能代表昭穆制度的本意。

当代学者中也有人专门对昭穆制度进行了深入的研究和细致的分析。李衡眉教授认为，西周时期有昭王和穆王，但是不管是昭王还是穆王都与昭穆制度中的"昭"与"穆"没有任何关系，同样，也与昭穆制度中以排列次序为目的的昭穆无关，而与鲁昭公之"昭"、秦穆公之"穆"含义相同，都是谥法上的专用名词。在他看来，"随着父权的加强，宗法制逐渐取代了昭穆制的重要地位，昭穆制度似乎已经完成了它的历史使命，保留在墓葬和宗庙里的只是它的空壳而已。因此，本来是用来区别父子氏族身份的'昭穆'，如今变为谥或号，还颠倒了它们的次序"[1]。

第三，分封制是宗法制的重要支撑。根据传世文献，有学者认为，分封制在中国古代社会中出现得很早。《左传·昭公十七年》曾载，郯子在回答昭公之问"少皞氏鸟名官，何故也"时，回顾了少皞分封诸氏族的大体情况，"昔者黄帝氏以云纪，故为云师而云名；炎帝氏以火纪，故为火师而火名；共工氏以水纪，故为水师而水名；大皞氏以龙纪，故为龙师而龙名。我高祖少皞挚之立也，凤鸟适至，故纪于鸟，为鸟师而鸟名。凤鸟氏，历正也。玄鸟氏，司分者也；伯赵氏，司至者也；青鸟氏，司启者也；丹鸟氏，司闭者也。祝鸠氏，司徒也；鴡鸠氏，司马也；鳲鸠氏，司空也；爽鸠氏，司寇也；鹘鸠氏，司事也。五鸠，鸠民者也。五雉，为五工正，利器用、正度量，夷民者也。九扈为九农正，扈民无淫者也。自颛顼以来，不能纪远，乃纪于近，为民师而命以民事，则不能故也"。也就是说，三皇五帝各有图腾，少皞在位之时，就依据各个不同氏族的图腾给予各个氏族以不同的姓氏，这一般被视为中国早期社会分封制的先河。

王国维认为，同立嫡之制一样，分封制的确立也是周代社会发展的需要，是西周有别于殷商的重要标志，"与嫡庶之制相辅者，分封子弟之制是也"，而"自殷以前，天子诸侯君臣之分未定也"[2]。殷商时期，实行兄终弟及的传位制度，因此，所有兄弟之间根本没有嫡庶之分，也就无所谓分封了。而"周人即立嫡长，

---

[1] 李衡眉：《昭穆制度研究》，齐鲁书社，1996年，第100页。
[2] 王国维：《观堂集林》（附别集）全二册，中华书局，2004年，第455页。

则天位素定,其余嫡子庶子,皆视其贵贱贤否,畴以国邑。开国之初,建兄弟之国十五,姬姓之国四十,大抵在邦畿之外,后王之子弟亦皆使食畿内之邑。故殷之诸侯皆异姓,而周则同姓异姓各半,此与政治文物之施行甚有关系,而天子诸侯君臣之分亦由是而确定者也"。由此,"盖天子诸侯君臣之分始定于此。此周初大一统之规模,实与其大居正之制度相待而成者也"①。

关于分封制出现的时间,历来有不同的观点和看法。与王国维认为的分封制源自西周不同的是,郭沫若、田昌五等人认为分封制出现的时间应该更早。在郭沫若看来,"分封诸侯在夏代就有了,相传夏王少康将其幼子曲列分封于缯,其后裔延续到商、周两朝,一直列为诸侯"②。田昌五也认为,周朝的分封制实际上是在继承夏代和商代的分封制的基础上而建立起来的,这方面的史料和证据是很多的,应该是确证无疑的论断。

> 武王追思先圣王,乃褒封神农之后于焦,黄帝之后于祝,帝尧之后于蓟,帝舜之后于陈,大禹之后于杞。于是封功臣谋士,而师尚父为首封。封尚父于营丘,曰齐。封弟周公旦于曲阜,曰鲁。封召公奭于燕。封弟叔鲜于管,弟叔度于蔡。余各以次受封。(《史记·周本纪》)

周武王有感于先王的圣德,开始普遍追封前代圣王的后裔,也对开国功臣和宗亲进行分封。他给予了神农、黄帝、尧、舜、禹的后人相应的封地和采邑,同时对功臣谋士,如姜尚和召公等进行了分封。最后,他对自己的几个弟弟,如周公旦、管叔鲜、蔡叔度等进行了分封。《史记》当中类似的史料还有很多,兹不赘述。

---

① 王国维:《观堂集林》(附别集)全二册,中华书局,2004年,第456页。
② 郭沫若主编《中国史稿》(第一册),人民出版社,1976年,第209页。

可以认为，西周时期的分封，只有到了周公的时候，才真正实现了制度化。对此，《左传》中一段非常详细的论述可供参考。

> 昔武王克商，成王定之，选建明德，以藩屏周。故周公相王室，以尹天下，于周为睦。分鲁公以大路、大旂，夏后氏之璜，封父之繁弱，殷民六族，条氏、徐氏、萧氏、索氏、长勺氏、尾勺氏，使帅其宗氏，辑其分族，将其类丑，以法则周公，用即命于周。是使之职事于鲁，以昭周公之明德。分之土田陪敦、祝、宗、卜、史，备物、典策，官司、彝器；因商奄之民，命以伯禽而封于少皞之虚。分康叔以大路、少帛、綪茷、旃旌、大吕，殷民七族，陶氏、施氏、繁氏、锜氏、樊氏、饥氏、终葵氏；封畛土略，自武父以南，及圃田之北竟，取于有阎之土，以共王职，取于相土之东都，以会王之东蒐。聃季授土，陶叔授民，命以《康诰》，而封于殷虚，皆启以商政，疆以周索。分唐叔以大路、密须之鼓、阙巩、沽洗，怀姓九宗，职官五正。命以《唐诰》，而封于夏虚，启以夏政，疆以戎索。三者皆叔也，而有令德，故昭之以分物。不然，文、武、成、康之伯犹多，而不获是分也，唯不尚年也。（《左传·定公四年》）

从这段论述中我们可以非常明显地看出，西周时期选择封国国君是非常慎重的，"德"自然是首要条件，周天子正是通过"选建明德"的方式来实现"以藩屏周"的目的。因此，即便文、武、成、康的同辈人有很多，但却有大批的人并未得到分封，就是由于他们在德行修养上没有达到要求。由此可见，分封的主要标准是德行而不是血缘和年龄。另外，在分封的仪式、程序、规制、具体内容等方面都已经有了较为严格的制度性规定，这是西周分封制逐渐走向成熟和完善的标志和体现。

通过对嫡长子继承制、昭穆制度和分封制的描述与分析，从形式上看，西周时期的宗法制主要通过明确族人等级和名位的方式以维护宗族的稳定与和谐。谢维扬教授指出，"所谓周代的宗法制度，是指在国家允许和帮助下，由血缘团体领袖，凭藉血缘理由，对亲属进行管理并支配他们的行为乃至人身（以及这些亲属相应地服从这种管理和支配）的制度"①。从本质上看，西周时期的宗法制是以"私法"代"公法"，试图用宗族内部的制度解决国家政治和政权问题。因此，钱杭教授认为，"周代宗法制度的基本问题，是宗族与政权、宗法与政治的关系问题，它致力于这一问题的结果，使宗法从组织上独立于政治系统之外，从而获得了一个新的起点。这是周代宗法发展史的最大功绩"②。与社会结构相适应，西周时期的社会伦理关系以及主要表现于宗族和政治层面的宗法制，构成了以"德"为主要价值追求的礼乐文化的社会基础，德、礼、孝、忠等道德观念则代表了西周时期道德生活和道德观念的主要方面。

二　西周时期"德"观念的产生与初步发展

三代，尤其是西周社会一直被历代儒家追忆，孔子就曾表达过对其生活与文化的倾慕，"周监于二代，郁郁乎文哉，吾从周"（《论语·八佾》）的感叹正体现了孔子对西周初年礼乐文化的向往。

《礼记·表记》对夏、商、周三代的文化精神和特点做过非常简洁而精辟的概括，"夏道尊命，事鬼敬神而远之，近人而忠焉，先禄而后威，先赏而后罚，亲而不尊。其民之敝，蠢而愚，乔而

---

① 谢维扬：《周代家庭形态》，中国社会科学出版社，1990年，第209页。
② 钱杭：《周代宗法制度在我国历史上的演变》，《河北学刊》1987年第4期。

野,朴而不文。殷人尊神,率民以事神,先鬼而后礼,先罚而后赏,尊而不亲。其民之敝,荡而不静,胜而无耻。周人尊礼尚施,事鬼敬神而远之,近人而忠焉,其赏罚用爵列,亲而不尊。其民之敝,利而巧,文而不惭,贼而蔽"。夏朝距今过于久远,于史无征,对于夏朝的社会生活,尤其是精神生活和文化生活,已经很难从传世文献中找到直接而确证的说明。殷人尊神,现在看来是没有什么问题的、确切无疑的存在,这一点已经为甲骨卜辞所证实。周人尊礼,不管是传世文献,还是出土文物,抑或历代学者的描述和考察,都明确说明了这一点。与西周时期的文化精神相适应,"德"的观念成了西周社会生活的重要部分,代表了西周礼乐文化的核心。因此,陈来教授指出,"在中国早期文化的发展中,'德'字的出现及德的观念的发展,对于中国文化的精神气质的发育,具有相当重要的意义"[①]。"德"字的出现及其观念的产生与广泛运用,都使我们完全有理由将其看作是殷商祭祀文化向西周礼乐文化过渡和转化的重要标志。此后,在中国传统的社会生活和思想观念中,神的宗教色彩不断淡化,而以人为核心的、更具人文色彩的德性与伦理逐渐成了人们生活的主流。

(一)"德"字的出现及其观念的产生

关于"德"字的出现及其作为观念的起源,学术界有很多不同的观点,经过简单梳理,大致可以分为早出说、殷商说和西周说三种主要的观点。

第一,早出说。这种观点认为,"德"字的出现及其作为观念应始自原始社会。李宗侗先生认为,"德"是与原始社会的图腾崇拜紧密联系在一起的,由于每个氏族,甚至每个人的图腾都有所不同,因此,"每姓的德各不同","每人的名字,各象其德,有禹

[①] 陈来:《古代宗教与伦理——儒家思想的根源》,生活·读书·新知三联书店,1996年,第290页。

德者即名为禹,有舜德者即名为舜,禹与禹虫同德,舜与舜草同德,这非各人图腾而何?"。同时,"德"与"性"也是密不可分的,二者的含义基本一致,是原始社会氏族图腾崇拜的产物,"德是一种天生的事物,与性的意义相似","最初德与性意义相类,皆系天生的事物。这两字的发源不同,这团名为性(生团),另团名为德,其实代表的仍系同物,皆代表图腾的生性"[①]。由此可见,"德"的观念的出现应该是比较早的。

同样,斯维至教授非常支持这个观点。在他看来,李宗侗关于"德"为图腾性质的提法"实在足以发千古之覆"。斯维至教授首先否定了王国维所坚持的"德"的观念产生于西周的说法,"我们决不能因甲文不见德字而认为殷商尚无德的思想"。《左传·僖公二十四年》中有"太上以德抚民,其次亲亲以相及也",显然,在《左传》看来,在"亲亲以相及"的阶段之前,社会上还曾经存在过一个"以德抚民"的阶段。因此,斯维至教授认为,"我们认为这德的时代就是氏族社会时代,也就是孔子所谓的'天下为公,选贤与(举)能'的禅让时代"。

在斯维至教授看来,"德"字最初的含义是与"性"紧密相关的,而并不是后世所理解和使用的道德的含义,"它与金文和典籍所见德字的原始意义似无关系"[②]。《国语·晋语四》中曾记载:"昔少典娶于有蟜氏,生黄帝、炎帝。黄帝以姬水成,炎帝以姜水成。成而异德,故黄帝为姬,炎帝为姜,二帝用师以相济也,异德之故也。异姓则异德,异德则异类。异类虽近,男女相及,以生民也。同姓则同德,同德则同心,同心则同志。同志虽远,男女不相及,畏黩敬也。黩则怨,怨乱毓灾,灾毓灭姓。是故娶妻避其同姓,畏乱灾也。故异德合姓,同德合义。义以导利,利以阜姓。姓利相更,成而不迁,乃能摄固,保其土房。"这里提到的

[①] 李宗侗:《中国古代社会新研 历史的剖面》,中华书局,2010年,第122页。
[②] 斯维至:《说德》,《人文杂志》1982年第6期。

"德"决不能被理解为后世所说的道德,"而只能说明德与姓、性的关系,血缘的关系","德本是属于全族人民的,凡是与本族同血统的人民,也就是同德的人民"①。故而,斯维至教授认为王国维用金文和传世文献中所见的道德的含义来理解"德"字及其观念,显然是不恰当的。而且,道德观念是社会生活的产物而不是源头,是在包括制度典礼在内的社会生活发展到一定程度的基础上才逐渐产生的,而不是先有了"德"观念然后才产生了相关的制度与典礼。

第二,殷商说。这种观点认为,"德"观念是在殷商时期开始出现的。段凌平等教授认为,殷商时期的甲骨文中已经有了"德"字,罗振玉、郭沫若、唐兰等诸位专家都支持这一观点。学术界一般认为,古文中的"德"字从直从心,《诗经·小雅·小明》中有"嗟尔君子,无恒安处。靖共尔位,正直是与。神之听之,式穀以女。嗟尔君子,无恒安息。靖共尔位,好是正直。神之听之,介尔景福"。对于"正直",在《毛诗正义》中毛氏指出,"正直为正,能正人之曲曰直";孔颖达认为,"正直"也可以指代有德的君子,"汝有德未仕之君子,人之居,无常安乐之处。谓不要以仕宦为安。汝但安以待命,勿汲汲求仕,当自有明君谋具汝之爵位,其志在于正直之人,于是与之为治者。此明君能得如是,为神明之所听佑之,其用善人,必当用汝矣。勿以今乱世而仕也。言神之听之者,明君志与正直,故为神明听佑而用善人。用其善则国治,是神明佑之"。然后,孔颖达又引用了杜预和《论语》对"正直"的解释,"襄七年《左传》公族穆子引此诗乃云:正直为正,正曲为直。此传解正直,取彼文也。彼杜预注云:'正真为正,正己之心。正曲为直,正人之曲也。'取此为说。《论语》曰:'《举直错诸枉,能使枉者直。》是直者能正人之曲也"(《春秋左传正义·襄公七年》)。

---

① 斯维至:《说德》,《人文杂志》1982年第6期。

《尚书·洪范》在提到"皇极"时有"皇建其有极……无偏无陂，遵王之义；无有作好，遵王之道；无有作恶，遵王之路。无偏无党，王道荡荡；无党无偏，王道平平；无反无侧，王道正直"。其中，"正直"正是"皇极"的重要内容和必然要求，"直"或者"正直"本身就体现为一种令德。同时，《尚书》还要求，天子必须对具有这种令德的人给予褒奖和重用，"凡其正直之人，既以爵禄富之，又复以善道接之，使之荷恩尽力"（《尚书正义·洪范》），具体而言即是"授之以官爵，加之以燕赐"（《尚书正义·洪范》），由此才能形成一种崇尚正直的社会风气和氛围。反之，如果"不能使正直之人有好于国家"（《尚书正义·洪范》），必将"用恶道以败汝善"（《尚书正义·洪范》），实为取祸、败亡之道。

另外，《尚书·盘庚》三篇一般被学术界认为是研究殷商时期社会生活和思想的可靠资料，"非予自荒兹德，惟汝含德，不惕予一人"，"汝克黜乃心，施实德于民，至于婚友，丕乃敢大言汝有积德"，"无有远迩，用罪伐厥死，用德彰厥善"。从其中关于"德"的论述来看，先王的德政就体现为天子与众臣的精诚合作，从而使整个社会民心向善，荒德行为是完全有悖于先王的德政的。同时，"敬事上帝"也是先王德政的重要内容，上帝和先王都把维系天子与臣民的关系作为"德"的必然要求，商代的天子正是以此来加强他们对社会和民众的控制与管理的，而这一点正是由殷商时期社会经济、政治的一般状况所决定的。

晁福林教授认为，"德"是人类社会在发展进程中历史地形成的观念，并不是人的头脑中先天固有的东西，"推测而言，应当是在野蛮与文明之际，随着人的思维的演进和传说的教化作用的增强，构成'德'的诸因素才开始萌生"[①]。《左传》就曾以"八元""八恺"为例描述了早期社会中关于"德"的生活与观念。

---

① 晁福林：《先秦时期"德"观念的起源及其发展》，《中国社会科学》2005年第4期。

> 此十六族也，世济其美，不陨其名。以至于尧，尧不能举。舜臣尧，举八恺，使主后土，以揆百事，莫不时序，地平天成。举八元，使布五教于四方，父义、母慈、兄友、弟共、子孝，内平外成。昔帝鸿氏有不才子，掩义隐贼，好行凶德，丑类恶物，顽嚚不友，是与比周，天下之民谓之浑敦。（《左传·文公十八年》）

以上记载的是五帝时期各个氏族部落关于"才"与"不才"的划分。其中，既包含孝慈、友恭、诚义等美德，同时也包含不友、僭越、贪婪、谄媚等恶德。这些都说明，当时的社会观念中已经有了善与恶的价值区分，关于这一点，正如有学者所强调的那样，"'善恶'观念的产生是人类对于自我认知和社会认知理性化的一种反映，它使得人们可以有意识地把社会生活及个人生活的诸多方面的行为进行价值评判以及在此基础上形成价值选择，而这种评判和选择可以被视为是道德意识产生的逻辑前提"[1]。

晁福林教授认为，尽管从文献记载来看，五帝时期已经有了关于"德"的表达，"可靠的文献记载和甲骨卜辞材料都表明，'德'的观念在商代确实已经出现。甲骨卜辞的有关记载和《尚书·盘庚》篇，皆为明证。甲骨文'德'写作从行从横目之形，其所表示的意思是张望路途，人们看清了路而有所得"[2]，但这只是后人对于先王生活的一种追忆和想象，并不具备明确的教化功能。

第三，西周说。这种观点代表了目前学术界关于"德"字及其观念出现和产生的主流观点。王国维在《殷周制度论》当中就

---

[1] 张继军：《先秦道德生活研究》，人民出版社，2011年，第72页。
[2] 晁福林：《先秦时期"德"观念的起源及其发展》，《中国社会科学》2005年第4期。

明确指出,"德"的观念应该产生于西周初年,周公制礼作乐的最终目的就在于"纳上下于道德,而合天子、诸侯、卿、大夫、士、庶民以成一道德之团体。周公制作之本意,实在于此"[①]。

按照思想观念发展的逻辑,应该先有合乎"德"的要求的生活,在此基础上才能逐渐产生体现"德"的观念和思想。对此,徐复观深刻指出,"从一般地思想发展的顺序说,大抵是先有了某种事实的存在,然后才有由对某种事实之反省而产生解说某种事实的观念。有了某种观念,然后才产生表示某种观念的名词。观念与名词的产生,也即是将事实加以理论化的过程。由事实到观念,由观念到名词,常常需要经过相当长的发展时间"[②]。

侯外庐、郭沫若、顾颉刚等人都发表了相似的看法。郭沫若认为,"在卜辞和殷人的彝铭中没有德字,而在周代的彝铭如成王时的《班簋》和康王时的《大盂鼎》都明白地有德字表现者"[③]。"周人根本在怀疑天,只是把天来利用着当成了一种工具,但是既已经怀疑它,那么这种工具也不是绝对可靠的。在这儿周人的思想便更进了一步,提出了一个'德'字来。"[④] 侯外庐等同样指出,"我们翻遍卜辞,没有发现一个抽象的词,更没有一个关于道德智慧的术语"[⑤],"道德观念在卜辞中没有痕迹。……殷人并没有表示权利义务的道德之创设,周代道德观念才从其制度中反映出来"[⑥]。通过对殷商和西周时期诸王的王号的对比,侯外庐等得出结论,认为"殷代诸王的名称,没有道德字义的意识生产,即没有文明社会的

[①] 王国维:《观堂集林》(附别集)全二册,中华书局,2004年,第454页。
[②] 徐复观:《中国人性论史》(先秦篇),上海三联书店,2001年,第140页。
[③] 郭沫若:《中国古代社会研究》(外二种),河北教育出版社,2004年,第259页。
[④] 郭沫若:《中国古代社会研究》(外二种),河北教育出版社,2004年,第335页。
[⑤] 侯外庐、赵纪彬、杜国庠:《中国思想通史》第一卷,人民出版社,2011年,第22页。
[⑥] 侯外庐、赵纪彬、杜国庠:《中国思想通史》第一卷,人民出版社,2011年,第58页。

权利义务的关系,直到殷末始出现了'文'字,作为'文'明的起点来做证件。周代诸王,如文、武、成、康,'文'、'武'、'康'皆继承殷末的文明,接受了殷人的思想意识,扩大而为道德概念"①。顾颉刚、刘起釪认为,"德"是西周建国之后,政治家和思想家总结和反思殷商灭亡原因时提出的思想,"是周人看到专恃天命的商代覆亡,感到'天命无常',因而提出'德'来济天命之穷"。顾颉刚、刘起釪同时认为,殷商时期"根本没有德的概念",因此,也就"无由产生'德'字","商代金文和甲骨文中未见'德'字"②。由此可见,从传世文献的明确记载来看,最晚在西周初年的时候,"德"字及其观念就已经出现和产生,这应该是确证无疑的历史事实了。

(二) 西周时期"德"观念的主要内容

学术界一般认为,在甲骨文中就已经有了"直"字。徐中舒指出,这很可能就是"德"字最初的来源和形态。西周初年,人们在"直"字下面加一个"心"字,就成了后来的"德"字,《说文解字》在解释"德"字时指出,"外得于心,内得于己也。从直从心"。可见,"德"原指人的某种行为或活动,后来这种行为或活动与人的动机、意识等产生了联系,后世文献中关于"德"的理解和论述基本上是在这一理解的基础上渐次展开的。

在《尚书》和《诗经》中,关于"德"字及其观念的记载和论述是很多的。《尚书·尧典》开篇就讲道:"曰若稽古,帝尧曰放勋。钦明文思安安,允恭克让,光被四表,格于上下。克明俊德,以亲九族。九族既睦,平章百姓。百姓昭明,协和万邦。黎民于变时雍。"这里明确提出了"俊德"的观念。对此,孔安国认

---

① 侯外庐、赵纪彬、杜国庠:《中国思想通史》第一卷,人民出版社,2011年,第57页。
② 顾颉刚、刘起釪:《〈盘庚〉三篇校释译论》,《历史学》1979年第2期。

为,"尧放上世之功,化而以敬明文思之四德,安天下之当安者。既有四德,又信恭能让,故其名闻,充溢四外,至于天地。……能明俊德之士任用之,以睦高祖玄孙之亲"(《尚书正义·尧典》)。对于"俊德",郑玄认为,"'俊德',贤才兼人者"(《尚书正义·尧典》)。在此基础上,孔颖达进一步指出,"'俊德'谓有德。人能明俊德之士者,谓命为大官,赐之厚禄,用其才智,使之高显也。以其有德,故任用之。以此贤臣之化,亲睦高祖玄孙之亲。上至高祖,下及玄孙,是为九族。同出高曾,皆当亲之"(《尚书正义·尧典》)。可见,"俊德"既指美德、懿德,也指具备如此品德的人,尧能够辨识、挑选、任用有德之人治理天下,这本身就体现了尧的伟大之处。

与"俊德"的提法和思想相对应,《尚书·尧典》中还提到了"否德"的观念,"帝曰:'咨!四岳。朕在位七十载,汝能庸命,巽朕位?'岳曰:'否德忝帝位。'"在《尧典》的最后部分,尧向四岳询问什么样的人可以代替他做君主和天子来治理天下和万民,四岳谦虚地表示"否德忝帝位",认为其德行还不足以承担作为天子治理天下的重任,并以"孝"之名推荐了舜。对此,郑玄注曰:"否,不。忝,辱也。"(《尚书正义·尧典》)

同样,"否德"中的"德"既可以指德行,也可以指拥有德行的人。"否"就是不的意思,"否德"是指不具备德行的人。在此基础上,陈来教授认为,在《尚书》中,"德"字主要有三种用法,"一,无价值规定的品行;二,美德;三,有德之人"[1]。

《诗经》中也有很多关于"德"的词语,如"明德""令德""文德""懿德""顺德""大德""怀德"等。《大雅·皇矣》中有"帝迁明德,串夷载路",《小雅·蓼萧》中有"宜兄宜弟,令德寿岂",《大雅·烝民》中有"民之秉彝,好是懿德",《大雅·

---

[1] 陈来:《古代宗教与伦理——儒家思想的根源》,生活·读书·新知三联书店,1996年,第292页。

江汉》中有"矢其文德,洽此四国",《小雅·谷风》中有"忘我大德,思我小怨",《大雅·板》中有"怀德维宁,宗子维城",《大雅·下武》中有"媚兹一人,应侯顺德",等等,现以"明德"为例说明之。

> 皇矣上帝,临下有赫。监观四方,求民之莫。维此二国,其政不获。维彼四国,爰究爰度。上帝耆之,憎其式廓。乃眷西顾,此维与宅!作之屏之,其菑其翳。修之平之,其灌其栵。启之辟之,其柽其椐。攘之剔之,其檿其柘。帝迁明德,串夷载路。天立厥配,受命既固。(《诗经·大雅·皇矣》)

《诗经·大雅·皇矣》是一首赞美周朝和文王的诗歌,孔颖达认为,"作《皇矣》诗者,美周也。以天监视善恶于下,就诸国之内,求可以代殷为天子者,莫若于周。言周最可以代殷也。周所以善者,以天下诸国世世修德,莫有若文王者也,故作此诗以美之也"(《毛诗正义·皇矣》)。文王之德代表了姬周部族最高的善,也是文王能够受命于天的主要根据。对于"明德",郑玄认为,"照临四方曰明",由此可知,"明德"是用来描述周文王德配天地的境界和状态的。

在西周初年,"德"字及其观念首先是从社会领域和政治生活中开始出现和产生的。对此,陈来教授指出,"价值建立的方式主要通过政治领域来表现,是早期中国文化的特点","在二典中我们已经可以隐隐看到在西周充分发展了的中国古代政治文化的主题。'敬德'的观念和强调是周文化的一个显著特征,但敬德的观念的产生在古代政治文化的传统中可能有其渊源"[①]。通过对文献的考证可知,情况大体如此。商纣王的暴虐最终导致了殷商的灭

[①] 陈来:《古代宗教与伦理——儒家思想的根源》,生活·读书·新知三联书店,1996年,第292~293页。

亡和周朝的建立，周朝建立之后马上就面临一个重大的理论和实践问题，那就是如何尽可能地消除殷商政权的合法性而论证自己政权的合法性。殷商宣称自己政权的建立是天的意志，而天和天意都是神圣的、不可改变的，武王克商违逆了天命，甚至改变了天命，从而破坏了天及天命的神圣与权威。同时，周朝为了论证自身的合法性，尤其是说服殷商遗民对周朝政权的认可与接受，又不得不借助天的权威，努力想办法把天和天命拉到自己这边来，于是，周初的思想家们提出了关于天和天命的新的理解和论述。可以认为，周初关于"德"的理解是与其对天和天命的理解紧密联系在一起的，从此，"德"就被赋予了天的神圣和权威。

为了达到上面的目的，周初的思想家们首先提出了"天命靡常""惟命不予常"的观点，即认为天命不可违、不可变，是说天命无法通过外力的方式改变，但这并不意味着天命就是永恒不变的。天命可以自己发生改变，上天不会把统治人间的权力永远无条件地交给同一个政权。因此，商王朝的灭亡就不是周朝违逆天命的结果，而是由天命发生改变造成的，上天不想再让殷商继续作为自己的代言人而统治下去了。武王克商不仅不是对天命的违逆和背叛，恰恰相反，这体现了周朝对天命的尊重和坚守，是替天行道，是天命的直接体现。这无疑是对殷商以来的天命观思想的一个重大的改变和突破。在完成了上述工作之后，周初的思想家们又进一步探讨了天命发生改变的原因。在《尚书·召诰》中，周公首先回顾了夏命移商、商命移周的过程，他认为，天命一而再，再而三地发生改变，这种改变并不是天随意做出的，而是有根据地做出的，是夏、商王朝没有顺应天命的结果。在这里，周公把天命与人，尤其是与统治者的德行紧密结合在一起，提出了"皇天无亲，惟德是辅"（《左传·僖公五年》）的思想。

> 公曰："吾享祀丰洁，神必据我。"对曰："臣闻之，鬼神非人实亲，惟德是依。故《周书》曰：'皇天无亲，惟德是

辅.'又曰:'黍稷非馨,明德惟馨.'又曰:'民不易物,惟德繄物.'如是,则非德,民不和,神不享矣。神所冯依,将在德矣。若晋取虞而明德以荐馨香,神其吐之乎?"弗听,许晋使。宫之奇以其族行,曰:"虞不腊矣,在此行也,晋不更举矣。"(《左传·僖公五年》)

上天对谁都是一视同仁的,并不会特意地去眷顾某个人或某些人,谁能够获得天命的支持,唯一的标准就是"德"。只有崇尚德政,以德行事,不施暴虐苛政,才能得到天命,并永葆天命不失。因此,"王其德之用,祈天永命"。否则的话,天命很快就会发生改变,"惟不敬厥德,乃早坠厥命"(《尚书·召诰》)。夏朝和商朝的灭亡正是统治者不修德行、政令繁苛从而失掉天命的必然结果。

周初的思想家们强调要"以德配天",而"以德配天"的核心思想就在于"保民"。《尚书·泰誓上》指出,"惟天地,万物父母;惟人,万物之灵。亶聪明,作元后,元后作民父母"。也就是说,天地是万物的父母,而人则是万物之灵,上天选定贤者作为君主,要求他们承担起作民父母的责任,惠民、保民、佑民、教民等都是君主要承担的责任。谁能尽到这样的义务,谁就是继承了天命,因而也就可以获得天命而不失;否则就是违背天意,必将引起上天的震怒,最终导致"天命诛之"的命运,夏朝和商朝的灭亡就肇端于此。

应该说,这种"敬德保民"的观念源自当时流行的"天民合一"的思想。周初思想家们在阐发"敬德保民"思想的时候,明确指出了上天与下民的关系,即"天视自我民视,天听自我民听"(《尚书·泰誓中》),"民之所欲,天必从之"(《尚书·泰誓上》)。应该说,"天民合一"是一种非常可贵的思想,在它看来,上天爱护下民,倾听下民的意愿,并把下民的意愿作为自己主宰人间的唯一根据。简言之,天意的实质就是民意,天意就是民意的反映,顺应民心就等于上承天意。因此，违背民意也就是违背天意，不从民意、不顺民心就必然会丧失天命，或者说就根本不会获得天命。我们把这种思想称为民意论的天命观，这种天命观的核心就在于把"德"纳入国家政治生活的核心范围。对此，启良教授认为，"中国的'伦理宗教'从其产生之日起，就是一种政治化的神学"。其思想"局限于政治领域，带有强烈的政治化的实用性。也就是说，其他民族的'伦理宗教'主要是一种人生哲学，而中国汉民族之新兴的'伦理宗教'则主要是一种政治哲学"[①]。这种观点代表了学术界对西周初年出现的"德"字及其观念的基本定性和普遍认知。

三 西周时期的礼俗与"礼"观念

殷周之际，"礼"的含义和内容是非常丰富的，既包括天子、诸侯、贵族及社会民众在日常生活中所应遵循的一般性的社会规范，如冠、婚、丧、祭、乡、射、朝、聘等礼仪制度；同时，也包括国家政治、法律、经济及社会运行的机制和制度，其中既包含祭祀、朝觐、封国、巡狩等的国家大典，也包含用鼎、车骑、服饰等的具体规制，内容繁复，不一而足。对此，我们从《周礼》中可以一窥端倪。西周初年的礼乐制度及文化是儒家思想产生和发展的基础和前提。

（一）"礼"的起源

从古至今，诸多学者从不同角度考察、分析和解释了"礼"的起源与产生。《说文解字》指出，"礼，履也，所以事神致福也。从示，从豊，豊亦声"，"豊，行礼之器也。从豆，象形"。显然，在《说文解字》中，"礼"首先就与鬼神的祭祀活动、祭祀仪式和

---

① 启良：《中国文明史》（上），花城出版社，2001年，第282页。

祭祀用具有关，这种观点代表了中国古代对"礼"的本义的权威解读。在近代学者中，对"礼"的研究影响比较大的当属王国维，他曾专门撰文探讨了"礼"的起源问题。

在王国维看来，"礼"是一个会意字而不是象形字，"礼"字的原型就代表了行礼之器，是指人们在祭祀的时候，手捧礼器向神人、祖先敬奉祭品的活动。也就是说，王国维基本上沿袭了《说文解字》对"礼"字的解释和说明，把"礼"看成是"事神致福"和"以奉神人"的祭祀活动和行为，这一点也得到了后世学者的认同。

一般认为，"礼"的出现是比较早的。对此，陈来教授曾指出，"从文化人类学所了解的资料来看，仪式并不是从生产活动直接发源的，而是一定的宗教－文化观念的产物。最早在巫术文化中开始发展出许多仪式，然后在祭祀文化中仪式得到了相当完备的发展。就中国文化来说，'礼'在殷代无疑是由祭祀文化所推动而发展的"[①]。这样的理解显然是来自古代文献的相关记载，在《礼记》对夏、商、周三代的文化特点进行论证和说明的时候，"礼"就成了其中的重要内容，代表了三代文化的差异。

> 子曰："夏道未渎辞，不求备、不大望于民，民未厌其亲。殷人未渎礼，而求备于民。周人强民，未渎神，而赏爵刑罚穷矣。"
> 子曰："虞夏之道，寡怨于民。殷周之道，不胜其敝。"
> 子曰："虞、夏之质，殷、周之文至矣。虞、夏之文，不胜其质。殷、周之质，不胜其文。"（《礼记·表记》）

由此可见，虞夏文化的特点是尚质，而殷周文化的特点是崇文。夏敬事鬼神，当时的人们纯真质朴而缺乏文饰。殷商尊神，

[①] 陈来：《古代宗教与伦理——儒家思想的根源》，生活·读书·新知三联书店，1996年，第242页。

先鬼而后"礼","礼"由此开始进入社会生活。虽然仅是后"礼",但仍然说明了"礼"在殷商社会生活中的重要作用,主要指的就是殷人在尊神、先鬼的过程中的"礼"的活动。而西周初年,尊"礼"已经成为一种社会风尚。对"礼"的不同态度是夏、商、周三代之间最重要的文化差异。

也有学者认为,"礼"字晚出,"礼"作为"德"的一种表现方式,自然伴随着"德"字及其观念的出现而出现,"从《周书》和'周彝'看来,德字不仅包括主观方面的修养,同时也包括客观方面的规模——后人所谓'礼'。礼字是后起的字,周初的彝铭中不见有这个字,礼是由德的客观方面的节文所蜕化下来的,古代有德者的一切正当行为的方式汇集了下来便成为后代的礼"[①]。必须承认,这种观点与以上王国维、陈来等人的论述并无抵牾之处,只不过大家对"礼"的内涵的理解稍有不同。虽然,作为规范性社会活动的"礼"的出现是很早的,但可以肯定的是,在"德"观念的基础上,具有道德内涵和价值要求的、在人们日常生活中发挥规范和引导作用的"礼"的出现则是西周初年的事情了。

夏、商、周三代在"礼"及礼制的演化方面存在一定的传承关系。孔子曾感叹道,"殷因于夏礼,所损益,可知也;周因于殷礼,所损益,可知也。其或继周者,虽百世,可知也"(《论语·为政》)。当孔子的学生子张向老师请教十世之"礼"的时候,孔子认为夏、商、周三代之"礼"各有损益,体现为继承基础上的发展和提升。《论语》又指出,"夏礼吾能言之,杞不足征也;殷礼吾能言之,宋不足征也。文献不足故也,足则吾能征之矣"(《论语·八佾》)。类似的表述还见于《礼记·礼运》:"言偃复问曰:'夫子之极言礼也,可得而闻与?'孔子曰:'我欲观夏道,是

[①] 郭沫若:《中国古代社会研究》(外二种),河北教育出版社,2004年,第260页。

故之杞，而不足征也，吾得《夏时》焉。我欲观殷道，是故之宋，而不是征也，吾得《坤乾》焉。《坤乾》之义，《夏时》之等，吾以是观之.'"这些都说明，夏、商、周之间在礼乐制度上是有一定延续性的。

也有一种观点认为夏、商、周三代的文明是各自独立发展起来的，因此，夏、商、周的礼乐制度也就没有什么相互借鉴之可言。对此，《礼记·乐记》曾明确指出，"五帝殊时，不相沿乐；三王异世，不相袭礼"。应该认为，这种说法并不是就礼乐的整体结构和精神价值而言的，而是就礼乐的具体规定来说的。以祭祀之礼为例，"有虞氏禘黄帝而郊喾，祖颛顼而宗尧。夏后氏亦禘黄帝而郊鲧，祖颛顼而宗禹。殷人禘喾而郊冥，祖契而宗汤。周人禘喾而郊稷，祖文王而宗武王。燔柴于泰坛，祭天也。瘗埋于泰折，祭地也。用骍犊。埋少牢于泰昭，祭时也。相近于坎坛，祭寒暑也"（《礼记·祭法》）。显然，有虞氏、夏后氏、殷商、西周等不同时期祖先祭祀的对象是各不相同的，但是，祭祀的礼节、仪式、地点、实践等却并无实质性的差异。再如养老之礼，"凡养老，有虞氏以燕礼，夏后氏以飨礼，殷人以食礼，周人修而兼用之。……有虞氏养国老于上庠，养庶老于下庠。夏后氏养国老于东序，养庶老于西序。殷人养国老于右学，养庶老于左学。周人养国老于东胶，养庶老于虞庠，虞庠在国之西郊。有虞氏皇而祭，深衣而养老。夏后氏收而祭，燕衣而养老。殷人冔而祭，缟衣而养老。周人冕而祭，玄衣而养老。凡三王养老皆引年"（《礼记·王制》）。显然，虽然有虞氏、夏后氏、殷商和西周时期养老之礼的具体要求各不相同，养老的地点也有所差异，但是养老本身却已经成为不同时期人们共同尊奉的价值和习俗了。

关于"礼"的起源，早期文献多有论及，当然，人们对这个问题的理解各不相同，为了更好地体现人们对于"礼"之起源问题的探讨，不揣繁多，摘录如下：

周公摄政，一年救乱，二年克殷，三年践奄，四年建侯卫，五年营成周，六年制礼作乐，七年致政成王。(《尚书大传》)

礼有三本：天地者，性之本也；先祖者，类之本也；君师者，治之本也。无天地焉生？无先祖焉出？无君师焉治？三者偏亡，无安之人。故礼，上事天，下事地，宗事先祖，而宠君师，是礼之三本也。(《大戴礼记·礼三本》)

夫礼之初，始诸饮食。……昔者先王未有宫室，冬则居营窟，夏则居橧巢。未有火化，食草木之实，鸟兽之肉，饮其血，茹其毛；未有麻丝，衣其羽皮。后圣有作，然后修火之利，范金，合土，以为台榭、宫室、牖户；以炮以燔，以亨以炙，以为醴酪；治其麻丝，以为布帛，以养生送死，以事鬼神上帝，皆从其朔。(《礼记·礼运》)

礼起于何也？曰：人生而有欲，欲而不得，则不能无求；求而无度量分界，则不能不争；争则乱，乱则穷。先王恶其乱也，故制礼义以分之，以养人之欲，给人之求，使欲必不穷乎物，物必不屈于欲，两者相持而长，是礼之所起也。(《荀子·礼论》)

以上是先秦两汉时期关于"礼"之起源问题最具代表性的几种论述。《尚书大传》强调的是周公制礼作乐，这是儒家圣人创制思想的具体体现，也是传统社会关于"礼"的起源最为通行的说法。对此，杨向奎先生指出，"《礼记·明堂位》有周公制礼作乐的记载，说礼乐出自某一位圣贤的制作，是不可能的；但谓周公对于传统的礼乐有过加工、改造，是没有疑问的"[1]。一般认为，周公摄政之后，最重要的两项工作就是平定叛乱和制礼作乐。在传统社会看来，古时的礼乐制度都是圣王们仰观俯察、体察天道的结果，所以《尚书序》里面强调指出，"古者伏牺氏之王天下

---

[1] 杨向奎：《宗周社会与礼乐文明》，人民出版社，1992年，第352页。

也,始画八卦,造书契,以代结绳之政,由是文籍生焉"。周公制礼作乐的逻辑也是如此,我们从《周礼》《仪礼》《尚书》等文献的相关记述中可以大体感受到西周时期礼乐制度的繁复。

《大戴礼记》中关于"礼"之起源的讨论更多着眼于逻辑的说明,而并不注重历史的记述与分析。在《大戴礼记》看来,天地、先祖和君师是人类社会存在的基础和保障,因此,"礼"的制定就应该且必须围绕这三者展开。《大戴礼记》中关于"礼之三本"的说法更多强调"礼"的重要性和价值所在。

《礼记》对"礼"之起源问题分析和论述的高明之处主要在于,它是从人的物质生活的角度出发来讨论这一问题的。在《礼运》看来,"礼"始于人的丧葬和祭祀活动,通过一系列的特定仪式,表达养生送死的道德情感,从而实现君臣、父子、兄弟、上下、夫妇等社会伦理关系的协调与和谐,这是礼乐产生的社会基础和最终目的。应该说,《礼运》对"礼"之起源问题的论述在一定程度上超越了《说文解字》把"礼"仅仅视为敬事鬼神的一种活动和仪式的理解,在敬事鬼神的基础上,进一步指出了礼乐存在的本质,把"礼"从宗教生活的层面上升到,或者说延伸到社会生活,尤其是政治生活和道德生活领域,把"礼"的宗教性特征视为其政治特征和伦理特征的一种过渡和一个中间环节,其思想价值和积极意义是显而易见的。

在以上几种关于"礼"之起源问题的讨论中,《荀子·礼论》的思想体系相对而言是最完备的,它在总结和概括了以上诸种说法及理论的优点的基础上提出了独具特色的观点。与孔孟把礼乐的产生想当然地视为圣人制作的儒家传统不同的是,在荀子看来,"礼"首先来源于人的感性生活及其需求的满足。在这里,感性生活的内涵大大超越了物质生活的范围,是对《礼记·礼运》论述的重要改进。感性生活除了包括人的物质生活之外,主要还包括人作为生物性个体的感性欲求。荀子认为,人的感性欲求是以人的物质生活满足为条件和主要内容的,感性欲求和物质生活的结合是"礼"得以产生的前提条件。当然,在历史观上,荀子依然沿袭了儒家传统的圣人创制说,认为圣王有感于欲而不得而导致社会斗争、混乱、穷困的局面,因此创立了一整套制度性的社会规范,即"礼"。在此基础上,荀子又指出,圣人创制礼乐规范的目的决不是压制人们自然的情感和欲望,恰恰相反,而是在物质条件一定的前提下尽可能实现人的情感欲望的满足,是"养人之欲,给人之求",从而达到人的需求与物质生产之间的平衡与和谐。应该说,荀子的论述是十分深刻的,对于后人关于"礼"的起源、内容、本质、宗旨等的理解都给予了很好的启示。西汉时期的董仲舒就在荀子的基础上重点论述了"安情""适欲"的思想,可谓一脉相承。因此,荀子把"礼"的本质界定为"养",其科学性是毋庸置疑的。

但必须指出的是,这里所说的"养"又是以"别"为前提的,荀子强调的"别"其实就是一定的社会等级。所以,荀子在"养"的基础上,又提出了社会等级对于"礼"的规范的重要性。在他看来,"礼"对人的情感欲望和物质欲求的满足不是平均主义,更不代表机会均等,而是以社会等级为前提条件和主要内容的,强调的是"贵贱有等,长幼有差,贫富轻重皆有称者也"。在这里,"养"与"别"并行不悖,相得益彰,"既得其养,又好其别"。在荀子看来,礼义的满足本身就逻辑地包含着性情的满足,"夫礼义文理之所以养情也",人的社会生活必须同时满足性情和礼义两个方面的要求,缺一不可,"故人一之于礼义,则两得之矣;一之于情性,则两丧之矣"(《荀子·礼论》),这就是荀子所追求的"情文俱尽"的最高境界了。这与孔子所强调的"文质彬彬"在理论旨趣上并无二致,由此可以看出,荀子的礼论最后还是复归于儒家思想的核心追求了。

在总结古代文献中关于"礼"之起源的各种观点之后,有学者指出,"礼源于宗教,礼源于交换(包括 Potlatch),礼缘情、欲而制,礼以义起,礼起于俗,都自成一说,因为它们各符合礼制

第二章　西周时期道德生活的发展与道德观念的产生

史的部分实际"①。

（二）西周时期的社会礼俗

西周时期的社会礼俗是非常繁复的，几乎无所不包，涉及社会生活的方方面面。《周礼》提出了"五礼"的思想，即吉礼、凶礼、宾礼、军礼、嘉礼，而每种类型的"礼"当中又包含多少不一的各种具体的规定。

关于五礼，《周礼·大宗伯》指出："大宗伯之职，掌建邦之天神、人鬼、地示之礼，以佐王建保邦国。"郑玄认为，吉礼为祭祀之礼，其对象为天神、地神和祖先神，因此，吉礼应为五礼之首。而凶礼、宾礼、军礼、嘉礼四者，则是"佐王立安邦国者"。吉礼与其余四礼是相辅相成的关系，"自吉礼于上，承以立安邦国者，互以相成"（《周礼注疏·大宗伯》），意在说明五礼"尊鬼神""重人事"的特点。

关于吉礼，《周礼》指出：

> 以吉礼事邦国之鬼神示。以禋祀祀昊天上帝，以实柴祀日、月、星、辰，以槱祀司中、司命、风师、雨师。以血祭祭社稷、五祀、五岳，以貍沈祭山林、川泽，以疈辜祭四方、百物，以肆献祼享先王，以馈食享先王，以祠春享先王，以礿夏享先王，以尝秋享先王，以烝冬享先王。（《周礼·大宗伯》）

吉礼是指敬事天地、鬼神、祖先、宗庙、社稷、日月等的祭祀之礼。具体来说，就是用禋祀之礼来祭祀昊天和上帝等至上神；用实柴之礼祭祀日月星辰；用槱祀之礼祭祀司中、司命、风师、雨师；用血祭祭祀土神、谷神、五官之神和五岳之神；用貍沈之礼祭祀山林川泽等自然神；用疈辜之礼祭祀四面八方的诸多小神；

---

① 陈戍国：《中国礼制史》（先秦卷），湖南教育出版社，2002年，第15页。

以宗庙之祭享先王，用蒸熟的肉和生肉、生血祭祀先王，用以酒浇地的方式祭祀先王，在春、夏、秋、冬等不同的季节用祠祭之礼、禴祭之礼、尝祭之礼和烝祭之礼等不同的祭礼来祭祀先王。对于这些"礼"的实践，我们大多可以从《左传》的记述中找到相关的例证，《哀公十三年》中有"鲁将以十月上辛，有事于上帝先王"，《昭公元年》中有"日月星辰之神，则雪霜风雨之不时，于是乎禜之"，《宣公十二年》中有"祀于河，作先君宫，告成事而还"，《定公八年》中有"冬十月，顺祀先公而祈焉。辛卯，禘于僖公"，《隐公八年》中有"郑伯请释泰山之祀而祀周公"，《襄公九年》中有"祝宗用马于四墉，祀盘庚于西门之外"，等等。从《左传》关于吉礼的诸多记述中可以看出《周礼》中所记载的各种吉礼在社会生活中是真实存在的。

关于凶礼，《周礼·大宗伯》指出，"以凶礼哀邦国之忧，以丧礼哀死亡，以荒礼哀凶札，以吊礼哀祸灾，以禬礼哀围败，以恤礼哀寇乱"。可见，凶礼主要是指哀吊之礼。其中，丧礼是哀悼和凭吊死者的礼，"哀谓亲者服焉，疏者含襚"（《周礼注疏·大宗伯》）。据《礼记·曲礼下》记载："居丧，未葬，读丧礼。既葬，读祭礼。"荒礼是指遇到各种荒灾时所行之礼，"《曲礼》曰：岁凶，年谷不登，君膳不祭肺，马不食谷，驰道不除，祭事不县，大夫不食粱，士饮酒不乐"。《周礼·大司徒》提出了荒礼的种种具体要求，"以荒政十有二聚万民：一曰散利，二曰薄征，三曰缓刑，四曰弛力，五曰舍禁，六曰去几，七曰省礼，八曰杀哀，九曰蕃乐，十曰多婚，十有一曰索鬼神，十有二曰除盗贼"。关于吊礼，主要是指遭遇祸灾时所行之礼，"祸玄谓遭水火。宋大水，鲁庄公使人吊焉，曰：天作淫雨，害于粢盛，如何不吊。厩焚，孔子拜乡人，为火来者拜之，士一，大夫再，亦相吊之道"（《周礼注疏·大宗伯》）。关于禬礼，是指诸侯国因外来侵略或内部动乱灾祸，蒙受经济、财产、人员的损失，王室或同盟之国汇合财货予以救助之礼。对此，贾公彦疏之曰，"若马融以为'国败'，正本多为'围败',谓其国见围,入而国被祸败,丧失财物,则同盟之国会合财货归之,以更其所丧也。必知襘是会合财货,非会诸侯之兵救之者,若会合兵,当在军礼之中,故知此襘是会合财货以济之也"(《周礼注疏·大宗伯》)。关于恤礼,是指诸侯国因外来侵略或内部动乱致使国家蒙受经济、财产、人员的损失时,王室或同盟之国派遣使者进行慰问、存恤之礼。《周礼·秋官司寇》中有"大行人"之职,其主要的工作职能就是"致恤以补诸侯之灾";同时还有"小行人"之职,其基本的工作职能就是"若国师役则令犒恤之"。显然,这两个职位是专门负责恤礼的实施的。

关于宾礼,就是指天子接见来朝的诸侯、宾客时所行之礼,也包括各诸侯国相互之间会面、交往时所行之礼。《周礼·大宗伯》指出,"以宾礼亲邦国,春见曰朝,夏见曰宗,秋见曰觐,冬见曰遇,时见曰会,殷见曰同,时聘曰问,殷覜曰视"。其中,最重要的是朝觐之礼。《周礼·大行人》指出,"春朝诸侯而图天下之事,秋觐以比邦国之功,夏宗以陈天下之谟,冬遇以协诸侯之虑"。除此之外,宾礼还有会同之礼、诸侯聘于天子之礼和相见礼等。《仪礼》中专门有一篇《士相见礼》,通过极尽繁复的仪式规定以表现士人相见时的言谈举止等相关的内容和要求。

关于军礼,就是指古代社会中与军事活动相关的各种礼仪,主要可以分为大师之礼、大均之礼、大田之礼、大役之礼、大封之礼。据《周礼·大宗伯》记载:"大师之礼,用众也;大均之礼,恤众也;大田之礼,简众也;大役之礼,任众也;大封之礼,合众也。"所谓大师之礼,是指天子或诸侯征讨四方时所使用的礼。所谓大均之礼,是指在校正户口、调节赋征等时要遵守的相关规范。《周礼·小司徒》对此有较为详细和明确的说明。所谓大田之礼,主要就是古代社会军队的检阅之礼,按照四时可以分为春蒐、夏苗、秋狝、冬狩。所谓大役之礼,是指国家为建筑王宫、城邑等而征役时的规范。所谓大封之礼,就是指勘定疆界之礼。

关于嘉礼,主要是指与人们的日常生活紧密相关的各种礼仪规范,内容最为丰富,上至王位继承,下至百姓生活,无所不包,主要包括饮食之礼、婚冠之礼、宾射之礼、飨燕之礼、脤膰之礼、贺庆之礼等。比如,婚冠之礼代表的是成人之礼,贾公彦指出,"陈昏姻冠笄之事,上句直言昏冠,专据男而言,亦有姻笄,故下句兼言男女也。若然,则昏姻之礼,所以亲男女,使男女相亲,三十之男,二十之女,配为夫妻是也。冠笄之礼所以成男女,男二十而冠,女子许嫁十五而笄,不许亦二十而笄,皆责之以成人之礼也"(《周礼注疏·大宗伯》)。《礼记·昏义》中有"昏礼者,将合二姓之好,上以事宗庙,而下以继后世也,故君子重之"。《礼记·哀公问》当中记载了鲁哀公和孔子关于婚姻问题的讨论,哀公认为婚礼中"冕而亲迎"的要求显得过于隆重了,因此就想减少仪式、降低规格。对此,孔子则非常严肃地向鲁哀公说明了婚姻的重要性,"合二姓之好,以继先圣之后,以为天地宗庙社稷之主"。《礼记·昏义》中曾提到了"六礼"的说法,即纳采、问名、纳吉、纳征、告期和亲迎。《春秋·庄公二十二年》中有"公如齐纳币",《左传·文公二年》中有"公于遂如齐纳币",这里的"纳币"即"纳采"。这些记载都是中国古代社会确实曾经实行过"六礼"的明证。

除了关于五礼的理论性说明之外,我们还可以从《仪礼》《春秋》及"三传"等文献中看到更加详细的记载和例证。《仪礼·士相见礼》中记载了士人相见的完整过程。

士相见之礼。挚,冬用雉,夏用腒。左头奉之,曰:"某也愿见,无由达。某子以命命某见。"主人对曰:"某子命某见,吾子有辱。请吾子之就家也,某将走见。"宾对曰:"某不足以辱命,请终赐见。"主人曰:"某不敢为仪,固请吾子之就家也,某将走见。"宾对曰:"某不敢为仪,固以请。"主人对曰:"某也固辞,不得命,将走见。闻吾子称挚,敢辞挚。"宾对曰:"某不以挚,不敢见。"主人对曰:"某不足以

第二章　西周时期道德生活的发展与道德观念的产生

习礼,敢固辞。"宾对曰:"某也不依于挚,不敢见,固以请。"主人对曰:"某也固辞,不得命,敢不敬从。"出迎于门外,再拜。客答再拜。主人揖,入门右。宾奉挚,入门左。主人再拜受,宾再拜送挚,出。主人请见,宾反见,退。主人送于门外,再拜。主人复见之,以其挚,曰:"向者吾子辱,使某见。请还挚于将命者。"主人对曰:"某也既得见矣,敢辞。"宾对曰:"某也非敢求见,请还挚于将命者。"主人对曰:"某也既得见矣,敢固辞。"宾对曰:"某不敢以闻,固以请于将命者。"主人对曰:"某也固辞,不得命,敢不从?"宾奉挚入,主人再拜受。宾再拜送挚,出。主人送于门外,再拜。

虽然《仪礼》的成书时间相对较晚,但其中有相当多的礼仪制度在西周乃至春秋时期都真正实行过,"因此以现存《仪礼》作为周公'制礼作乐'的部分内容,是说得通的"[1]。由此可见,士人相见的时候,对于礼节的要求是很具体和繁复的。首先,会面的双方要有必要的礼物,不同的季节对于礼物还有不同的要求。客人到时有仆人进行通报,此时主人要客气一番,表示不敢接受对方的访问或拜见,而应该择日再去对方家里登门拜访,如此反复两次。其次,主人还要对对方的礼物辞谢一番,客人则表示如果不带礼物的话,就不能来相见了,如此还要客气两次,而这些话都是通过仆人进行转达的,此时宾主双方事实上还没有见面。入门之后,主客双方要相互行礼;会面结束之后,客人告退的时候,主人必须亲自将其送到门外,再次行礼之后才能告别。这样,一套完整的士相见礼才算最终完成。《礼记·内则》对于庶子敬献和招待宗子的规制乃至物品都有严格而详细的规定。由此可知,古代社会对于礼节仪式的要求是极尽复杂、繁琐的。

---

[1] 杨向奎:《宗周社会与礼乐文明》,人民出版社,1992年,第293页。

生活与思想的互动

除了传世文献的记载之外，我们还可以通过对西周金文的解读，以体会当时日常生活中诸礼的具体要求和规定。1988年，从河南省平顶山应国墓地当中出土了一尊匍盉，据考证，时间应为西周晚期。铭文如下：

> 隹（唯）四月既生霸戊申，匍即于氐（柢），青（邢）公事（使）司史侃（见），曾（赠）匍于柬麂贲、韦两、赤金一匀（钧）。匍敢对扬公休。用乍（作）宝尊彝，其永用。

有学者认为，这篇铭文反映的应该是西周晚期应国和邢国相互聘问的过程，"匍盉铭文揭示了曾经发生在古代东方地区的青国与中原地区的应国之间的一次礼节性访问活动，古代称为頻礼或聘礼，亦即頻聘礼"[1]，"这篇铭文记载应国使者匍到氐地聘问邢公，邢公让邢国专门管理外交事务的司使回见接待了匍，并送给匍一件鹿皮披肩、两张兽皮、一钧铜作礼品。后来匍用邢公所赐的铜作了这件盉"[2]。当然，亦有学者通过对这篇铭文的考释有了不同的理解，张亮认为，"学者多以为此篇铭文反映了应、邢两国聘问之礼，但笔者认为它仍是诸侯与西周王室交往的记录，反映的是王朝大臣遣使于诸侯之事"[3]。不管是诸侯之间还是诸侯与王室之间，它作为"一篇截至目前西周金文中对先秦时期頻聘礼仪节记录最为完整的文字"[4]，显然，是对于当时贵族之间交往的真实记录。[5]

---

[1] 王龙正：《匍盉铭文补释并再论頻聘礼》，《考古学报》2007年第4期。
[2] 王龙正、姜涛、娄金山：《匍鸭铜盉与頻聘礼》，《文物》1998年第4期。
[3] 张亮：《匍盉铭文与西周宾礼》，《洛阳师范学院学报》2013年第3期。
[4] 王龙正：《匍盉铭文补释并再论頻聘礼》，《考古学报》2007年第4期。
[5] 必须说明的是，也有学者将铭文视作纳征礼，"盉铭所记当为纳征礼无疑。盉铭不明载匍为何受赠，盖因而言青公遣使纳币即纳征礼已成固定礼法，时人见物便知原由，无需说明"，"盉铭所记纳征之礼是今所见最早系统记载西周婚礼的材料，可补经史之未备"（黄益飞：《匍盉铭文研究》，《考古》2013年第2期）。

第二章　西周时期道德生活的发展与道德观念的产生

除了社会生活中各种礼仪方面的具体要求之外，"礼"还被广泛应用到社会生活的其他方面。比如，在诗歌和舞蹈中有大量的对"礼"的运用。《春秋》曾记载了叔孙穆子访问晋国的事情，"夏，叔孙豹如晋"，但是，语焉不详。《左传》对叔孙穆子如晋的详细经过有记述。

> 穆叔如晋，报知武子之聘也。晋侯享之，金奏《肆夏》之三，不拜。工歌《文王》之三，又不拜。歌《鹿鸣》之三，三拜。韩献子使行人子员问之，曰："子以君命，辱于敝邑。先君之礼，藉之以乐，以辱吾子。吾子舍其大，而重拜其细，敢问何礼也？"对曰："《三夏》，天子所以享元侯也，使臣弗敢与闻。《文王》，两君相见之乐也，使臣不敢及。《鹿鸣》，君所以嘉寡君也，敢不拜嘉？《四牡》，君所以劳使臣也，敢不重拜？《皇皇者华》，君教使臣曰：'必咨于周。'臣闻之：'访问于善为咨，咨亲为询，咨礼为度，咨事为诹，咨难为谋。'臣获五善，敢不重拜？"（《左传·襄公四年》）

从上文可知，鲁襄公四年，作为对知武子访问鲁国的回访，叔孙豹奉鲁侯之命访问晋国，晋国诸侯用享礼来接待他。晋侯首先命令乐工演奏《肆夏》之三，但是却没有得到叔孙豹的回应。于是晋侯又命令乐工演奏《文王》之三，叔孙豹还是没有拜谢回应。最后，晋侯命令乐工演奏了《鹿鸣》的前三首，此时叔孙豹连拜三次。于是，韩献子不明就里，派人来向叔孙豹请教原因。叔孙豹指出，《肆夏》是天子燕享诸侯时使用的乐曲，《文王》是两国诸侯相见时使用的乐曲，他作为一位臣僚，当然不敢享用和领受。而《鹿鸣》则是晋侯用来向鲁侯表达敬意的，他自然应该代表鲁侯接受。《四牡》是晋侯用来慰问他本人的，《皇皇者华》则是晋侯用来教诲他德行的。因此，他才接连拜谢了三次，以表示对晋侯的感谢和尊重。这件事固然发生在春秋时期，但是燕享之时的礼仪规定则是自西周初年就制定下来并流行于世的,由此可见西周社会礼俗的适用性和普遍性。

综上所述,西周时期的社会礼俗在很大程度上起到了规范社会生活、明确社会等级的作用。所以,《礼记·仲尼燕居》讲到,"明乎郊社之义、尝禘之礼,治国其如指诸掌而已乎!是故以之居处有礼,故长幼辨也。以之闺门之内有礼,故三族和也。以之朝廷有礼,故官爵序也。以之田猎有礼,故戎事闲也。以之军旅有礼,故武功成也。是故宫室得其度,量鼎得其象,味得其时,乐得其节,车得其式,鬼神得其飨,丧纪得其哀,辨说得其党,官得其体,政事得其施,加于身而错于前,凡众之动得其宜"。在当时的人们看来,社会生活中的所有内容都必须在"礼"的范围内展开,也只有在"礼"的要求下,人的个体生活和社会生活才能真正实现"动得其宜"的目的。

(三) 西周时期的礼乐文化

在世俗生活的基础上,思想家们对于社会礼俗及其在生活中的实践进行了新的改造,再加上西周初年的政治家和思想家对新王朝价值秩序和治理方式进行了新定义,一种以"德"为核心、以宗法制为表现形式、以等级制为价值指引的新的文化模式开始走上历史舞台,由此决定了中国传统社会的文化类型、精神价值和表达方式,这就是礼乐文化。

礼乐文化之所以能够成为一种新的文化类型或者文化模式,我们可以从三个方面来考察。

第一,礼乐文化的核心是"德",礼乐文化从产生和发展的初期就与当时社会所产生并日渐流行的"德"的观念紧密联系在一起。第二,礼乐文化与当时的社会生活密切相关,宗法制、分封制、井田制等西周社会最重要的社会制度处处显露着礼乐文化的痕迹。第三,礼乐文化在西周时期已经成为一种完整的、体系化的存在。礼乐文化的这种完整性和体系化,一方面表现为礼乐制度的完整性和体系化，另一方面突出表现为教化思想和教化功能的完整性和体系化。关于礼乐与"德"的关系、礼乐与西周社会生活的关系以及礼乐制度自身的完整性和体系化，之前的论述中已经有了较为详细的说明，这里就不再赘述了，只是对教化思想做简要说明和介绍。

> 食子者，三年而出，见于公宫则劬。大夫之子有食母，士之妻自养其子。由命士以上及大夫之子，旬而见。冢子未食而见，必执其右手；适子、庶子已食而见，必循其首。子能食食，教以右手。能言，男唯女俞。男鞶革，女鞶丝。六年，教之数与方名。七年，男女不同席，不共食。八年，出入门户及即席饮食，必后长者，始教之让。九年，教之数日。十年，出就外傅，居宿于外，学书计，衣不帛襦裤，礼帅初，朝夕学幼仪，请肄简谅。十有三年，学乐、诵《诗》、舞《勺》。成童，舞《象》，学射、御。二十而冠，始学礼，可以衣裘帛，舞《大夏》，惇行孝弟，博学不教，内而不出。三十而有室，始理男事，博学无方，孙友视志。四十始仕，方物出谋发虑。道合则服从，不可则去。五十命为大夫，服官政，七十致事。凡男拜，尚左手。女子十年不出，姆教婉、娩、听从，执麻枲，治丝茧，织纴、组、紃，学女事，以共衣服，观于祭祀，纳酒浆、笾豆、菹醢，礼相助奠。十有五年而笄。二十而嫁；有故，二十三年而嫁。聘则为妻，奔则为妾。凡女拜，尚右手。（《礼记·内则》）

由此可知，在中国古代社会，男孩和女孩从小就要接受性别教育，要求不能运用相同的语言表达方式和内容，在衣着上也必须做严格的区分。一般情况下，六岁的时候就要开始学习数学等。七岁的时候，男孩和女孩就必须分开了，这是男女有别教育的开始。对于男孩而言，八岁就必须学会礼让长者，九岁开始接受节

生活与思想的互动

令方面的教育。十岁的时候,男孩需要跟着特定的教师开始接受专门的文化教育,饮食起居必须与家里的女眷有所区分,必须学习各种各样的礼节仪式和行为规范。十三岁时要学习音乐、诗歌、舞蹈等方面的技艺。二十岁,就必须正式举行冠礼,以示成人。而女孩在十岁的时候就不能在外面随意走动了,应该开始学习女性应有的语言、容貌、举止等方面的知识和纺织、制衣等女红技能。除此之外,女性还必须学习有关祭祀的相关礼仪和规定,以起到协助长辈进行祭祀的作用。十五岁的时候开始结发,以示成年,二十岁左右就可以出嫁了。从这里可以看出,西周时期的礼乐文化非常注重男女之别,这种男女之别通过两性学习内容和侧重点的不同,显露出来的是一种非常严格的男女上下尊卑的等级要求。由此也可以看出,礼乐文化"在本质上乃是一套父系宗族的文化规范体系"[1]。

同时,这种礼乐文化的人文功能和教化功能体现在社会生活的方方面面,敬事鬼神、尊尊亲亲、敬老尊长、男女之别、上下之分等人文价值都以不同的方式体现在礼乐文化当中。比如,在诗歌和舞蹈中有大量的对"礼"的运用。《春秋·襄公二十九年》中记载了"吴子使札来聘",《左传》对此次聘问给予了非常详尽的记载,并重点说明了吴国公子季札往聘鲁国时提出要求观赏周代礼乐、歌舞的过程和具体细节。

> 请观于周乐。使工为之歌《周南》、《召南》,曰:"美哉!始基之矣,犹未也。然勤而不怨矣。"为之歌《邶》、《鄘》、《卫》,曰:"美哉,渊乎!忧而不困者也。吾闻卫康叔、武公之德如是,是其《卫风》乎?"为之歌《王》,曰:"美哉!思而不惧,其周之东乎?"为之歌《郑》,曰:"美

---

[1] 陈来:《古代宗教与伦理——儒家思想的根源》,生活·读书·新知三联书店,1996年,第263页。

哉！其细已甚，民弗堪也。是其先亡乎！"为之歌《齐》，曰："美哉！泱泱乎！大风也哉！表东海者，其大公乎！国未可量也。"为之歌《豳》，曰："美哉！荡乎！乐而不淫，其周公之东乎？"为之歌《秦》，曰："此之谓夏声。夫能夏则大，大之至也，其周之旧乎？"为之歌《魏》，曰："美哉！沨沨乎！大而婉，险而易行，以德辅此，则明主也。"为之歌《唐》，曰："思深哉！其有陶唐氏之遗民乎？不然，何忧之远也？非令德之后，谁能若是？"为之歌《陈》，曰："国无主，其能久乎？"自《郐》以下，无讥焉。为之歌《小雅》，曰："美哉！思而不贰，怨而不言，其周德之衰乎？犹有先王之遗民焉。"为之歌《大雅》，曰："广哉！熙熙乎！曲而有直体，其文王之德乎？"为之歌《颂》，曰："至矣哉！直而不倨，曲而不屈，迩而不逼，远而不携，迁而不淫，复而不厌，哀而不愁，乐而不荒，用而不匮，广而不宣，施而不费，取而不贪，处而不底，行而不流。五声和，八风平。节有度，守有序，盛德之所同也。"（《左传·襄公二十九年》）

吴国公子季札到鲁国聘问，向穆子即叔孙豹提出了观赏周乐的要求。这主要是因为，虽然当时已经出现了礼坏乐崩的现象，但由于鲁国是周公后人的封国，所以周公在周初所创制的一整套典章礼乐文物制度在鲁国得到了很好的保存，且鲁国可以享受天子之礼，因此，天子的礼乐也只有在鲁国才能找到。孔颖达正义指出，"《明堂位》云：'成王以周公为有勋劳于天下，是以封周公于曲阜，命鲁公世世祀周公以天子之礼乐。'又曰：'凡四代之服器，鲁兼用之。'是鲁以周公故，有天子之礼乐也"（《春秋左传正义·襄公二十九年》）于是，叔孙豹命令乐工为季札先后演奏了《周南》《召南》《邶》《鄘》《卫》《王》《郑》《齐》《豳》《秦》《魏》《唐》《陈》《郐》《小雅》《颂》等乐曲，并命令舞者表演了《象箾》《南籥》《大武》《韶箾》等舞蹈，季札都能够根据乐曲和诗歌，发表不同的见解，表现出了极高的文学修养和艺术水平。对此，孔颖达非常敬佩，给予了很高的评价，表示"诗人观时政善恶，而发愤作诗。其所作文辞，皆准其乐音，令宫商相和，使成歌曲。乐人采其诗辞，以为乐章，述其诗之本音，以为乐之定声。其声既定，其法可传。虽多历年世，而其音不改。今此为季札歌者，各依其本国歌所常用声曲也。由其各有声曲，故季札听而识之。言本国者，变风诸国之音各异也"（《春秋左传正义·襄公二十九年》）。

综合可知，虽然周代礼乐文化包括周代政治制度、经济制度及社会生活，但这些却并不是其文化的主要特征。周代礼乐文化的主要特征更主要地表现在一般社会生活层面，"在于周代是以礼仪即一套象征意义的行为及程序结构来规范、调整个人与他人、宗族、群体的关系，并由此使得交往关系'文'化，和社会生活高度仪式化"[1]。可以认为，当日常礼俗上升为社会制度的时候，大概就可以被称为礼制了。"礼制，作为执礼的根据，限定了行礼的范围、规模、程序、仪态以及大致具体的言行。不容许礼物和礼仪违反礼制的规程，否则就不能表达应有的礼意。不妨说，礼制是具有法律效力的，在这个意义上可以把礼制看做典章制度。"[2]随着礼俗制度化进程逐渐加快，"礼"的观念和思想也深蕴其中了，这是研究周初礼俗和"礼"的观念与思想的重要基础。

四　西周时期的"孝"观念

孝道和孝文化是中国传统文化的重要组成部分，充分体现了传统社会重人文、重伦理、重亲情的文化特征。英国著名哲学家

---

[1] 陈来：《古代宗教与伦理——儒家思想的根源》，生活·读书·新知三联书店，1996年，第248页。

[2] 陈戍国：《中国礼制史》（先秦卷），湖南教育出版社，2002年，第18页。

罗素在研究中国孝文化的基础上深刻指出,"孝道并不是中国人独有,它是某个文化阶段全世界共有的现象。奇怪的是,中国文化已到了极高的程度,而这个旧习惯依然保存。古代罗马人、希腊人也同中国一样注意孝道,但随着文明程度的增加,家族关系便逐渐淡漠。而中国却不是这样"[1]。对"孝"观念的持续关注及其在价值上的逐步提升、在生活中的不断实践,都使得中国传统文化展现出一种不同于世界其他文明的独特的风格。

"孝"观念是西周礼乐文化的重要内容,同样,也是"德"观念的重要内容,在当时的社会生活,尤其是道德生活中,占有非常重要的位置。可以说,"孝"观念是中国古代社会最早出现的,也是最突出、最重要的社会伦理规范之一,其产生和发展与当时的宗法制、分封制,以及社会礼俗都有着千丝万缕的联系。

(一)"孝"观念的产生

对于"孝"观念产生的具体年代,目前学术界尚无定论。总的来说,有如下几种主要的观点。

第一,早出说。这种观点认为,"孝"观念的出现在中国历史上是很早的,大概可以追溯到上古时期。康学伟博士在运用考古学、民族学、人类学和文献学方法的基础上明确指出,"孝的观念在父系氏族公社时期已经产生了"[2]。但同时,康学伟博士又认为,"孝的观念在父系氏族社会已经形成了,但还应明确,此时的孝观念还远远不同于后世作为德目之一的孝道,因为阶级和国家尚未产生,这时的孝观念只是一种敬亲爱亲的感情,并未超出自然之性,尚不具有阶级性"[3]。周延良教授指出,根据《尚书》中的部分篇章来看,"原始社会晚期的华夏先祖们已经把以'孝'为中心

---

[1] 罗素:《中国问题》,秦悦译,学林出版社,1996年,第30页。
[2] 康学伟:《先秦孝道研究》,吉林人民出版社,2000年,第36页。
[3] 康学伟:《论孝观念形成于父系氏族公社时代》,《松辽学刊》(社会科学版)1992年第2期。

的人际伦序作了规定性的界说——'孝'不仅不是孤立的存在，相反，它因果性地关涉着几个必要的伦理概念，这些伦理概念也不是仅仅限于'孝'的因果链，而是社会关系的总和"[1]。

王长坤认为，根据现有传世文献的记载，距今至少三千多年前的《尚书·酒诰》最早提出了"孝"的概念，他又进一步指出，"但孝意识产生的年代要远远早于孝的文献的记载"[2]，"孝道起源于生殖崇拜与祖先崇拜"[3]。同样，传世文献中也有关于"孝"观念早出的证据，《尚书·尧典》就首先把尧树立为中国历史上最著名的大孝子，"瞽子，父顽，母嚚，象傲，克谐以孝，烝烝乂，不格奸"。《论语·泰伯》指出，在孔子看来，禹最重要的历史功绩，除了治水之外就是"菲饮食而致孝乎鬼神"。我们姑且不论这里"孝"的对象和含义，但从孔子的论述中可以看出，"孝"观念在禹的时候就已经出现了。《吕氏春秋·孝论》更是提出了"夫孝，三皇五帝之本务"的观点，把"孝"直接视为三皇五帝时期就已经流行于世的根本。在传世文献中，固然已经有了很多关于"孝"观念早出的论述，但必须指出的是，这些文献无一例外都是出自后世儒家对先王的一种追忆，甚至是构想，其可靠性是值得商榷的。因此，肖群忠教授曾对这样的观点提出了委婉的批评，他认为，"以笔者之看法，这种观点也许具有理论与逻辑的合理性，有很浓厚的逻辑和理论推导的意味。……康博士这种有理论逻辑合理性的孝道起源说尚待进一步论证，是不足以令人完全信服的"[4]。此言确当。

第二，殷商说。这种观点认为，"孝"的观念至少在殷商时期就已经出现了，甚至在殷商时期其已经成为社会生活的主流规范

---

[1] 周延良：《"孝"义考原——兼论先秦儒家"孝"的伦理观》，《孔子研究》2011年第2期。
[2] 王长坤：《先秦儒家孝道研究》，巴蜀书社，2007年，第20页。
[3] 王长坤：《先秦儒家孝道研究》，巴蜀书社，2007年，第15页。
[4] 肖群忠：《孝与中国文化》，人民出版社，2001年，第12~13页。

第二章 西周时期道德生活的发展与道德观念的产生

了。比如,杨荣国先生就曾提出,"在殷代,有了孝的事实,当然也就说明那时确有了孝的思想的产生"[①]。陈来教授认为,殷商时期就已经非常重视孝行了。在他看来,传世文献中对殷商时期已经产生了"孝"观念的论断是古已有之的,《尚书·康诰》中就有周公对殷人的批评,认为殷人"元恶大憝,矧惟不孝不友",因此,"若非殷人已有孝友的规范,周公就不可能用以斥责殷人"。同时,通过对殷商时期祭祀活动的考察,陈来教授断言,"商王朝祭祀祖先的制度和礼仪已相当发达,与之相适应的'孝'观念当已出现"[②]。除此之外,《吕氏春秋·孝行览》也曾明确指出,"商书曰:'刑三百,罪莫重于不孝'",从这个论述来看,似乎是说,在殷商时期,"孝"观念不仅已经产生了,而且被列为殷商刑典的首要内容。但需要说明的是,《吕氏春秋》对殷商之"孝"的论述,就其可信度而言,实在是不能算高。

另外,王国维先生通过对卜辞的研究,得出了商代确实存在"孝"观念的结论。王国维在《殷卜辞中所见先公先王考》中列举出一条卜辞,"癸酉卜贞,王宾父丁,岁三牛,众兄己一半,兄庚□□,亡□",在王国维看来,"此条乃祖甲时所卜,父丁即武丁,兄己兄庚即孝己及祖庚也"。但是,必须指出的是,卜辞中关于"孝己"的记载的真实性还是有待进一步考察的,从目前的传世文献来看,关于"孝己"的记载均出自战国后期的文献,而在春秋及之前的所见文献中均没有发现关于"孝己"的任何记述;同时,除了王国维引以为凭的这条卜辞之外,在现已考释的殷周时期的卜辞和铭文中,我们也都没有发现关于"孝己"的记述。对此,王国维先生解释说,这是因为"孝己未立,故不见于《世本》及《史记》"[③]。因此,我们对王国维先生的这个论点和论断还是应该

[①] 杨荣国:《中国古代思想史》,人民出版社,1973 年,第 11 页。
[②] 陈来:《古代宗教与伦理——儒家思想的根源》,生活·读书·新知三联书店,1996 年,第 300~301 页。
[③] 王国维:《观堂集林》(附别集)全二册,中华书局,2004 年,第 431 页。

保持谨慎态度的。

也正是因为这一点,诸多学者对殷商时期已经有了"孝"观念的观点给予了驳斥。比如,陈苏镇教授认为,"我们没有直接的、确切的材料可以证明商代已有孝的观念,更无从了解其具体内容"①。何平教授指出,"《礼记·表记》云'殷人尊神,率民以事神,先鬼而后礼,先罚而后赏,尊而不信',从生者对于祖灵的态度来看,殷人的孝慈伦理观念似乎还很朦胧和淡薄,其于祭祀,更多的是为了祛祸除祟,而绝不同于周人的'追孝',这也为殷人甚至殷代不可能提出'孝'提供了旁证"②。应该说,这种说法还是很有道理的。

第三,西周说。这种观点认为,作为调节人的社会伦理关系的道德规范的"孝"观念是在西周初年才真正产生出来的,此种看法也代表了目前学术界对"孝"观念产生的主流观点。对此,肖群忠教授明确指出,"孝在初始是从尊祖祭祖的宗教情怀中发展而来的。'祀祖'之开始,据《礼记·祭法篇》及《国语》的记载,认为是有虞氏,惟当时之祭祖是以其功德为准,而不以血统。到夏后氏以后,'郊鲧而宗禹'才算真正对祖宗而祀。殷人则有'祖契而宗汤',但直到周初,祀祖才算是真正具有孝道之教化意义。因此,笔者认为,孝观念正式形成于周初比较确切,可以为大量文献所证实。即使上述不同意此说的人,也都同意孝的确是大兴于周代的"③。可见,肖群忠教授主要是从人的道德情感的产生和培养的角度,对"孝"观念的起源及其产生的原因进行了细致的考察和描述,因此,这样的结论是令人较为信服的。

王慎行教授把"孝"观念的出现与西周时期的社会制度和社

---

① 陈苏镇:《商周时期孝观念的起源、发展及其社会原因》,载中国哲学编辑部编辑《中国哲学》第十辑,生活·读书·新知三联书店,1983年,第40页。
② 何平:《"孝"道的起源与"孝"行的最早提出》,《南开学报》(哲学社会科学版)1988年第2期。
③ 肖群忠:《孝与中国文化》,人民出版社,2001年,第14页。

会生活，尤其是宗法制度和宗法生活紧密联系在一起。在他看来，"孝"的观念是宗法制度在伦理形态上的表现，"孝是通过嫡庶之制与宗庙之制来体现尊尊与亲亲合二而一的宗法形态"。在这样的思想指导下，王慎行教授通过对金文的考察，认为，"在西周宗法制度下，无论天子、诸侯，以至于卿大夫、士，其继统法必须遵守父死子继的原则，即舍弟而传子、舍庶而立嫡。于是嫡子始尊，由嫡子之尊然后产生叔伯（前代之庶子）不得攀比于严父（前代之嫡子）的观念；而这一意识形态实乃孝道观念在宗法制度上的表现，换言之，传子立嫡、尊父敬兄则是孝道的宗法形态"[①]。显然，正因为"孝"观念是宗法制的产物，是伴随着宗法生活的深入而产生和出现的，因此，"孝"观念必然，而且只能在宗法制产生之后才能形成。如果这个观点成立的话，宗法制作为西周初年社会发展的产物，那么与宗法制紧密联系的"孝"观念产生于西周时期也就是顺理成章、毫无疑义的了。

（二）"孝"观念的情感机制和社会基础

关于"孝"观念产生的原因，学术界有很多不同的讨论，前文已经从政治、经济及社会发展等角度谈到了包括"孝"在内的"德"观念产生的背景，在此不再重复表述。除此之外，"孝"观念的产生还有着非常重要的情感机制和社会基础，这是这一部分要论述的重点。

在殷人的思想观念和社会生活当中，神灵的地位是至高无上的，殷人个人生活和社会生活的一切都围绕着神灵展开，神灵是保证整个社会有序存在的根本所在。但必须指出的是，在殷人的世界里，拥有最高决定权的神灵却并不对殷人起着绝对的庇佑和保护作用。"上帝的权威很大，有善恶两方面。善的方面，他可以令雨、令齐、降若、降食、受又、受年；恶的方面，也可以令风、

[①] 王慎行：《论西周孝道观的本质》，《人文杂志》1991年第1期。

降祸、降莫、降不若。对于人事,他可以若(诺)可以弗若。对于时王,可以福之祸之。对于邑,也可以为祸。他主宰了天时、人事和农事的丰歉。"① 李亚农也认为,"殷人创造的上帝并不单是降福于人、慈悲为怀的慈爱的神,同时也是降祸于人、残酷无情的憎恶的神"②。显然,在殷人的世界当中,上帝固然位于神灵谱系的顶点,代表了自然宇宙、社会人生的最高主宰,但是,殷人所构造的上帝观念,却是没有任何道德属性和道德情感可言的,是一个喜怒无常,且完全不可捉摸的存在。因此,殷人对上帝更多的是畏惧而非尊敬。对于祖先神,殷人的态度自然要缓和得多。在殷人看来,祖先是代表时王向上帝转达敬意和提出要求的中介,"帝廷之中有一群'臣正'——他的官吏,大约是日和风、雨、云、雪诸师,风是'帝使'。先王先公死后升天,宾于帝所,在帝左右","先公、先王、先祖升天以后,则以祖先的身份而天神化了"。因此,"人世不能直接向上帝求雨祈年,而是通过先公先王和神祇向上帝求雨祈年的"③。这样,祖先神成了沟通天人的重要媒介,祖先崇拜也就是殷人社会的应有之义了。但必须指出的是,殷人对祖先的祭祀和崇拜更多的也是功利性的,是出于"降福""降食"等现实需要。对此,有学者指出,"从生者对于祖灵的态度来看,殷人的孝慈伦理观念似乎还很朦胧和淡薄,其于祭祀,更多的是为了祛祸除祟,而绝不同于周人的'追孝',这也为殷人甚至殷代不可能提出'孝'提供了旁证。"④ 敬畏的情感始终是殷人对于祖先的主要情感,"祖先崇拜是鬼魂崇拜中特别发达的一种,凡人对于子孙的关系都极密切,所以死后其鬼魂还是想在冥冥中视察子孙的行为,或加以保佑,或予以惩罚。其人在生虽不

---

① 陈梦家:《殷虚卜辞综述》,中华书局,1988年,第646页。
② 李亚农:《李亚农史论集》,上海人民出版社,1962年,第561页。
③ 陈梦家:《殷虚卜辞综述》,中华书局,1988年,第646页。
④ 何平:《"孝"道的起源与"孝"行的最早提出》,《南开学报》(哲学社会科学版)1988年第2期。

是什么伟大的或凶恶的人物，他的子孙也不敢不崇奉他。祖先崇拜（ancestor-worship）遂由此而发生"①。这代表了殷人对待祖先神的基本态度。

与殷人对上帝和祖先分别持不同态度相区别的是，周人对作为最高主宰的天和祖先神却始终抱有一种同样的深厚情感。在他们看来，天是一个公平的造物主，谁拥有了德和德行，谁就可以获得天下。上天对于下民同样怀有真挚的情感，"惟天佑民""惟天惠民"思想都体现了周人对于天的理解、认识。

> 皇矣上帝，临下有赫；监观四方，求民之莫。维此二国，其政不获；维彼四国，爰究爰度。上帝耆之，憎其式廓。乃眷西顾，此维与宅。作之屏之，其菑其翳；修之平之，其灌其栵；启之辟之，其柽其椐；攘之剔之，其檿其柘。帝迁明德，串夷载路。天立厥配，受命既固。（《诗经·大雅·皇矣》）

从诗歌中，我们可以充分感受到上天对于周人的无私眷顾和周人对于上天的感激与深情。因此，在周人的世界里，天表现出了完全不同的样态。对此，朱凤瀚教授总结认为，对于殷人而言，上帝是"一种强大而意向又不可捉摸的神灵，但西周时期周人的上帝已被周人奉为保护神"，"商人的上帝看不出具有理性，恣意降灾或降佑，但周人却赋予了上帝主持正义、有明确的是非观念的品格"②。显然，在周人的观念中，天是作为一种具有道德内涵的人格神的形象存在的，而"殷人的上帝是自然的主宰，尚未赋有人格化的属性"③。在对待祖先神的态度问题上，周人的表现也是如此，始终怀有一种报本反始的感恩的情怀，情感的表达也更

---

① 林惠祥：《文化人类学》，商务印书馆，2011年，第310~311页。
② 朱凤瀚：《商周时期的天神崇拜》，《中国社会科学》1993年第4期。
③ 陈梦家：《殷虚卜辞综述》，中华书局，1988年，第646页。

加浓烈、深厚和直接。对此,我们可以从诸多传世文献和出土文献中得到验证。

  文王在上,于昭于天。周虽旧邦,其命维新。有周不显,帝命不时。文王陟降,在帝左右。
  亹亹文王,令闻不已。陈锡哉周,侯文王孙子。文王孙子,本支百世,凡周之士,不显亦世。
  世之不显,厥犹翼翼。思皇多士,生此王国。王国克生,维周之桢;济济多士,文王以宁。
  穆穆文王,于缉熙敬止。假哉天命。有商孙子。商之孙子,其丽不亿。上帝既命,侯于周服。

  上文出自《诗经·大雅·文王》,诗歌通过饱含深情的笔触和词汇,描述了文王盛大的德行和其为周朝所做的巨大的贡献,尤其是对于后世子孙的无私庇佑和关怀。只有这样,周朝才能够"克配上帝""生此王国""万邦作孚"。感情浓烈而真挚,这是毋庸置疑的。
  因此,孔颖达认为,周代社会的祖先崇拜与祭祀都是出于感恩的情感与心理需要,而不再是出于祈福的功利性目的,"凡祭祀之礼,本为感践霜露思亲,而宜设祭以存亲耳,非为就亲祈福报也"(《礼记正义·礼器》)。对于这种情感,正像有学者所指出的那样,"西周的祖先祭享不仅是一种对神灵的献媚,而更是对祖先的一种报本的孝行"[1]。对此,《礼记·祭义》也有所强调,"天下之礼,致反始也,致鬼神也。……致反始,以厚其本也;致鬼神,以尊上也"。可见,报本反始是礼制的首要内涵,其目的就在于培养后人对于祖先的感恩情感。所以,我们完全有理由认为,这种

---

[1] 陈来:《古代宗教与伦理——儒家思想的根源》,生活·读书·新知三联书店,1996年,第303~304页。

基于报本返始的感恩的道德心理和道德情感就理所当然地成了"德"观念得以产生的内在心理机制。也正是由于祖先崇拜，祖先就成了西周时期"孝"观念的首要对象，"孝"的首要含义就是对于祖先的祭祀和奉养。

一般认为，宗法制是"孝"观念得以产生的重要的社会基础。"孝作为道德准则和规范，是宗法家族制度的产物"[1]，"孝是宗法制度在伦理观念上的表现"[2]，在宗法制度之下，血缘关系已经大大超出了其在生理学上的意义，被赋予了情感和心理的特征。对于这一点，前文已多有论及，不再赘述。这里所说的"孝"观念产生的社会基础主要是中国古代社会中，尤其是早期社会中的尊老及与之相关的观念。

尊老是中华优秀传统美德的重要部分，起源是很早的。《礼记·祭义》提出，"行，肩而不并，不错则随，见老者则车、徒辟。斑白者不以其任行乎道路，而弟达乎道路矣。居乡以齿，而老穷不遗，强不犯弱，众不暴寡，而弟达乎州巷矣。古之道，五十不为甸徒，颁禽隆诸长者，而弟达乎搜狩矣。军旅什伍，同爵则尚齿，而弟达乎军旅矣。孝弟发诸朝廷，行乎道路，至乎州巷，放乎搜狩，修乎军旅，众以义死之，而弗敢犯也"。也就是说，当与老人同行时，不能并肩齐行，而应该跟随在老人的身后；当驾车出行而与老人相遇时，应该主动让路。这些要求或习俗都表达了对于老人的尊敬。在古时候，年过五十的人就可以不再服役了，这同样显示了对老人的优待。因此，《礼记·祭义》强调指出：

> 昔者，有虞氏贵德而尚齿，夏后氏贵爵而尚齿，殷人贵富而尚齿，周人贵亲而尚齿。虞夏殷周，天下之盛王也，未有遗年者。年之贵乎天下，久矣，次乎事亲也。是故，朝廷

---

[1] 李奇：《论孝与忠的社会基础》，《孔子研究》1990年第4期。
[2] 王慎行：《古文字与殷周文明》，陕西人民教育出版社，1992年，第278页。

同爵则尚齿。

可见,在有虞氏、夏后氏、殷、周四代社会中,虽然各自的文化特征存在明显的不同,但是尊老尚齿却是四代共同尊奉的社会价值。因此,尊老尚齿就成了中国早期社会中实现社会和谐与国家治理的重要内容,"先王之所以治天下者五,贵有德,贵贵,贵老,敬长,慈幼。此五者先王之所以定天下也。贵有德,何为也?为其近于道也。贵贵,为其近于君也。贵老,为其近于亲也。敬长,为其近于兄也。慈幼,为其近于子也。是故至孝近乎王,至弟近乎霸。至孝近乎王,虽天子必有父。至弟近乎霸,虽诸侯必有兄。先王之教,因而弗改,所以领天下国家也"(《礼记·祭义》)。显然,正是因为"贵老"具有"近于亲"的性质,因此受到了先王的高度重视。孔颖达认为,"以圣人之德,无加于孝乎,故虽天子之尊,必有事之如父者,谓养三老也。……先王设教之原,因人之心孝弟,即以孝弟教人,是因而不改,从人之所欲,故可以领天下国家也"(《礼记正义·祭义》)。同时,这也正是传统社会一直十分重视和提倡尊老的根本原因之所在。可以认为,在古代社会,尊老是劝孝的一种重要方式和途径。

根据《史记·周本纪》记载,周文王还是西伯侯的时候,"民俗皆让长",这说明,尊老在殷商末年就已经成了一种较为普遍的社会习俗了。《孟子·尽心上》也曾记载过类似的说法,相传伯夷、姜尚分居北海之滨和东海之滨,但都表示"吾闻西伯善养老者",具体表现为"老者足以衣帛矣""老者足以无失肉矣""文王之民无冻馁之老者"。正是因为周文王善养老,所以"仁人以为己归矣"。此外,《礼记》对于古代社会养老的种种表现也都有比较详细的记述,兹引数例以做说明。

凡养老,有虞氏以燕礼,夏后氏以飨礼,殷人以食礼,周人修而兼用之。五十养于乡,六十养于国,七十养于学,达于诸侯……凡三王养老,皆引年。八十者,一子不从政。九十者,其家不从政。废疾非人不养者,一人不从政。父母之丧,三年不从政。齐衰大功之丧,三月不从政。将徙于诸侯,三月不从政。自诸侯来徙家,期不从政。(《礼记·王制》)

祀乎明堂,所以教诸侯之孝也。食三老五更于大学,所以教诸侯之弟也。祀先贤于西学,所以教诸侯之德也。耕藉,所以教诸侯之养也。朝觐,所以教诸侯之臣也。五者,天下之大教也。食三老五更于大学,天子袒而割牲,执酱而馈,执爵而酳,冕而总干,所以教诸侯之弟也。(《礼记·祭义》)

凡养老,五帝宪,三王有乞言。五帝宪,养气体而不乞言,有善则记之为惇史。三王亦宪,既养老而后乞言,亦微其礼,皆有惇史。(《礼记·内则》)

乡饮酒之礼,六十者坐,五十者立侍,以听政役,所以明尊长也。六十者三豆,七十者四豆,八十者五豆,九十者六豆,所以明养老也。(《礼记·乡饮酒义》)

年长以倍,则父事之;十年以长,则兄事之;五年以长,则肩随之。群居五人,则长者必异席。(《礼记·曲礼上》)

由此可以看出,尊老、养老的观念、习俗和规范已经较为充分地渗透在社会生活的方方面面,既表现于政治领域,体现为先王的治国之道;也表现于社会领域,体现为民众的日常生活;既有原则性的制度规定,又有习俗性的乡里生活。古代社会之所以会出现这种自上而下的尊老、养老的观念、习俗和规范,根本原因就在于其与"孝"观念是密不可分的。"民知尊长养老,而后乃能入孝弟。民入孝弟,出尊长养老而后成教,成教而后国可安也。君子之所谓孝者,非家至而日见之也,合诸乡射,教之乡饮酒之礼,而孝弟之行立矣。孔子曰:'吾观于乡,而知王道之易易也。'"(《礼记·乡饮酒义》)这说明,孝弟观念是在日常的尊长、养老的社会习俗中逐渐生发、发展起来的,尊长、养老是孝弟观念形成的前提和基础。同时，二者还表现为一种双向的互动关系，"老吾老以及人之老，幼吾幼以及人之幼"（《孟子·梁惠王上》），家族性的孝亲、友悌可以在一定程度上促进尊长、养老观念的进一步深化和拓展。因此，有学者曾指出，"我们可以说对陌路老者的尊敬是由家族孝悌衍生而来的，我们更可以说，在家族孝悌形成以前的上古，尊老风尚早已通行"[1]。"中国的家族结构独能一脉相传，全靠尊老风尚维系，其机理是把孝道从家庭伦理推广成政治原理和社会伦理。"[2] 在这里，尊老成了"孝"观念得以产生的重要的社会基础。

（三） 西周时期"孝"观念的主要内容

关于西周时期"孝"观念的对象及主要内容，学术界仍有较多争论，概括说来，主要有如下三种观点。

第一，"孝"的对象主要是在世的父母。徐难于教授坚定地认为，"西周孝道为血缘晚辈对长辈的伦常"，"西周孝观念的基本内涵是奉养长辈；传承长辈的知识与经验；致力于长辈之业与承继父祖之业。庶民阶层的孝行主要体现为奉养父母，贵族层的奉养老人则更倾向礼仪化；承继父祖之业主要为统治阶层所提倡与实践"。对于金文中出现的大量"享孝""追孝"的提法，徐难于教授认为，这些提法主要兴盛于西周的晚期，"然而在享孝、追孝盛行的西周晚期，人们对祖考之孝的重视远远超过了对活人的孝，究其原因，当在于享孝、追孝祖考带来的凝聚宗族成员的作用远非孝敬在世长辈所能比拟"[3]。

第二，"孝"的对象是神祖考妣，而非健在的人。对此，查昌国教授明确指出，"西周孝以祖为对象，健在父母不与；孝主体以

---

[1] 高成鸢：《中华尊老文化探究》，中国社会科学出版社，1999年，第111页。
[2] 高成鸢：《尚齿（尊老）：被掩盖的中华文化源头》，《社会科学论坛》2014年第12期。
[3] 徐难于：《再论西周孝道》，《中国历史博物馆刊》2000年第2期。

第二章　西周时期道德生活的发展与道德观念的产生

君宗为限"。因此，把在世父母作为西周时期"孝"的主要对象的观点是缺乏根据的。这是因为，从形而上的宗教层面来考察，西周时期的"孝"观念有效地阻碍了祖先与父母之间的直接关联，父母的存在并没有终极价值作为根据；同时，从社会组织的层面来看，在西周社会的宗法体系中，父子之伦还没有成为核心内容，甚至是主要内容，因此，父子之伦就变成了没有名分的非礼的存在。①

第三，"孝"的对象非常广泛，除了神祖考妣、在世父母之外，宗室、宗庙、大宗、宗子、兄弟、朋友、婚媾等都可以是西周时期"孝"的对象。王慎行教授通过对殷周金文的考察，提出西周时期"孝"的对象非常广泛，"不但对在世的直系亲属而言，更重要的是对已死的父、母、祖、妣祭享，已尽孝行"，而且还包括"皇祖""文考""文母""文妣"等"前文人"，"除直系亲属外，孝的对象还有宗室、宗庙、宗老、大宗、兄弟、婚媾、朋友，以至于神明，足见西周孝的对象之广泛"②。舒大刚等教授也持此种观点。查昌国教授进一步指出，西周时期的"孝"不仅仅体现了对先祖的崇敬，更重要的是同时还有一种抑制父权的作用，"孝所确立和维护的祖重父轻的价值取向，尊祖敬宗的意识形态，兄统弟的统率原则和以兄弟之道规范父子的纲纪，抑制了父子一伦的独立和父统子的社会结构演进过程。这样，父权只能归于萎缩"③。

为了能够更好地说明问题，列举先秦、两汉时期的部分文献中对"孝"的含义的论述，主要如下：

---

① 查昌国：《论西周孝尊祖敬宗抑制父权——兼论古史研究中经史方法的运用》，《史学理论研究》2001年第2期。
② 王慎行：《试论西周孝道观的形成及其特点》，《社会科学战线》1989年第1期。
③ 查昌国：《论西周孝尊祖敬宗抑制父权——兼论古史研究中经史方法的运用》，《史学理论研究》2001年第2期。

孝，善事父母者也。从老省从子，子承老也。（《说文解字》）

善父母为孝。（《尔雅·释训》）

能以事亲谓之孝。（《荀子·王制》）

孝者，畜也，顺于道不逆于伦，是之谓畜。（《礼记·祭统》）

协时肇享曰孝。（《逸周书·谥法解》）

致孝享也。（《周易·象传》）

能全支体，以守宗庙，可谓孝矣。（《吕氏春秋·孝行览》）

这里所列举的关于"孝"的对象、内容、含义的论述，多出自战国和两汉时期，概括起来，主要包含三个方面的内容。第一，以对父母的孝养为"孝"，如《说文解字》《尔雅》；第二，以对祖先的尊爱为"孝"，如《逸周书》《周易》；第三，以对宗庙的执守为"孝"，如《吕氏春秋》。可以认为，至晚到战国后期，"孝"观念已经呈现诸多不同层面的复杂内涵。那么，哪些内涵代表了西周时期，尤其是西周初年"孝"观念的基本内容呢？笔者认为，还要把传世文献与金文结合起来进行综合考察，如此才能真正揭示问题的关键。

历肇对元德，考（孝）友唯井（型），乍（作）宝尊彝，其用夙夕饔享。[《殷周金文集成引得》（以下简称《引得》）5.2614]

唯郙八月，初吉癸未，郙公平侯自乍（作）尊錳（盂），用追孝于厥皇祖农公，于厥皇考屖龏（盂）公。（《引得》5.2771）

癫曰：不（丕）显高祖、亚祖、文考，克明厥心，疋（胥）尹叙厥威义（仪），用辟先王，癫不敢弗帅井（型）祖考，秉明德，恪夙夕，左（佐）尹氏，皇王对癞身楸（懋），赐佩，敢乍文人大宝协龢钟，用追孝，簋（敦）祀，邵各乐大社，大神其陟降严祜，業妥綏厚多福。（《引得》1.247）

叔妣作宝尊殷，眔仲氏邁（萬）年，用侃喜百生（姓）、倗友眔子妇，子孙永宝，用夙夜享孝于宗室。（《引得》8.4137）

季良父乍（作）𩰫妎（姒）尊壶，用盛旨酉（酒），用享孝于兄弟、聞（婚）媾（媾）、者（诸）老，用祈匄眉寿，其万年，霝（靈）冬（终）難老，子子孙孙是永宝。（《引得》15.9713）[1]

从所引金文来看，"孝"的对象确实是十分广泛的，宗室、皇考、皇祖、皇母、高祖、亚祖、文考、父母、兄弟、婚媾、诸老等都在"孝"的范围之内。柳诒徵先生认为，"孝"之初义涵盖甚广，"孝之为义，初不限于经营家族"[2]，"举凡增进人格，改良世风，研求政治，保卫国土之义，无不赅于孝道。即以禹之殚心治水，干父之蛊为例，知禹惟孝其父，乃能尽力于社会国家之事。其劳身焦思不避艰险，日与洪水猛兽奋斗，务出斯民于窟穴者，纯孝之精诚所致也"[3]。同样，在《周易》《诗经》中，"孝"也往往与享、追等词连用，这就表达了"孝"所具有的祭祀的性质。在《诗经》中，"孝"字往往见于《雅》和《颂》中，而在形成相对较晚的《国风》中却较为少见。不管是《雅》，还是《颂》，大多都与祭祀和庆典有关系。"孝"字多见于《雅》和《颂》，这本身就说明"孝"观念在西周时期所具有的祭祀的性质。对此，舒大刚教授指出，"金文、《诗经》中的'孝'都是祭祀，'孝'

---

[1] 以上均引自张亚初编著《殷周金文集成引得》，中华书局，2001年。
[2] 柳诒徵编著《中国文化史》（上册），中国人民大学出版社，2012年，第95页。
[3] 柳诒徵编著《中国文化史》（上册），中国人民大学出版社，2012年，第96页。

与'享'单用时可互通,连用时则指祭神的礼拜和供品的献物。'追孝'即追祭,'用孝用享'、'以孝以享'即'孝享'的繁化,都是祭祀的活动。我们认为《周易·萃卦》的'孝享'也应作如是观,《象传》说'王假有庙,致孝享也','孝享'活动在庙中举行,其非祭祀而何?来知德《周易集注》说:'尽志以致其孝,尽物以致其享。'认为毕恭毕敬('尽志')地行礼就是'孝',尽其所有奉献供品('尽物')就是'享',实得'孝享'本义。'孝享'一词,浑言之都是祭祀;析言之,则'孝'乃向神行礼,'享'乃向神献物,这才是它们的正解"[①]。这样的理解和阐释对于说明西周时期"孝"观念的内涵和对象是很有启发意义的。

总的来说,西周时期的社会生活,尤其是道德生活是非常丰富多彩的。神性的退却、人文的彰显,代表了西周时期文化发展的基本路径和价值选择。在此过程中,随着西周社会生活,尤其是宗法制、分封制、井田制等的不断发展,"德""孝"等观念开始产生,并逐渐在政治、社会、宗族等领域展现出巨大的影响力,由此确定了中国传统文化的基本性质、精神价值和发展方向,并为春秋战国时期的社会生活,尤其是道德生活的发展提供了必要的社会条件和思想基础。

---

① 舒大刚:《〈周易〉、金文"孝享"释义》,《周易研究》2002年第4期。

第三章　春秋战国时期的社会生活与道德观念

较之于西周，春秋战国时期的社会生活有了很大的变化。在经济领域，井田制开始瓦解，新的土地所有制和经济形式开始出现并展现出越来越强的生命力。在政治领域，周朝王室由盛转衰，逐渐丧失了"天下共主"的地位和权威，诸侯立政，争霸不已；同时，分封制开始走向解体，世卿世禄制继续瓦解，郡县制的雏形已经出现。在社会领域，西周时期严密的宗法制开始日益松动，嫡长子继承制遭到了严重的破坏和打击。因此，春秋战国时期的社会生活展现出了一幅新的画面。

随着春秋战国社会诸领域的变化和发展，当时的道德生活开始出现新的现象、内容和面貌。西周的礼乐文化遭到一定程度的破坏，"礼坏乐崩"成为当时社会生活和道德生活的主要特征。春秋战国时期的道德观念也随之发生了巨大变化，道德德目日渐丰富，人们对于社会伦理关系的认知程度日渐加深，德性伦理逐渐成为这一时期道德生活的主要特点。毋庸置疑，不管是社会领域还是道德生活、道德观念领域发生的这些新变化，都为原始儒家伦理思想和道德哲学的建构和发展提供了必要的社会基础和思想来源。

一　春秋战国时期的社会生活

西周初年，经历了成康盛世之后，周王朝随着昭王、穆王的

生活与思想的互动

连年征伐而日渐衰落。在经历了短暂的宣王中兴之后,在厉王、幽王时期,周王室所在的关中地区又接连遭受战争和灾害的侵袭,国力日衰,以致幽王末年叛乱频发。公元前771年,周幽王被杀于骊山之下,宣告了西周覆灭。各诸侯拥立幽王的太子宜臼即位,以承周祀,是为周平王。次年,平王在晋文侯、郑武公、秦襄公等的护送之下,迁都至洛邑,是为东周。《史记·周本纪》对此有较为详细的记载,"幽王以虢石父为卿,用事,国人皆怨。石父为人佞巧善谀好利,王用之。又废申后,去太子也。申侯怒,与缯、西夷犬戎攻幽王。幽王举烽火征兵,兵莫至。遂杀幽王骊山下,虏褒姒,尽取周赂而去。于是诸侯乃即申侯而共立故幽王太子宜臼,是为平王,以奉周祀。平王立,东迁于雒邑,辟戎寇。平王之时,周室衰微,诸侯强并弱,齐、楚、秦、晋始大,政由方伯"。"周室衰微""政由方伯"正是这一时期的真实写照。

(一)春秋战国时期政治局势的新变化

东周以降,周室衰微,诸侯争霸,社会上开始出现"政由方伯"的情况。此时,周朝王室的地位受到了极大的冲击,周天子的威信一落千丈,已无法形成对诸侯国的有效约束。其中,拥有较强军事、经济实力的诸侯国竞相吞并周围相对弱小的诸侯国,周王也只得表示认同而无力劝阻。于是,周朝王室与诸侯国之间的矛盾愈演愈烈,周天子名存实亡。

以周室与郑国的关系为例,西周末年,郑桓公被封为左卿士,拥有重要的职位,日渐显赫,甚至经常打着王室的旗号肆意征讨各国,"曲沃庄伯以郑人、邢人伐翼,王使尹氏、武氏助之。翼侯奔随"(《左传·隐公五年》),"郑伯为王左卿士,以王命讨之,伐宋。宋以入郛之役怨公,不告命。公怒,绝宋使。秋,郑人以王命来告伐宋"(《左传·隐公九年》)。郑国一直扮演着"挟天子以令诸侯"的角色。郑桓公去世后,其子郑武公即位,因拥立和护送平王有功而显赫一时。武公之后,庄公继位,更是独断专行,

134

这引起了周平王等人的强烈不满。于是，王室与郑国的矛盾日益激化。鲁隐公三年，由于周、郑交恶，甚至还发生了"互质"的情况。

> 郑武公、庄公为平王卿士。王贰于虢。郑伯怨王，王曰"无之"。故周、郑交质。王子狐为质于郑，郑公子忽为质于周。王崩，周人将畀虢公政。四月，郑祭足帅师取温之麦。秋，又取成周之禾。周、郑交恶。(《左传·隐公三年》)

郑国与王室的矛盾日渐尖锐，互不信任，只得互派重要人物到对方那里做人质，王室派周平王之子，即后来继位为周桓王的王子狐入郑为质；郑国派了郑庄公之子，即后来继位为郑昭公的公子忽入周为质。这样，才在一定程度上缓解了双方的紧张关系和彼此间的不信任。对此，时人多有批评，"君子曰：'信不由中，质无益也。明恕而行，要之以礼，虽无有质，谁能间之？苟有明信，涧溪沼沚之毛，蘋蘩蕰藻之菜，筐筥锜釜之器，潢污行潦之水，可荐于鬼神，可羞于王公。而况君子结二国之信。行之以礼，又焉用质？《风》有《采蘩》、《采蘋》，《雅》有《行苇》、《泂酌》，昭忠信也'"。(《左传·隐公三年》) 在时人君子看来，诺言如果不能以内在的真实情感和诚敬之心为驱动，仅仅通过"互质"这种外在的胁迫和强制来保证落实的话，是没有任何意义的，自然也无法真正达到互信的目的。相反，如果所有人都能够将心比心、"明恕而行"、以礼处之，即便没有人质，仅仅依靠人的道德心就足以保证彼此之间的相互信任。时人君子对于人的内在情感的强调，正是为救弊而提出的补偏之举，在一定程度上对原始儒家道德哲学对道德情感的重视有积极的启发意义。

果然，时隔不久，郑国与王室之间的关系再度破裂。郑庄公与曾经入郑为质的周桓王发生了直接冲突，甚至从个人恩怨上升为武力征伐，"桓王三年，郑庄公朝，桓王不礼。五年，郑怨，与鲁易许田。许田，天子之用事太山田也"（《史记·周本纪》）。而周桓王十三年，"伐郑，郑射伤桓王，桓王去归"（《史记·周本纪》）。

> 二十七年，始朝周桓王。桓王怒其取禾，弗礼也。二十九年，庄公怒周弗礼，与鲁易祊、许田。三十三年，宋杀孔父。三十七年，庄公不朝周，周桓王率陈、蔡、虢、卫伐郑。庄公与祭仲、高渠弥发兵自救，王师大败。祝聃射中王臂。祝聃请从之，郑伯止之，曰："犯长且难之，况敢陵天子乎？"乃止。夜令祭仲问王疾。（《史记·郑世家》）

上文所描述的就是王室与郑国之间矛盾逐步升级的大概过程。郑庄公自恃强大，即位二十余年都不去朝觐周桓王，一直到二十七年才第一次至都城朝觐王室；而桓王此时顾及王室和自己的尊严，借由"取禾"之事对郑庄公发难，不假辞色，没有给其应有的礼遇。故而，郑庄公对周桓王愈加不满，公然违反礼制而与鲁国交换土地。在郑庄公三十七年的时候，周桓王以郑庄公没有来朝觐自己为借口，率领陈、蔡、虢、卫等国一起武力讨伐郑国。面对这样的局面，郑庄公没有选择束手就范，而是奋力反击，繻葛一战，击退了王室的军队，郑国大将祝聃甚至一箭射伤了周桓王的手臂。此时，郑庄公迫于舆论的压力，晚上又派人去问候了周桓王。由此一事，我们就可以看到周朝王室已经无法通过权威和武力威慑诸侯以保持自己的影响力了，王室的衰微可见一斑。

其后，周朝王室的处境愈发尴尬，来京朝觐的诸侯越来越少，以致国力日衰，甚至财政枯竭，入不敷出。据《春秋》记载，鲁隐公三年，周平王去世，"三年春，王三月壬戌，平王崩，赴以庚戌，故书之"。但是，由于周朝王室财政的原因周平王无法及时下葬，直到秋天，周朝王室才迫不得已派遣人到鲁国"求赙"，"武氏子来求赙，王未葬也"。鲁文公八年，周襄王去世，"秋八月戊申，天王崩"，类似的情况再次发生，周朝王室同样由于没有足够的经费来为周襄王举办一场合乎规格的体面葬礼，以致周襄王迟迟无法下葬。迫不得已，翌年春天，周朝王室派毛伯到鲁国"求金"，杜预注曰："求金以共葬事"。直到二月，由鲁国出面，按照礼制的要求和规格，派遣庄叔去周室协助，周襄王才最终得以下葬。对此，孔颖达认为，鲁国的做法是符合礼制要求的，"言'礼'者，以明天子之丧，卿吊，卿会葬，诸侯不亲行也。《释例》曰：'万国之数至众，封疆之守至重，故天王之丧，诸侯不得越竟而奔，修服于其国，卿共吊送之礼。既葬，卒哭而除凶，鲁侯无故，而穆伯如周吊焉。此天子崩，诸侯遣卿吊送之经传也。'"（《春秋左传正义·文公九年》）显然，孔颖达有为鲁国粉饰的嫌疑。

随着王权的衰落和各诸侯国的崛起，诸侯对天子的朝觐越来越少，甚至小的诸侯国都去朝觐称霸的大诸侯国了。很典型的就是鲁国的态度，有学者指出，"据《春秋》经传记载，鲁国在春秋前期的隐、桓、庄时代，未曾到周朝聘一次，就是在春秋中、后期的近200年中，公卿前往朝聘也不过7次"[①]。而据《史记·鲁周公世家》记载，仅鲁昭公就曾经分别在三年、十二年、十五年、二十一年和二十八年先后五次亲自到晋国朝聘，两相对比，高下立判。更过分的是，鲁桓公在继位仅两个月之后，为了与郑国修好，就把"天子之许田"卖给了郑国，以换取与郑国的结盟，"桓公元年，郑伯以璧易天子之许田"（《史记·鲁周公世家》），"三月，公会郑伯于垂，郑伯以璧假许田"（《春秋·桓公元年》）。对于鲁桓公的这一行为，郑玄试图为之辩解，"鲁不宜听郑祀周公，又不宜易取祊田。犯二不宜以动，故隐其实。不言祊，称璧假，言若进璧以假田，非久易也"（《春秋左传正义·桓公元年》），将其视为不得已而为之的权宜之计。而孔颖达则对此给予了严厉的批判，认为这种掩饰是没有意义且不符合礼义要求的，"天子赐鲁以许田，义当传之后世，不宜易取祊田。于此一事，犯二不宜以

[①] 郭克煜等：《鲁国史》，人民出版社，1994年，第89~90页。

动,故史官讳其实,不言以祊易许,乃称以璧假田,言若进璧于鲁以权借许田,非久易然。所以讳国恶也,不言以祊假而言以璧假者,此璧实入于鲁。但诸侯相交,有执圭璧致信命之理,今言以璧假,似若进璧以致辞然,故璧犹可言,祊则不可言也。何则?祊、许俱地,以地借地,易理已章,非复得为隐讳故也"(《春秋左传正义·桓公元年》)。不管鲁桓公的真实想法和目的为何,弃周朝王室的颜面于不顾,而与郑国私相授受的行为真实体现了鲁桓公对王室的真实态度。

与此同时,周天子在政治上的影响力也越来越弱,甚至还发生了不得不请强大的诸侯国来主持公道的事情。据《左传·僖公二十四年》记载,周襄王由于受到王室成员的逼迫,不得不离开都城而寄居于郑国,"冬,天王出居于郑"(《春秋·僖公二十四年》)。对此,杜预认为,"天子以天下为家,故所在称居。天子无外而书出者,讥王蔽于匹夫之孝,不顾天下之重,因其辟母弟之难书出,言其自绝于周"(《春秋左传正义·僖公二十四年》)。孔颖达则一针见血地直接指出,"出居,实出奔也。出谓出畿内,居若移居然。天子以天下为家,所在皆得安居,故为天子别立此名"(《春秋左传正义·僖公二十四年》)同时,周襄王派使臣来到了鲁国,试图请鲁僖公以宗室的名义主持公道。

> 冬,王使来告难曰:"不穀不德,得罪于母弟之宠子带,鄙在郑地汜,敢告叔父。"臧文仲对曰:"天子蒙尘于外,敢不奔问官守?"王使简师父告于晋,使左鄢父告于秦。天子无出,书曰"天王出居于郑",辟母弟之难也。天子凶服降名,礼也。郑伯与孔将鉏、石甲父、侯宣多省视官、具于汜,而后听其私政,礼也。(《左传·僖公二十四年》)

由此可知,鲁僖公二十四年,周襄王由于王室矛盾而不得不出奔到郑国,然后,满腹委屈的周襄王派使臣到鲁国来倾诉、告

第三章　春秋战国时期的社会生活与道德观念

难,请求作为宗室长辈的鲁僖公能够主持正义,由此亦可见周朝王室的衰落已经到了何种程度。可以认为,"周王天下共主的地位,此时已名存实亡,'礼乐征伐自天子出'的时代已经成为了过去,社会进入一个动乱的时代,各种矛盾斗争急剧发展,而且错综复杂地交织在一起,周王再也没有能力控制这种局面了"[1]。

随着周朝王室的衰微,诸侯割据,争霸不已。到春秋晚期,代表新兴势力的卿大夫逐渐专权。公元前 537 年,鲁国的"三桓"季孙氏、叔孙氏和孟孙氏四分公室,鲁国诸侯也名存实亡了;公元前 489 年,齐国的田氏击败了齐国贵族高氏等,从此开始在齐国专权,几年之后,田常杀死了齐简公,另立简公之弟为国君,由此齐侯彻底沦为傀儡;公元前 453 年,韩、赵、魏三家分晋,晋国国政完全为三家所掌控,晋君也只保有极小的两块土地。春秋社会开始进入政在大夫的时代,权力重心下移已成为当时政治局势的主要特征。

战国时期,各诸侯国纷纷割据一方,相互兼并,征战不休,战争的惨烈程度远超之前。经过多年兼并,最终形成了齐、楚、燕、韩、赵、魏、秦七强并立的政治大格局。各国为了能够在惨烈的竞争中取得优势,纷纷变法自强,社会变革成为此时社会生活的重要内容。魏文侯任用李悝革新,秦孝公任用商鞅变法,齐国也开始进行了政治改革,国力日盛。其中最令人瞩目,也是对后世影响最大的当属郡县制改革。《左传》中就记载了晋国的魏氏主政时所主导的一次改革。

> 秋,晋韩宣子卒,魏献子为政,分祁氏之田以为七县,分羊舌氏之田以为三县。司马弥牟为邬大夫,贾辛为祁大夫,司马乌为平陵大夫,魏戊为梗阳大夫,知徐吾为涂水大夫,

---

[1] 王美凤、周苏平、田旭东:《春秋史与春秋文明》,上海科学技术文献出版社,2007 年,第 58 页。

韩固为马首大夫，孟丙为盂大夫，乐霄为铜鞮大夫。……谓知徐吾、赵朝、韩固、魏戊，余子之不失职、能守业者也；其四人者，皆受县而后见于魏子，以贤举也。(《左传·昭公二十八年》)

对此，孔颖达认为，"此祁氏与羊舌氏之田，旧是私家采邑，二族既灭，其田归公，分为十县。为公邑，故选置大夫也。传文先祁后羊舌，故依下文选置大夫之次，上七县为祁氏之田，下三县为羊舌氏之田"(《春秋左传正义·昭公二十八年》)。魏献子所分的是祁氏与羊舌氏的土地，这二族被灭之后，他们的土地就充公了，被分为十个县，其中，上七县为祁氏之田，下三县为羊舌氏之田。于是，魏献子分别任命了司马弥牟等十人为大夫，主政各县。其中，仅知徐吾等人为卿之庶子，余人或以军功，或以贤德获得任命，打破了世卿世禄的传统方式，这本身就是一个巨大的进步。可以说，郡县制的发展使得战国时期的政治格局由以血缘政治为主导逐渐过渡为以地缘政治为主导，这成了宗法制日渐衰落和不断崩溃的重要原因。

（二）春秋战国时期社会生产的变革与发展

春秋战国时期，社会生产和生活获得了很大的发展。随着生产力的发展，春秋战国时期生产领域最显著的变化就是铁器的出现与推广以及井田制的日渐瓦解，新的土地所有制形式开始出现并逐渐成为社会生产的主流。同时，手工业和商业也都获得了很大的发展和进步。

春秋时期，由于冶铁业的兴起，铁质农具开始出现在农业生产之中，大大提升了农业生产效率。加之牛耕技术的推广和水利工程的修建，都使得这一时期的农业生产比西周时期有了很大的进步。虽然，在中国历史上，铁器的出现和使用还是一个有待探讨的问题，但毋庸置疑的是，至晚到春秋时期，铁器和铁质农具

第三章 春秋战国时期的社会生活与道德观念

的使用和推广已经进入农业生产之中。

> 桓公问曰:"夫军令则寄诸内政矣,齐国寡甲兵,为之若何?"管子对曰:"轻过而移诸甲兵。"桓公曰:"为之若何?"管子对曰:"制重罪赎以犀甲一戟,轻罪以鞼盾一戟,小罪谪以金分,宥间罪。索讼者,三禁而不可上下,坐成以束矢。美金以铸剑戟,试诸狗马;恶金以铸鉏、夷、斤、斸,试诸壤土。"甲兵大足。(《国语·齐语》)

这是齐桓公和管仲关于"齐国寡甲兵"的讨论。面对齐桓公的疑问,管子建议对于不同程度的犯罪之人,要施以不同程度的惩罚。具体而言,重罪的人需要用犀甲来赎,轻罪的人需要用鞼盾来赎,小罪的人要用金来赎。同时,把收上来的各类金属进行分类,上等的金属用来铸剑制戟,打造兵器,而不好的金属则用来制作各种生活用具。显然,这是关于冶铁业与铁器出现和发展的有力证据。有学者指出,冶铁业的出现和发展,"使生产力发生了革命性的变革,从而带动了其他手工业的全面发展"[1]。在顾德融、朱顺龙看来,春秋早、中、晚期的铁器都有出土,而且出土的数量相当可观,"考古资料结合文献记载总括起来分析,应该可以肯定春秋时代已逐步跨入了铁器时代"[2]。在农业生产中,铁器也开始使用了,20世纪70年代以来,全国各地陆续出土了多件春秋时期的铁制农具,"这些出土的铁器从时间上说,从春秋早期、中期到春秋战国之际均有;从分布地域来看,兼涉北方的周、秦、燕和南方的楚、吴、越,这与《国语·齐语》所说的'恶金以铸鉏、夷、斤、斸,试诸壤土'的记载完全相合,从而说明春秋时

---

[1] 顾德融、朱顺龙:《春秋史》,上海人民出版社,2003年,第164页。
[2] 顾德融、朱顺龙:《春秋史》,上海人民出版社,2003年,第169页。

代制造和使用铁农具已相当广泛"①。

到战国中后期,冶铁技术已经取得了巨大的进步,铁制农具开始在农业生产中推广开来。

桓公曰:"衡谓寡人曰:'一农之事必有一耜、一铫。一镰、一耨、一椎、一铚,然后成为农。一车必有一斤、一锯、一釭、一钻、一凿、一銶、一轲,然后成为车。一女必有一刀、一锥、一箴、一鉥,然后成为女。请以令断山木,鼓山铁。是可以无籍而用尽。'管子对曰:"不可。今发徒隶而作之,则逃亡而不守;发民,则下疾怨上,边竟有兵则怀宿怨而不战。未见山铁之利而内败矣。故善者不如与民,量其重,计其赢,民得其十,君得其三。有杂之以轻重,守之以高下。若此,则民疾作而为上虏矣。"(《管子·轻重乙》)

在管仲看来,春天是勤耕农事的季节,农业生产需要为农夫提供"耜铁"之器,以便于耕作。而在齐桓公看来,不管是制作农用器具,还是制作纺织工具,抑或制作交通工具,都必须用到铁。因此,齐桓公建议开山挖矿,"断山木,鼓山铁",只有这样才能获得无穷无尽的资源。且不管管仲最后的态度如何,单从这段对话中,我们可以非常明确地知道,铁器已经成为包括农业生产在内的社会生产生活中不可或缺的重要工具了。

在农业发展的基础上,私田开始出现并逐渐得到社会认可,井田制因此而逐渐走向瓦解。西周实行土地国有的政策,即井田制,土地按时分配,定期轮换,严禁私人买卖。《礼记·王制》中提到"古者公田藉而不税。市廛而不税。关讥而不征。林麓川泽,以时入而不禁。夫圭田无征。用民之力,岁不过三日。田里不粥,墓地不请"。

---

① 顾德融、朱顺龙:《春秋史》,上海人民出版社,2003年,第201~202页。

民受田：上田夫百亩，中田夫二百亩，下田夫三百亩。岁耕种者为不易上田；休一岁者为一易中田；休二岁者为再易下田，三岁更耕之，自爰其处。农民户人已受田，其家众男为余夫，亦以口受田如比。士、工、商家受田，五口乃当农夫一人。此谓平土可以为法者也。若山林、薮泽、原陵、淳卤之地，各以肥硗多少为差。有赋有税。税谓公田什一及工、商、衡虞之人也。赋共车马、兵甲、士徒之役，充实府库、赐予之用。税给郊、社、宗庙、百神之祀，天子奉养、百官禄食庶事之费。民年二十受田，六十归田。七十以上，上所养也；十岁以下，上所长也；十一以上，上所强也。种谷必杂五种，以备灾害。田中不得有树，用妨五谷。力耕数耘，收获如寇盗之至。还庐树桑，菜茹有畦，瓜瓠、果蓏于疆易。鸡、豚、狗、彘毋失其时，女修蚕织，则五十可以衣帛，七十可以食肉。(《汉书·食货志上》)

井田分为公田和私田两部分。公田是共同耕种的土地，而私田则是各家自行耕种的土地，要优先保证公田的耕种，然后才能治私田，《诗经·大田》中的"雨我公田，遂及我私"就是对这一情况的说明。需要把公田十分之一的收入作为赋税上交国库，其余的部分则用于祭祀祖先等公共事务，而私田的所有收入均归个人所有。这种情况到春秋战国时期发生了很大改变，主要体现为土地的私有化。

此时，伴随着公田的衰落，私田得到大量开垦和交易。于是，"争田""夺田"的现象频繁发生，并愈演愈烈。据《左传》记载，成公二年，"晋师及齐国佐盟于爰娄，使齐人归我汶阳之田"；成公三年，"叔孙侨如围棘，取汶阳之田"；成公四年，"郑公孙申师师疆许田，许人败诸展陂。郑伯伐许，鉏任、泠敦之田"；成公六年，"晋迁于新田"；成公八年，"晋讨赵同、赵括。武从姬氏畜于公宫。以其田与祁奚"；成公十一年，"晋郤至与周争鄇田，王命刘康公、单襄公讼诸晋";成公十六年,"楚子自武城使公子成以汝阴之田求成于郑";成公十七年,"郤锜夺夷阳五田,五亦嬖于厉公","郤犨与长鱼矫争田,执而梏之,与其父母妻子同一辕"。仅成公在位期间,《左传》中就记载了十数起诸侯之间相互争夺土地和把土地私相授受的事例,由此可见,土地私有化情况已经十分严重,态势不可遏止。

在此情况下,各诸侯国逐渐承认私田的合法性,并对私田征收相应的赋税。鲁宣公十五年,鲁国改革土地制度和赋税制度,实行"初税亩"。对此,杜预解释道,"公田之法,十取其一。今又履其馀亩,复十收其一。故哀公曰:'二,吾犹不足。'遂以为常,故曰初"(《春秋左传正义·宣公十五年》)。显然,鲁国为了增加财政收入,开始对私田进行征税,这就等于从国家官方层面承认了私田的合法性。《公羊传·宣公十五年》认为,"古者什一而藉。古者曷为什一而藉?什一者,天下之中正也。多乎什一,大桀小桀,寡乎什一,大貉小貉。什一者,天下之中正也,什一行而颂声作矣"。《穀梁传·宣公十五年》指出,"古者什一,藉而不税。初税亩,非正也。……初税亩者,非公之去公田而履亩,十取一也,以公之与民为已悉矣"。显然,《公羊传》和《穀梁传》都对此提出批评,认为这种做法实际上大大加重了普通百姓的负担。对于鲁国搜刮民财的做法,时人也给予了强烈批评,《左传·宣公十五年》指出,"初税亩,非礼也。谷出不过藉,以丰财也"。孔颖达认为,"税亩者,是藉外更税。故杜氏为十一外更十取一,且以哀公之言验之,知十二而税自此始也"(《春秋左传正义·宣公十五年》)。土地制度和赋税制度的改变使私田开始走向合法化。事实上,初税亩的实施加速了井田制的瓦解,一种新的土地制度开始走上历史舞台。

在农业和手工业获得发展的同时,商业活动也开始增加。各地的特色产品都可以通过贸易进行交换,对此,《史记·货殖列传》的记述较为详尽,"夫山西饶材、竹、谷、纑、旄、玉石;山东多鱼、盐、漆、丝、声色；江南出柟、梓、姜、桂、金、锡、连、丹沙、犀、玳瑁、珠玑、齿革；龙门、碣石北多马、牛、羊、旃裘、筋角；铜、铁则千里往往山出棋置：此其大较也。皆中国人民所喜好，谣俗被服饮食奉生送死之具也。故待农而食之，虞而出之，工而成之，商而通之。此宁有政教发征期会哉？"。在时人看来，各诸侯国大力发展商业的最大动力在于，商业和以商品交换为核心的贸易可以满足人们多层次的生活需要，同时其也是富国强兵、增强国力的有效方式。

> 太公望封于营丘，地潟卤，人民寡，于是太公劝其女功，极技巧，通鱼盐，则人物归之，繦至而辐凑。故齐冠带衣履天下，海岱之间敛袂而往朝焉。其后齐中衰，管子修之，设轻重九府，则桓公以霸，九合诸侯，一匡天下；而管氏亦有三归，位在陪臣，富于列国之君。是以齐富强至于威、宣也。（《史记·货殖列传》）

可见，齐国建国之初，国力并不十分强盛，土地有限且质地不佳，人口稀少，但齐国通过发展手工业，继而带动商业发展，终使国力渐强。越国发展的思路和情况大体也是如此，最终两国都成就了令世人瞩目的"霸业"。

同时，我们还可以从商家积累的财富窥知商业活动的发展程度。范蠡助越王勾践复国之后，退居山林，隐姓埋名，从事商业活动，"朱公以为陶天下之中，诸侯四通，货物所交易也。乃治产积居，与时逐而不责于人。故善治生者，能择人而任时。十九年之中三致千金，再分散与贫交疏昆弟。此所谓富好行其德者也。后年衰老而听子孙，子孙修业而息之，遂至巨万"（《史记·货殖列传》）。可见，春秋战国时期的商业活动加快了财富的垄断与积聚，同时也极大地加剧了社会财富的不平等，使贫富悬殊的情况愈加严重。所有这些，都大大地改变了固有的经济发展模式和运行机制，为新的社会生产和生活的出现和发展提供了必要的前提和保障。

（三）春秋战国时期宗法体系的衰落

武王克商之后，大封诸侯，典籍中多有记述，聊举两例以做说明。

> 昔武王克商，光有天下，其兄弟之国者十有五人，姬姓之国者四十人，皆举亲也。夫举无他，唯善所在，亲疏一也。（《左传·昭公二十八年》）
>
> 武王崩，成王幼，周公屏成王而及武王以属天下，恶天下之倍周也。履天子之籍，听天下之断，偃然如固有之，而天下不称贪焉；杀管叔，虚殷国，而天下不称戾焉；兼制天下，立七十一国，姬姓独居五十三人，而天下不称偏焉。（《荀子·儒效》）

西周初年，姬姓宗室遍布天下，不管是绝对数量，还是丰饶程度，姬姓诸侯国都占绝对优势，但这种情况到春秋战国时期却发生了很大变化。有学者统计，春秋之时，见于《春秋》《左传》等文献的封国至少154个[1]。其中，姬姓诸侯国52个[2]，仅占总数的34%，这与周初"立七十一国，姬姓独居五十三人"的局面相去甚远。更为重要的是，较之西周初年，此时姬姓封国的国力和影响力都被大大削弱了，仅晋国、郑国等少数能算得上大国，其余如鲁国、蔡国、管国、毛国、滕国、雍国、原国等均实力不济，很难与秦国、楚国、齐国等相提并论。在最为强大的齐、楚、秦、晋四国中，姬姓诸侯仅居其一。之后，情况愈发糟糕，战国七雄

---

[1] 顾德融、朱顺龙：《春秋史》，上海人民出版社，2003年，第27页。
[2] 顾德融、朱顺龙：《春秋史》，上海人民出版社，2003年，第26~37页。

中,齐国为姜姓,楚国为熊姓,赵国为嬴姓赵氏,秦国为嬴姓。可见,周朝王室和宗亲已无法通过分封制和宗法制而达到钳制天下的目的了,而这正是宗法制在春秋战国时期走向衰落的重要表现。

同时,作为宗法制核心的嫡长子继承制也遭到破坏,少子、庶子大量进入传位序列中。以齐国和鲁国为例,多次出现非嫡长子继承的情况。根据《史记·齐太公世家》记载,"弑之(襄公),而无知自立为齐君",无知乃襄公之父僖公同母弟之子,可知无知是以同族昆弟的身份继位于襄公的。"小白已入,高傒立之,是为桓公",桓公乃僖公少子、襄公少弟,可知桓公以少弟身份继位于襄公,或言以同族昆弟身份继位于无知。"桓公十有余子,要其后立者五人:无诡立三月死,无谥;次孝公;次昭公;次懿公;次惠公",无诡、孝、昭、懿、惠均为桓公之子,则孝、昭、懿、惠均以弟的身份继位于其兄。同样的情况在鲁国似乎更加严重,根据《史记·鲁周公世家》记载,"四十六年,惠公卒,长庶子息摄当国,行君事,是为隐公",隐公以长庶子身份继位于惠公。"挥使人杀隐公于蔿氏,而立子允为君,是为桓公",允为惠公之子、隐公之弟,桓公以弟的身份继位于隐公。"庄公取齐女为夫人曰哀姜,哀姜无子。哀姜娣曰叔姜,生子开。……庆父竟立庄公子开,是为湣公",湣公以庶子身份继位于庄公。"季友奉子申入,立之,是为釐公。釐公亦庄公少子",釐公以少弟身份继位于湣公。"襄仲杀子恶及视而立俀,是为宣公",宣公为文公次妃敬嬴之子,以庶子身份继位于文公。此时,君主的非正常死亡和继承人的非顺位继承已经成为常态,盛行于殷商而在西周初年就被抛弃的"兄终弟及"的现象在春秋时期又开始频繁出现,这充分说明了嫡长子继承制的日渐衰落,随之而来的就是宗法体系的松动与瓦解。

但也有学者指出,"鲁国的宗法制与商制接近,是'一继一及制',而非纯嫡长制。其原因主要与鲁国有众商遗民有关。但经过仔细分析，可以发现鲁国自周公至顷公共三十四公，三十三次传承，七百七十余年间，只有西周时期的三次传承有'兄终弟及'的现象。其余三十次，二十五次传子；另五次中，魏公弑幽公而立一次，孝公因品德被推举一次，僖公、定公由宫廷政变而立两次，桓公以太子位归政而立一次，所谓'兄终弟及'都是不正常的现象"[①]。应该说，此言确当。在春秋时期，宗法体系虽然有了一定的松动，但在本质上仍然以嫡长子继承制为主，宗法制并没有从根本上崩溃。

战国时期，随着作为宗法体系的组织形式——宗族的逐渐解体，个体家庭开始出现，并取代宗族成为社会的基本单位，这使得宗法制遭到了真正的打击。更为重要的是，宗族的解体不仅仅出现在贵族阶层，甚至连一般的社会阶层也开始发生改变，更小规模的家庭成为社会结构的主流，小型化成为战国时期家庭结构的主要特点。《孟子·万章下》指出，"耕者之所获，一夫百亩；百亩之粪，上农夫食九人，上次食八人，中食七人，中次食六人，下食五人"。《庄子·则阳》则提到，"丘里者，合十姓百名而以为风俗也"。《韩非子·外储说右下》中有"臣有子三人，家贫，无以妻之，佣未反"。《汉书·食货志》中也提到了李悝变法的结果就是家庭规模的缩小，"一夫挟五口，治田百亩"，"今农夫五口之家，其服役者不下二人，其能耕者不过百亩，百亩之收不过百石"。有诸侯国还出现了中央政府通过大幅增加赋税和徭役等方式引导甚至强制家庭小型化的情况。《史记·商君列传》强调指出，"民有二男以上不分异者，倍其赋"，也就是说，如果某个家庭依然眷恋于大家族，有两个以上成年男性共同生活，而不是另立门户的话，这个家庭所承担的赋税就要增加一倍，这就充分说明小规模个体家庭的家庭形式是被国家大力提倡，甚至强制推行的。

---

① 顾德融、朱顺龙：《春秋史》，上海人民出版社，2003年，第288页。

以上情况说明，在春秋战国时期，作为宗法体系组织形式的宗族从根本上发生了重大的变化，逐渐衰落乃至走向解体，个体家庭取代大规模的宗族成为社会生活的基本单位。因此，宗法体系因其组织结构的改变而失去其存在的社会基础，逐渐受到削弱，乃至崩溃，已经是大势所趋了。

二　春秋战国时期的家庭生活与孝慈观念

诚如前文所示，随着宗族结构的不断解体，个体家庭逐渐成为社会生活的基本单位，宗法体系的新变化也赋予了孝慈观念以新的思想内容。从总体上来说，春秋时期，宗族结构刚刚开始松动，宗法体系虽然有所削弱，但并没有发生本质性的动摇和改变。因此，先公、先祖、考妣依然是"孝"观念的重要对象。同时，由于个体家庭形式的出现和普及，在个体家庭生活中占据主导地位的父母逐渐取代已经去世的祖先而成为"孝"的主要对象。到了战国时期，随着宗族结构的解体，宗法体系更加难以为继，个体家庭成为社会结构的主流，以在世父母为主要对象的"孝"观念逐渐推广开来，从而实现了从孝祖到孝亲的转变。

（一）春秋战国时期的家庭生活

在西周及其之前，氏族或宗族是社会生活的基本单位，个体家庭还没有从宗族的集体生活中独立出来，包括农业生产在内的几乎所有领域的社会活动都主要是以集体的方式开展的。对此，《诗经·良耜》中有：

> 畟畟良耜，俶载南亩。播厥百谷，实函斯活。或来瞻女，载筐及莒。其饟伊黍，其笠伊纠。其镈斯赵，以薅荼蓼。荼蓼朽止，黍稷茂止。获之挃挃，积之栗栗。其崇如墉，其比如栉，以开百室。百室盈止，妇子宁止。杀时犉牡，有捄其

角。以似以续,续古之人。

这是一首秋收后祭祀社神和稷神的诗歌,"《良耜》,秋报社稷也"。其中细致地描写了一个足有"百室"的大家族共同劳动、共同祭祀的盛大场景。孔颖达认为,"《良耜》诗者,秋报社稷之乐歌也。谓周公、成王太平之时,年谷丰稔,以为由社稷之所佑,故于秋物既成,王者乃祭社稷之神,以报生长之功"(《毛诗正义·良耜》)。对于"百室",郑玄认为,"百室,一族也。草秽既除而禾稼茂,禾稼茂而谷成熟,谷成熟而积聚多。如墉也,如栉也,以言积之高大,且相比迫也。其已治之,则百家开户纳之。千耦其耘,辈作尚众也。一族同时纳谷,亲亲也。百室者,出必共洫间而耕,入必共族中而居,又有祭酺合醵之欢"(《毛诗正义·良耜》)。显然,"百室"同属一个宗族,大家共同生活、共同劳动、共同纳税,也共同祭祀先祖和神灵,这揭示的正是西周宗族生活的基本样态。

孔颖达认为,"'《周礼》五家为比,五比为闾,四闾为族',是百室为一族……一族同时纳谷,见聚居者相亲,故举少言也。又解族、党、州、乡皆为聚属,独以百室为亲亲之意,由百室出必共洫间而耕,入必共族中而居,又有同祭酺合醵之欢也,故偏言之也。《遂人》云:'百夫有洫。'故知百室共洫间而耕"(《毛诗正义·良耜》)。在孔颖达看来,"百室"的具体人数很难确定,这是因为人们对于文献的解读各有不同,但其中所表现的大宗族成员"共洫间而耕""共族中而居""同祭酺合醵之欢"等欢快、和谐的大型集体劳动与生活场景则是毋庸置疑的。

这种情况在春秋战国时期发生了改变,主要体现为人口流动加剧,人口流动的规模和范围都前所未有地大幅增大。宗法体系自西周时期建立伊始,至春秋时期已历数百年,宗族的繁衍和分化使超出五服的人越来越多。按照礼制规定,脱离宗族之后,族人就与原来的宗族没有了任何关系,这些人逐渐成为社会新的独

第三章 春秋战国时期的社会生活与道德观念

立个体,其规模自然无法与上文所描述的大宗族相提并论。在此基础上,个体家庭逐渐成为社会生活的基本单位。

> 问独夫寡妇孤寡疾病者几何人也？问国之弃人何族之子弟也？问乡之良家,其所牧养者几何人矣？问邑之贫人债而食者几何家？问理园容而食者几何家？人之开田而耕者几何家？士之身耕者几何家？问乡之贫人何族之别也？问宗子之收昆弟者,以贫从昆弟者几何家？余子仕而有田邑,今入者几何人？子弟以孝闻于乡里者几何人？余子父母存,不养而出离者几何人？士之有田而不使者几何人？吏恶何事士之有田而不耕者几何人？身何事。君臣有位而未有田者几何人？外人之来从而未有田宅者几何家？国子弟之游于外者几何人？（《管子·问》）

以上可被视为一份关于人口问题的普查问卷。从问题可以看出,当时社会成员的成分和面貌是十分复杂的,社会上很多人已经搞不清楚所属何族何宗了。对于一个区域而言,外来人口居多成为一种普遍的社会现象；而对于一个区域内的人口而言,移居别处的人也不在少数。因此,上文中才会有"外人之来从而未有田宅者几何家？国子弟之游于外者几何人"的疑问,这些问题的提出本身就说明了当时人口流动的规模是比较大的,以致人们已经无法清楚地掌握人口流动的基本情况和人口数量了。《孟子·梁惠王下》中更是直接描述了当时大量人口被迫流动的场景,"凶年饥岁,君之民老弱转乎沟壑,壮者散而之四方者,几千人矣",这是对春秋战国时期人口流动的真实写照。

由于诸侯国之间连年的征战和兼并,人们流离失所,往往迫不得已离开原来的宗族和居所而远走他乡,这也是人口大规模流动的重要原因。另外,由于战争的频发和兼并的加剧,诸多小诸侯国不断面临亡国灭族的危险,对此,司马迁强调指出,"《春秋》

之中，弑君三十六，亡国五十二，诸侯奔走不得保其社稷者不可胜数"，"贬天子，退诸侯，讨大夫"（《史记·太史公自序》）的事情更是时有发生。据《左传·昭公三年》记载，"虽吾公室，今亦季世也。戎马不驾，卿无军行，公乘无人，卒列无长。庶民罢敝，而宫室滋侈。道殣相望，而女富溢尤。民闻公命，如逃寇仇。栾、郤、胥、原、狐、续、庆、伯，降在皂隶。政在家门，民无所依。君日不悛，以乐慆忧。公室之卑，其何日之有？"。栾、郤、胥、原、狐、续、庆、伯本是活跃在晋国政坛的重要宗族，但三家分晋后，这些显赫一时的大宗族遭到了亡国灭族的打击，后世子孙逐渐成为平民百姓，族人之间赖以维系的纽带也因此而不复存在。对此，叔向感叹道："晋之公族尽矣。肸闻之，公室将卑，其宗族枝叶先落，则公从之。肸之宗十一族，唯羊舌氏在而已。肸又无子。公室无度，幸而得死，岂其获祀？"《左传·昭公三年》晋国的公族毁灭殆尽，族人各奔东西，对祖先的祭祀自然也就无暇顾及了。国亡族灭后，族人的社会地位急剧下降，经济收入锐减，彼此之间的联系和交往大大削弱，大型宗族生活的社会基础不复存在，宗族或家庭规模的小型化也就成为此时社会的主要趋势和基本特点了。

因此，在春秋战国时期，小型化的宗族或家庭的结构就要简单得多了，家庭成员主要以父母与子女或者三代、四代的直系血亲为主。在这种情况之下，人们往往只知道父母，而不知道公族或宗族了。

  晋侯观于军府，见钟仪，问之曰："南冠而絷者，谁也？"有司对曰："郑人所献楚囚也。"使税之，召而吊之。再拜稽首。问其族，对曰："泠人也。"公曰："能乐乎？"对曰："先父之职官也，敢有二事？"使与之琴，操南音。公曰："君王何如？"对曰："非小人之所得知也。"固问之，对曰："其为大子也，师、保奉之，以朝于婴齐而夕于侧也。不知其

他。"(《左传·成公九年》)

钟仪本是楚国贵族,成公七年,楚国攻打郑国,诸侯救郑,反而打败了楚国,俘虏了钟仪,并将之献给晋国。于是,当晋侯看到钟仪的衣冠具有典型的南方特点时,不禁发问。当问到钟仪的宗族时,钟仪仅仅对曰"泠人也",这说明在当时,人们的宗族观念已经相对淡薄了。钟仪对其父亲的职官、技能等都有很深入的了解,但是对于作为楚国最大宗族成员之一的楚王却一无所知,还是在晋侯的一再逼问之下,钟仪才勉强应付了几句,并且强调言尽于此、不知其他。可以认为,钟仪的回答和表现在春秋战国时期是很有代表性的。

(二) 春秋战国时期"孝"观念的对象

诚如上文所言,春秋初年,虽然公族或宗族不断走向衰落,乃至消亡,但人们对于宗族生活依然充满了留恋和怀念。对此,我们可以从《诗经》的诸多篇章中略窥端倪。

> 黄鸟黄鸟,无集于谷,无啄我粟。此邦之人,不我肯谷。言旋言归,复我邦族。黄鸟黄鸟,无集于桑,无啄我粱。此邦之人,不可与明。言旋言归,复我诸兄。黄鸟黄鸟,无集于栩,无啄我黍。此邦之人,不可与处。言旋言归,复我诸父。(《诗经·小雅·黄鸟》)

该诗以黄鸟为喻,说明宗族离散之后,族人对于宗族生活的怀念与向往。郑玄笺曰,"喻天下室家不以其道而相去,是失其性"(《毛诗正义·小雅·黄鸟》)。这也可以被理解为借妇人之口描写了宗族兄弟离散之后的情形,"夫妇之道不能坚固,令使夫妇相弃,是王之失教,故举以刺之也"(《毛诗正义·小雅·黄鸟》)。由此,诗人真挚地表达了对宗族复兴的渴望和对重温宗族兄弟亲情的期盼。

表达类似情感的诗歌在《诗经》中还有很多。《小雅·伐木》借伐木表达了亲情与友情的可贵。《毛诗故训传》（简称《毛传》）指出，"《伐木》，燕朋友故旧也。自天子至于庶人，未有不须友以成者。亲亲以睦，友贤不弃，不遗故旧，则民德归厚矣"。这里的"友"当指宗族兄弟，《诗经·小雅·六月》中有"侯谁在矣？张仲孝友"，《毛传》中有"善父母为孝，善兄弟为友"，孔颖达则认为"燕朋友，即二章诸父、诸舅，卒章'兄弟无远'是也"（《毛诗正义·伐木》）。

正是基于人们对宗族、诸父、兄弟等所怀有的深厚的情感，先祖、考妣在春秋早期依然是"孝"观念的重要对象，"孝"的方式仍然以祭祀为主。《国语·鲁语上》中有"夫祀，昭孝也，各致齐敬于其皇祖，昭孝之至也"。《左传·文公二年》中有"凡君即位，好舅甥，修昏姻，娶元妃以奉粢盛，孝也"。此时，宗法体系依然在社会生活中发挥着重要作用。而《逸周书·谥法》则强调"五宗安之曰孝，慈惠爱亲曰孝"，此处的"亲"并不是指父母，而是指亲族，《逸周书集解》对这句话的解释是"周爱亲族也"。因此，王引之认为"善于亲族亦可谓之孝"（《经义述闻·通说上》）。

由于受到宗法体系的影响，父母虽然在一定程度上被纳入了"孝"的范围，但还没有成为"孝"的主要对象。此时，"孝"观念的主要对象依然是祖先和宗族。在童书业先生看来，"在西周、春秋时，'孝'之道德最为重要，'庶人'之孝固以孝事父母为主，然贵族之'孝'则最重要者为'尊祖敬宗'、'保族宜家'，仅孝事父母，则不以为大孝"[①]。柳诒徵先生认为，"所谓菲饮食而致孝乎鬼神者，即指其注重庙祭而言也。祭享之礼，其事似近于迷信，

---

① 童书业：《春秋左传研究》（校订本），童教英校订，中华书局，2006年，第243页。

然尊祖敬宗实为报本追远之正务"①。童书业先生虽然将"孝"的对象分为庶人和贵族两个部分，但贵族之"孝"作为社会观念的引导，依然代表了当时人们对于"孝"观念的普遍认知。因此，查昌国教授明确指出，"春秋之'孝'直接源于西周之孝观念，仍是国家礼制的基本纲领，是君宗和嫡长子的权力和责任，主要内容为'尊祖敬宗'、'保族宜家'（'家'指宗族共同体），凡君宗惠于族人和下辈的行为，皆可赅之为孝。以父为对象的孝只限于君宗的范围，是调节君宗与储君嗣宗关系的重要政治准则，并不是维护一般父子关系的伦理准则"，因此，查昌国教授断言，"这种孝观念在处理父子矛盾时排斥伦常，一断于义，未见尊亲的内容，与后来孔孟儒家倡导的'善父母为孝'、'孝莫大于严父'之'孝'有本质差异"②。应该说，查昌国教授认为春秋时期的孝观念"排斥伦常，一断于义"的说法还有继续探讨的余地，但其关于"未见尊亲的内容"的论断还是合乎春秋社会生活与道德观念之实际的。

因此，当鲁文公"跻"鲁僖公时，遭到了时人君子的反对与批评。文公二年，"秋，八月，丁卯，'大事于大庙，跻僖公'，逆祀也。于是夏父弗忌为宗伯，尊僖公，且明见曰：'吾见新鬼大，故鬼小。先大后小，顺也。跻圣贤，明也。明顺，礼也'"（《左传·文公二年》）。"跻，升也"，鲁僖公为鲁闵公之庶兄，继闵公之位而立。因此，在祭祀的时候，闵公毫无疑问应该排在僖公的前面。但作为主管宗庙祭祀之礼的宗伯夏父弗忌为了讨好鲁文公，尊文公之父僖公而贱其伯闵公，提升了僖公的位置，反而把僖公排在了闵公的前面。对此，杜预毫不客气地指出，"僖亲文公父。夏父弗忌欲阿时君，先其所亲，故传以此二诗深责其意"（《春秋左传正义·文公二年》）。夏父弗忌给出的理由是僖公贤于闵公，且长于闵公，故而应以僖公为昭而以闵公为穆。这样的行为，立刻招

---

① 柳诒徵编著《中国文化史》（上册），中国人民大学出版社，2012年，第96页。
② 查昌国：《论春秋之"孝"非尊亲》，《安庆师范学院学报》1993年第4期。

致时人君子的强烈批评。

> 君子以为失礼。礼无不顺。祀,国之大事也,而逆之,可谓礼乎?子虽齐圣,不先父食,久矣。故禹不先鲧,汤不先契,文、武不先不窋。宋祖帝乙,郑祖厉王,犹上祖也。是以《鲁颂》曰:"春秋匪解,享祀不忒,皇皇后帝,皇祖后稷。"君子曰礼,谓其后稷亲而先帝也。《诗》曰:"问我诸姑,遂及伯姊。"君子曰礼,谓其姊亲而先姑也。仲尼曰:"臧文仲,其不仁者三,不知者三。下展禽,废六关,妾织蒲,三不仁也。作虚器,纵逆祀,祀爰居,三不知也。"(《左传·文公二年》)

对此,杜预指出,"僖公,闵公庶兄,继闵而立,庙坐宜次闵下,今升在闵上,故书而讥之。时未应吉禘,而于大庙行之,其讥已明,徒以逆祀,故特大其事,异其文"(《春秋左传正义·文公元年》)。对于夏父弗忌的做法,社会舆论认为这是"失礼"之行。其错误在于颠倒了祭祀的顺序,无论如何,闵公即位先于僖公是事实,人们在祭祀时应对此给予充分尊重,而不能因为亲缘关系的远近而人为改变祭祀顺序。这说明,虽然当时宗法体系已经遭到挑战,但人们还是不敢明目张胆地违反宗法制度,而是要给自己的越礼行为寻找各种借口,这本身也从侧面说明了宗法制在当时社会的有效性。

随着社会生活的发展,宗族所赖以维系的血缘纽带被打破,尤其是个体家庭逐渐从宗族生活中脱离出来,父母与子女之间的关系随之逐渐成为家庭生活中最重要的社会伦理关系,孝祖开始逐渐向孝亲转变。以晋献公和太子申生的关系为例,晋献公三番五次地打算废掉申生,并对其百般刁难,甚至要杀掉申生。相对于其他大臣劝谏申生政治逃亡的建议,杜原款却要求申生逆来顺受,"吾闻君子不去情,不反谗,谗行身死可也,犹有令名焉。死不迁情,强也。守情说父,孝也。杀身以成志,仁也。死不忘君,敬也。孺子勉之!死必遗爱,死民之思,不亦可乎?"(《国语·晋语二》)显然,在杜原款看来,对于人子而言,"守情说父"是孝的重要表现,即便身遭诬陷,甚至因此而死,也不能抛弃这样的理念;如果被杀,也会留下令名,必定会受到后人的爱戴和敬仰,因此这样的死是非常值得的。对此,申生表示赞同。所以,当有人向申生提出"非子之罪,何不去乎"的建议时,申生断然拒绝。"去而罪释,必归于君,是怨君也。章父之恶,取笑诸侯,吾谁乡而入?内困于父母,外困于诸侯,是重困也。弃君去罪,是逃死也。吾闻之:'仁不怨君,智不重困,勇不逃死。'若罪不释,去而必重。去而罪重,不智。逃死而怨君,不仁。有罪不死,无勇。去而厚怨,恶不可重,死不可避,吾将伏以俟命"(《国语·晋语二》)。在申生看来,宁可身死,也不能"章父之恶,取笑诸侯",这是不孝的表现。正是在这样的理念的支配下,"申生自杀于新城"(《史记·晋世家》)。这说明,在春秋早期,孝父的观念已经出现并产生了一定的社会影响。

战国后期,随着科学技术的发展和思想观念的进步,人们对于自然宇宙、社会人生的认识不断加深,精气说为人们认识自然、解释世界提供了新的理论武器。在时人看来,所谓鬼、魂魄都是由物质性的精气构成的。因此,人世生活和鬼神实在没有任何关联,从而产生了一种天人相分、人鬼相分的理念。在此支配下,人们开始对鬼神有了新的认识,鬼神观念在一定程度上出现了逐渐淡薄的趋向。到战国时期,人们对于鬼神的情感依赖已经大大减弱了,"慎终追远"也仅仅是试图通过祭祀鬼神的形式来实现"民德归厚"的教化目的。对此,荀子认为,"祭者,志意思慕之情也,忠信爱敬之至矣,礼节文貌之盛矣,苟非圣人,莫之能知也。圣人明知之,士君子安行之,官人以为守,百姓以为俗。其在君子,以为人道也;其在百姓,以为鬼事也"(《荀子·礼论》)。应该说,荀子的思想有效地消除了祭祀仪式所固有的神秘

生活与思想的互动

色彩和宗教情感，从而把后人对于先祖的祭祀还原到人的自然情感表达和教化功能上来，孝祖的观念随之不断淡化，厚葬久丧的固有风俗开始受到人们的批评。《吕氏春秋·节丧》深刻地指出：

> 国弥大，家弥富，葬弥厚。含珠鳞施，玩好货宝，钟鼎壶滥，舆马衣被戈剑，不可胜其数，诸养生之具，无不从者。题凑之室，棺椁数袭，积石积炭，以环其外。奸人闻之，传以相告。上虽以严威重禁之犹不可止。……世俗之行丧，载之以大輴，羽旄旌旗如云，偻翣以督之，珠玉以佩之，黼黻文章以饬之，引绋者左右万人以行之，以军制立之然后可，以此观世，则美矣，侈矣，以此为死，则不可也。苟便于死，则虽贫国劳民，若慈亲孝子者之所不辞为也。

由于先民们不忍心把所重所爱的祖先和亲人"死而弃之沟壑"，因此才产生了丧葬之礼。后来，人们出于安全等因素的考虑，担心坟墓等会被狐狸、水泉，及奸邪、盗贼、寇乱之徒损坏，这才将尸体置于棺椁之内，藏于广野深山之中。但可悲的是，"今世俗大乱之主愈侈其葬，则心非为乎死者虑也，生者以相矜尚也。侈靡者以为荣，俭节者以为陋，不以便死为故，而徒以生者之诽誉为务"《吕氏春秋·节丧》。此种行为显然并不符合慈亲孝子之心。这种实用主义的态度本身就彰显了时人对于祖先的立场。此外，战国后期，"治世之民，不与鬼神相害也"（《韩非子·解老》）的主张在很大程度上减少了包括去世祖先在内的鬼神对于人世生活的干预和影响，在客观上使得孝祖观念受到一定冲击。

申生的孝父观念还不具有普遍性，到了春秋中后期乃至战国时期，孝父观念逐渐深入人心，在世的父母也就成为"孝"观念的主要对象了。《诗经·小雅·四牡》就深情地描述了远在异乡的游子对于家乡父母的思念和依恋之情，感人至深。

四牡騑騑，周道倭迟。岂不怀归？王事靡盬，我心伤悲。
四牡騑騑，啴啴骆马。岂不怀归？王事靡盬，不遑启处。
翩翩者鵻，载飞载下，集于苞栩。王事靡盬，不遑将父。
翩翩者鵻，载飞载止，集于苞杞。王事靡盬，不遑将母。
驾彼四骆，载骤骎骎。岂不怀归？是用作歌，将母来谂。

这首诗表达的是一个由于勤于王事而不得不奔走于外的儿子思念故乡、思念父母的深厚情感，马儿跑得越快，其离故乡和父母就越远。《左传·襄公四年》中载："《四牡》，君所以劳使臣也。"《毛诗序》也说此诗"劳使臣之来也"。所以《仪礼》中的燕礼、乡饮酒礼上亦歌此诗。在笺释上，最典型的是《毛传》和《〈毛诗传〉笺》（简称《郑笺》）。《毛传》云："思归者，私恩也；靡盬者，公义也。"《郑笺》云："无私恩，非孝子也；无公义，非忠臣也。"这些解释都将此诗的怨思化为美意，实有悖于原作的主旨。

作者通过将马的奔忙和鸟的闲适做对比表达了对于父母亲人的思念。"此鸟其性愨谨，人皆爱之，可以不劳，犹则飞而后则下，始得集于苞栩之木。言先飞而后获所集，以喻人亦当先劳而后得所安。汝使臣虽则劳苦，得奉使成功，名扬身达，亦先劳而后息，宁可辞乎！汝从劳役，其言曰：王家之事，无不坚固，我坚固王事，所以不暇在家，以养父母。"（《毛诗正义·四牡》）这种说法和思想显然是后出的，带有明显的《孝经》思想的痕迹，但其中所表达的子女与父母的深厚情感则是真挚无欺的。因此郑玄认为，"诚思归也。故作此诗之歌，以养父母之志，来告于君也"（《毛诗正义·四牡》）。《诗经·魏风·陟岵》《诗经·小雅·蓼莪》等篇所表达的情感与之类似，不再赘述。

因此，随着个体家庭逐渐成为社会生活的基本单位，孝父观念开始具有一种不断社会化、平民化、普遍化的倾向，这样的变化是符合春秋战国时期社会观念变化的一般规律和实际情况的。

对此,《国语·齐语》中记载:

> 桓公又亲问焉,曰:"于子之属,有居处为义好学,慈孝于父母,聪慧质仁,发闻于乡里者,有则以告。有而不以告,谓之蔽明,其罪五。"有司已于事而竣。桓公又问焉,曰:"于子之属,有拳勇股肱之力,秀出于众者,有则以告。有而不以告,谓之蔽贤,其罪五。"有司已于事而竣。桓公又问焉,曰:"于子之属,有不慈孝于父母,不长悌于乡里,骄躁淫暴,不用上令者,有则以告。有而不以告,谓之下比,其罪五。"有司已于事而竣。

这里明确提到了"慈孝于父母",显然就是把"孝"的对象界定为父母。齐桓公要求作为基层领导的乡大夫要注意选择治下有好学、慈孝、聪慧、质仁的人,如果有,必须及时上报;如果隐瞒不报,就会受到严厉的处罚。同样,如果发现不慈孝于父母的人,也要及时上报,否则仍会受到处罚。这说明,在春秋时期,慈孝于父母已经是社会生活中的普遍现象和通行的社会观念了,代表了一种全社会共同认可且大力推广的普遍价值和道德要求,同时也代表了人才选拔的重要标准。

(三) 春秋战国时期"孝"观念的内容和要求

从内容上看,在春秋战国时期,"孝"观念出现了具有不同层次和内容的道德要求。随着社会各领域的新变化,"孝"观念有了不断强化的趋势,从一种对父子均有效的、双向的权利义务关系转化为对子女提出单向的、片面的道德要求,甚至已经开始出现了"父为子纲"的思想倾向。

春秋战国时期"孝"观念的首要要求就是"养"。《尚书·酒诰》明确提出了孝养的要求。

第三章　春秋战国时期的社会生活与道德观念

妹土嗣尔股肱，纯其艺黍稷，奔走事厥考厥长。肇牵车牛，远服贾，用孝养厥父母。厥父母庆，自洗腆，致用酒。

对此，孔安国指出，"今往当使妹土之人继汝股肱之教，为纯一之行，其当勤种黍稷，奔走事其父兄。农功既毕，始牵车牛，载其所有，求易所无，远行贾卖，用其所得珍异孝养其父母。其父母善子之行，子乃自絜厚，致用酒养也"（《尚书正义·酒诰》）。孔颖达认为，"其当勤于耕种黍稷，奔驰趋走供事其父与兄。其农功既毕，始牵车牛远行贾卖，用其所得珍异孝养其父母，父母以子如此，善子之行"（《尚书正义·酒诰》）。殷商遗民或勤于耕耘稼穑，或牵牛驾车经商行贾，所得来的财物都用来奉养父母双亲，他们的父母和兄弟为了慰问他们的持家辛劳，同时为了对他们的孝心和孝行表示感谢和认同，会准备一桌丰盛的家宴，这代表了一种醇厚质朴的民风。当此之时，"养"就已经成为"孝"观念的重要内容和要求了。

到了春秋时期，"养"依然是"孝"观念的首要内容，孝养已经成为一种普遍的社会观念和社会行为了。因此，《左传》和《国语》对于"孝"在"养"方面的要求并没有过多的记载，这种情况表明了"常事不书"（《公羊传·桓公四年》）的春秋惯例。"养"作为一种生活常识，是维持父母生存的首要条件，自然也就是"孝"的第一要务了。《左传》除了对"孝"提出了"养"的要求之外，还特别提到了"孝敬"。"敬"是此时"孝"观念的另一个重要要求。《论语·为政》就强调了对于父母的"孝"主要体现为诚敬之心。

子游问孝。子曰："今之孝者，是谓能养。至于犬马，皆能有养；不敬，何以别乎？"

所谓"养"，即指饮食供奉。但对父母的孝养却又不能像对犬

生活与思想的互动

马的喂养那样仅仅停留在饮食供奉的阶段,二者的差别主要就在于儿女的诚敬之心,因此,"敬"是春秋时期"孝"观念的一个重要的内容。对此,朱熹强调认为,"言人畜犬马,皆能有以养之,若能养其亲而敬不至,则与养犬马者何异。甚言不敬之罪,所以深警之也"(《四书章句集注·论语集注·为政》),可谓一语中的。只有在诚敬之心的基础上,人才能做到"和气""愉色""婉容"。当孔子的学生子夏向孔子请教关于"孝"的问题时,孔子提出了"色难","色难,谓事亲之际,惟色为难也"(《论语·为政》)。这是因为,"盖孝子之有深爱者,必有和气;有和气者,必有愉色;有愉色者,必有婉容。故事亲之际,惟色为难耳,服劳奉养未足为孝也"(《四书章句集注·论语集注·为政》)。类似的表述,还见于《礼记·祭义》等篇。

战国时期,孟子提出了"五不孝"的观念,其中有三个方面都是"不顾父母之养","世俗所谓不孝者五:惰其四支,不顾父母之养,一不孝也;博弈好饮酒,不顾父母之养,二不孝也;好货财,私妻子,不顾父母之养,三不孝也;从耳目之欲,以为父母戮,四不孝也;好勇斗很,以危父母,五不孝也"(《孟子·离娄下》)。《管子·轻重己》提出,"教民为酒食,所以为孝敬也"。《战国策·齐策》中把"至老不嫁,以养父母"的人作为表率和楷模而大力褒奖。这些都说明"养"是"孝"的首要要求。

除了"养"和"敬"之外,春秋战国时期还强调"顺"的重要性。"顺"作为一种道德要求,其的提出是很早的。

媚兹一人,应侯顺德。永言孝思,昭哉嗣服。(《诗经·大雅·下武》)

笃公刘,于胥斯原。既庶既繁,既顺乃宣,而无永叹。(《诗经·大雅·公刘》)

无竞维人,四方其训之。有觉德行,四国顺之。(《诗经·大雅·抑》)

第三章　春秋战国时期的社会生活与道德观念

　　君义，臣行，父慈，子孝，兄爱，弟敬，所谓六顺也。（《左传·隐公三年》）

　　先大后小，顺也。跻圣贤，明也。明顺，礼也。（《左传·文公二年》）

　　夫夫妇妇，所谓顺也。（《左传·昭公元年》）

　　立长则顺，建善则治。王顺国治，可不务乎？（《左传·昭公二十六年》）

　　以礼待君，忠顺而不懈。（《荀子·君道》）

　　不顺乎亲，不可以为子。（《孟子·离娄上》）

　　顺乎亲有道，反诸身不诚，不顺乎亲矣。（《中庸》）

　　由上述例子可知，"顺"作为"德"的要求，普遍适用于各种社会伦理关系，人与神、子与父、妇与夫、弟与兄、臣与君、国与国之间的关系均可用"顺"来调节和规范。对于父子关系而言，"顺"要求子女要听从父母之命，不能违抗父母的安排。到春秋后期，人们往往把"顺"与"孝"观念紧密联系在一起。因此，《论语·为政》强调，当孟懿子向孔子请教关于"孝"的要求时，孔子答之以"无违"。《左传·闵公二年》提出了"违命不孝""专命则不孝"的要求，这说明违抗父母之命和固执地坚持自己的主张都是不孝的表现。正是因为"顺"与"孝"联系起来了，"三年无改于父之道"（《论语·学而》）、"善继人之志，善述人之事"（《中庸》）等也就成为春秋战国时期"孝"观念的必然要求了。

　　随着封建制的兴起和发展，人们对于"孝"的主体和对象之间关系的理解发生了变化。在春秋早期，孝慈是一对范畴，体现为父子双方的、双向的权利义务关系，其中既有对子女的道德要求，也有对父母的道德要求。这种理性的伦理关系和道德要求一直延续到战国时期。

生活与思想的互动

>为人子，止于孝；为人父，止于慈。（《大学》）
>
>请问为人父？曰：宽惠而有礼。请问为人子？曰：敬爱而致文。（《荀子·君道》）
>
>为人父者，慈惠以教。为人子者，孝悌以肃。（《管子·五辅》）

在父子关系上，《管子·形势解》提出了"父母暴而无恩，则子妇不亲"的主张，父母对子女的态度是决定子女对父母尽孝的前提和条件。荀子甚至提出了"从义不从父"（《荀子·子道》）的思想。但与此同时，也有一种不断强化父权而削弱子权的社会主张，对子女的"顺"的方面的道德要求开始出现一种极端化的倾向。《吕氏春秋·孝行览》强调，"父母生之，子弗敢杀；父母置之，子弗敢废；父母全之，子弗敢阙"，在父母的绝对权威面前，子女除了绝对的"孝顺"之外，已经没有其他的权利方面的要求了。因此，《韩非子·忠孝》指出，"臣事君，子事父，妻事夫。三者顺则天下治，三者逆则天下乱，此天下之常道也"。从此之后，"子事父"就成为中国传统社会中人们对于父子关系的主流理解，由此，"父为子纲"的观念已经呼之欲出了。

三 春秋战国时期的政治生活与忠信观念

与孝慈观念一样，忠信观念也是中国传统道德生活的重要部分。孝慈观念是西周严密的宗法体系的产物，而忠信观念则是宗法制不断松动乃至衰落的产物。因此，与"孝"在西周早期就已经确立了其在社会生活和思想文化领域的重要地位不同的是，忠信观念的产生及推广则要晚得多。

（一）忠信观念提出的社会背景

诚如前文所言，西周时期，周天子代表了神权、王权和族权的高度统一。不管是族权还是王权，其合法性都来自神权。相对于族权和王权而言，神权的存在是理所当然的。西周建立后，周天子立刻大封诸侯，这说明西周是以分封制的形式、通过族权来实现王权的集中和落实的。对于姬姓诸侯而言，仅仅通过宗族内部"孝"的规范与孝祖、敬宗的观念和要求就完全可以实现对绝大部分诸侯国的有效约束和管理。即便是那些异姓诸侯，周朝王室和姬姓诸侯也可以通过通婚的方式，把他们纳入宗族管理的范围之内，关于这一点，我们至少可以从两个方面体会出来。

首先，在西周时期，"友"是调节兄弟关系的观念和规范。《尔雅·释亲》指出，"父之党为宗族，母与妻之党为兄弟"，因此，"兄弟"最初是指那些与本宗族产生婚姻关系的异姓宗族。《左传·隐公十一年》提出，"如旧昏媾，其能降以相从也"。对此，杜预认为，"妇之父曰昏，重昏曰媾"；孔颖达则进一步指出，"'媾'与'昏'同文，故先儒皆以为'重昏为媾'"（《春秋左传正义·隐公十一年》）。由此可以看出，"昏媾"实际上是指姻亲，亦可将之称为"婚兄弟"。《殷周金文集成》中曾记载了一条铭文，"季良父乍妣（姒）尊壶，用盛旨酉（酒），用享孝于兄弟、闻（婚）颙（媾）、者（诸）老，用祈眉寿，其万年，霝冬（终）難老，子子孙孙是永宝"（《引得》15.9713）。类似的铭文还可以找出一些，"㝊弔多父作朕皇考季氏宝支，用易屯录、受害福，用及孝妇嬛氏百子千孙，其吏豖多父眉寿考，吏利于辟王、卿事、师尹、朋友、兄弟、者（诸）子、婚媾，无不喜曰：戾又父母，多父其孝子，乍兹宝支，子子孙孙永宝用"[1]。从这些铭文中，我们可以看出，西周王室正是通过通婚的方式来实现合族的目的，从而把异姓诸侯有效地纳入自己的宗法体系当中。

其次，这种通婚的事例在西周和春秋时期是非常常见的。以姬姓和姜姓为例，姬姓代表的是西周王室成员及宗亲，姜姓为吕

---

[1] 参见陈梦家《西周铜器断代》（上册），中华书局，2004年，第349页。

尚封国的人，在《史记》、《春秋》及《左传》等文献中保留了大量姬姜通婚的事例。鲁国和齐国在很长的时间内都保持着稳定的婚姻关系，仅在春秋时期，鲁国就先后有桓公、庄公、僖公、文公、宣公、成公六人娶齐国女公子为夫人，而齐国亦有僖公、昭公、灵公、景公、悼公五人娶鲁国女公子为夫人。

因此，用于处理宗族和家庭内部伦理关系的"孝""友"就同时被赋予了强大的政治功能，成为处理君臣关系的重要观念和规范，"在'原始宗法制'时代，后世之所谓'忠'（忠君之忠）实包括于'孝'之内"。故而，童书业先生认为，"臣对君亦称'孝'，君对臣亦称'慈'，以在'原始宗法制'时代，一国以至所谓'天下'可合成一家，所谓'圣人能以天下为一家'也。故'忠'可包于'孝'之内，无需专提'忠'之道德"。但是，到了西周后期，尤其是到了春秋时期，随着周朝王室实力的不断下降，宗法体系也遭到了一定程度的破坏，周天子对于各诸侯国的约束力越来越弱，固有的宗族规范已经再也无法继续维系君臣之间的政治关系了。此时，一种新的社会道德观念的出现就成为社会生活，尤其是政治生活的需要了。"然至春秋时，臣与君未必属于一族或一'家'，异国、异族之君臣关系逐渐代替同国、同族间之君臣关系，于是所谓'忠'遂不得不与'孝'分离。盖首先在异国、异族之君臣关系上产生接近后世所谓'忠君'之'忠'。"[①] 童书业先生关于忠孝关系演变的论述是很有说服力的。

而且，此时，社会生活，尤其是政治生活中失范的行为和僭越现象越来越多，弑君灭族、诚信缺失等情况时有发生。《史记·太史公自序》指出，"《春秋》之中，弑君三十六，亡国五十二，诸侯奔走不得保其社稷者不可胜数"，臣下犯上作乱的事情屡见不鲜，甚至可以说非常严重。因此，建立一种新的社会规范和道德

---

① 童书业：《春秋左传研究》（校订本），童教英校订，中华书局，2006年，第244页。

第三章　春秋战国时期的社会生活与道德观念

观念对于社会生活，尤其是政治生活而言是十分必要的。这种新的社会规范和道德观念主要体现为忠信。

（二）春秋战国时期"忠"观念的发展与演变

中国传统社会往往"忠孝"并举，可见"忠"的观念在传统社会生活中的重要地位。"忠"的观念是什么时候开始出现的，学术界暂时还没有定论。但是，"忠"作为一种调节人与人之间社会伦理关系的道德范畴，应是从春秋初年开始的，童书业先生非常谨慎地得出了"似起于春秋时"[①]的结论，应该说这种观点是合乎历史事实的。

甲骨文中没有"忠"字，《甲骨文编》所收录的900多个单字中，还看不到"忠"字的痕迹，但已有"中"字。《说文解字》释"中"为"中，内也。从口丨，上下通也"。这很可能并不是"中"字的本义，而应为引申义。根据唐兰先生的解释，"中"字的初义应象征旗帜，是氏族内部聚众、集会时用以指引族人聚集的标识物，"'中'本为旗帜，最初为氏族社会中的徽帜，古时用以集众。盖古者有大事，聚众于旷地，先建中焉。群众望见中而趋附。群众来自四方，则建中之地为中央矣"[②]。姜亮夫先生对此表示赞同，"上古朴质，立木以为表，取表端日光之面，以定正昃。即于表上建旗，以为一族指撝之用，于事既便，于理亦最简，此氏族社会之常例"[③]。而在传世文献中，有"中"与"忠"互释的情况，《国语·晋语八》中有"忠自中"，由此可见二者之间的紧密联系。因此，有学者指出，虽然在中国早期社会中，还没有"忠"字出现和使用的情况，但就此否定"忠"观念的存在则是不

---

① 童书业：《春秋左传研究》（校订本），童教英校订，中华书局，2006年，第243页。
② 唐兰：《殷虚文字记》，中华书局，1981年，第52~53页。
③ 姜亮夫：《"中"形形体分析及其语音演变之研究——汉字形体语音辨证的发展》，《杭州大学学报》第14卷增刊《古籍研究所论文专辑》，1984年。

科学的,"即使在现有三代政治文献中尚未发现'忠'字,似乎并不能绝对排除当时实际已经存在的'忠'的观念的可能"[1]。当然,对于这样的观点我们应该谨慎地看待。

根据《礼记》的记载,似乎夏代就已经把"忠"作为一种普遍的社会观念了,《表记》在比较夏、商、周三代的文化特征的时候明确指出,"夏道尊命,事鬼敬神而远之,近人而忠焉。先禄而后威,先赏而后罚,亲而不尊"。显然,这里认为"近人而忠"是夏代文化的典型特征,也是区别于殷商和西周的重要方面。而柳诒徵先生认为,"夏道尚忠,本于虞"[2],又把时间往前推了一大截,这样的观点过于大胆,缺乏直接的文献依据,聊备一说而已。在夏代"忠"观念的基础上,殷商又增加了必要的神圣性和情感因素,"夏之政忠。忠之敝,小人以野,故殷人承之以敬"(《史记·高祖本纪》)。在传统观念中,"敬"是"忠"的精神价值和必然要求,《说文解字》就以"敬"释"忠","忠,敬也。尽心曰忠"。虽然对于夏代和商代的"忠"观念可以找出必要的文献依据,但不可否认的是,这些依据大多源于后人以当时的社会观念或理想中的社会观念来追忆先人的做法,是不能够完全被相信的。另外,《尚书》中的诸多篇章也谈到了"忠"的问题。

> 今商王受,弗敬上天,降灾下民。沈湎冒色,敢行暴虐,罪人以族,官人以世,惟宫室、台榭、陂池、侈服,以残害于尔万姓。焚炙忠良,刳剔孕妇。皇天震怒,命我文考,肃将天威,大勋未集。(《泰誓上》)

> 尔尚盖前人之愆,惟忠惟孝,尔乃迈迹自身,克勤无怠,以垂宪乃后。率乃祖文王之遗训,无若尔考之违王命。皇天

---

[1] 王子今:《"忠"观念研究——一种政治道德的文化源流与历史演变》,吉林教育出版社,1999年,第20页。

[2] 柳诒徵编著《中国文化史》(上册),中国人民大学出版社,2012年,第92页。

无亲，惟德是辅。民心无常，惟惠之怀。(《蔡仲之命》)

惟乃祖乃父，世笃忠贞，服劳王家，厥有成绩，纪于太常。(《君牙》)

昔在文武，聪明齐圣，小大之臣，咸怀忠良，其侍御仆从，罔匪正人。以旦夕承弼厥辟，出入起居，罔有不钦，发号施令，罔有不臧。(《冏命》)

《尚书》中关于"忠"的7次用法，无一例外，均出自《古文尚书》，很难将其作为"忠"观念在西周早期就已经产生的直接证据。《诗经·周颂》中有些诗篇体现了人们对祖先"忠"的赞美，但是，这主要也是后人对先祖之德的追述，大多作于西周的后期。虽然有学者指出，"有些迹象似乎可以说明'忠'的政治意识确实可能产生于文明初期"[①]，"在原始社会就已经存在后世被称为'忠'观念的文化痕迹，通过以上探讨'中'的原初涵义及'中'与'忠'之间的关系，我们可以看出，作为一种道德观念，'忠'起源于原始社会末期。'忠'源于'中'，'忠'乃'中'滋生而来，在人类进入文明时代之前就已广泛存在"[②]，但不可否认的是，把"忠"观念与"德"联系起来，从而实现"忠"观念的道德化，应是西周后期和春秋早期的事。从春秋早期开始，"忠"字及其观念开始出现并逐渐流行，"忠"观念很快成为一种社会生活的普遍观念了。《左传·隐公三年》中有"《风》有《采蘩》、《采蘋》，《雅》有《行苇》、《泂酌》，昭忠信也"，《左传·文公元年》中有"忠，德之正也"，《左传·成公十年》中有"忠为令德"等。

张锡勤教授指出，"忠是一种积极的对他人、对事业的态

---

① 王子今：《"忠"观念研究——一种政治道德的文化源流与历史演变》，吉林教育出版社，1999年，第20~21页。
② 解颉理：《中国古代忠观念的渊源》，《湖州师范学院学报》2008年第5期。

度。忠的基本内容与要求是真心实意、尽心竭力地对待他人、对待事业"①。"尽己之谓忠"（《四书章句集注·论语集注·里仁》），也就是"尽出自己之所有、所能，毫无保留"，因此，忠的根本要求即全心全意、尽心竭力。柳诒徵先生引"孔疏"认为，"夏时所尚之忠，非专指臣民尽心事上，更非专指见危授命。第谓居职任事者，当尽心竭力求利于人而已。人人求利于人而不自恤其私，则牺牲主义、劳动主义、互助主义悉赅括于其中，而国家社会之幸福，自由此而烝烝日进矣"②。可见，以上两位学者都是从普遍性的意义上揭示"忠"观念的思想内容与价值。从"忠"的对象来看，春秋时期的"忠"主要体现为一种对所有人都具有约束力的道德观念和道德要求，并没有具体、固定的对象，或者说，"忠"观念的对象是多元化、多样化的。因此，有学者将之概括为"泛主体论"。"忠"观念是对包括君、臣在内的所有人提出的共同的道德要求，《左传·襄公二十二年》中对此有所记载：

  秋，栾盈自楚适齐。晏平仲言于齐侯曰："商任之会，受命于晋。今纳栾氏，将安用之？小所以事大，信也。失信不立，君其图之！"弗听。退告陈文子曰："君人执信，臣人执共，忠、信、笃、敬，上下同之，天之道也。君自弃也，弗能久矣！"

显然，在晏子看来，忠信笃敬一方面是君主应具有的德行，另一方面也是臣下和百姓应具有的德行，是社会上下、各个阶层都必须共同遵守的道德规范。"君人执信，臣人执共"，从语法上讲，属于典型的互文，意指信与恭对君臣双方而言都是有效的。同时，晏子还把这种对于君臣上下需要共同遵守的道德规范和要

---

① 张锡勤：《中国传统道德举要》，黑龙江大学出版社，2009年，第100页。
② 柳诒徵编著《中国文化史》（上册），中国人民大学出版社，2012年，第92页。

求上升到天道的高度，赋予其最高的合法性和神圣性。《论语·颜渊》指出，"子张问崇德、辨惑。子曰：'主忠信，徙义，崇德也。爱之欲其生，恶之欲其死。既欲其生，又欲其死，是惑也'"。朱熹认为，"主忠信，则本立。徙义，则日新"（《四书章句集注·论语集注·颜渊》）。也就是说，忠信是人立身行事的根本所在，体现为一种普遍的道德要求。因此，亦有学者明确指出，"在春秋时代，忠是对一切人的"[1]。甚至可以说，《论语》中关于"忠"的表述多达18处，但也仅仅只有两处明确指出了"忠"的对象[2]，而其他各处之"忠"都是指一种没有特定对象的、具有普遍意义的道德观念和道德要求。因此，"忠"广泛适用于君与臣、君与民、宗族与族人、生人与考妣、人与神以及朋友彼此之间等。应该说，这种观点和用法是符合春秋时期人们对于"忠"观念的认识和理解的。

春秋及之后，"忠"首先表现为君德，是对君主的道德要求。《左传·桓公六年》中有"所谓道，忠于民而信于神也。上思利民，忠也；祝史正辞，信也"。孔颖达认为，"中心为忠，言中心爱物也；人言为信，谓言不虚妄也。在上位者，思利于民，欲民之安饱，是其忠也；祝官、史官正其言辞，不欺诳鬼神，是其信也"（《春秋左传正义·桓公六年》）。也就是说，在上位者主要考虑民众和百姓的利益、安全、温饱等，这就是为政者"忠"的最大体现。反之，如果不思利民，置百姓的安危于不顾，而贪图自己的享乐和贪欲的满足，这就是为政者最大的不"忠"。类似的表述，亦可见于其他文献。

---

[1] 张锡勤：《中国传统道德举要》，黑龙江大学出版社，2009年，第101页。
[2] 这种情况与童书业先生的论断略有出入。关于忠君观念的出现，童书业先生认为，"后世'忠君'之观念该萌芽于墨家（《经上》、《尚贤中》、《鲁问》等篇）"［童书业：《春秋左传研究》（校订本），童教英校订，中华书局，2006年，第244页］。

忠信可结于百姓。(《国语·齐语》)

忠实欲天下之富而恶其贫，欲天下之治而恶其乱。(《墨子·非命上》)

爱民谨忠，利民谨厚。(《墨子·节用中》)

忠，民之望也。(《左传·襄公十四年》)

由此可见，春秋时期，作为君德的"忠"观念是以保天下之安而兴万民之利为主要内容和根本要求的，其最终目的自然是要实现国家的长治久安。

其次，"忠"是宗族之德，体现为对所有宗族成员共同的道德要求。这里的"忠"往往是与公、私及其观念紧密联系在一起的，《左传·成公九年》中有"无私，忠也"，《左传·僖公九年》中有"公家之利，知无不为，忠也"，《左传·文公六年》也强调"以私害公，非忠也"。《左传·襄公五年》中曾记载，季文子死后，人们发现其"无衣帛之妾，无食粟之马，无藏金玉，无重器备"，因此，时人君子无不赞叹"季文子之忠于公室也。相三君矣，而无私积，可谓不忠乎？"。季文子是鲁国文公、宣公、成公、襄公四朝重臣，在宣公时就身居相位，操劳一生，去世的时候却身无长物，因此被人们许之以"忠"。童书业先生认为，"'忠'之道德（似起于春秋时）最原始之义似为尽力公家之事。'以私害公'，即为'非忠'（文六年传）。'贼民之主'，谓之'不忠''弃君之命'，仅为'不信'（宣二年传）。无私为'忠'，尊君为'敏'（成九年传）"[①]。这里的"忠"自然是相对于公室而言的。

最后，"忠"也可以作为臣德，体现为对臣下的道德要求。《左传·襄公十四年》中记载了楚臣子囊的故事，"楚子囊还自伐吴，卒。将死，遗言谓子庚：'必城郢。'君子谓：'子囊忠。君薨

[①] 童书业：《春秋左传研究》（校订本），童教英校订，中华书局，2006年，第243页.

不忘增其名，将死不忘卫社稷，可不谓忠乎？忠，民之望也。《诗》曰：行归于周，万民所望。'忠也。"楚国打算把都城迁到郢地，但城墙却一直没有建好，公子燮和公子仪两个人因为筑城之事而意见不合，纷争不断，遂导致筑城之事延宕许久。楚臣子囊在临终前还念念不忘这件事，叮嘱其子一定要把都城的城墙建好。因此，时人君子把子囊的这种"将死不忘卫社稷"的精神和行为许之以"忠"。

作为臣德的"忠"要求臣下对君主忠贞不二、忠心耿耿、诚实无欺。忠贞不二的精神在春秋时期已经作为一种美德被提出来了。

> 九月，晋惠公卒。怀公命无从亡人。期，期而不至，无赦。狐突，之子毛及偃从重耳在秦，弗召。冬，怀公执狐突，曰："子来则免。"对曰："子之能仕，父教之忠，古之制也。策名，委质，贰乃辟也。今臣之子名在重耳，有年数矣。若又召之，教之贰也。父教子贰，何以事君？刑之不滥，君之明也，臣之愿也。淫刑以逞，谁则无罪？臣闻命矣。"乃杀之。（《左传·僖公二十三年》）

鲁僖公二十三年，晋惠公去世，怀公继位，遂下令让当年跟随重耳一起出奔的从人限期回国。但直到限期结束，并无一人从命。晋怀公非常不满，就把跟随重耳在外的毛和偃的父亲狐突抓了起来，并开出了"子来则免"的条件。对此，狐突没有任何的妥协和退让，在他看来，重臣不事二主，对待君主必须忠贞不二、矢志不渝，这才是真正的"忠"。另外，对君主的"忠"不能有任何功利的色彩和需求，而应是臣下对君主所怀有的真挚的道德情感。《左传·僖公五年》中记载，"无丧而戚，忧必仇焉；无戎而城，仇必保焉。寇仇之保，又何慎焉！守官废命，不敬；固仇之保，不忠。失忠与敬，何以事君？《诗》云：'怀德惟宁，宗子惟城。'君其修德而固宗子,何城如之?"在这里,对君主的"忠"与"敬"紧密联系在了一起,于是,"敬"就成为春秋时期"忠"观念的重要内容了。

到战国时期,尤其是战国的后期,随着封建所有制关系的逐步确立和君主专制制度的进一步完善,"忠"观念日益突出,甚至出现了绝对化的倾向。此时,周天子和诸侯往往因大权旁落而沦为傀儡、附庸,甚至亡国灭族,于是加强君权成为社会的需要。在此社会背景下,君权的集中与专制的出现就是必然的了。

《战国策·东周策》中记载了秦国和齐国竞相向周赧王借"九鼎"的事。相传,禹曾经把天下划分为九个部分,即九州,又命令九州州牧贡献青铜以铸造九鼎。因此,在中国传统社会,"九鼎"向来就是至高无上的王权象征,是其他任何人都不得妄想或试图染指的。而到了战国时期,秦国和齐国的国君居然公然向周天子提出了借鼎的要求,由此可见,周天子作为天下共主的权威已经被大大削弱,甚至可以说是荡然无存了。而在各诸侯国中,政在大夫的现象也屡见不鲜。在这种情况下,加强君权自然成为当时社会的必然要求。

春秋时期,人们对于君臣之间伦理关系的处理还是比较理性的,表现为一种双向的权利义务关系,《论语·八佾》强调"君使臣以礼,臣事君以忠",《墨子·兼爱下》要求"为人君必惠,为人臣必忠"。甚至到战国中期,这种思想的影响还是很大的,《孟子·离娄下》就提出"君之视臣如手足,则臣之视君如有腹心,君之视臣如犬马,则臣之视君如国人;君之视臣如土芥,则臣之视君如寇仇",《管子·君臣上》中有"上之人务德,而下之人守节"。晏子提出了"择君"的思想,"君者择臣而使之,臣虽贱,亦得择君而事之"(《晏子春秋·问上》)。孟子甚至主张要诛杀"不道之君","(齐宣公)曰:'臣弑其君,可乎?'(孟子)曰:'贼仁者谓之贼,贼义者谓之残,残贼之人谓之一夫。闻诛一夫纣矣,未闻弑君也'"(《孟子·梁惠王下》)。但到战国末期,君臣之间的对立关系不断强化，相对于春秋时期把君臣视为相辅相成的互助关系而言，战国时期则更加强调臣下对君主的人身依赖关系，臣下也日益沦为君主和君权的附庸。韩非子就把君臣关系看成是赤裸裸的利益交换关系。

> 君臣异心。君以计畜臣，臣以计事君。君臣之交，计也。害身而利国，臣弗为也；害国而利臣，君不行也。臣之情，害身无利；君之情，害国无亲。君臣也者，以计合者也。（《韩非子·饰邪》）
>
> 臣尽死力以与君市，君垂爵禄以与臣市，君臣之际，非父子之亲也，计数之所出也。君有道，则臣尽力而奸不生；无道，则臣上塞主明而下成私。（《韩非子·难一》）

在韩非子看来，君臣之间历来都是充满利益计较和私欲考量的。君臣双方对任何问题的考虑，毫无疑问都从自身利益出发。二者之间只有相互买卖的关系，君臣相欺更是政治生活的常态。因此，韩非子认为，"贤者之为人臣，北面委质，无有二心。朝廷不敢辞贱，军旅不敢辞难，顺上之为，从主之法，虚心以待令而无是非也。故有口不以私言，有目不以私视，而上尽制之"（《韩非子·有度》）。在此基础上，韩非子又提出，"臣事君，子事父，妻事夫。三者顺则天下治，三者逆则天下乱，此天下之常道也"（《韩非子·忠孝》）。从此之后，"臣事君"就成为中国传统社会中人们对君臣关系的普遍性理解。因此，童书业先生断言，忠君的观念"大成于韩非（《忠孝》等篇）"[①]。自此，"君为臣纲"的观念已经初现端倪了。

---

① 童书业：《春秋左传研究》（校订本），童教英校订，中华书局，2006年，第244页。

（三） 春秋战国时期"信"观念的产生与变化

与西方社会的信用观念和机制来自经济领域，尤其是贸易活动不同的是，在中国传统社会中，"信"观念主要来自社会政治领域，尤其体现在诸侯国之间的外交活动中。"我国古代'信'观念的发达始于政治盟约而非商业活动，这是一大特点"[1]，显然，这是由当时天及天子权威的衰落而引发的。

殷商和西周初年，天帝的地位是神圣、崇高且无可侵犯的，人的一切行为都必须以天帝为最后的依靠和保障。但到了春秋时期，天的神圣性、宗教性色彩大大减弱，而代之以一种更具伦理色彩的人文情怀，"夫民，神之主也，是以圣王先成民而后致力于神"（《左传·桓公六年》）。此时，只是依靠神性的力量已无法维持王室与诸侯国之间、各诸侯国相互之间，甚至人与人之间的正常交往。西周时期，周天子作为"天下共主"的地位是以天的神圣和权威为保障的，正是由于神性的支持，周天子才成为平衡各诸侯国关系的终极裁判。但诚如前文所言，周天子作为天之代言人的地位随着天的地位的降低而不复存在，于是不管神圣的权威，还是世俗的权威都已经无法在社会生活，尤其是社会政治领域中发挥仲裁作用了。因此，有学者认为，"西周作为典章制度的'礼'的破坏，导致了春秋以盟誓为标志的'信'之观念的发达"[2]。于是，一种新的、普遍适用于全社会的信用机制的产生就成为社会生活的必然要求。

学术界一般认为，"信"观念应该是春秋时期出现的，"信作为一种伦理范畴出现，始于春秋"[3]。顾炎武提出，"春秋时，犹尊

---

[1] 阎步克：《春秋战国时"信"观念的演变及其社会原因》，《历史研究》1981年第6期。

[2] 阎步克：《春秋战国时"信"观念的演变及其社会原因》，《历史研究》1981年第6期。

[3] 徐难于：《试论春秋时期的信观念》，《中国史研究》1995年第4期。

礼重信"(《日知录》卷十三)。"信"观念首先体现在诸侯国之间的会盟等外交活动中,《左传》等文献中多有记载。

  盟以底信。(《左传·昭公十三年》)
  盟,所以周信也。(《左传·哀公十二年》)
  世有盟誓,以相信也。(《左传·昭公十六年》)
  苟信不继,盟无益也。(《左传·桓公十二年》)

  可见,诸侯国之间会盟、订约等活动最主要的目的就是建立一种对双方都有约束力的信用机制,以此来保障所有与盟者的利益。《左传·成公十一年》中就记载了晋国和秦国会盟的事,从反面揭示了当时诸侯国之间信盟的虚伪,"秦、晋为成,将会于令狐。晋侯先至焉,秦伯不肯涉河,次于王城,使史颗盟晋侯于河东。晋郤犨盟秦伯于河西。范文子曰:'是盟也何益?齐盟,所以质信也。会所,信之始也。始之不从,其何质乎?'秦伯归而背晋成"。在范文子看来,秦晋之间的会盟就是一个政治笑话。按照之前的约定,秦国和晋国将在两国之间的令狐这个地方会盟。晋侯先到达会盟地点,秦伯担心自己可能会在渡河时遭遇到晋国的伏击,因此坚决不肯渡河。于是,最后双方相互妥协的结果就是,秦伯派人到河东与晋侯会盟,而晋侯派人到河西与秦伯会盟。显然,这种会盟的方式和结果是十分可笑的,双方在相互之间没有任何政治互信的前提下进行会盟,彼此都充满戒心和敌意,不肯相信对方。因此,时人君子认为,这种会盟除了贻笑天下之外,是没有任何意义可言的。对此,有学者曾深刻地指出,"在信用不成问题的氏族时代,信义观念反而淡薄,一旦信用屡遭破坏而又为社会迫切需要时,'信'便为人重视而发达起来"[1]。

---

[1] 阎步克:《春秋战国时"信"观念的演变及其社会原因》,《历史研究》1981年第6期。

从对象和内容上看，在春秋战国时期，"信"也是一种广泛适用于所有人际关系的、具有普遍价值和意义的一般性道德观念和道德规范。《国语·晋语四》强调指出，"晋饥，公问于箕郑曰：'救饥何以？'对曰：'信。'公曰：'安信？'对曰：'信于君心，信于名，信于令，信于事。'公曰：'然则若何？'对曰：'信于君心，则美恶不逾；信于名，则上下不干；信于令，则时无废功；信于事，则民从事有业。于是乎民知君心，贫而不惧，藏出如入，何匮之有？'公使为箕。及清原之蒐，使佐新上军"。可见，君心、名、令、事等都是"信"的对象和内容。因此，在春秋战国时期，"信"是人们具有的道德观念和普遍遵守的道德规范。

> 天行不信，不能成岁；地行不信，草木不大。春之德风，风不信，其华不盛，华不盛，则果实不生。夏之德暑，暑不信，其土不肥，土不肥，则长遂不精。秋之德雨，雨不信，其谷不坚，谷不坚，则五种不成。冬之德寒，寒不信，其地不刚，地不刚，则冻闭不开。天地之大，四时之化，而犹不能以不信成物，又况乎人事？君臣不信，则百姓诽谤，社稷不宁；处官不信，则少不畏长，贵贱相轻；赏罚不信，则民易犯法，不可使令；交友不信，则离散郁怨，不能相亲；百工不信，则器械苦伪，丹漆染色不贞。夫可与为始，可与为终，可与尊通，可与卑穷者，其唯信乎！信而又信，重袭于身，乃通于天。以此治人，则膏雨甘露降矣，寒暑四时当矣。（《吕氏春秋·贵信》）

在《吕氏春秋》看来，"信"不仅是人人应该遵守的规范，同时也是包括万物在内的天地之道的具体体现和要求。天地、四时等自然活动与赏罚、交友等社会活动都必须以"信"为准则和指导，"信"是包括人在内的天地万物必须遵循的法则和规律。做到"信"，甚至可以上达天道，与天意相通，如此则四时得当、人民和乐。

"信于神"。春秋战国时期,虽然神性色彩有所减弱,但人们对神明的崇拜依然存在,因此,"信于神"仍然是社会生活的重要内容,"春秋时人迷信鬼神,有相当浓厚的鬼神观念"[①]。

> 齐侯疥,遂痁,期而不瘳。诸侯之宾问疾者多在。梁丘据与裔款言于公曰:"吾事鬼神丰,于先君有加矣。今君疾病,为诸侯忧,是祝、史之罪也。诸侯不知,其谓我不敬,君盍诛于祝固、史嚚以辞宾?"公说,告晏子。晏子曰:"日宋之盟,屈建问范会之德于赵武。赵武曰:'夫子之家事治;言于晋国,竭情无私。其祝、史祭祀,陈信不愧;其家事无猜,其祝、史不祈。'建以语康王。康王曰:'神、人无怨,宜夫子之光辅五君以为诸侯主也。'"公曰:"据与款谓寡人能事鬼神,故欲诛于祝、史。子称是语,何故?"对曰:"若有德之君,外内不废,上下无怨,动无违事,其祝、史荐信,无愧心矣。是以鬼神用飨,国受其福,祝、史与焉。其所以蕃祉老寿者,为信君使也,其言忠信于鬼神。"(《左传·昭公二十年》)

当时,齐景公不幸罹患疥子和疟疾,一年未愈,各诸侯纷纷派人问候。齐景公的两个宠臣梁丘据与裔款认为,齐侯患病完全是鬼神作祟的结果,应该向负责祭祀鬼神的祝史问罪。对此,晏子给予了坚决的驳斥。在晏子看来,如果君上有德,周边环境安好,百姓和乐、生活幸福,那么当祝史向神明荐信的时候,神明会乐于接受,这是忠信于鬼神的表现。反之,如果君上暴虐,荒淫无度,以致上下充满怨恨,就会招致天怒人怨。此时,祝史荐信,显然就是把君上的罪责显露于神明之前。因此,齐侯患病是

---

① 晁福林:《春秋时期的鬼神观念及其社会影响》,《历史研究》1995 年第 5 期。

人祸而非天灾。显然,晏子认为,荐信于鬼神固然很重要,但是更重要的是君上要做好自身之事,勤修德行,实行德治和仁政,这才是长治久安之道。

"信于民"。这主要体现为君德,是对君主的一种道德要求。对此,《论语》中有较多的论述。

> 自古皆有死,民无信不立。(《论语·颜渊》)
> 上好信,则民莫敢不用情。(《论语·子路》)
> 君子信而后劳其民,未信则以为厉己也;信而后谏,未信,则以为谤己也。(《论语·子张》)
> 宽则得众,信则民任焉。(《论语·尧曰》)

在《论语》看来,"信"是君主所应具有的重要的观念和德行,是君主有效地协调君臣关系和军民关系的重要措施。"信于民"是君主能够获得百姓支持,从而实现天下大治的重要依据。

"互信"。这是各诸侯国所期盼的道德要求和政治要求。在春秋后期,"信"观念已经不断走向衰落,在诸侯国竞相逐利的前提下,信用机制正在逐渐丧失。因此,有学者指出,"信"观念的衰落,甚至崩溃,"春秋争霸战争的晚期,'信'的作用在列国关系已趋衰微,'信义外交'由'实力外交'、'谋略外交'取代的端倪日现","正是在实际需要信用而信用又产生沦丧危机的矛盾刺激下,信观念才格外被重视而倍显发达"[①]。

总之,在春秋战国时期,"信"是国家生存的重要保障。《荀子·王霸》明确指出,"齐桓、晋文、楚庄、吴阖闾、越勾践,是皆僻陋之国也,威动天下,强殆中国,无它故焉,略信也。是所谓信立而霸也"。在荀子看来,在德义没有充分彰显的时候,"信"是人们行为规范的重要保证,政令和盟约必须具有严肃性,不能

---

① 徐难于:《试论春秋时期的信观念》,《中国史研究》1995年第4期。

朝令夕改、有令不从。虽然存在不能使人心宾服、不合政教的情况，但凡是遵从信义的国家，即便是在偏僻、荒凉的地区，终至威动天下，这就是"信立而霸"的典型事例。由此可见"信"对于国家管理乃至天下治理的重要意义。

（四）春秋战国时期的忠信观念

春秋战国时期，人们也在追求一种抛却功利和私欲的纯粹的"信"，并由此形成了一种新的社会风尚。《左传·宣公十五年》中曾记载了晋使解扬出使宋国而为楚国所囚的事。

> 使解扬如宋，使无降楚，曰："晋师悉起，将至矣。"郑人囚而献诸楚。楚子厚赂之，使反其言。不许。三而许之。登诸楼车，使呼宋人而告之。遂致其君命。楚子将杀之，使与之言曰："尔既许不谷，而反之，何故？非我无信，女则弃之，速即尔刑。"对曰："臣闻之，君能制命为义，臣能承命为信，信载义而行之为利。谋不失利，以卫社稷，民之主也。义无二信，信无二命。君之赂臣，不知命也。受命以出，有死无霣，又可赂乎？臣之许君，以成命也。死而成命，臣之禄也。寡君有信臣，下臣获考死，又何求？"楚子舍之以归。

鲁宣公十五年，楚国打算攻打宋国，宋国遂求助于晋国，晋国虽然没有出兵，但派了一名使臣解扬去宋国传达晋国即将出兵的消息。不料途中郑国抓住了解扬，并将之献给了楚国。楚侯对其百般利诱，让解扬传一个假消息给宋国。在楚侯的再三要求下，解扬终于答应了。于是，楚侯就将解扬押到阵前，命令解扬向宋国喊话。孰料，解扬利用这次机会，违背了与楚侯的约定，如实地向宋国传达了晋侯真实的想法。当楚侯指责解扬背信弃义之时，解扬辩解称，君主制定正确的命令才能被称为义，而臣下能够很好地完成使命才可以被称为信，信与义相结合才能产生利益，贯彻义不能有两种不同，甚至矛盾的信，而守信的臣子也无法接受两个矛盾的命令。因此，解扬认为自己既然接受了国君的命令出使宋国，即便是死也不能违背国君的命令，这样也算是死而无憾了。解扬的话打动了楚侯，最后，楚侯把解扬放走了。这里实际上存在一个非常重要的问题，那就是"信"的标准到底是什么？显然，解扬是把"信"与"义"紧密地结合了起来，提出了"信载义"的思想，赋予"信"以"义"的内涵和要求。

对此，孔子提出，"言必信，行必果，硁硁然小人哉！"（《论语·子路》）。孟子更是明确提出，"大人者，言不必信，行不必果，惟义所在"（《孟子·离娄下》）。在孔孟看来，并不是所有的言都要信，只有那些符合社会道义的话才是必须要信守的，"主忠信，徙义，崇德也"（《论语·颜渊》）。因此，在春秋战国时期的人们看来，"信"不是无条件的，而必须与道义紧密结合在一起。可以说，这种信义观体现了当时的人们对于信用机制的深刻认知，不管是在社会生活领域，还是在思想文化领域，都对后世产生了深远的影响。

与信义相关的，还有忠信的思想。"信与忠都要求对人真心实意，因此两者也是相通的，所以，古人不仅将诚信并称，也将忠信并称。"[1] 在君臣关系之中，君与臣往往处于并不对等的地位，是有上下之分的，而正是这种尊卑等级使得"信""不仅有基本的诚实精神，而且还贯穿着超越一般信关系的为臣者的尽心竭力精神。这种精神即是忠"，"忠"于是就成为"信"的内涵与要求。"忠、信互为表里，'忠自中，而信自身'，韦昭注：'自中出也，身行信也，'即忠是臣对君的内心精神情感基础，信用则为其身体力行的外在表现形式。"[2] 以情感基础和外在表现作为对于忠信关系的概括，无疑是恰当的。《吕氏春秋·诚廉》指出，"昔者神农

---

[1] 张锡勤：《中国传统道德举要》，黑龙江大学出版社，2009年，第199页。
[2] 徐难于：《试论春秋时期的信观念》，《中国史研究》1995年第4期。

氏之有天下也，时祀尽敬而不祈福也。其于人也，忠信尽治而无求焉"。

  所谓道，忠于民而信于神也。上思利民，忠也；祝史正辞，信也。（《左传·桓公六年》）
  君人执信，臣人执共（恭），忠信笃敬，上下同之，天之道也。（《左传·襄公二十二年》）
  忠不可暴，信不可犯。忠自中，而信自身，其为德深矣，其为本固矣。（《国语·晋语八》）
  子以四教：文、行、忠、信。（《论语·述而》）
  忠信，礼之本也。（《礼记·礼器》）

  以上论述都对"信"的主体提出了"忠"的要求，在文意上，二者是基本相通的，只是侧重点略有不同。"忠"主要是从人的道德情感出发，强调的是道德主体内在的心理机制；而"信"主要是从人的行为规范出发，强调的是道德主体外在的表现形式。因此，《国语·周语下》指出，"言忠必及意，言信必及身"，《国语·晋语二》中有"除暗以应外谓之忠，定身以行事谓之信"。据此，在春秋战国时期，人们往往把忠信既看成是人立身行事的根本，也视为国家立足的根本，是各个诸侯国称霸天下的最强有力的支撑，"诸侯之大夫盟于宋。楚令尹子木欲袭晋军，曰：'若尽晋师而杀赵武，则晋可弱也。'文子闻之，谓叔向曰：'若之何？'叔向曰：'子何患焉。忠不可暴，信不可犯，忠自中，而信自身，其为德也深矣，其为本也固矣，故不可抈也……'"（《国语·晋语八》）。《国语》在总结历史经验时，就把忠信之德视为晋国称霸诸侯、威慑各国，从而令楚人不敢相侵的重要依据。

  可以认为，"信"与"忠"二者常相须，并行不废。但必须指出的是，相对于"信"而言，代表人内在的道德情感－心理机制的"忠"更显重要。因此，有学者曾深刻地指出，"忠信二者密不可分，但忠是信的基础，信则是忠的表现，忠更为根本"①。此言确当。"忠"与"信"的结合是先秦道德生活与道德规范不断走向内在化的重要体现，这成为原始儒家道德哲学的主要特色和重要内容。

四　春秋战国时期的婚姻生活与贞节观念

传统社会认为，婚姻是一切社会生活的基础，《周易·序卦》指出，"有天地然后有万物，有万物然后有男女，有男女然后有夫妇，有夫妇然后有父子，有父子然后有君臣，有君臣然后有上下，有上下然后礼义有所错。夫妇之道不可以不久也"②。也就是说，在古人看来，婚姻关系及婚姻生活是人伦社会的开始，是包括父子、兄弟、君臣、上下等社会伦理关系的前提，其他主要的社会伦理关系都是建立在婚姻关系和婚姻生活之上的。这是因为，婚姻关系并不仅仅体现为一种生理的需求和繁衍的需要，更主要的是承载着传承先祖圣德、传序宗族使命等任务，更多地体现为宗族或家庭伦理，而不是个人生活。由此可见，婚姻关系及婚姻生活所具有的价值远远超过其生物学意义。

在早期社会中，婚姻关系及其规范是相对宽松和自由的，一直到春秋战国时期，婚姻生活还在一定程度上保留着某些原始婚俗的痕迹。但同时，社会上也存在一种对婚姻关系不断规范化的要求，各种婚姻制度的出现及其日渐繁复的特征正是婚姻关系规范化的重要表现。这种规范化实质上体现了一种不平等的婚姻关系，其主要特征就是通过强化针对女性片面的婚姻道德的形式以体现规范化，其重要表现就是"男女有别"。

---

① 张锡勤：《中国传统道德举要》，黑龙江大学出版社，2009年，第199页。
② 《礼记·昏义》中也有类似的表述，"礼之大体，而所以成男女之别，而立夫妇之义也。男女有别，而后夫妇有义；夫妇有义，而后父子有亲；父子有亲，而后君臣有正。故曰：'昏礼者，礼之本也。'夫礼始于冠，本于昏"。

第三章　春秋战国时期的社会生活与道德观念

因此，恩格斯深刻地指出，正是男女之间的不平等，"使专偶制从一开始就具有了它的特殊的性质，使它成了只是对妇女而不是对男子的专偶制"①。到了战国时期，尤其是战国后期，社会生活对婚姻关系的规范和婚姻道德对女性道德要求的强化达到了前所未有的新高度，"贞节"观念成为婚姻道德的核心内容和要求。在此基础上，"从一而终"的贞节观念，甚至"夫为妻纲"的思想逐渐演化为传统社会婚姻观念的主要内容。

（一）春秋战国时期的婚姻生活

对于婚姻与社会生活的关系，恩格斯主要是从社会生产的角度展开论述的。"劳动越不发展，劳动产品的数量、从而社会的财富越受限制，社会制度就越在较大程度上受血族关系的支配。"②显然，恩格斯认为，社会发展程度受到来自劳动和家庭两个方面的有效制约，尤其是在人类社会的初级阶段，以血族关系为核心的家庭生活或宗族生活对于社会发展程度的作用更加明显，这一论述集中反映了人类学家和社会学家关于人类社会最初形态的基本观点。对此，摩尔根在对印第安人的婚姻习俗的深入研究的基础上，论述了人类社会发展过程中经历的五种婚姻形态，即人类社会婚姻生活发展的五个阶段——血婚制、伙婚制、偶婚制、父权制和一夫一妻制。他认为，"还有一种比氏族更早、更古老的组织，即以性为基础的婚级，却需要我们首先予以注意"③。在这里，摩尔根明确指出，人类生活的起点在于原始的、以性为基础的婚姻生活。

---

① 恩格斯：《家庭、私有制和国家的起源》，中共中央马克思恩格斯列宁斯大林著作编译局译，人民出版社，1999年，第63页。
② 恩格斯：《家庭、私有制和国家的起源》，中共中央马克思恩格斯列宁斯大林著作编译局译，人民出版社，1999年，第4页。
③ 路易斯·亨利·摩尔根：《古代社会》，杨东莼、马雍、马巨译，商务印书馆1977年，第47页。

在殷商和西周时期，人们的婚姻关系是相对松散的，同时人们的婚姻观念以及建立在婚姻观念之上的宗族和家庭观念也相对淡薄。因此，在殷商时期的卜辞中经常会出现"余子"之类的表述，"乙丑卜，王贞，后娥子，余子？"（《合集》21067），"贞，妇鼠娩，余弗其子？四月"（《合集14116》）。对此，胡新生教授认为，"诸妇一般都是商王的配偶，而商王却无法确认妇某之子的血缘，这种奇特现象的存在与当时两性关系和婚姻制度的特点有关"[①]。这种现象正有力地说明了早期社会对婚姻关系的规范是相对较少的。

同样的例子，我们在《周易》中也能找到。据《周易·渐卦》九三爻记载，"夫征不复，妇孕不育"。虽然历代注家对于这一爻大多持批评态度，认为其为大凶之兆，但孔颖达指出，"夫既乐于邪配，妻亦不能保其贞。非夫而孕，故'不育'也。'见利忘义，贪进忘旧，凶之道也'，故曰'夫征不复，妇孕不育，凶'也"（《周易正义·渐》）。显然，孔颖达的批评是建立在后世儒家道德观念基础之上的，其对于"夫征不复，妇孕不育"所做的解读被赋予了更多的伦理价值和道德内涵。无论如何，"非夫而孕"所反映的确实是西周时期原始婚俗的一般状况。由于人们无法准确辨析"非夫而孕"给家庭生活带来的影响，因此才需要通过卜卦的方式确定其吉凶。这说明，当时的人们对于这种婚外孕、非婚生子的现象并不像后世一样是完全排斥的。因此，如果按照两汉之后的道德观念来看，"非夫而孕"这件事的吉凶完全没有必要通过卜卦的方式来确定，"大凶"似乎是理所当然的唯一选项，这也就从反面确证了中国早期社会婚姻关系和婚姻观念还是相对自由的。

春秋时期的婚姻关系和婚姻生活产生了一定分化。一方面，

---

① 胡新生：《商代"余子"类卜辞所反映的原始婚俗》，《山东大学学报》（哲学社会科学版）1997年第1期。

第三章　春秋战国时期的社会生活与道德观念

原始的婚姻习俗还在一定程度上继续存在；另一方面，对婚姻生活的规范化开始日渐兴盛，二者是并行不悖的。但从总的趋势上看，对婚姻生活的规范化代表了当时道德生活的主要方面。

原始的婚姻习俗在一定程度上还在影响着春秋时期的婚姻观念，婚姻形式呈现多样化的特征，媵妾婚、烝报婚、收继婚、异辈婚等具有原始婚姻性质的婚姻习俗还较为普遍地存在着。①

以烝报婚为例。据《左传·桓公十六年》记载，"初，卫宣公烝于夷姜，生急子，属诸右公子。为之娶于齐，而美，公取之。生寿及朔。属寿于左公子"。夷姜本是卫庄公的夫人，也就是卫宣公的庶母，卫庄公去世之后，卫宣公烝其庶母，并生了一个儿子。对此，孔颖达批评认为，"晋献公烝于齐姜，惠公烝于贾君，皆是淫父之妾……淫母而谓之烝，知烝是上淫。盖训烝为进，言自进与之淫也。《世家》云'初，宣公爱夫人夷姜'。烝淫而谓之夫人，马迁谬耳"（《春秋左传正义·桓公十六年》）。《左传·闵公二年》中也记载，"初，惠公之即位也，少。齐人使昭伯烝于宣姜，不可，强之。生齐子、戴公、文公、宋桓夫人、许穆夫人"。昭伯本为卫惠公的庶兄，不得已烝其庶母宣姜，还生下了三个儿子和两个女儿。其中，两个儿子都成了国君，而另外两个女儿分别嫁给了宋国和许国的国君，成了夫人。由这两个例子我们可以知道，烝报婚、异辈婚等婚姻形式在春秋时期是为社会所允许和接受的，是一般民众普遍认可的正常的婚姻形式，由这种婚姻形式而生产的孩子，在社会生活中不会受到不良影响，可以享受其应有的社会待遇和政治待遇。当然，必须指出的是，烝报婚的产生是有深刻的社会历史原因的。对此，有学者给出了繁殖人口、立宗种、政治联姻、婚姻外交和财产继承五个方面的重要原因。②

---

① 对此，学者们多有论述，具体可以参见张锡勤、柴文华主编《中国伦理道德变迁史稿》（上卷），人民出版社，2008年，第119～122页。
② 李衡眉：《"妻后母、执嫂"原因探析》，《东岳论丛》1991年第3期。

生活与思想的互动

同时，我们也可以从春秋时期的人们对待非婚生子的态度上看出这一点。据《左传·昭公四年》记载：

> 初，穆子去叔孙氏，及庚宗，遇妇人，使私为食而宿焉。问其行，告之故，哭而送之。适齐，娶于国氏，生孟丙、仲壬。梦天压己，弗胜。顾而见人，黑而上偻，深目而豭喙，号之曰："牛！助余！"乃胜之。旦而皆召其徒，无之。且曰："志之。"及宣伯奔齐，馈之。宣伯曰："鲁以先子之故，将存吾宗，必召女。召女何如？"对曰："愿之久矣。"鲁人召之，不告而归。既立，所宿庚宗之妇人，献以雉。问其姓，对曰："余子长矣，能奉雉而从我矣。"召而见之，则所梦也。未问其名，号之曰："牛"，曰："唯。"皆召其徒，使视之，遂使为竖。有宠，长使为政。

由此可知，穆子在途中偶遇一妇人，并"使私为食而宿"。后来，这位妇人找上门来，声称和穆子有一子，并献上了一只雉。于是，穆子认下了这个儿子，对他宠爱有加，还在此子长大之后，让其参与政事。由此可见，非婚所生之子在当时可以享受与婚内子的同等待遇，而不会受到任何的歧视，这就充分说明了当时人们对婚姻及其观念的态度。

另外，青年男女之间的自由婚恋是受到官方鼓励和提倡的。《周礼·媒氏》中记载了当时的婚姻制度，"媒氏掌万民之判。凡男女，自成名以上，皆书年月日名焉。令男三十而娶，女二十而嫁。凡娶判妻入子者，皆书之。中春之月，令会男女，于是时也，奔者不禁。若无故而不用令者，罚之。司男女之无夫家者而会之。凡嫁子娶妻，入币纯帛，无过五两。禁迁葬者与嫁殇者"。这说明，在当时，男女之间自由的婚恋关系是得到国家法律保护的，地方官吏还必须为青年男女的约会提供必要的场所，"奔者不禁"。而对于不能按照这项要求执行的地方官员，则要给予相应的处罚。

因此，桑林之会成了当时自由婚恋的主要场所和标志。

"媒"的出现和婚姻仪式、礼节的繁复，以及婚姻礼制的不断完善等，都很好地体现了婚姻关系的规范化和有序化。"媒"的出现是其重要标志。在春秋时期，"媒"在婚姻生活中的作用已经表现出了与西周时的极大不同。西周时期，"媒"是青年男女自由婚恋的官方保障；而到了春秋时期，"媒"是阻碍青年男女自由婚恋的工具和途径。春秋以后，青年男女之间的往来和婚姻必须通过固定的中介和程序来实现。《诗经》当中就对"媒"在婚姻生活中的作用给予了诸多的描述。

> 匪我愆期，子无良媒。将子无怒，秋以为期。（《氓》）
> 取妻如何？匪媒不得。（《伐柯》）
> 取妻如之何？匪媒不得。（《南山》）

《毛传》认为，《南山》是对齐襄公与其妹妹鲁桓公夫人文姜之间发生的不伦关系的讽刺，"刺襄公也。鸟兽之行，淫乎其妹，大夫遇是恶，作诗而去之"。[①]《南山》诗中以砍柴为例，指出"析薪如之何？匪斧不克。取妻如之何？匪媒不得。既曰得止，曷又极止？"，强调了媒人对于婚姻关系的重要性。对此，孔颖达认为，"言析薪之法如之何乎？非用斧不能斫之，以兴娶妻之法如之何乎？非使媒不能得之"（《毛诗正义·南山》）。显然，在《诗经》及后世学者看来，媒人在此时的婚姻生活中是至关重要、不可或缺的。

对于《氓》，《毛传》强调，"宣公之时，礼义消亡，淫风大行，男女无别，遂相奔诱。华落色衰，复相弃背。或乃困而自悔，

[①] 历史上对于《南山》诗旨的讨论是很多的，方玉润认为，"此诗直刺文姜，事甚显。而解者犹纷纷不一，岂不怪哉？"具体论述可参见方玉润《诗经原始》（全二册），李先耕点校，中华书局，1986年，第233页。

丧其妃耦，故序其事以风焉"。孔颖达认为，"男女无别者，若'外言不入于阃，内言不出于阃'，是有别也。今交见往来，是无别也。奔诱者，谓男子诱之，妇人奔之也"（《毛诗正义·氓》）。正是由于这种男女无别的淫风，"媒"的存在才成为婚姻生活的必然需要。"匪我愆期，子无良媒。将子无怒，秋以为期"的论述，正是对婚姻关系的确立必须在"媒"的沟通下才能最终得以实现的真实写照。郑玄认为，"非我以欲过子之期，子无善媒来告期时"（《毛诗正义·氓》）。《氓》的作者表示，并不是女方刻意拖延婚期，而是男方没有派遣良媒来与女方协商具体的婚期。对于男方打算近期完婚的建议，女方表示反对，认为必须得到秋天才能完婚。对此，孔颖达指出，"非我欲得过子之期，但子无善媒来告其期时，近恐难可会，故愿子无怒于我，与子秋以为期"（《毛诗正义·氓》）。这些表述都充分说明了"媒"的重要性。

（二）春秋战国时期的婚姻观念

春秋时期的婚姻生活在很大程度上影响和决定了当时人们的婚姻观念。一方面，由于媵妾婚、烝报婚、收继婚、异辈婚等具有原始性质的婚姻习俗的存在，人们的婚姻观念相对淡薄，表现为一种相对自由的婚恋环境。《诗经·邶风·静女》就描写了一副表现婚恋自由的场景和心境。

> 静女其姝，俟我于城隅。爱而不见，搔首踟蹰。
> 静女其娈，贻我彤管。彤管有炜，说怿女美。
> 自牧归荑，洵美且异。匪女之为美，美人之贻。

孔颖达认为，"有贞静之女，其美色姝然，又能服从君子，待礼而后动，自防如城隅然，高而不可逾。有德如是，故我爱之，欲为人君之配。心既爱之，而不得见，故搔其首而踟蹰然"

(《毛诗正义·静女》)。后世儒者一般都把对该诗的解释与儒家的道德观念和规范联系起来,因此,郑玄笺曰,"女德贞静,然后可畜;美色,然后可安。又能服从,待礼而动,自防如城隅,故可爱之"(《毛诗正义·静女》)。实际上,这首诗所表达的是,一位娴静淑女约自己的心上人在城墙角下见面,但心上人却迟迟未到,于是,姑娘左顾右盼,搔首踟蹰,犹疑不定。最后,两个人相见并互赠礼品,以表达情意。这些都说明,在当时的社会中,男女之防的观念还没有出现,青年男女可以自由地选择对象和约会,社会舆论是以一种肯定的姿态来看待青年男女之间的情感的。

另一方面,由于春秋时期对婚姻关系和婚姻生活的规范化和有序化的要求,原先自由的婚姻关系受到了越来越多的制约,人们的婚姻观念也随之发生较大改变,从之前相对自由的婚姻观念逐步转变为日益严格、规范的婚姻观念。其中,最能体现这一时期婚姻观念主要特征的,就是社会对于女性的婚姻道德提出了具有针对性的要求,并将这种片面化的道德要求不断强化,乃至后来出现了"夫为妻纲"的思想萌芽。

《诗经》中有很多篇章在表达春秋时期相对自由的婚姻观念的同时,也注重对自由的婚姻观念的限制与规范。《诗经·郑风·将仲子》就描述了一位年轻的姑娘既十分思念心上人,同时又担心被人窥见而难以见人的复杂情感与心理。

> 将仲子兮!无逾我里,无折我树杞。岂敢爱之?畏我父母。仲可怀也,父母之言,亦可畏也!
>
> 将仲子兮!无逾我墙,无折我树桑。岂敢爱之?畏我诸兄。仲可怀也,诸兄之言,亦可畏也!
>
> 将仲子兮!无逾我园,无折我树檀。岂敢爱之?畏人之多言。仲可怀也,人之多言,亦可畏也。

生活与思想的互动

在传统社会,《将仲子》一般被视为讽刺庄公之诗。《毛诗序》认为,"刺庄公也。不胜其母,以害其弟。弟叔失道而公弗制,祭仲谏而公弗听,小不忍以致大乱焉"。后世儒家对于《诗经》的解读多注重其中的微言大义,但方玉润断言,"此非淫诗,断可知已",并明确指出,此诗很有可能是"采自民间闾巷、鄙夫鄙妇相爱慕之辞","然其义有合于圣贤守身大道,故太史录之,以为涉世法"。[①] 显然,在方玉润看来,这首诗表达的并不是对郑庄公的不满,而是普通民众之间相互爱恋的一种情感。诗中描述了一位年轻女子对于心上人仲子的爱恋,她既十分渴望仲子能够很快来到她面前,同时又担心她的父母、兄长和邻里发现她与仲子私下相会而招致舆论的谴责和非议,于是,辗转反侧,举棋不定,既感仲子可怀,又怕人言可畏,矛盾心理可谓一览无余,刻画的入情入理,入木三分。这种复杂的心情恰恰说明,当时的婚姻关系和婚姻观念正处在既相对自由,同时又被家庭和社会不断约束和规范的阶段。之前相对自由的婚姻观念的正当性与合法性正逐渐遭到社会主流价值的排斥,一种更加神圣的婚姻观念正在人们的意识中悄然地发挥作用。

与此同时,战国中期以后,人们对于"媒"愈加注重,赋予其更多的道德内涵和伦理价值,使其成为人们必须严格遵守的一种重要的社会规范,违反了这样的社会规范必将受到社会的强烈谴责,甚至是人格的贬斥。孟子就特别强调了对于不遵守"父母之命、媒妁之言"的婚姻行为及其当事人的鄙视,用词异常尖刻。

> 丈夫生而愿为之有室,女子生而愿为之有家。父母之心,人皆有之。不待父母之命、媒妁之言,钻穴隙相窥,逾墙相从,则父母国人皆贱之。古之人未尝不欲仕也,又恶不由其道。不由其道而往者,与钻穴隙之类也。(《孟子·滕文公下》)

---

① 方玉润:《诗经原始》(全二册),李先耕点校,中华书局,1986年,第205页。

对此，朱熹认为，"男以女为室，女以男为家。妁，亦媒也。言为父母者，非不愿其男女之有室家，而亦恶其不由道。盖君子虽不洁身以乱伦，而亦不殉利而忘义也"（《四书章句集注·孟子集注·滕文公章句下》）。这说明，在孟子和朱熹看来，婚姻是社会生活的重要内容，是正当的，也是父母和当事人都非常渴望的。但是，完满的婚姻生活必须通过正常的途径来实现，"父母之命、媒妁之言"是婚姻生活合法性的重要保障，也是不可突破的社会规范和禁制。

（三）从"男女有别"到"从一而终"

在中国早期的社会生活中，男性和女性之间的性别差异是与社会发展程度密切相关的。上古时期，男女之间的性别差异主要体现为自然属性而不是社会属性。《吕氏春秋·恃君览》指出，"昔太古尝无君矣，其民聚生群处，知母不知父，无亲戚兄弟夫妻男女之别，无上下长幼之道，无进退揖让之礼，无衣服履带宫室畜积之便，无器械舟车城郭险阻之备"。这说明，在太古时期的母系氏族社会中，人们之间的伦常关系还不明确，因此，也就无所谓男女之别了。

但是，随着社会的发展和进步，人类社会进入父系氏族社会阶段，农业生产代表了社会生产的主要形式，男性的生理构造无疑更加适合此类生产劳动方式。因此，在社会分工的基础上，父权得到强化。男女之间的性别差异逐渐从社会生产和社会分工的层面过渡到社会等级和社会制度的层面，更多地体现为"男尊女卑"。《春秋·庄公二十四年》中记载了"戊寅，大夫宗妇觌，用币"的事。对此，《左传》得出了"男女之别，国之大节"的结论，对后世产生了重要的影响。

> 秋，哀姜至。公使宗妇觌，用币，非礼也。御孙曰："男贽，大者玉帛，小者禽鸟，以章物也。女贽，不过榛、栗、

束、修,以告虔也。今男女同贽,是无别也。男女之别,国之大节也,而由夫人乱之,无乃不可乎?"(《左传·庄公二十四年》)

齐襄公二年,齐姜去世,齐襄公命令哀姜等一干宗妇前往鲁国送葬。按照周代礼制的要求,诸侯接见同宗的时候,"执贽以见"就可以了,如玉帛、禽鸟之类的东西。此时,如果有宗妇一同参与接见的话,宗妇也要执贽以见,但所执的东西与男性所执的东西是有区别的。但是,鲁庄公为了显示对哀姜的重视,也让哀姜执与男性同样的礼物,这显然是一种违礼的行为,御孙对此发出严厉警告。对此,孔颖达指出,"襄二年葬齐姜,传称齐侯使诸姜宗妇来送葬,诸姜是同姓之女,知宗妇是同姓大夫之妇也……庄公欲奢夸夫人,故使男女同贽。恶其男女无别,且讥借为失礼,故书之"(《春秋左传正义·庄公二十四年》)。在这里,男女之别的观念已经产生,并且还被上升到"国之大节"的高度,这是春秋社会对于男女关系定位的一个重要标志。

可以认为,在春秋战国时期,男女之别主要体现为社会的等级差别,其实质就是提升和强化男性在社会生活中的地位。同时,这意味着女性社会地位的降低,"男尊女卑"的观念逐渐成为社会生活中关于男女关系的主流观念。《仪礼·丧服》明确要求,子为父、妻为夫都要服斩衰三年。贾公彦认为,"父至尊也","夫至尊也",因此,"妇人卑于男子,故次之……是其男尊女卑之义,故云夫至尊,同之于君父也"(《仪礼注疏·丧服》)。可以认为,男女之别是中国传统社会中夫妻关系和婚姻观念的核心。《礼记·昏义》指出,"男女有别,而后夫妇有义;夫妇有义,而后父子有亲;父子有亲,而后君臣有正"。这里所表达的正是这样的思想。

同时,男女之别作为社会道德要求和规范呈现日渐严格的趋势。《礼记》中对此多有论述。

第三章 春秋战国时期的社会生活与道德观念

男女不杂坐，不同椸枷，不同巾栉，不亲授。嫂叔不通问，诸母不漱裳。外言不入于梱，内言不出于梱。女子许嫁，缨，非有大故，不入其门。姑、姊、妹、女子子已嫁而反，兄弟弗与同席而坐，弗与同器而食。父子不同席。男女非有行媒，不相知名。非受币，不交不亲。（《礼记·曲礼上》）

男不言内，女不言外。非祭非丧，不相授器。其相授，则女受以篚，其无篚，则皆坐奠之而后取之。外内不共井，不共湢浴，不通寝席，不通乞假。男女不通衣裳，内言不出，外言不入。男子入内，不啸不指；夜行以烛，无烛则止。女子出门，必拥蔽其面；夜行以烛，无烛则止。道路，男子由右，女子由左。（《礼记·内则》）

以上都是男女在日常生活中必须严格遵守的细节性规定。从这些规定可以看出，传统社会强调男女之别的主要目的在于隔绝两性之间的社会交往，从而实现"男女之防"，防止男女之间有越礼行为的发生。《左传·僖公二十二年》指出，"妇人送迎不出门，见兄弟不逾阈，戎事不迩女器"。因此，有学者强调，"应该认为，在当时的历史背景下，这（男女之别、男女之防）首先具有重要的进步意义，是社会逐渐走向文明的标志，它对于剪除原始的婚姻陋俗、规范两性及婚姻关系、维护家族血缘等都有着不可替代的作用"[①]。

与这种"男女之别""男女之防"的观念相伴而来的是社会对女性婚姻道德提出了新的要求，也就是说，中国传统社会对"男女之别""男女之防"观念的落实是以对女性提出和强化片面的婚姻道德要求的方式来实现的。所以，《礼记·内则》指出，"凡妇，不命适私室，不敢退。妇将有事，大小必请于舅姑。子妇无私货，无私畜，无私器，不敢私假，不敢私与"。显然，所有的道德要求

[①] 张继军：《先秦时期婚姻道德观的演化》，《道德与文明》2009 年第 2 期。

和生活规范都是针对女性而专门制定的。

《春秋·襄公三十年》中记载了伯姬去世和下葬的事情,"五月,甲午,宋灾。宋伯姬卒。天王杀其弟佞夫。王子瑕奔晋。秋,七月,叔弓如宋,葬宋共姬"。对此,春秋三传均有记述。虽然春秋三传对伯姬之死在细节的描述上有所不同,但对于伯姬恪守妇道、坚持贞节的行为都给予了高度评价,或以贤,或以义,《穀梁传》更是明确提出了"妇人以贞为行者也,伯姬之妇道尽矣"的观念,把"贞"明确为"妇道"的内容和要求,这对后世的社会生活和道德观念都产生了重要影响。

同时,"一女不事二夫"的观念也已经产生了。《左传·庄公十四年》中记载:

> 蔡哀侯为莘故,绳息妫以语楚子。楚子如息,以食入享,遂灭息,以息妫归。生堵敖及成王焉,未言。楚子问之,对曰:"吾一妇人而事二夫,纵弗能死,其又奚言?"楚子以蔡侯灭息,遂伐蔡。

从文中可以明晰地看出,在春秋时期的社会舆论中,"一妇人而事二夫"是一件很丢人的事。因此,息妫遂以"未言"的方式表达无声的抗议,"弗能死,其又奚言"的态度就充分表达了息妫对"一妇人而事二夫"的婚姻生活的无奈。

到了战国时期,针对女性的片面的婚姻道德被赋予了更多的内容,"顺""从""贞""节"等都成为对女性的道德要求。

> 女子之嫁也,母命之,往送之门,戒之曰:"往之女家,必敬必戒,无违夫子!"以顺为正者,妾妇之道也。(《孟子·滕文公下》)

> 请问为人妻?曰:夫有礼,则柔从听侍;夫无礼,则恐惧而自竦也。(《荀子·君道》)

第三章　春秋战国时期的社会生活与道德观念

成妇礼，明妇顺，又申之以著代，所以重责妇顺焉也。妇顺者，顺于舅姑，和于室人，而后当于夫，以成丝麻、布帛之事，以审守委积盖藏。是故妇顺备而后内和理，内和理而后家可长久也，故圣王重之。（《礼记·昏义》）

显然，在《礼记》看来，妇顺是家庭和睦的基础和关键，妇服务的对象是全体家庭成员。孔颖达认为，"行，是顺于舅姑；和，谓和于室人；当，谓当于夫"，"成妇礼、明妇顺则重著代，所以厚重责妇人之孝顺焉。分之则妇礼、妇顺、著代三者别文，皆总归于妇顺"（《礼记正义·昏义》）。而荀子则提出，不管丈夫对妻子是否能够以礼相待，作为妻子都必须"柔从听侍"。孟子提到的母亲更是苦口婆心地嘱咐待嫁的女儿到婆家之后必须"必敬必戒，无违夫子"，"顺"是人妻、妾妇的根本之道。

在此基础上，战国中后期，社会对女性的婚姻道德提出了"妇人贞吉，从一而终也"（《周易·象传》）的要求。在"夫，至尊"的思想前提下，夫妇关系逐渐演变为主从关系，《韩非子·忠孝》明确提出，"臣事君，子事父，妻事夫。三者顺则天下治，三者逆则天下乱。此天下之常道也，明王贤臣而弗易也"。《礼记·郊特牲》还提出了"三从"的观念，"妇人，从人者也。幼从父兄，嫁从夫，夫死从子。夫也者，夫也"[①]。由此，女性在家庭生活中就成为男性的附属品，"男帅女，女从男，夫妇之义由此始也"，"故妇人无爵，从夫之爵，坐以夫之齿"（《礼记·郊特牲》）。显然，"夫为妻纲"的思想已经跃然纸上、呼之欲出了。

[①] 类似的提法还可见于《春秋穀梁传·隐公二年》："礼，妇人谓嫁曰归，反曰来归，从人者也。妇人在家制于父，既嫁制于夫，夫死从长子，妇人不专行，必有从也。"

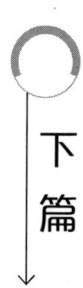

下篇

原始儒家道德哲学的建构

先秦时期的道德生活和道德观念对原始儒家道德哲学的建构产生了重要的影响，为原始儒家道德哲学的产生提供了社会基础和必要的思想资源。产生和形成于西周时期的礼乐文化、以六经为核心的早期经典，以及其中所包含的"仁""义"等思想成为原始儒家道德哲学得以产生的思想基础。在总结西周以来的道德生活和道德观念的基础上，儒家思想家们论述和揭示了天道、人性与道德形而上学、善恶与道德判断、仁义与道德价值、学习与道德修养、礼乐与道德教化、中和与道德境界、君子与道德人格、王道理想与政治实践等思想，从而构建了一个完整而系统的从超越层面到内在层面，从内在层面到实践层面、社会层面的道德哲学体系，对后世儒学的思想发展和传统社会的日常生活都产生了重大而深远的影响。

第四章　原始儒家道德哲学产生的思想背景

在先秦时期道德生活和道德观念的基础上，中国早期社会在思想文化领域获得了很大的发展。西周时期形成的礼乐制度及其精神价值为中国传统社会思想文化，尤其是儒家文化的产生与发展提供了核心理念和基本走向；以《诗》《书》《礼》《乐》《易》《春秋》为代表的中国早期文献的产生与流传，为儒家思想及其文化奠定了坚实的文献基础，其中所包含的以"仁""义"等思想为核心的社会文化，则又从思想理论的层面为原始儒家的思想文化，尤其是道德哲学的产生与建构提供了必要的思想源泉。可以认为，西周时期的礼乐文化、早期社会的经典文献和春秋时期的社会思想共同构成了原始儒家道德哲学产生的思想基础与理论背景。

一　礼乐文明与儒家思想

传统儒家一般都坚持"圣人创制"的思想和观点，早期社会中以礼乐为中心的社会制度及其精神价值和包括六经在内的早期文献都是先代圣王经过仰观俯察、根据他们对天道和人性的理解与体悟而创造出来的。"古者包牺氏之王天下也，仰则观象于天，俯则观法于地，观鸟兽之文与地之宜，近取诸身，远取诸物，于是始作八卦，以通神明之德，以类万物之情"（《周易·系辞下》)、"至于殷、周之际,纣在上位,逆天暴物,文王以诸侯顺命而行道,天人之占可得而效,于是重《易》六爻,作上下篇"(《汉书·艺文志》)、"河出图,洛出书,圣人则之"(《周易·系辞上》),这些表述都是"圣人创制"的具体体现。

(一) 圣人制礼作乐

就儒家思想而言,《汉书·艺文志》中明确记载了儒家及其思想的来源、社会职能、文献基础、核心观念、传承谱系等内容。

> 儒家者流,盖出于司徒之官,助人君顺阴阳明教化者也。游文于六经之中,留意于仁义之际,祖述尧舜,宪章文武,宗师仲尼,以重其言,于道最为高。

儒家起源于上古时期负责教化万民的司徒之官,其最主要的社会功能就是协助天子和诸侯参天地之化育以沟通天人,同时,以人文教化百姓。其文献基础是六经,其核心思想和精神价值主要在于"仁义"观念,据传这一观念从尧舜时代就已经产生并流传了下来,文王、武王和周公将尧舜所确立的精神价值以礼乐的形式表达出来,而孔子的作用则主要在于使之前确立的精神价值和礼乐制度得以传续和发展。应该说,文王、武王,尤其是周公、孔子制礼作乐已经成为人们的共识。[①] 对此,我们可以从其他文献中找到一定的根据。《左传·文公十八年》中就记载了季文子对周公制礼作乐的描述。

[①] 当然,也有人认为,礼乐的起源要更早一些,比如,《史记·太史公自序》就提出,"尧舜之盛,尚书载之,礼乐作焉"。显然,其认为礼乐之作应该始自尧舜时期。

第四章 原始儒家道德哲学产生的思想背景

莒纪公生太子仆，又生季佗，爱季佗而黜仆，且多行无礼于国。仆因国人以弑纪公，以其宝玉来奔，纳诸宣公。公命与之邑，曰："今日必授！"季文子使司寇出诸竟，曰："今日必达！"公问其故。季文子使大史克对曰："先大夫臧文仲教行父事君之礼，行父奉以周旋，弗敢失队。曰：'见有礼于其君者，事之，如孝子之养父母也；见无礼于其君者，诛之，如鹰鹯之逐鸟雀也。'先君周公制《周礼》曰：'则以观德，德以处事，事以度功，功以食民。'作《誓命》曰：'毁则为贼，掩贼为藏。窃贿为盗，盗器为奸。主藏之名，赖奸之用，为大凶德，有常无赦。在《九刑》不忘！'行父还观莒仆，莫可则也。孝敬、忠信为吉德，盗贼、藏奸为凶德。夫莒仆，则其孝敬，则弑君父矣；则其忠信，则窃宝玉矣。其人，则盗贼也；其器，则奸兆也。保而利之，则主藏也。以训则昏，民无则焉。不度于善，而皆在于凶德，是以去之。"

莒纪公因废长立幼而被太子仆所弑，太子仆弑父后逃亡到鲁国，受到了鲁宣公的热情接待，但却被季文子派人驱逐出境。面对宣公的不解和疑问，季文子派太史克去劝谏宣公。太史克从先大夫臧文仲对行父我关于礼的教导入手，阐述了周公制礼作乐的初衷以及礼乐的功能，包括《周礼》《誓命》等在内的礼乐制度都是鲁国的先祖周公用来宣扬礼制、彰显德行、惩处恶人的工具，其核心在于以"德"为考评天子、诸侯及臣民的主要标准，同时，"德"也是当时的人们立身行事的基本准则和天子诸侯福泽万民的主要依据。对此，孔颖达提出了异议，他指出，"言'制《周礼》曰'，'作《誓命》曰'，谓制礼之时，有此语为此誓耳。此非《周礼》之文，亦无《誓命》之书。在后作《九刑》者，记其《誓命》之言，著于《九刑》之书耳"（《春秋左传正义·文公十八年》）。在孔颖达看来，季文子所引用的《周礼》《誓命》均不见于传世本《周礼》《尚书》，但是，周公所创立的以"德"

为核心内容的礼乐制度还是可信的。"德者,得也。自得于心,心之所得,有恶有善,欲知善恶,以法观之,合法则为吉德,不合法则为凶德。故曰'则以观德'也。"(《春秋左传正义·文公十八年》)

《左传·昭公六年》认为,"夏有乱政,而作《禹刑》;商有乱政,而作《汤刑》;周有乱政,而作《九刑》。三辟之兴,皆叔世也"。在此基础上,孔颖达又进一步指出,在夏、商、周各代比较混乱的时候,"世衰民慢",因此,"作严刑以督之",圣王们制作刑典,以纠正和规范人们的思想和行为。"称其创制圣王以为所作之法,夏作禹刑,商作汤刑,则周作九刑,作周公之刑也。此云周公作《誓命》,其事在《九刑》,知自《誓命》以下,皆《九刑》之书所载也。"(《春秋左传正义·文公十八年》)在这里,孔颖达强调,虽然周公所作的《九刑》原文在社会历史变迁中亡佚已久、于世无传,但其内容大部分都保留在《周礼·秋官》的《司寇》之中,这就证明了周公制礼作乐在历史上是确实存在的。

除此之外,《礼记·明堂位》中也记载了周公制礼作乐的事,"昔殷纣乱天下,脯鬼侯以飨诸侯,是以周公相武王以伐纣。武王崩,成王幼弱,周公践天子之位,以治天下。六年,朝诸侯于明堂,制礼作乐,颁度量,而天下大服。七年,致政于成王。成王以周公为有勋劳于天下,是以封周公于曲阜,地方七百里,革车千乘,命鲁公世世祀周公以天子之礼乐"。对此,孔颖达指出,"周公摄政三年,天下太平,六年而始制礼作乐者,《书传》云:'周公将制礼作乐,优游三年,而不能作。将大作,恐天下莫我知也。将小作,则为人子不能扬父之功烈德泽,然后营洛邑,以期天下之心。于是四方民大和会。周公曰:示之以力役且犹至,而况导之以礼乐乎?'其度量六年则颁,故郑注《尚书·康王之诰》云:'摄政六年,颁度量,制其礼乐。成王即位,乃始用之。'故《洛诰》云:'王肇称殷礼,祀于新邑。'是摄政七年冬也。郑云

'犹用殷礼'者,至成王即位,乃用周礼是也"(《礼记正义·明堂位》)。在孔颖达看来,在周公"六年而始制礼作乐"问题上,孔安国和郑玄虽然有着不同的理解,但他们对于周公制礼作乐这件事的真实性还都是给予高度肯定的。

对于这一点,郭沫若先生也基本认可,"以天道为愚民的政策,以德政为操持这政策的机柄,这的确是周人发明出来的新的思想"[1]。对于郭沫若先生的判断,杨向奎先生并不完全赞同,"《礼记·明堂位》有周公制礼作乐的记载,说礼乐出自某一位圣贤的制作,是不可能的;但谓周公对于传统的礼乐有过加工、改造,是没有疑问的"[2]。在这里,杨向奎先生虽然并没有明确肯定周代的礼乐完全为周公所作,但依然认为周公对于传统社会中的礼乐制度的创立有着巨大的贡献,这是没有什么疑问的。

(二) 礼乐制度与"亲亲""尊尊"

毋庸置疑,西周初年的礼乐文化就是要为社会生活确立一种理想的秩序、价值和规范,要求把每个人的思想和行为都纳入其中。"礼也者,理也。乐也者,节也。君子无理不动,无节不作","礼者何也?即事之治也。君子有其事,必有其治"(《礼记·仲尼燕居》)。

> 礼者何也?即事之治也。君子有其事,必有其治。治国而无礼,譬犹瞽之无相与!伥伥乎其何之?譬如终夜有求于幽室之中,非烛何见?若无礼,则手足无所错,耳目无所加,进退揖让无所制。是故以之居处,长幼失其别,闺门三族失

---

[1] 郭沫若:《中国古代社会研究》(外二种),河北教育出版社,2004年,第260页。

[2] 杨向奎:《宗周社会与礼乐文明》,人民出版社,1992年,第352页。

其和，朝廷官爵失其序，田猎戎事失其策，军旅武功失其制，宫室失其度，量鼎失其象，味失其时，乐失其节，车失其式，鬼神失其飨，丧纪失其哀，辩说失其党，官失其体，政事失其施，加于身而错于前，凡众之动失其宜。如此，则无以祖洽于众也。（《礼记·仲尼燕居》）

显然，不管是就治理国家而言，还是就日常生活而言，礼的作用都体现在"治"上，也就是要努力节制和规范自我的行为，使"手足有所错""耳目有所加"，任何行为都能够动静合宜，不失其度、不失其序、不失其体。

诚如上文所言，周公制礼作乐的目的是要充分发挥礼乐文化在修身治世方面的社会功能，尤其是要发挥礼乐文化的政治功能，这主要体现为两个方面：第一，努力培养人们的诚敬之心，把修德作为人立身行事的根本，使人们提升道德境界，管理好宗族或家庭的秩序与生活；第二，劝谏天子、诸侯、朝臣必须把德治放在社会治理的首要位置，通过践行礼乐制度，突出社会等级的重要性，从而实现社会和谐和国家长治久安。其中最为重要的价值就是"尊尊"与"亲亲"。

圣人南面而听天下，所且先者五，民不与焉。一曰治亲，二曰报功，三曰举贤，四曰使能，五曰存爱。五者一得于天下，民无不足，无不赡者。五者一物纰缪，民莫得其死。圣人南面而治天下，必自人道始矣。立权度量，考文章，改正朔，易服色，殊徽号，异器械，别衣服，此其所得与民变革者也。其不可得变革者，则有矣。亲亲也，尊尊也，长长也，男女有别，此其不可得与民变革者也。（《礼记·大传》）

在《礼记》看来，所谓"尊尊"，就是"上治祖祢"；所谓"亲亲"，就是"下治子孙"。其目的在于"合族以食，序以昭缪，别之以礼义，人道竭矣"（《礼记·大传》），这说明，礼义是区别"尊尊""亲亲"的重要根据，也是人道的最高境界和要求。每当改朝换代的时候，天子就要进行移风易俗的活动，具体表现为"立权度量，考文章，改正朔，易服色，殊徽号，异器械，别衣服"，这是可以改变，也是必须改变的。但是，其中"不可得变革者"就是"尊尊"和"亲亲"，这是"人道之常"，同时也代表了万世不易的普遍价值和基本法则。这也就是董仲舒所主张的"王者有改制之名，无易道之实"（《春秋繁露·楚庄王》）。

因此，"亲亲"和"尊尊"体现在社会生活的方方面面、点点滴滴。以服术为例，"服术有六，一曰亲亲，二曰尊尊，三曰名，四曰出入，五曰长幼，六曰从服"（《礼记·大传》）。其中，"亲亲"和"尊尊"是最重要的，郑玄认为，"亲亲，父母为首；尊尊，君为首"（《礼记正义·大传》）。在服制当中，不同的亲疏关系决定了服制的轻重，"从服有六：有属从，有徒从，有从有服而无服，有从无服而有服，有从重而轻，有从轻而重。自仁率亲，等而上之，至于祖，名曰轻；自义率祖，顺而下之，至于祢，名曰重。一轻一重，其义然也"（《礼记·大传》）。其中最重要的是对等差，即尊卑秩序的强调。孔颖达指出，"子孙若用恩爱依循于亲，节级而上，至于祖远者，恩爱渐轻，故云'名曰轻'也。……义主断割，用义循祖，顺而下之，至于祢，其义渐轻，祖则义重，故云'名曰重'也"（《礼记正义·大传》）。由此可见，贵贱有等和亲疏有差是理解"亲亲"和"尊尊"的关键。

《礼记》中还有很多类似的表述。

> 亲亲、尊尊、长长、男女之有别，人道之大者也。（《丧服小记》）
> 夫礼者所以定亲疏，决嫌疑，别同异，明是非也。（《曲

生活与思想的互动

礼上》）

　　天下之礼，致反始也，致鬼神也，致和用也，致义也，致让也。致反始，以厚其本也；致鬼神，以尊上也；致物用，以立民纪也；致义，则上下不悖逆矣；致让，以去争也。合此五者以治天下之礼也，虽有奇邪，而不治者则微矣。（《祭义》）

　　对此，王国维明确指出，宗法、嫡庶、丧服等制度所体现的都是"尊尊""亲亲"的观念和价值，"然尊尊、亲亲、贤贤，此三者治天下之通义也。周人以尊尊、亲亲二义，上治祖祢，下治子孙，旁治昆弟；而以贤贤之义治官。故天子诸侯世，而天子诸侯之卿大夫士皆不世。盖天子诸侯者，有土之君也；有土之君，不传子，不立嫡，则无以弭天下之争；卿大夫士者，图事之臣也，不任贤，无以治天下之事"[1]。

　　无骇卒。羽父请谥与族。公问族于众仲。众仲对曰："天子建德，因生以赐姓，胙之土而命之氏。诸侯以字为谥，因以为族。官有世功，则有官族，邑亦如之。"公命以字为展氏。（《左传·隐公八年》）

　　隐公八年，无骇去世，由于无骇生前没有被命氏，故而，羽父为无骇请求赐氏。于是，鲁隐公就向众仲征求意见。众仲认为，天子选择和分封有德之人为诸侯，"因其所由生以赐姓，谓若舜由妫汭，故陈为妫姓"（《春秋左传正义·隐公八年》）。"胙之土而命之氏"是西周分封制的通行做法。而诸侯给卿士、大夫命氏的时候，一般以其王父之字为氏，代表的是春秋及之前的世卿世禄制。对此，孔颖达解释认为：

---

[1] 王国维：《观堂集林》（附别集）全二册，中华书局，2004年，第472页。

第四章 原始儒家道德哲学产生的思想背景

  赐族者，有大功德，宜世享祀者，方始赐之。无大功德，任其兴衰者，则不赐之。不赐之者，公之同姓，盖亦自氏祖字。其异姓则有旧族可称，不世其禄，不须赐也。众仲以天子得封建诸侯，故云胙土命氏，据诸侯言耳。其王朝大夫不封为国君者，亦当王赐之族。何则？春秋之世，有尹氏、武氏之徒，明亦天子赐之，与诸侯之臣，义无异也。此无骇是卿，羽父为之请族，盖为卿乃赐族，大夫以下或不赐也。诸侯之臣，卿为其极。既登极位，理合建家。若其父祖微贱，此人新升为卿，以其位绝等伦，其族不复因。故身未被赐，无族可称。(《春秋左传正义·隐公八年》)

  在孔颖达看来，天子赐诸侯与诸侯赐卿大夫的逻辑是一样的，"因生赐姓"和"以字为族"是古代社会的通行做法。至于黄帝之子异姓和周族之子同姓的差异，则是由古今时代的不同造成的，黄帝尚质，周族崇文。按照周制，"有大功德，宜世享祀者"，只有那些对于江山社稷、国计民生做出重大贡献的人，才有被天子和诸侯赐族的资格。除此之外，即便是天子之子也不能轻易受赐，而只能"任其兴衰"。在诸侯国中，卿为群臣之首，是可以享受赐氏待遇的。诸侯之子被称为公子，公子之子被称为公孙，公孙之子以王父的字为氏，这是合乎西周和春秋时期的礼制要求的。无骇祖上是鲁国贵族，其祖是鲁孝公的儿子，即公子展，其父为公孙夷伯，无骇作为鲁国的卿，只能以其王父之字为姓，因此，其被命名为展氏。

  春秋时期，随着宗法制、分封制等社会制度的逐渐衰落以及周天子"天下共主"地位和权威的日益降低，由西周初年的礼乐制度确立起来的"尊尊""亲亲"的社会价值遭到了极大的破坏。礼乐制度的形式化趋势愈加明显，虽然从表面上看，人们还遵从礼乐制度的规范和要求，但其中所包含的等级制的基本价值却已经丧失殆尽了。

  公如晋,自郊劳至于赠贿,无失礼。晋侯谓女叔齐曰:"鲁侯不亦善于礼乎?"对曰:"鲁侯焉知礼!"公曰:"何为?自郊劳至于赠贿,礼无违者,何故不知?"对曰:"是仪也,不可谓礼。礼所以守其国,行其政令,无失其民者也。今政令在家,不能取也。有子家羁,弗能用也。奸大国之盟,陵虐小国。利人之难,不知其私。公室四分,民食于他。思莫在公,不图其终。为国君,难将及身,不恤其所。礼之本末,将于此乎在,而屑屑焉习仪以亟。言善于礼,不亦远乎?"君子谓:"叔侯于是乎知礼。"(《左传·昭公五年》)

  鲁昭公即位之后不久就到晋国去拜见晋侯,在与晋侯会面的过程中进退得体,礼无失据,于是,晋侯认为鲁昭公善礼。但是,晋侯对于鲁昭公善礼的判断却遭到了叔齐的反对,"鲁侯焉知礼"是叔齐对于鲁昭公如晋时的表现的总体评价。在叔齐看来,鲁昭公虽然一举一动都合乎礼制的要求,看起来好像是"礼无违者",但是,鲁昭公却完全没有领会和践行"礼"的思想内涵和精神价值。在叔齐看来,礼是"所以守其国,行其政令,无失其民"的重要依托,而鲁昭公却一项也没有做到。鲁国此时政在大夫,诸侯大权旁落,与民无异,"其时四分公室,民皆属三家。三家税以贡公,公仰给食,自无食也"(《春秋左传正义·昭公五年》)。另外,周天子尚在,鲁昭公不去朝觐天子,却来觐见晋侯,这本身就是于礼不合的。于是,君子时人对叔齐给予了高度评价,认为叔齐才是真正的"知礼"之人。

  除此之外,其他如"八佾舞于庭"(《论语·八佾》)、郑鲁许田之易(《史记·鲁周公世家》)之类的僭越行为从春秋伊始就层出不穷。这些都说明,在西周初年所建立起来的礼乐制度已经名存实亡了,"礼坏乐崩"正是对这一社会现实的真实概括。

(三) 孔子与礼乐

在孔子与礼乐的关系问题上,今文经学和古文经学的理解各不相同。

今文经学认为,包括礼乐在内的"六经"都应当出于孔子,是孔子设道立教、垂教后世的重要文献,皮锡瑞断言,"经学开辟时代,断自孔子删定《六经》为始。孔子以前,不得有经"[1],孔子删定"六经"的同时,把微言大义贯注其中,以为万世之准则,因此"孔子为万世师表,《六经》即万世教科书"[2],"故必以经为孔子作,始可以言经学;必知孔子作经以教万世之旨,始可以言经学"[3]。在皮锡瑞看来,毫无疑问,孔子赋予"六经"以经的内涵和经学的价值。而古文经学则认为礼乐为"先王之陈迹",只不过孔子对其进行了必要的加工和改造,以流传后世。刘师培借用章学诚《校雠通义》的说法,认为"《六经》皆周公旧典。足证孔子以前,久有《六经》矣"[4]。因此,"东周之时,治《六经》者,非仅孔子一家","盖《六经》之中,或为讲义,或为课本。《易经》者,哲理之讲义也;《诗经》者,唱歌之课本也;《书经》者,国文之课本也;《春秋》者,本国近世史之课本也;《礼经》者,修身之课本也;《乐经》者,唱歌之课本以及体操之模范也"[5]。虽然,今文经学和古文经学对孔子与包括礼乐的"六经"关系的理解不尽相同,但是,有一点是共同的,即二者都认为,孔子与包括礼乐在内的"六经"有着密切

---

[1] 皮锡瑞:《经学历史》,周予同注释,中华书局,2008年,第19页。
[2] 皮锡瑞:《经学历史》,周予同注释,中华书局,2008年,第26页。
[3] 皮锡瑞:《经学历史》,周予同注释,中华书局,2008年,第27页。
[4] 刘师培:《经学教科书 伦理教科书》,广陵书社,2013年,第7页。
[5] 刘师培:《经学教科书 伦理教科书》,广陵书社,2013年,第8页。

生活与思想的互动

的关联。①

对此,《史记·孔子世家》中有所记述,不揣繁钜,全录于下。

> 孔子之时,周室微而礼乐废,《诗》《书》缺。追迹三代之礼,序《书传》,上纪唐虞之际,下至秦缪,编次其事。曰:"夏礼吾能言之,杞不足征也。殷礼吾能言之,宋不足征也。足,则吾能征之矣。"观殷夏所损益,曰:"后虽百世可知也,以一文一质。周监二代,郁郁乎文哉。吾从周。"故《书传》、《礼记》自孔氏。孔子语鲁大师:"乐其可知也。始

---

① 在今文经学看来,虽然不能把"六经"的版权完全归于孔子,但孔子对"六经"进行了改造,赋予了"六经"以新的思想内容和精神价值,从而使其具有了经学的内涵与功能。因此,皮锡瑞一方面肯定"孔子作《六经》",另一方面又不得不承认"孔子删定《六经》","孔子以前,未有经名,而已有经说"(皮锡瑞:《经学历史》,周予同注释,中华书局,2008年,第30页)。显然,"孔子删定《六经》"是历史事实,而"孔子作《六经》"当属意义之引申。孔子之前,"六经"仅为史家之记,甚至如王安石所言之"断烂朝报";而孔子之后,"六经"被赋予了微言大义,体现了孔子修身、治世的思想与价值。因此,"孔子作《六经》"之"作"由此而立言,与"述而不作"之"作"的含义并不相同。"今文学家认为孔子是政治家、哲学家,说孔子有微言大义,经书是用来'托古改制'的。"[周予同原著《中国经学史讲义》(外二种),朱维铮编校,上海人民出版社,2012年,第28页]而在古文经学看来,"六经"都是孔子从古之史家那里继承下来的,如"《周易》《春秋》得之鲁史,《诗篇》得之远祖正考父,复问礼老聃,问乐苌弘,观百二国宝书于周史,故以《六经》奸七十二君"。这些都有力地证明了"六经"古已有之,孔子之于"六经"仅是有序传承而已。但同时,刘师培也承认,孔子"退居鲁国,作《十翼》,以赞《周易》;叙列《尚书》,定为百篇;删殷、周之《诗》,定为三百一十篇。复反鲁正乐,播以弦歌,使《雅》《颂》各得其所。又观三代损益之礼,从周礼而黜夏、殷。及西狩获麟,乃编列鲁国十二公之行事,作为《春秋》",因此,"周室未修之《六经》,易为孔门编订之《六经》"(刘师培:《经学教科书 伦理教科书》,广陵书社,2013年,第8页)。"古文学派认为,孔子是历史学家,是第一个整理、保存、传授、阐述文献的学者;孔子重视名物训诂,'述而不作',只是继承而不创作。对于六经,古文学派是以史料观点来审视的。"[周予同编著《中国经学史讲义》(外二种),朱维铮编校,上海人民出版社,2012年,第28页]

作翕如,纵之纯如,皦如,绎如也,以成。""吾自卫反鲁,然后乐正,《雅》《颂》各得其所。"古者《诗》三千余篇,及至孔子,去其重,取可施于礼义,上采契后稷,中述殷周之盛,至幽厉之缺,始于衽席,故曰"《关雎》之乱以为《风》始,《鹿鸣》为《小雅》始,《文王》为《大雅》始,《清庙》为《颂》始"。三百五篇孔子皆弦歌之,以求合《韶》《武》《雅》《颂》之音。礼乐自此可得而述,以备王道,成六艺。孔子晚而喜《易》,序《彖》《系》《象》《说卦》《文言》。读《易》,韦编三绝。曰:"假我数年,若是,我于《易》则彬彬矣。"孔子以诗书礼乐教,弟子盖三千焉,身通六艺者七十有二人。

这段话很好地说明了孔子与礼乐之间的密切联系。在《史记》看来,西周后期到春秋初年,周室衰微而礼乐废黜,诗书也残缺不全。于是,孔子追叙三代之礼,编订了《尚书》的篇次和顺序,上启尧舜之际,下至秦穆之时。孔子认为,夏朝和殷商时期的礼乐制度,是能够讲读出来的,但作为夏朝后裔的杞国和殷商后裔的宋国所保存的文献却已经不足以证明了。如果这两个国家有足够的文献资料的话,自己就可以证明这些制度的存在。夏代和殷商的文化特点和礼乐特征,就是一文一质,夏代崇尚质朴的情感,故尚质;殷商注重礼节仪式,故崇文。而西周时期的礼乐制度却能够兼而有之。因此,孔子慨叹,"周监二代,郁郁乎文哉,吾从周"。《史记》认为,《尚书》和《礼记》都是出自孔子之手。孔子自卫返鲁国之后,就致力于修订诗乐和《周易》,《诗》三百均可"弦歌之"。孔子在修订礼乐、编订诗书的同时,对其进行了深入改造,赋予其内在的情感价值,把外在的礼乐制度逐渐内化于道德主体,实现了从道德观念到道德哲学的价值转换。由此,司马迁认为,"六经"经过孔子的改造与提升,"礼乐自此可得而述,以备王道",六艺亦因此而真正成为儒家社会理想、道德价值和思想内容的主要载体。

在孔子看来,春秋以降,礼坏乐崩,弑君、僭越等行为时有发生,周初所制定的礼乐制度只剩下了外在的形式,而其所要求的"尊尊""亲亲"的社会等级及其内在价值却已经荡然无存了。因此,"正名"是必须首先开展的工作,使人们恢复对于周代礼乐制度的信心并认真遵守礼乐制度是当时社会生活的当务之急。

> 子路曰:"卫君待子而为政,子将奚先?"子曰:"必也正名乎!"子路曰:"有是哉,子之迂也!奚其正?"子曰:"野哉由也!君子于其所不知,盖阙如也。名不正,则言不顺;言不顺,则事不成;事不成,则礼乐不兴;礼乐不兴,则刑罚不中;刑罚不中,则民无所措手足。故君子名之必可言也,言之必可行也。君子于其言,无所苟而已矣。"(《论语·子路》)

孔子认为,"正名"是整顿社会秩序、恢复礼乐传统的第一要务,"孔子的正名说,通过张扬一种名誉,来弘扬某种价值观"[①]。朱熹引杨时的话,认为"名不当其实,则言不顺。言不顺,则无以考实而事不成",继而又强调,"事得其序之谓礼,物得其和之谓乐。事不成则无序而不和,故礼乐不兴。礼乐不兴,则施之政事皆失其道,故刑罚不中"。可以认为,"正名"就是要求国家治理首先要厘清伦常关系,确定等级名分,严守社会秩序,否则就将天下大乱。在孔子的论述中,政治与伦理是叠加在一起的。因此,朱熹主张,"夫蒯聩欲杀母,得罪于父,而辄据国以拒父,皆无父之人也,其不可有国也明矣。夫子为政,而以正名为先。必将具其事之本末,告诸天王,请于方伯,命公子郢而立之。则人

[①] 沈顺福:《孔子"正名"新解》,《齐鲁学刊》2011年第3期。

伦正，天理得，名正言顺而事成矣"（《四书章句集注·论语集注·子路》）。卫国王室伦常关系的混乱——不管是宗族关系还是政治关系——为孔子提出和论证"正名"思想提供了现实的契机。因此，当齐景公问政于孔子的时候，孔子的回答很简洁，"君君臣臣，父父子子"。但是，齐景公对此却非常感慨，"善哉！信如君不君、臣不臣、父不父、子不子，虽有粟，吾得而食诸？"（《论语·颜渊》）"这段话一向被认作是孔子'正名'观最好的注脚，即为君者、为臣者、为父者、为子者都要遵守由其名分所规定的伦理道德规范和行为准则，如果名实相离，名不符实，政治秩序就会产生混乱。"[①]

那么，何以"正名"呢？孔子认为，只有用西周初年所创制的礼乐制度才能保证"正名"的真正落实。但是，必须强调指出的是，孔子在这里并不是要求完全恢复西周时期的礼乐文化，而是赋予这种礼乐文化以新的思想内涵和精神价值，那就是把礼乐与修身、德性、仁义结合起来，赋予礼乐以内在的道德内容。孔子通过对礼乐的加工和改造，极大地丰富了礼乐文化的思想内容，使得礼乐开始从外在的社会规范向内在的道德情感转变，并由此大大提升和深化了中国传统礼乐文化的精神价值。

二 "六经"与儒家思想

从《汉书·艺文志》可知，"六经"是代表儒家思想的经典文献，也是儒家思想最主要的载体，包括原始儒家在内的历代儒家思想的阐发大都是围绕对"六经"的重新诠释而展开的。因此，可以认为，"六经"就是我们认识和理解儒家思想不可替代的重要途径。

[①] 曹峰：《孔子"正名"新考》，《文史哲》2009 年第 2 期。

（一）"六经"的出现

学术界一般认为，"六经"的起源是很早的。[①] 庄子借老子之口提出，"夫六经，先王之陈迹也"，"孔子谓老聃曰：'丘治《诗》、《书》、《礼》、《乐》、《易》、《春秋》六经，自以为久矣。'"（《庄子·天运》）这说明，在庄子看来，"六经"并非如后世儒家，尤其是今文学家而言的那样是出自孔子之手，而是古代先王的智慧结晶。可以认为，至晚到战国中期的时候，"六经"就已经存在并流行于世了。因此，有学者认为，"六经""就是周代对贵族子弟由简单到复杂、由初级到高级的教学过程，这些早在孔子以前就已经实行了"[②]。

关于《周易》，《周易·系辞下》认为：

> 古者包牺氏之王天下也，仰则观象于天，俯则观法于地，观鸟兽之文与地之宜，近取诸身，远取诸物，于是始作八卦，以通神明之德，以类万物之情。作结绳而为网罟，以佃以渔，盖取诸《离》。包牺氏没，神农氏作，斫木为耜，揉木为耒，耒耨之利，以教天下，盖取诸《益》。日中为市，致天下之民，聚天下之货，交易而退，各得其所，盖取诸《噬嗑》。

显然，《系辞下》认为，《周易》最初起源于伏羲之时。伏羲为天子时，仰观天象，俯察地理，密切关注早期人类的生活环境。通过对自然宇宙、社会人生的精细观察，伏羲总结出了一定

[①] 关于"六经"的起源，学术界有较多论述，刘师培开宗明义地强调指出，"《六经》起源甚早古"。具体内容可以参见《经学教科书 伦理教科书》第三课《古代之〈六经〉》（刘师培：《经学教科书 伦理教科书》，广陵书社，2013年，第6页），亦可参见《五经源流变迁考 孔子事迹考》（江竹虚著、江宏整理，上海古籍出版社，2008年）。

[②] 匡亚明：《孔子评传》，南京大学出版社，1990年，第337页。

的规律和经验,并把这种规律和经验以八卦的形式体现出来,其目的自然是以此来窥知天地和神明的旨意,以揭示天地万物运动变化的内在动力与机制。包牺氏之后,神农氏、黄帝、尧、舜继之,在此基础上,文王"拘而演《周易》"(《汉书·司马迁传》),重八卦而为六十四卦;孔子作《十翼》。《汉书·艺文志》指出,"至于殷、周之际,纣在上位,逆天暴物,文王以诸侯顺命而行道,天人之占可得而效,于是重《易》六爻,作上下篇。孔氏为之《彖》、《象》、《系辞》、《文言》、《序卦》之属十篇。故曰《易》道深矣,人更三圣,世历三古"。以上表述至少说明了两点内容:第一,《周易》的出现是很早的,其是上古时期结绳记事的产物;第二,《周易》并非出自一时一人之手,而是在一个长期的历史演进中经过不断丰富和完善而逐渐形成的。而按照《系辞下》记载,"人更三圣,世历三古"的说法并不准确,《周易》的形成经历了一个十分漫长的历史过程,伏羲、神农氏、黄帝、尧、舜、文王、孔子等均有贡献,更有不具名的"后世圣人"参与其中。

关于《诗经》,学术界一般认为,《诗经》源于中国早期社会流传于民间的谣谚和流行于贵族之间的祭祀诗。《汉书·艺文志》指出,"故古有采诗之官,王者所以观风俗,知得失,自考正也"。采诗之官在夏商时期被称为"遒人",据《尚书·胤征》记载,"每岁孟春,遒人以木铎徇于路,官师相规,工执艺事以谏,其或不恭,邦有常刑"。孔颖达正义认为,"每岁孟春,遒人之官以木铎徇于道路,以号令臣下,使在官之众更相规阙"(《尚书正义·胤征》)。每年的孟春时节,天子都会派遣遒人之官,振木铎而徇于路,到各地采诗,这是由于诗歌是当地真实的社会习俗和生活状态的直接反映,采集各地的诗歌和民谚,是天子不出户牖而晓知天下的重要途径,也是诗"可以观"(《论语·阳货》)的重要体现。所以,《论语·八佾》强调"天将以夫子为木铎",就是借指孔子振兴文教的努力。

除此之外,《左传·襄公十四年》中记载,"史为书,瞽为诗,工诵箴谏,大夫规诲,士传言,庶人谤,商旅于市,百工献艺。故《夏书》曰:'遒人以木铎徇于路。官师相规,工执艺事以谏。'正月孟春,于是乎有之,谏失常也。天之爱民甚矣。岂其使一人肆于民上,以从其淫,而弃天地之性?必不然矣"。其中所说的《夏书》实质上指的就是《尚书·胤征》。《礼记·王制》指出,"命大师陈诗,以观民风",即指通过采诗的方式而实现了解天下的目的。因此,孔颖达认为,"此谓王巡守,见诸侯毕,乃命其方诸侯。大师是掌乐之官,各陈其国风之诗,以观其政令之善恶。若政善,诗辞亦善;政恶,则诗辞亦恶。观其诗,则知君政善恶"(《礼记正义·王制》)。

关于《尚书》和《春秋》,《汉书·艺文志》指出,"古之王者世有史官,君举必书,所以慎言行,昭法式也。左史记言,右史记事,事为《春秋》,言为《尚书》,帝王靡不同之"。在《汉书·艺文志》看来,中国早期社会中史官的职能就是记录圣王和天子的言行,圣王和天子说的话被汇编成《尚书》,而圣王和天子做的事就被汇编成《春秋》。因此,不管是《尚书》还是《春秋》,都是对先王和天子言行的历史记录。对此,《礼记·玉藻》中的记载稍有不同,"动则左史书之,言则右史书之",这与《汉书·艺文志》中所载的不同之处仅在于史官分工的差异,而要表达的思想却并无二致。孔颖达从阴阳的角度来解释二者的不同,"经云'动则左史书之',《春秋》是动作之事,故以《春秋》当左史所书。左阳,阳主动,故记动。经云'言则右史书之',《尚书》记言诰之事,故以《尚书》当右史所书。右是阴,阴主静故也。《春秋》虽有言,因动而言,其言少也。《尚书》虽有动,因言而称动,亦动为少也"(《礼记正义·玉藻》)。可以看出,这种解释显然是受了董仲舒和谶纬神学的思想影响。

关于《礼》与《乐》,前文已多有论及,兹不赘述。

"六经"作为一个整体性概念的形成还是有一个历史过程的。

孔子最先关注的是《诗》《书》《礼》《乐》，然后是《易》与《春秋》。因此，《论语》中曾多次提到"不学《诗》，无以言""不学礼，无以立"（《季氏》），"子所雅言，《诗》《书》、执礼，皆雅言"（《述而》）。《史记·孔子世家》指出，"孔子以诗书礼乐教，弟子盖三千焉，身通六艺者七十有二人。如颜浊邹之徒，颇受业者甚众"。此时，《诗》《书》《礼》《乐》并列而称。《史记·太史公自序》中也提到，"幽厉之后，王道缺，礼乐衰，孔子修旧起废，论诗书，作春秋，则学者至今则之"。这些不同形式的组合都说明了"六经"的形成过程和顺序。

而"六经"的概念是在《庄子》中被提出的。《庄子·天运》指出，"丘治《诗》、《书》、《礼》、《乐》、《易》、《春秋》六经"。《庄子·天下》也指出，"其明而在数度者，旧法、世传之史尚多有之；其在于《诗》、《书》、《礼》、《乐》者，邹鲁之士、缙绅先生多能明之。《诗》以道志，《书》以道事，《礼》以道行，《乐》以道和，《易》以道阴阳，《春秋》以道名分。其数散于天下而设于中国者，百家之学时或称而道之"。《史记·滑稽列传》将"六经"又称为"六艺"，"孔子曰：'六艺于治一也，《礼》以节人，《乐》以发和，《书》以道事，《诗》以达意，《易》以神化，《春秋》以道义'"。自此，"六经"才真正作为一个完整的概念而流传至今。

（二）孔子与"六经"

在诸子产生的问题上，历史上最主要的观点有两种。[①] 第一种观点是"诸子出于王官说"，即诸子都是从中国早期社会的各类职官当中逐渐脱胎演化而来的，如儒家出于司徒之官、道家出于史

[①] 在诸子起源问题上，程志华教授首先总结了学术界的四种观点，分别是"六经说"、"救弊说"、"王官说"和"职业说"，然后在此基础上论证了牟宗三先生以"周文疲弊"解释诸子起源的思想。具体可参见其最新成果《周文疲弊与诸子起源——论牟宗三的诸子起源说》，《社会科学战线》2022 年第 4 期。

官、墨家出于清庙之守、法家出于理官、阴阳家出于羲和之官等。这种观点由刘向和刘歆父子发其端，而《汉书·艺文志》竟其绪，逐渐成为学术界的主流观点。另一种观点是"诸子出于六经说"。这种观点认为，"六经"作为"先王之陈迹"，是先秦诸子共有的思想资源，先秦诸子都是通过对"六经"的传承而各自发展起来的，这种观点由庄子首先提出，而《汉书·艺文志》进行了继承和发挥。

> 诸子十家，其可观者九家而已。皆起于王道既微，诸侯力政，时君世主，好恶殊方，是以九家之术蜂出并作，各引一端，崇其所善，以此驰说，取合诸侯。其言虽殊，辟犹水火，相灭亦相生也。仁之与义，敬之与和，相反而皆相成也。《易》曰："天下同归而殊途，一致而百虑。"今异家者各推所长，穷知究虑，以明其指，虽有蔽短，合其要归，亦《六经》之支与流裔。使其人遭明王圣主，得其所折中，皆股肱之材已。仲尼有言："礼失而求诸野。"方今去圣久远，道术缺废，无所更索，彼九家者，不犹愈于野乎？若能修六艺之术，而观此九家之言，舍短取长，则可以通万方之略矣。

当然，在这种观点中，儒家同样是作为"六经"的传承者而产生并不断发展起来的。不管是今文经学还是古文经学，都共同认为，"六经"的形成与流传都与孔子有着密切的关联。[1]《史

---

[1] 亦有学者认为，孔子与"六经"并没有什么实质性的联系，只是由于后世儒家利用孔子以保证"六经"的权威，才使二者产生了联系，"孔子与'六经'虽本无甚关系，然以后世儒家视'六经'为神圣不可侵犯，系之孔子，遂成史学上一大悬案"。在童书业先生看来，"孔子盖尝以《诗》、《书》、《礼》、《乐》、《易》、《春秋》等所谓'六经'者传授弟子。然《礼》、《乐》本无'经'，今之《诗》、《书》恐亦非孔门传习之原本。《易》、《春秋》在当时似亦未成书。《春秋》为鲁史，孔子盖尝以教门徒，其弟子或再、三传弟子修为《春秋经》及《春秋传》。《左传》成书较早，《公羊》、《谷梁》二《传》与《国语》则秦汉间人据旧说纂集者也"[童书业：《春秋左传研究》（校订本），童教英校订，中华书局，2006年，第316页]。

记·太史公自序》指出，正是由于周幽王和周厉王之后，西周世道衰微、王道缺废、礼坏乐崩，西周初年建立起来的以宗法制为形式、以等级制为核心的礼乐文化遭到极大破坏，于是孔子才"修旧起废"，试图通过对"六经"的学习和传承来重新树立人们对周代礼乐制度的信心，用周代的礼乐制度规范人们的思想和行为，重新为社会生活确立一种理想型的价值秩序。有鉴于此，孔子试图借用"六经"的思想资源以垂教于后世。"幽厉之后，王道缺，礼乐衰，孔子脩旧起废，论诗书，作春秋，则学者至今则之。"（《史记·太史公自序》）《史记·孔子世家》对孔子与"六经"的关系有较为详细的说明，前已论之，兹不赘述。

在《史记·孔子世家》看来，周道衰微，于是孔子首先整理和校订《尚书》《礼记》，选择篇目，编订次序。其次，孔子整理《乐经》，使得"雅颂各得其所"。再次，孔子删订《诗经》，把中国早期社会流传的三千余首诗歌重新进行选择，把重复的、不能起到教化作用的诗歌全部删除，只留下那些"可施于礼义"的部分，从殷商和周祖的祖先，一直到幽王和厉王时期，都有所选择和保留。自此，西周初年所创制的礼乐制度得以恢复，以备王道。最后，孔子在晚年的时候专门从事对《易》的学习和研究，作《彖传》《象传》《系辞传》《说卦》《序卦》《杂卦》《文言》等《十翼》，即后世所谓《易传》。

在这里，不得不重点提出的是，《史记·孔子世家》中并没有提到孔子与《春秋》的关系，而且，《论语》作为研究孔子最重要的文献资料，对于《诗》《书》《礼》《乐》《易》"五经"都有论述，甚至是直接引用，但是唯独对《春秋》只字未提。人们都认为是孔子删订的《春秋》，但是从传世史料来看，对孔子与《春秋》关系的最早记述来自《左传》和《孟子》。

九月，侨如以夫人妇姜氏至自齐。舍族，尊夫人也。故君子曰："《春秋》之称，微而显，志而晦，婉而成章，尽而不

污，惩恶而劝善。非圣人谁能修之?"(《左传·成公十四年》)

在杜预看来，时人君子对《春秋》的评价是很高的，认为《春秋》"辞微而义显""约言以记事，事叙而文微""曲屈其辞，有所辟讳，以示大顺，而成篇章""直言其事，尽其事实，无所污曲""善名必书，恶名不灭，所以为惩劝"(《春秋左传正义·成公十四年》)。在《左传》看来，正因为《春秋》讲求微言大义、义理深奥，只有圣人才能做到这一点，言下之意，就是《春秋》为孔子所作。那么，这里的"圣人"是否指的就是孔子呢？有学者认为文中所论的圣人"显然是指孔子"[1]。但不得不说的是，从时间上看，这种观点是值得商榷的，主要原因有二。第一，按照《史记》中《孔子世家》、《鲁周公世家》和《十二诸侯年表》等的记载，孔子生于鲁襄公二十二年，即公元前551年，成公十四年是公元前577年，也就是说成公十四年"君子曰"的时候，孔子还差20多年才出生，可知此处之"君子"肯定不会是孔子。即便忽略此处的时间差距，文中也从未言明"圣人"就是指孔子，因此可以认为，以"圣人"为孔子的说法无凭无据。第二，孔子地位的真正提升应自西汉初年开始，先秦文献中提到孔子大多被尊称为"子"、"夫子"或"尼父"之类，并无明确称孔子为"圣人"的记载。从现有文献来看，首先称孔子为圣的证据来自《史记》，司马迁在《孔子世家》最后的"赞"中提到，"自天子王侯，中国言六艺者折中于夫子，可谓至圣矣"，"尼丘诞圣，阙里生德"。同时，即便是对孔子非常崇拜的孟子亦仅称之为"子"而已。如果这里的"圣人"非指孔子的话，那么《左传·成公十四年》中所记载的"圣人"作《春秋》一事自然也就与孔子无关了。

明确指出《春秋》与孔子存在密切关联的应是孟子。《孟子·滕文公下》提出，"世衰道微，邪说暴行有作，臣弑其君者有之，

---

[1] 刘黎明：《〈春秋〉经传研究》，巴蜀书社，2008年，第7页。

子弑其父者有之，孔子惧，作《春秋》"。这句话明确指出了《春秋》为孔子所亲作，而非"编"或"修"，并将孔子作《春秋》的原因归之于春秋衰世以及社会与思想的混乱。在此基础上，司马迁对孔子作《春秋》的背景、过程、内容、笔法、目的等相关问题给予了更加详细的说明，《史记·十二诸侯年表》指出，孔子"西观周室，论史记旧闻，兴于鲁而次《春秋》。上记隐，下至哀之获麟，约其辞文，去其烦重，以制义法，王道备，人事浃"。显然，在《十二诸侯年表》看来，孔子西观周室之后，在史记旧闻、先王遗典的基础上完成了《春秋》，其目的在于为世制法、以显王道。《史记·孔子世家》指出，"子曰：'弗乎弗乎，君子病没世而名不称焉。吾道不行矣，吾何以自见于后世哉？'乃因史记作《春秋》，上至隐公，下讫哀公十四年，十二公。据鲁，亲周，故殷，运之三代。约其文辞而指博"。从《史记》中的记载来看，司马迁对《春秋》与孔子关系的论述至少包含三层含义。第一，孟子认为《春秋》为孔子自作，而《史记》则认为《春秋》是孔子在鲁国旧史的基础上经过细致的考查、删削重新编次成书的。对此，杜预明确指出，"仲尼因鲁史策书成文，考其真伪，而志其典礼，上以遵周公之遗制，下以明将来之法"（《春秋左传正义·春秋序》）。应该说，司马迁和杜预的说法可靠性更强。第二，孔子编订《春秋》的目的是为世人立法以救时弊，突出了儒家的价值秩序和社会理想，仁义礼法、王道政治遂成为《春秋》义理之所在。第三，《春秋》辞约而指博，包含了孔子对春秋诸王诸事的评价，一字褒贬体现了其最重要的写作方式。

作为"六经"之一的《春秋》与孔子有着密切的关系，对于这种观点人们应该是没有疑问的。但"作"《春秋》还是"修"《春秋》的问题，是经学的今古文之争的重要内容。从核心观点来看，今文经学主张孔子"作"《春秋》，而古文经学则主张孔子"修"《春秋》。究其本质，二者的观点并无差异。坚持孔子"作"《春秋》的今文学家明确指出，"《春秋》，鲁史旧名，止有其事其文而无其义，亦如晋《乘》、楚《梼杌》止为记事之书而已。晋《乘》、楚《梼杌》不得为经，则鲁之《春秋》亦不得为经矣"①。这说明，即便是在今文经学看来，孔子"作"《春秋》也不是凭空创作出来的，而是于史有据的，不同于古文经学的主要之处在于今文经学更加强调孔子赋予《春秋》的微言大义及其在成为儒家经典过程中的重要作用。"《春秋》自孔子加笔削褒贬，为后王立法，而后《春秋》不仅为记事之书。"② 也就是说，如果其中没有孔子的义理阐释，那么《春秋》就将丧失其最主要的思想价值，这跟之前所说的"史记旧闻"也就没有什么区别了。

而对于坚持认为孔子"修"《春秋》的古文经学而言，其肯定"六经"皆为圣王之遗迹，属于"周之旧典礼经"，"其发凡以言例，皆经国之常制，周公之垂法，史书之旧章。仲尼从而修之，以成一经之通体"。因此，《春秋》首先是对鲁史的记述，但仅如此还不足以突出和说明《春秋》作为儒家重要经典的依据和理由。在古文经学看来，《春秋》中实际包含了孔子以史显义的良苦用心，"仲尼因鲁史策书成文，考其真伪，而志其典礼，上以遵周公之遗制，下以明将来之法。其教之所存，文之所害，则刊而正之，以示劝戒；其余则皆用旧史，史有文质，辞有详略，不必改也"（《春秋左传正义·春秋序》）。也就是说，在古文学家看来，《春秋》亦非仅为鲁史，而实质上是孔子阐明周公之志、为后世制订"经国之常制"的工具，其中"有史所不书，即以为义者，此盖《春秋》新意"，《春秋》的褒贬之意即蕴含在其文字的背后，需世人用心体会。孔颖达也从反面论证了这一点，"仲尼脩此《春秋》以为一经，若周公无法，史官妄说，仲尼何所可冯，斯文何足为典，得与诸《书》、《礼》、《乐》、《诗》、《易》并称经哉？以此知周公旧有定制"（《春秋左传正义·春秋序》）。当代学者中亦

---

① 皮锡瑞：《经学历史》，周予同注释，中华书局，2008年，第19页。
② 皮锡瑞：《经学历史》，周予同注释，中华书局，2008年，第20页。

第四章 原始儒家道德哲学产生的思想背景

不乏支持此论者，范文澜先生在《诸子略义·孔子》中即明确指出"古之王者，世有史官，君举必书，所以慎言行昭法式也。诸侯皆有国史，《春秋》即鲁之史记也。孔子因鲁旧史，作《春秋》，上述周公遗制，下明将来之法，勒成十二公之经。以授子夏"[①]。由上可知，不管是今文经学还是古文经学，都认为《春秋》与孔子有莫大的关联，正是有了孔子的删削与整理，才使得《春秋》成为儒家的经典，其中亦包含了孔子的社会理想和政治哲学。

当然，另有一种观点认为孔子与《春秋》并无实质或直接联系。从历史上看，这种观点当始自刘知几，刘氏在《史通·惑经》中曾提出"十二未谕"以诘孔子，其中举例指出：

> 奚为齐、郑及楚，国有弑君，各以疾赴，遂皆书卒？（原注：昭元年，楚公子围杀其君郏敖。襄七年，郑子驷弑其君僖公。僖公十年，齐人弑其君悼。而《春秋》但书云：楚子麇卒，郑伯顽卒，齐侯阳生卒。）夫臣弑其君，子弑其父，凡在含识，皆知耻惧。苟欺而可免，则谁不愿然？且官为正卿，反不讨贼（按：此系指"赵盾弑其君"之事，详见后文）；地居冢嫡，药不亲尝（按：此系指许悼公饮太子止之药而卒的事）。遂皆被以恶名，播诸来叶。

显然，刘知几认为，孔子并没有按照其一字褒贬的原则对《春秋》中所记述的这些乱礼行为给予恰当的分析和评价，而只是照抄了鲁史的原文。其言下之意，是在怀疑孔子与《春秋》的关系，认为《春秋》中并没有体现出后世儒家一直鼓吹的微言大义。王安石更是明确指出，"孔子作《春秋》，实垂世立教之大典，当时游、夏不能赞一词。自经秦火，煨烬无存。汉求遗书，而一时儒者附会以邀厚赏。自今观之，一如断烂朝报，决非仲尼之笔也"

[①] 转引自周远斌《儒家伦理与〈春秋〉叙事》，齐鲁书社，2008年，第22页。

(《宋史纪事本末·卷三十八·学校科举之制》)。"断烂朝报"因此成为人们批评《春秋》的流行语。

此种观点在20世纪二三十年代再度兴起,钱玄同即指出,《春秋》"决不是孔二先生做的"①。童书业亦认为,"《论语》不涉及孔子修《春秋》事,此最为可疑"②。顾颉刚在对比了《春秋》与《竹书纪年》的相关记述之后,指出"《春秋》实当时鲁史官之作,孔子不得而'作'矣"③。除此之外,另有杨伯峻、周予同、胡念贻等人从不同方面对此展开论述。④ "尽管漫长的历史使其残缺不全,并有少数后人的补笔,但基本保留了原来的面貌。"⑤因此,"孔子'作'《春秋》是确凿无疑的"⑥。虽然,从现有的文献资料来看,我们暂时还无法对孔子与《春秋》的关系给出细致、明晰且确定的答案,但是,"孔子与《春秋》有着很密切的关系,这一点却是谁也无法否认的"⑦。

(三)"六经"思想与儒家价值

"六经"作为先秦各家共有的思想资源最终之所以能够为儒家所用,并成为儒家思想最重要的文献载体,自然是因为"六经"的思想内容与儒家的精神价值在很大程度上有契合之处。或者说,儒家能够从"六经"中引申、阐发出合乎自身精神价值和现实需要的思想内容,这是需要首先明确的。关于"六经"的思想内容与理论特点,《史记·太史公自序》中有非常详细的记述。

---

① 顾颉刚:《答书》,载顾颉刚编著《古史辨》(一),上海古籍出版社,1982年,第276页。
② 童书业遗著《春秋左传研究》,上海人民出版社,1980年,第278页。
③ 顾颉刚讲授、刘起釪笔记《春秋三传及国语之综合研究》,巴蜀书社,1988年,第17~18页。
④ 这些学者的观点和论据多受疑古之风的影响,因此,亦有人撰文予以批驳,可参见张汉东《孔子作〈春秋〉考》,《齐鲁学刊》1988年第4期。
⑤ 张汉东:《孔子作〈春秋〉考》,《齐鲁学刊》1988年第4期。
⑥ 周远斌:《儒家伦理与〈春秋〉叙事》,齐鲁书社,2008年,第31页。
⑦ 赵伯雄:《春秋学史》,山东教育出版社,2004年,第7页。

第四章 原始儒家道德哲学产生的思想背景

上大夫壶遂曰:"昔孔子何为而作《春秋》哉?"太史公曰:"余闻董生曰:'周道衰废,孔子为鲁司寇,诸侯害之,大夫壅之。孔子知言之不用,道之不行也,是非二百四十二年之中,以为天下仪表,贬天子,退诸侯,讨大夫,以达王事而已矣。'子曰:'我欲载之空言,不如见之于行事之深切著明也。'夫《春秋》,上明三王之道,下辨人事之纪,别嫌疑,明是非,定犹豫,善善恶恶,贤贤贱不肖,存亡国,继绝世,补敝起废,王道之大者也。《易》著天地阴阳四时五行,故长于变;《礼》经纪人伦,故长于行;《书》记先王之事,故长于政;《诗》记山川溪谷禽兽草木牝牡雌雄,故长于风;《乐》乐所以立,故长于和;《春秋》辨是非,故长于治人。是故《礼》以节人,《乐》以发和,《书》以道事,《诗》以达意,《易》以道化,《春秋》以道义。拨乱世反之正,莫近于《春秋》。《春秋》文成数万,其指数千。万物之散聚皆在《春秋》。《春秋》之中,弑君三十六,亡国五十二,诸侯奔走不得保其社稷者不可胜数。察其所以,皆失其本已。故《易》曰'失之毫厘,差以千里'。故曰'臣弑君,子弑父,非一旦一夕之故也,其渐久矣'。故有国者不可以不知《春秋》,前有谗而弗见,后有贼而不知;为人臣者不可以不知《春秋》,守经事而不知其宜,遭变事而不知其权。为人君父而不通于《春秋》之义者,必蒙首恶之名;为人臣子而不通于《春秋》之义者,必陷篡弑之诛,死罪之名。其实皆以为善,为之不知其义,被之空言而不敢辞。夫不通礼义之旨,至于君不君,臣不臣,父不父,子不子。夫君不君则犯,臣不臣则诛,父不父则无道,子不子则不孝。此四行者,天下之大过也。以天下之大过予之,则受而弗敢辞。故《春秋》者,礼义之大宗也。夫礼禁未然之前,法施已然之后;法之所为用者易见,而礼之所为禁者难知。"

生活与思想的互动

从文中来看,司马迁借回答上大夫壶遂关于孔子为何作《春秋》的问题,全面阐述了"六经",尤其是《春秋》的思想特点及其与儒家思想,尤其是孔子思想的关系。在司马迁看来,《春秋》既记述三王的圣道,也记述一般的社会生活,其主要目的在于判明是非、惩恶扬善、补偏救弊;《周易》说明的是关于天地、阴阳、四时、五行的问题,其核心思想在于强调一个"变"字,所谓"穷则思变,变则通,通则久"正是这个道理,其目的主要在于说明天地万物阴阳大化之类的道理;《礼经》记述的是人伦日用之间的行为规范和制度仪节,是对于人的社会生活的引导,其目的是节制人的生活;《尚书》主要记述的是先代圣王关于天下治理的大事,故而其思想侧重于国家政治生活;《诗经》主要记述的是山川、溪谷、禽兽、草木、牝牡、雌雄等,其思想主要在于移风易俗,其目的是真实地表达人的内在的思想和情感;《乐经》其目的和作用主要在于涵养人的心性,促进人与自身、人与他人、人与社会、人与自然、人与天道的和谐统一;而《春秋》主要是为了辨明是非、善恶、美丑,通过微言大义以达到惩恶扬善、教化人心的目的,因此,《春秋》善于道义。在此基础上,司马迁又重点说明了孔子与《春秋》的关系并详细解释了孔子作《春秋》的原因。

类似的说法,我们从《庄子·天下》中也可以看到,"其在于《诗》、《书》、《礼》、《乐》者,邹鲁之士、缙绅先生多能明之。《诗》以道志,《书》以道事,《礼》以道行,《乐》以道和,《易》以道阴阳,《春秋》以道名分。其数散于天下而设于中国者,百家之学时或称而道之"。可见,《庄子》对"六经"的论述与《史记》是基本一致的。而《礼记·经解》又为"六经"赋予了更多的道德内涵和实践价值。

孔子曰:"入其国,其教可知也。其为人也温柔敦厚,《诗》教也。疏通知远,《书》教也。广博易良,《乐》教也。

第四章　原始儒家道德哲学产生的思想背景

洁静精微，《易》教也。恭俭庄敬，《礼》教也。属辞比事，《春秋》教也。故《诗》之失愚，《书》之失诬，《乐》之失奢，《易》之失贼，《礼》之失烦，《春秋》之失乱。其为人也，温柔敦厚而不愚，则深于《诗》者也。疏通知远而不诬，则深于《书》者也。广博易良而不奢，则深于《乐》者也。洁静精微而不贼，则深于《易》者也。恭俭庄敬而不烦，则深于《礼》者也。属辞比事而不乱，则深于《春秋》者也。"（《礼记·经解》）

显然，《礼记·经解》是从圣王教化的角度来看待"六经"的，把"六经"视为对民众进行道德教化的有效工具。具体来说，《诗经》教人温柔醇厚，《尚书》教人疏通知远，《乐经》教人广博易良，《易经》教人洁净精微，《礼经》教人恭俭庄敬，《春秋》教人属辞比事。因此，孔颖达认为，"此六经者，惟论人君施化，能以此教民，民得从之，未能行之至极也"（《礼记正义·经解》）。应该说，这样的理解还是非常符合儒家思想的精神主旨的。

《国语·楚语上》和《汉书·艺文志》中也有类似的表述。《国语·楚语上》指出，"叔时曰：教之《春秋》，而为之从善而抑恶焉，以戒劝其心；教之《世》，而为之昭明德而废幽昏焉，以休惧其动；教之《诗》，而为之导广显德，以耀明其志；教之《礼》，使知上下之则；教之《乐》，以疏其秽而镇其浮；教之《令》，使访物官；教之《语》，使明其德，而知先王之务用明德于民也；教之《故志》，使知废兴者而戒惧焉；教之《训典》，使知族类，行比义焉"。《汉书·艺文志》指出，"六艺之文：《乐》以和神，仁之表也；《诗》以正言，义之用也；《礼》以明体，明者著见，故无训也；《书》以广听，知之术也；《春秋》以断事，信之符也。五者，盖五常之道，相须而备，而《易》为之原。故曰'《易》不可见，则乾坤或几乎息矣'，言与天地为终始也"。以上说法虽然存在论述维度和阐释方式的不同，但所要表达的思想内容和精神价值还是基本一致的。

"六经"具有教化人心、劝人向善、规范社会、引导价值等重要作用，与儒家思想的精神价值是完全契合的，这正是儒家继承、发展和传续"六经"的根源所在。后来，尤其是董仲舒"诸不在六艺之科孔子之术者，皆绝其道勿使并进"（《汉书·董仲舒传》）的主张被汉武帝采纳之后，"六经"随之成为儒家的专有文献，成了儒家思想传承发展最为重要的文献载体。

三　春秋文化与儒家思想

相对于西周时期严密的宗法制、分封制、井田制等社会制度和以"德""礼"为中心的社会思想与文化，春秋时期不管是在社会生活层面还是在思想文化层面都发生了很多的变化，尤其是在思想文化领域，人们赋予天道、礼乐、道德等以新的思想内涵和精神价值。正是春秋时期思想文化发生的这些变化以及变化后所形成的新形态、新内容和新特征，才真正成为原始儒家道德哲学产生的最直接的理论来源。

对此，童书业先生曾专门明确指出，春秋时代出现了一大批有影响力的思想家和政治家，比如鲁国的叔孙豹、齐国的晏婴、晋国的叔向、楚国的左史倚相、吴国的公子季札等，其中，尤以鲁国的臧文仲和郑国的子产影响最大。此外，社会上还有大量以"谚""志""君子曰""古人有言"等形式留存下来的古代智慧。这些人物和智慧就为包括道德哲学在内的儒家思想的形成和确立奠定了坚实的基础。① 因此，童书业先生断言，"等到孔子出世，

---

① 陈来教授对诗书礼乐的经典化过程进行了很好的梳理，其对思想经典的特点等的分析极具启发意义，具体可以参见陈来《古代思想文化的世界——春秋时代的宗教、伦理与社会思想》，生活·读书·新知三联书店，2009年，第168~218页。

集古代学术思想的大成，开始建立哲学的系统，真正的士大夫阶层就由他一手造成。孔子死后，他的门徒播迁各处，努力发挥本师的学说，成立了'儒家'的学派"①。以上两位学者的论述对于理解儒家思想的产生是很有启发意义的，春秋时期的思想家及其智慧为孔子及儒家思想，尤其是道德哲学思想的的确立提供了重要的资料和借鉴。

（一）春秋社会的礼制

礼制是西周和春秋时期社会生活及思想文化的集中体现。从总体上看，在西周时期，礼乐制度和礼乐文化得到了较好的落实。在制度传承上，春秋时期的礼制基本沿袭了西周礼制的内容、要求和基本面貌。但从精神实质上看，不管是吉礼、凶礼、宾礼，还是军礼、嘉礼，春秋时期的礼制在很大程度上是背离了西周礼乐制度和礼乐文化的价值和要求的，从而表现出新的价值秩序和思想特征。

以继承制为例，按照西周时期的礼制，嫡长子继承制是宗法制的核心，也是西周继承制的主体。《左传·昭公十九年》中记载：

> 是岁也，郑驷偃卒。子游娶于晋大夫，生丝，弱。其父兄立子瑕。子产憎其为人也，且以为不顺，弗许，亦弗止。驷氏聳。他日，丝以告其舅。冬，晋人使以币如郑，问驷乞之立故。驷氏惧，驷乞欲逃。子产弗遣。请龟以卜，亦弗予。大夫谋对。子产不待而对客曰："郑国不天，寡君之二三臣，札瘥夭昏，今又丧我先大夫偃，其子幼弱，其一二父兄惧队宗主，私族于谋而立长亲。寡君与其二三老曰：'抑天实剥乱是，吾何知焉？'谚曰：'无过乱门。'民有兵乱，犹惮过之，

---

① 童书业：《春秋史》，童教英导读，上海古籍出版社，2019年，第292页。

而况敢知天之所乱？今大夫将问其故，抑寡君实不敢知，其谁实知之？平丘之会，君寻旧盟，曰：'无或失职。'若寡君之二三臣，其即世者，晋大夫而专制其位，是晋之县鄙也，何国之为？"辞客币而报其使，晋人舍之。

按照《世本》的记载，子游、子瑕都是公孙夏之子，为兄弟。子游去世的时候，其子丝尚年幼，于是，子游的兄弟子瑕得到了拥立。但是，这件事却遭到了子产的强烈反对，其最主要的理由就是"舍子立叔，不顺礼也"（《春秋左传正义·昭公十九年》）。与此同时，子产采取了一种骑墙的态度，既不表示赞同，也不再坚持反对，"许之为违礼，止之为违众，故中立"（《春秋左传正义·昭公十九年》）。这主要是因为，在宗族内部成员的协商中，大家共同推举了作为宗族长辈的子瑕。正所谓"于私族之谋，宜立亲之长者"。对此，孔颖达认为，"大夫继世，为一宗之主，恐队失之也。服虔云：佑石主藏于宗庙，故曰宗主。少牢馈食大夫礼也。大夫无主，何所队乎？"（《春秋左传正义·昭公十九年》）。这是"天自欲乱驷氏，非国所知"（《春秋左传正义·昭公十九年》）。也就是说，在子产看来，出现这种问题其实就代表了天对宗族的惩罚。

类似的情况还可见于《左传·襄公二十三年》中，"季武子无适子，公弥长，而爱悼子，欲立之"。季武子没有嫡子，因此，按照西周礼制的要求，无嫡立长，这是符合早期社会的规范的，"大子死，有母弟则立之，无则长立。年钧择贤，义钧则卜，古之道也"（《左传·襄公三十一年》）。公弥是庶长子，按道理应该被立为继承人。但是，季武子非常宠爱幼子悼子，于是就打算废公弥而立悼子，这种行为遭到了臧纥的反对。

以上情况说明，一方面，西周时期的礼乐制度和礼乐文化在一定程度上具有某种约束力，还能够得到部分人的赞同；另一方面，对这种礼乐制度和礼乐文化的背离也逐渐在社会生活中显露出来，人们对礼乐制度和礼乐文化的遵守表现出了较强的随意性。

事实上，这种背离正是春秋时期所面临的社会危机的一种反映。恰如孔子所强调的那样，"天下有道，则礼乐征伐自天子出；天下无道，则礼乐征伐自诸侯出。自诸侯出，盖十世希不失矣；自大夫出，五世希不失矣；陪臣执国命，三世希不失矣。天下有道，则政不在大夫；天下有道，则庶人不议"（《论语·季氏》）。春秋时期，礼乐征伐从天子下移至诸侯，国政从诸侯下移到大夫，甚至还出现了政在陪臣的现象，完全改变了西周时期固有的社会秩序和价值，是典型的政治乱象，这就是"礼坏乐崩""天下无道"。于是，"礼"就完全成为一种形式化的存在，已经失去了其内在的以价值秩序为核心的思想内容了。这一点，恰恰是孔子道德哲学首先要求改变和更正的。

（二）春秋时期"仁"观念的提出

学术界一般认为，"仁"是孔子思想的核心，也是原始儒家道德哲学的逻辑起点。孔子和原始儒家关于"仁"的思想的讨论是以春秋时期社会生活关于"仁"的讨论和使用为前提和基础的。

根据许慎《说文解字》的解释，"仁，亲也，从人二。忎，古文仁，从千心。𡰥，古文仁，或从尸"。"仁""从人二"，简言之，就是指两个人。因此，郑玄多次提到"仁"即"相人偶"，在解释"仁者，人也"的时候，郑玄强调指出，"人也，读如相人偶之人，以人意相存问之言"（《礼记正义·中庸》）。对此，清代大儒阮元明确提出，"春秋时，孔门所谓仁也者，以此一人与被一人相人偶而尽其敬礼忠恕等事之谓也。相人偶者，谓人之、偶之也。凡仁，必于身所行者验之而始见，亦必有二人而仁乃见。若一人闭户斋居瞑目静坐，虽有德理在心，终不得指为圣门所谓之仁矣。必人与人相偶而仁乃见也"[1]。也就是说，所谓仁，就是把人理解为一

---

[1] 阮元：《〈论语〉论仁论》，载阮元撰《揅经室集》，邓经元点校，中华书局，1993年，第176页。

种对待之物，人是社会的人，人必须生活在一定的关系，尤其是社会关系当中，完全离群索居、闭户瞑坐而不与他人、他物产生接触与联系，就不会有"仁"的存在。

在学术界，关于"仁"的产生主要有三种不同的观点。第一种，认为"仁"字最早应出现于殷商时期，杨荣国教授曾明确指出，"殷周种族统治者，为了从巩固统治者氏族中以巩固民族贵族统治，就已倡导'仁'"①。对此，有学者提出了不同意见。据冯友兰先生考证，那种认为殷商时期就已经出现"仁"字的观点是缺乏必要的文献基础和材料支持的，"在殷周奴隶制时代，是否有'仁'这种道德，没有足够的文献可以考查"②。第二种，认为"仁"字最早应出现于西周时期，尤其是西周初年。于省吾先生转引了容谷先生的观点，指出"初本无仁字，后世以人事日繁，用各有当，因别制仁字。仁德之仁，至早起于西周之世"③。对此，阮元认为，"'仁'字不见于虞、夏、商书及《诗》三颂、《易》卦爻辞之内，似周初有此言，而尚无此字。……盖周初但写人字，周官礼后始造仁字也"④。应该说，阮元的解释是很有合理性的。第三种，认为"仁"字应该产生于春秋时期。在侯外庐先生看来，"'仁'字是在春秋时代出现。照上面的周代世系表看，东周元王才取名为仁。因此我们可以推测仁字大约出现在东周后期，至早在齐桓公称霸以后"⑤。从现有的传世文献和出土文献来看，我们在春秋之前的典籍中还没有发现"仁"字存在和使用的痕迹，同时我们在甲骨文和金文中同样没有发现"仁"字的存在与使用。当然，我们不能据此认为西周时期没有"仁"观念的存在。本书

---

① 杨荣国：《中国古代思想史》，人民出版社，1973年，第89页。
② 冯友兰：《三松堂全集》第七卷，河南人民出版社，2001年，第100页。
③ 于省吾：《释人尸仁㝵夷》，《大公报·文史周刊》1947年1月29日。转引自容谷《卜辞中"仁"字质疑》，《复旦学报》（社会科学版）1980年第4期。
④ 阮元：《〈论语〉论仁论》，载阮元撰《揅经室集》，邓经元点校，中华书局，1993年，第179页。
⑤ 侯外庐：《中国古代社会史论》，河北教育出版社，2003年，第272~273页。

第四章　原始儒家道德哲学产生的思想背景

认为，不管"仁"字到底是什么时候开始出现和使用的，其作为调节社会伦理关系和约束自我行为的道德规范的提出、使用和推广是春秋之后的事情，这一点自然应该是没有疑义的。

从春秋初年一直到孔子的年代，"仁"字在《左传》《国语》等文献中出现和使用的频次还是很高的。除了用作人名、地名、谥号等之外，"仁"的绝大部分用法都具有道德的内涵和伦理的价值，这说明，在春秋时代的绝大部分时间里，"仁"是社会生活中参与度比较高的一个范畴，对人们日常生活的影响自然也就是不言而喻的了。因此，经过对《国语》《左传》等文献的分析，陈来教授提出，"'仁'作为德目，在西周春秋已颇受重视"①。

春秋时期，"仁"已经成为社会生活中重要的道德观念之一了。《左传·隐公六年》中有"亲仁善邻，国之宝也"，《左传·庄公二十二年》中有"以君成礼，弗纳于淫，仁也"，《左传·僖公八年》中有"能以国让，仁孰大焉？"，《左传·宣公四年》中有"仁而不武，无能达也"，《国语·周语中》中有"畜义丰功谓之仁"，《国语·晋语一》中有"爱亲之谓仁""利国之谓仁"等。在这些表述中，"仁"被广泛应用于外交领域、政治领域和日常生活领域，涉及君德、臣德、民德等各个不同层面，这些情况都反映了"仁"的观念和思想在当时的影响和作用。《左传·襄公九年》中记载了穆姜卜筮的事。

> 穆姜薨于东宫。始往而筮之，遇《艮》之八䷳。史曰："是谓《艮》之《随》䷐。《随》，其出也。君必速出。"姜曰："亡。是于《周易》曰：'《随》，元、亨、利、贞，无咎。'元，体之长也；亨，嘉之会也；利，义之和也；贞，事之干也。体仁足以长人，嘉德足以合礼，利物足以和义，贞

---

① 陈来：《古代思想文化的世界——春秋时代的宗教、伦理与社会思想》，生活·读书·新知三联书店，2009年，第340页。

固足以干事。然,故不可诬也,是以虽《随》无咎。今我妇人,而与于乱,固在下位,而有不仁,不可谓元。不靖国家,不可谓亨。作而害身,不可谓利。弃位而姣,不可谓贞。有四德者,《随》而无咎。我皆无之,岂《随》也哉?我则取恶,能无咎乎?必死于此,弗得出矣。"

穆姜卜筮,结果卜到了《艮》卦,祝史认为这一卦不利,于是变爻而得《随》卦,并由此而断言穆姜可以很快重获自由,以取悦穆姜。孔颖达对于祝史的伎俩了然于胸,"震为雷,兑为泽。《象》曰:'泽中有雷,随。'郑玄云:'震,动也。兑,说也。内动之以德,外说之以言,则天下之民慕其行而随从之,故谓之随也。'史疑古《易》遇八者为不利,故更以《周易》占变,变其爻,乃得随卦而论之,所以说姜意也"(《春秋左传正义·襄公九年》)。对于祝史的这种解卦方式,穆姜表示反对。杜预认为,"《易》筮皆以变者占,遇一爻变义异,则论象,故姜亦以象为占也"(《春秋左传正义·襄公九年》)。"元、亨、利、贞、无咎"本是《随》卦的彖辞,须有"元、亨、利、贞"四德,才能够避免祸患,否则,无咎就是不可能的了。因此,孔颖达指出,"不诬四德者,四德实有于身,不可诬罔,以无为有也。如是乃遇随卦,可得身无咎耳。明其无此四德,而遇随卦者,乃是淫而相随,非是善事,故得随必有咎也。穆姜自以身无四德,遇随为恶。其意谓随为恶卦,故云'虽随无咎'"(《春秋左传正义·襄公九年》)。而事实上,穆姜认为自己是居于下位的妇人,而且德行有亏,注定无法免于灾祸了。在穆姜看来,有此四德,才能"随而无咎",而自己却四德皆无,当然也就无法达到"无咎"。对此,孔颖达指出,"此四德者在身,必然固不可诬罔也,是以虽得随卦,而其身无咎"(《春秋左传正义·襄公九年》)。可见,在孔颖达看来,"仁"是四德之首,而穆姜在卑下之位,却与人淫乱,是典型的"不仁之行",是无论如何也无法被称为"元"的。"今我妇人也,而与于侨如之乱，妇人卑于男子，固在下位，而有不仁之行，不可谓之元也。不安靖国家，欲除去季孟不可谓之亨也。作为乱事，而自害其身，使放于东宫，不可谓之利也。弃夫人之德位，而与侨如淫姣，不可谓之贞也。"(《春秋左传正义·襄公九年》) 卦象如此，"其身能无咎乎？"(《春秋左传正义·襄公九年》)。因此，穆姜必将死于东宫之内，这是天意之当然的了。果然，穆姜最后死于东宫之内了，正应验了祝史所卜之卦的卦意。

从穆姜卜筮的事中我们可以看出，在春秋时期，"仁"在人们的思想意识当中已经很大程度上成为"德"的代称，代表了社会生活中最重要的道德观念和思想。

至于春秋时期的"仁"的思想内涵，我们可以从《国语》中所载"优施教骊姬谮申生"的故事中略窥一斑。

> 优施教骊姬夜半而泣谓公曰："吾闻申生甚好仁而强，甚宽惠而慈于民，皆有所行之。今谓君惑于我，必乱国，无乃以国故而行强于君。君未终命而不殁，君其若之何？盍杀我，无以一妾乱百姓。"公曰："夫岂惠其民而不惠于其父乎？"骊姬曰："妾亦惧矣。吾闻之外人之言曰：为仁与为国不同。为仁者，爱亲之谓仁；为国者，利国之谓仁。故长民者无亲，众以为亲。苟利众而百姓和，岂能惮君？以众故不敢爱亲，众况厚之，彼将恶始而美终，以晚盖者也。凡民利是生，杀君而厚利众，众孰沮之？杀亲无恶于人，人孰去之？苟交利而得宠，志行而众悦，欲其甚矣，孰不惑焉？虽欲爱君，惑不释也，今夫以君为纣，若纣有良子，而先丧纣，无章其恶而厚其败。钧之死也，无必假手于武王，而其世不废，祀至于今，吾岂知纣之善否哉？君欲勿恤，其可乎？若大难至而恤之，其何及矣！"

骊姬为了帮助自己的儿子奚齐继晋献公之位，意欲谋害太子申生，于是向晋献公进谗言。骊姬从"仁"的两重性出发，认为从伦理的角度讲，"爱亲之谓仁"；而从政治的角度讲，则"利国之谓仁"。这两种理解代表了社会上关于"仁"的一般认知。陈来教授认为，"'仁'有两个层次，就一般人而言，'爱亲之谓仁'，仁即对父母兄弟之爱。而就统治阶级的成员而言，'利国之谓仁'"，因此，"一个政治领导者只爱其亲，还不能算是做到了'仁'，只有利于国家百姓，才算是做到了'仁'"[1]。申生之于晋献公本来有两重身份，即血缘上的父子关系和政治上的君臣关系，因此对于申生而言，爱亲与利国本是一体两面，是并行不悖的。但是，骊姬却有意隔绝了二者之间的联系，将二者对立起来，从而把爱亲与利国视为非此即彼的独断。在此基础上，骊姬又以申生因利国而受到百姓拥戴当作不利于晋献公的借口，提出了"苟利众而百姓和，岂能惮君""杀君而厚利众，众孰沮之"的假设，终于打动了晋献公。

针对骊姬的迫害和献公的昏庸，申生却坚定了"仁不怨君"的信念，提出了"逃死而怨君，不仁"的思想，坚定爱亲、利国的立场，"伏以俟命"（《国语·晋语一》）。由此可知，以爱亲、利国为"仁"的思想在春秋时期是深入人心的。陈来教授认为，"在古代社会文化中，贵族把道德荣誉看得很重要，申生是一个例子"[2]。

（三）春秋时期的"义""利"之辨

春秋时期往往"仁""义"并举。《左传·庄公二十二年》提出"酒以成礼，不继以淫，义也。以君成礼，弗纳于淫，仁也"。《左传·襄公十一年》中有"乐以安德，义以处之，礼以行之，信以守之，仁以厉之"。《左传·昭公六年》中有"闲之以义，纠之

---

[1] 陈来：《古代思想文化的世界——春秋时代的宗教、伦理与社会思想》，生活·读书·新知三联书店，2009年，第324页。

[2] 陈来：《古代思想文化的世界——春秋时代的宗教、伦理与社会思想》，生活·读书·新知三联书店，2009年，第326页。

以政，行之以礼，守之以信，奉之以仁"。《国语·周语下》把诸多德目并列起来，"夫敬，文之恭也；忠，文之实也；信，文之孚也；仁，文之爱也；义，文之制也；智，文之兴也；勇，文之帅也；教，文之施也；孝，文之本也；惠，文之慈也；让，文之材也"。因此，我们可以认为，"义"与"仁"一样，已经是春秋时期的人们在社会生活中必须遵守的道德规范了。

春秋时期，"义"的使用范围是非常广泛的。《左传·襄公三十一年》在说明传位制度时指出，"大子死，有母弟则立之，无则立长。年钧择贤，义钧则卜，古之道也"，"义"是考察继承人的重要的道德标准。《左传·昭公二十八年》中有"近不失亲，远不失举，可谓义矣"，"义"是对诸侯和大臣的道德要求，一切行为都必须以国家的整体利益为根本，体现为君德和臣德。《左传·文公六年》中有"母义子爱"。《左传·文公十八年》中有"父义母慈"，这说明，"义"也是对父母和长辈的道德要求，体现为父母之德。《左传·昭公二十六年》中有"夫和而义，妻柔而正"，"义"是对夫的道德要求，体现为夫德。以上都说明，"义"在春秋时期具有较强的适用性，是一种具有普遍价值的道德范畴和观念。①

关于"义"与"利"关系的讨论，是春秋时期人们在对"义"的理解和使用过程中的重要问题。在春秋时期的"义""利"之辨中，存在一种"义""利"统一的思想，"义"大于

---

① 根据张锡勤教授的总结，"义"有多种含义，"其一，义是对等级区分、等级权益的自觉维护和尊重"，"其二，义为'宜'、'当'，亦即应该"，"其三，义为正确的决断、裁制"。继而，张锡勤教授又指出，"综合以上诸义，我们可以作这样的概况：所谓义，即是遇事按照等级制的精神原则，果断地作正确决断，采取最为适宜、恰当的行为。因为义是'应该'，是应然之则，所以，在中国古代，义字往往具有更为广泛的含义。由于宜与当乃是对一切道德而言，所以，义在一些场合又泛指一切道德。在先秦典籍中，义的内容往往很宽泛"（张锡勤：《中国传统道德举要》，黑龙江大学出版社，2009年，第21~22页）。

"利"是当时"义""利"之辨的主导,对"利"的追求必须以"义"的满足为条件已经成为春秋时期的普遍认知。因此,《左传·昭公十年》明确指出,"义,利之本也"。《左传·僖公二十七年》指出,"《诗》、《书》,义之府也。礼、乐,德之则也。德、义,利之本也"。孔颖达认为,"《诗》之大旨,劝善惩恶。《书》之为训,尊贤伐罪,奉上以道,禁民为非之谓义,《诗》、《书》,义之府藏也。礼者,谦卑恭谨,行归于敬。乐者,欣喜欢娱,事合于爱。揆度于内,举措得中之谓德。礼、乐者,德之法则也。心说礼、乐,志重《诗》、《书》,遵礼、乐以布德,习《诗》、《书》以行义,有德有义,利民之本也。《晋语》云:'文公问元帅于赵衰,对曰:郤縠可,年五十矣,守学弥惇。'夫好先王之法者,德义之府。夫德义,生民之本也。能敦笃,不忘百姓"(《春秋左传正义·僖公二十七年》)。显然,"德"与"义",都是生民之本,也是利民之具。恭行德义才是国家长治久安、利国安民的根本所在。因此,《周易·乾·文言》指出"利者,义之和也"。对此,孔颖达解释为"言天能利益庶物,使物各得其宜而和同也","利为和义,于时配秋,秋既物成,各合其宜"(《周易正义·乾》)。由此可见,"义"与"利"是一种相互作用的关系。

> 仲尼曰:"叔向,古之遗直也。治国制刑,不隐于亲,三数叔鱼之恶,不为末减。曰义也夫,可谓直矣!平丘之会,数其贿也,以宽卫国,晋不为暴。归鲁季孙,称其诈也,以宽鲁国,晋不为虐。邢侯之狱,言其贪也,以正刑书,晋不为颇。三言而除三恶,加三利,杀亲益荣,犹义也夫!"(《左传·昭公十四年》)

这是孔子追忆并赞美叔向之德的话。在孔子看来,叔向之直有古之遗风,其制定和执行国家的律法,不会因为亲属的缘故而有意包庇,古人的这种直德是合乎"义"的要求的。昭公十四年,晋国发生了晋邢侯与雍子争鄐田的事,据《左传·昭公十四年》记载,"晋邢侯与雍子争鄐田,久而无成。士景伯如楚,叔鱼摄理,韩宣子命断旧狱,罪在雍子。雍子纳其女于叔鱼,叔鱼蔽罪邢侯。邢侯怒,杀叔鱼与雍子于朝。宣子问其罪于叔向。叔向曰:'三人同罪,施生戮死可也。雍子自知其罪而赂以买直,鲋也鬻狱,邢侯专杀,其罪一也。己恶而掠美为昏,贪以败官为墨,杀人不忌为贼。《夏书》曰:"昏、墨、贼,杀。"皋陶之刑也。请从之。'乃施邢侯而尸雍子与叔鱼于市"。晋国的邢侯与雍子争夺一块儿土地,却一直没有成功。此时,韩宣子任命羊舌鲋,也就是叔向的胞弟叔鱼掌管司法刑狱,于是羊舌鲋在邢侯和雍子争田的问题上,判定罪在雍子。但是,雍子为了行贿于叔鱼,就把自己的女儿送给了叔鱼,叔鱼受贿之后,重新判定邢侯有罪,结果邢侯在一怒之下,在朝堂之上当场就斩杀了叔鱼和雍子。此时,韩宣子向叔向请教应该判邢侯何罪,叔向的回答很明确,他引用《夏书》中的皋陶之刑,认为三个人同罪,邢侯应处以死刑,而已经被斩杀的雍子和叔鱼也应该暴尸于市。对此,孔子许之以"义",认为叔向"古之遗直也"。

　　对此,杜预指出,"三罪唯答宣子问,不可以不正,其余则以直伤义,故重疑之"(《春秋左传正义·昭公十四年》)。在杜预看来,叔向杀亲益荣,有沽名钓誉的嫌疑,因此,孔子实则是在讽刺叔向而不是赞美叔向。而刘烨则认为,在孔子看来,直与义是同一个意思,都体现了对叔向的赞美。孔颖达对二人的观点给予了更正与说明,"三度数叔鱼之恶,不为薄轻。言皆重厚,极言之也……咸曰义也,言人皆曰叔向是义,妄也","杜读此文,言犹义也夫,言不是义也,故言以直伤义,谓叔向非是义也。刘炫云'直则是义',而规杜氏。今知不然者,义者于事合宜,所为得理。直者,唯无阿曲,未能圆通,故《书》云'直而温'。若直而无温,则非德非义。是义之与直,二者不同……故仲尼云:'叔向,古之遗直',不云'遗义',是直与义别。刘以直义为一而规杜氏,

241

非也"(《春秋左传正义·昭公十四年》)在孔颖达看来,"直"与"义"并不能完全等同,叔向"治国制刑,不隐于亲",这是"直"的表现,这种表现本是合乎"义"的要求的,是行其所当行的合理行为。叔向关于"直"与"义"的理解和践行,为孔子以"仁""义"为核心的道德哲学的形成与建构提供了重要的思想借鉴。

第五章　原始儒家道德形而上学的建构

在先秦时期，原始儒家道德形而上学的建构是从对天道问题的解析与回答渐次展开的，对人性问题的说明是对天道问题的逻辑延伸。善与恶的道德判断、仁与义的道德价值，都构成了原始儒家道德形而上学的必要内容和理论支撑。可以认为，对道德形而上学的关注，是原始儒家道德哲学建构的首要任务。

一　天道与道德形而上学

原始儒家道德哲学是以天道为超越根据而建构起来的，其道德形而上学的提出和论证都是以对天道问题的回答和分析而完成的。毋庸置疑，天道的观念应该是在殷周以来的"天"和"天命"等观念的基础上发展而来的，"天道概念从何产生？我们说，它来源于天命"[①]。以天道为核心，原始儒家，尤其是孟子和荀子，通过对人性问题的不同主张及其论证回答了原始儒家道德形而上学的思想来源和理论依据问题。

（一）从"天命"到"天道"

先秦时期，从"天命"到"天道"的演化，继而从天命观到

[①] 李申：《中国古代哲学和自然科学》，上海人民出版社，2002年，第103页。

天道观的演化构成了原始儒家道德形而上学得以建构的重要条件。学术界一般认为,"命"的观念来自殷商,而"天"的观念则源自殷末周初,是姬周部族在殷商部族关于"帝"的观念的基础上继承和发展而来的。郭沫若先生明确指出,"殷时代是已经有至上神的观念的,起初称为'帝',后来称为'上帝',大约在殷周之际的时候又称为'天':因为天的称谓在周初的《周书》中已经屡见,在周初彝铭如《大丰簋》和《大盂鼎》上也是屡见,那是因袭了殷末人无疑"[1]。因此,殷商和西周关于"天帝"的理解是既有联系又有区别的。通过对殷墟卜辞的研究,陈梦家先生认为,"西周的天帝观念,有同于殷的,也有不同于殷的","'天'的观念是周人提出来的",殷周时期天帝观念最主要的分别即在于"在周有天的观念而以王为天子"[2]。而天命观就是当时王权与天的关系的主要理论,"天命观是指政权受命于天的学说,其形成时代相当古老,或许可以追述至西周初期"[3]。可见,人们对于"天命"和"天命观"的理解是比较统一的。

《说文解字》认为,"命,使也",也就是"令"的意思。段玉裁指出,"令者,发号也,君事也。非君而口使之,是亦令也。故曰:命者,天之令也"[4]。关于"令",《说文解字》指出,"令,发号也",《尚书·冏命》中有"发号施令,罔有不臧"。对此,段玉裁进一步解释认为,"发号者,发其号呼以使人也,是曰令。人部曰:使者,令也,义相转注,引伸为律令、为时令"[5]。"号呼",即招集之意,《尔雅·释诂》认为,"命""令同义"[6],"命、

---

[1] 郭沫若:《中国古代社会研究》(外二种),河北教育出版社,2004年,第251页。
[2] 陈梦家:《殷虚卜辞综述》,中华书局,1988年,第580~581页。
[3] 曲柄睿:《天命、天道与道论:先秦天人关系理论的形成与发展》,《史学理论研究》2021年第4期。
[4] 段玉裁:《说文解字注》,中华书局,2013年,第57页。
[5] 段玉裁:《说文解字注》,中华书局,2013年,第435页。
[6] 《增韵》对"命"与"令"作了简单的区分,"大曰命,小曰令。上出为命,下禀为令",但从总的意思来看,二者并没有实质性的区别。

令、禧、畛、祈、请、谒、讯、诰，告也"。总而言之，"命"与"令"皆为今天常用的命令之意，其主体一般是"天"或者"王"，因此，《尚书》、《诗经》和卜辞、铭文中有"天命"，有"王命"。《尚书·尧典》中有"乃命羲和"，《诗经·周颂》中有"维天之命，于穆不已"，毛公鼎铭文中有"配我有周，膺受大命"，这里的"命"均指"天命"。《尚书·说命》中有"王言惟作命"，这里的"命"即"王命"。

由此可以看出，所谓"天命"即指天之命令、教令。"天命"是以"天"的绝对权威为基础和前提的，人对"天"的信仰构成了"天命"神圣性的心理保障。因此，"天命"代表了作为具有人格形象的至上神、造物主的"天"对自然宇宙、社会人生的指导与规范，在一定程度上带有极强的强制性，是人无法主导和改变的。

因此，人对"天命"只能被动地服从和接受，而没有任何选择的权力和空间。从天的角度讲是"天命"，而从人的角度讲则是"受命"，从这个意义上看，"命"或"天命"又有了命运的意思。《周易·乾卦》强调"乾道变化，各正性命"，孔颖达认为，"性者，天生之质，若刚柔迟速之别；命者，人之所禀受，若贵贱夭寿之属是也"（《周易正义·乾卦》）。《周易·说卦》也提到，"穷理尽性，以至于命"，王弼将"命"释为"生之极也"，孔颖达做进一步说明，"命者，人所禀受，有定分，从生至终，有长短之极，故曰：命者，生之极也"（《周易正义·说卦》）。对此，《左传·成公十三年》提出，"民受天地之中以生，所谓命也。是以有动作礼义威仪之则，以定命也"。由上可知，不管是"天命"还是"受命"，对于包括人在内的天地万物而言，都体现为一种不得不然的外在强制，这在殷商时期的祭祀文化中表现得尤为明显。对此，前文已经多有涉及，兹不赘述。可以认为，从"天命"到"受命"的发展在很大程度上代表了西周时期的天命观从主要论证政权合法性的政治领域逐渐拓展到兼及个人祸福的个体和社会生活领域，从而为"天命"向"天道"的过渡奠定了坚实的思想基础。

西周时期，"天命"往往是与"德"紧密联系在一起的。在《殷周制度论》中，王国维先生把"道德"视作殷周文明及政治与社会变革的标志性区别。郭沫若先生也把西周文化超越殷商文化的关节点确定为周人"提出了一个'德'字来"，以德政做机柄，"这的确是周人所发明出来的新的思想"。[①]"以德配天"是西周时期天命观中最重要的思想，《诗经》、《尚书》及铭文等文献中的此类论述是很多的。《诗经·大雅·烝民》中有"天生烝民，有物有则。民之秉彝，好是懿德"，《尚书·康诰》中有"克明德慎罚"，毛公鼎铭文中有"皇天引厌厥德"等，《郭店楚墓竹简》中有"昔者君子有言曰'圣人天德'曷？言慎求之于己，而可以至顺天常也"[②]，所论的核心议题均为天与德的关系。《左传·僖公五年》引《周书》之言论证了"惟德是依""惟德是辅""惟德繄物"的思想。

> 公曰："吾享祀丰洁，神必据我。"对曰："臣闻之，鬼神非人实亲，惟德是依。故《周书》曰：'皇天无亲，惟德是辅。'又曰：'黍稷非馨，明德惟馨。'又曰：'民不易物，惟德繄物。'如是，则非德民不和，神不享矣。神所冯依，将在德矣。若晋取虞，而明德以荐馨香，神其吐之乎？"弗听，许晋使。宫之奇以其族行，曰："虞不腊矣，在此行也，晋不更举矣。"（《左传·僖公五年》）

"皇天无亲，惟德是辅""神所冯依，将在德矣"等论述充分说明在西周时期的观念中，"德"是人与天保持密切联系的最核心

---

① 郭沫若：《中国古代社会研究》（外二种），河北教育出版社，2004年，第259~260页。
② 荆门市博物馆编《郭店楚墓竹简》，文物出版社，1988年，第168页。

的纽带，天不会把管理天下的权力永远无条件地交给同一个部族，而部族要获得上天眷顾的唯一有效途径就是"德"，在个体层面要求以德修身，在社会层面要求躬行德政。这与《尚书·召诰》所要表达的"王其德之用，祈天永命""惟不敬厥德，乃早坠厥命"等思想是完全一致的。

当周人把"天命"与"德"联系起来，并用"德"解释王权得失及其合法性根源的时候，"天命"也就同时具有了某种规律性的思想萌芽，这种规律性正是天道观的主要特征，陈来教授将之称为"秩序"。在陈来教授看来，"西周时代的天命论，总体上，仍然是一种神意论，而不是后来发展的自然命定论或宇宙命运论，仍然披着皇天上帝的神性外衣，但也不可否认，其中已缓慢地向一种秩序和命运的思想发展。秩序的观念逐步凝结为'天道'的观念，而命运的观念则仍旧依存于'天命'观念之下来发展"[1]。可以认为，规律和秩序是先秦时期天道观的核心要素。

因此，我们一般把天道观的产生时间确定为西周末年到春秋初年，"在天命观之后，出现了另一种运用天象运行之数阐述世运兴替之理、解释王朝嬗代的学说，即天道观"，"天命观出现以后，大约在春秋时期，时人还利用天象解释国运，形成了天道观"[2]。"'天道'一词在西周时期的文献和铜器铭文中都从未出现过，其所具有的多层次的内涵，亦不是西周时期可以具有的概念。春秋时期文献中开始出现天之道、人之道等词语。"[3] 毋庸置疑，春秋

---

[1] 陈来：《古代宗教与伦理——儒家思想的根源》，生活·读书·新知三联书店，1996年，第194页。

[2] 曲柄睿：《天命、天道与道论：先秦天人关系理论的形成与发展》，《史学理论研究》2021年第4期。

[3] 郭晨晖：《"天命"与"天道"——春秋时期"天"崇拜观念之嬗变》，《孔子研究》2021年第1期。亦有学者指出，"天道概念起于何时？不易详考"，但经过对《尚书》、《周易》、《礼记》和《左传》等文献的分析之后，依然认为"天道概念大约出现于春秋初期，后来得到了广泛应用"（李申：《中国古代哲学和自然科学》，上海人民出版社，2002年，第106页）。

时期对"道"的使用已经很普遍了。

"道"字本意为人走的路,即《说文解字》中所说的"道,所行道也"的意思,后来引申为法则,"《左传》中子产所说的'天道'、'人道',以及其它所屡见的道字,都是法则或方法的意思"①。因此,所谓"天道"即天运行的法则或规律。"星象与人事对应的规律,则被认为象征着天的意志,这种对应之道,也即是天道。故而可以说占星学与天人感应观念的流行,共同促成了'天道'观念的出现。"②后来,老子在此基础上,把这种法则、规律、秩序进一步上升到哲学本体的高度,"到了老子才有了表示本体的'道'。老子发明了本体的观念,是中国思想史上所从来没有的观念","道"作为本体,在解释世界的时候,取代了"天"作为造物主的存在,"一切物质的与观念的存在,连人所有的至高的观念'上帝'都是由它所幻演出来的"③。因此,人们的道德生活、道德观念乃至道德哲学的根源即在于此。

(二)"易,所以会天道人道者也"

对于道德哲学,《周易》主要是从形而上学的角度给予阐释和论证的,为原始儒家道德哲学的建构提供了超越的基础。《周易·说卦》指出:

> 昔者圣人之作《易》也,幽赞于神明而生蓍,参天两地而倚数,观变于阴阳而立卦,发挥于刚柔而生爻,和顺于道德而理于义,穷理尽性以至于命。昔者圣人之作《易》也,

---

① 郭沫若:《中国古代社会研究》(外二种),河北教育出版社,2004年,第272页。
② 郭晨晖:《"天命"与"天道"——春秋时期"天"崇拜观念之嬗变》,《孔子研究》2021年第1期。
③ 郭沫若:《中国古代社会研究》(外二种),河北教育出版社,2004年,第272页。

将以顺性命之理。是以立天之道曰阴与阳，立地之道曰柔与刚，立人之道曰仁与义。兼三才而两之，故《易》六画而成卦。分阴分阳，迭用柔刚，故《易》六位而成章。

这说明，圣人作《易》的目的，一方面，在于参天地之化育，沟通天人，通过了解、认识天道而辨析、确立人道，天道是人道的来源与根据；另一方面，强调人类与社会的生活必须顺应天道的自然之理和人道的仁义之则，"和顺于道德而理于义"。孔颖达指出，"蓍数既生，爻卦又立，《易》道周备，无理不尽。圣人用之，上以和协顺成圣人之道德，下以治理断人伦之正义"（《周易正义·说卦》）。由此，我们可以知道，"《易》道周备，无理不尽"，以道德哲学为核心的人道是禀赋于天道而产生和存在的，天道就是原始儒家道德形而上学的主要体现。《周易·系辞下》强调指出，"《易》之为书也，广大悉备，有天道焉，有人道焉，有地道焉，兼三材而两之，故六。六者非它也，三材之道也"。可见，在《系辞下》看来，天道、人道、地道是相互贯通的。因此，人道就是天地之道在社会生活中的具体体现，其内容与合法性都源自具有超越意义的形而上的天地之道。

对此，《郭店楚墓竹简·语丛一》在论述六艺之书主旨时明确指出，"礼，交之行述也。乐，或生或教者也。书，□□□□者也。诗，所以会古今之诗也者。易，所以会天道、人道也。春秋，所以会古今之事也"[①]。由此可见，在《语丛一》看来，《易》所关注的核心问题就是贯通天道与人道的道理。汤一介先生认为，"'天'之与'人'是一种内在超越的关系"，"孔子曰：'人能弘道，非道弘人。''道'指'天道'（亦可包含'人道'），由人来发扬光大，'天道'存在那里，如果你不去发扬光大它，那么'天道'自是'天道'；并不能使你成圣成贤。所以《语丛一》中又

---

① 李零：《郭店楚简校读记》，北京大学出版社，2002年，第160页。

说：'知天之所为，知人之所为，然后知道，知道然后知命。'知道'天'的道理（运行规律），又知道'人'的道理（为人的道理），即'社会'运行的规律，合两者谓之'知道'，'知道'然后知'天'之所以是推动'人'的内在力量（天命）"。① 继而，汤一介先生得出结论，认为"天心人心实为一心。人生之意义就在于体证'天道'，人生之价值就在于成就'天命'，故'天''人'之关系实为一内在关系。'内在关系'与'外在关系'不同，'外在关系'是说在二者（或多者）之间是各自独立的，不相干的，而'内在关系'是说在二者（或多者）之间是不相离、而相即的。'天人合一'这一《易》所阐发的命题，是中国儒家思想的重要基石"②。汤一介先生借助对《郭店楚墓竹简·语丛一》中"易，所以会天道人道者也"的阐释，深入地说明了天道与人道的贯通与融合及其对于中国儒家思想的重要意义，其作为"中国儒家思想的重要基石"，自然也就成为先秦时期儒家道德哲学构建的重要基石。

《周易·系辞上》认为，"夫《易》开物成务，冒天下之道，如斯而已者也。是故圣人以通天下之志，以定天下之业，以断天下之疑"，"古之聪明睿知，神武而不杀者夫。是以明于天之道，而察于民之故，是兴神物以前民用。圣人以此斋戒，以神明其德夫"。在王弼看来，"易通万物之志，成天下之务，其道可以覆冒天下也"。孔颖达认为，"'是故圣人以通天下之志'者，言易道如此，是故圣人以其易道通达天下之志，极其幽深也。'以定天下之业'者，以此易道定天下之业，由能研几成务，故定天下之业也。'以断天下之疑'者，以此易道决断天下之疑，用其蓍龟占卜，定天下疑危也。'是故蓍之德圆而神，卦之德方以知'者，神以知来，是来无方也；知以藏往，是往有常也"（《周易正义·系辞

---

① 汤一介：《释"易，所以会天道人道者也"》，《周易研究》2002 年第 6 期。
② 汤一介：《释"易，所以会天道人道者也"》，《周易研究》2002 年第 6 期。

上》)。显然，上承天道、开启人道的只能是"古之聪明睿知，神武而不杀"的圣人。因此，圣人明于天道的同时，又能够察于民故，起到了沟通神人、天人的作用。"易道深远，以吉凶祸福，威服万物。故古之聪明睿知神武之君，谓伏牺等，用此易道，能威服天下，而不用刑杀而畏服之也。"(《周易正义·系辞上》)

对此，《周易·系辞下》认为：

> 子曰："小人不耻不仁，不畏不义，不见利不劝，不威不惩。小惩而大诫，此小人之福也。《易》曰：'屦校灭趾，无咎。'此之谓也。善不积不足以成名，恶不积不足以灭身。小人以小善为无益而弗为也，以小恶为无伤而弗去也，故恶积而不可掩，罪大而不可解。《易》曰：'何校灭耳，凶。'"子曰："危者，安其位者也。亡者，保其存者也。乱者，有其治者也。是故君子安而不忘危，存而不忘亡，治而不忘乱，是以身安而国家可保也。《易》曰：'其亡其亡，系于苞桑。'"

这段话显然是在试图从反面强调人道之则的必要性。孔颖达认为，"明小人之道，不能恒善，若因惩诫而得福也，此亦证前章安身之事"，"恶人为恶之极以致凶"。对于不能为善的小人而言，一味作恶却又想"身安而国家可保"，则无异于将自己和国家的命运系之于苞桑之上，实在是时时都有累卵之危，是无法保证自己和国家的安全的，此言确当。这也就从反面论证了天道之德与人道之则之间的内在联系，再次说明了天道是人道与德性的重要保障与根本来源。

（三）"天生德于予"

在西方的文化世界中，黑格尔即便肯定"孔子的教训"是"一种道德哲学"，但其对孔子著作和思想的态度都是轻蔑的、不屑一顾的。从他对孔子和中国文化的有限认知出发，黑格尔认为，

"孔子只是一个实际的世间智者,在他那里思辨的哲学是一点也没有的——只有一些善良的、老练的、道德的教训,从里面我们不能获得什么特殊的东西"。而对于《论语》,黑格尔认为,"我们看到孔子和他的弟子们的谈话,里面所讲的是一种常识道德,这种常识道德我们在哪里都找得到,在哪一个民族里都找得到,可能还要好些,这是毫无出色之点的东西","西塞罗留下给我们的'政治义务论'便是一本道德教训的书,比孔子所有的书内容丰富,而且更好。我们根据他的原著可以断言:为了保持孔子的名声,假使他的书从来不曾有过翻译,那倒是更好的事"。[1] 在这里,我们无意对黑格尔的态度给予任何评价,更无意把西塞罗与孔子、《政治义务论》与《论语》进行对比,但他所持的"在他那里思辨的哲学是一点也没有的"的观点得到了很多学者的认可。

实事求是地讲,从文献的记载来看,孔子对天道和人性问题的讨论是非常有限的,以致孔子的学生子贡感叹道:"夫子之文章,可得而闻也;夫子之言性与天道,不可得而闻也。"(《论语·公冶长》)尽管如此,我们在《论语》中还是看到了孔子关于"天"和"道"等超越范畴的大量论述和理解,据有学者统计,"有关于'天',《论语》中出现四十六次凡三十四章",言"《论语》中'道'字出现八十三次,其言'道'者五十七章"。[2] 这充分说明孔子对天、天命、天道等相关问题是非常重视的。

在天道观问题上,一方面,孔孟基本继承了商周以来天道观的传统,把"天"视为一个被赋予了道德内涵的至上神,是道德之天、意志之天,自然宇宙、社会人生的一切都是由作为至上神的"天"所决定和支配的,人伦社会的道德生活、道德思想和道德哲学概莫能外。《左传·僖公十五年》中记载了穆姬对于"天"

---

[1] 黑格尔:《哲学史讲演录》第一卷,贺麟、王太庆译,商务印书馆,1978年,第119~120页。
[2] 唐代兴:《孔子天道思想的形而上学敞开特征》,《中华文化论坛》2022年第3期。

的理解,"穆姬闻晋侯将至,以大子䓨、弘与女简、璧登台而履薪焉,使以免服衰绖逆,且告曰:'上天降灾,使我两君匪以玉帛相见,而以兴戎。若晋君朝以入,则婢子夕以死;夕以入,则朝以死。唯君裁之。'乃舍诸灵台"。显然,在这里,"天"就是作为一个有目的、有意志的人格神、至上神的形象而存在的。

另一方面,孔子又在很大程度上把"天"还原为自然,《论语·阳货》中记载了孔子关于天的感慨,"天何言哉?四时行焉,百物生焉,天何言哉?"郭沫若先生认为,"看了孔子这句话便可以知道孔子心目中的天只是自然,或自然界中的理法,那和旧时的有意想行识的天是不同的","孔子所说的'天'其实只是自然,所谓'命'是自然之数或自然之必然性",在郭沫若先生看来,"就仅止这一点在天道思想的整个的历史上要算是一个进步"。①

相较而言,从《论语》中我们可以看出,孔子更加关注现实的社会与人生,这一点是人所共知的。对于子贡等人的感慨,朱熹认为,"文章,德之见乎外者,威仪文辞皆是也。性者,人所受之天理;天道者,天理自然之本体,其实一理也。言夫子之文章,日见乎外,固学者所共闻;至于性与天道,则夫子罕言之,而学者有不得闻者。盖圣门教不躐等,子贡至是始得闻之,而叹其美也。程子曰:'此子贡闻夫子之至论而叹美之言也。'"(《四书章句集注·论语集注·公冶长》)也就是说,在朱熹看来,孔子的学说与思想,弟子门人可以通过阅读和学习孔子的文章而得到,而孔子对天道和人性等问题却极少关注和讨论,因此很多学生无从把握。但这种情况并不是因为孔子罕言,而是因为圣人的教化有由浅入深的顺序,要根据人的不同资质和修养程度进行教导。程树德先生引阮元《揅经室集》认为,"此子贡叹学者不能尽人而皆得闻之,非子贡亦不闻也",并引《论语笔解》中韩愈之语,"盖

---

① 郭沫若:《中国古代社会研究》(外二种),河北教育出版社,2004年,第277页。

门人只知仲尼文章，而少克知仲尼之性与天道合也。非子贡之深蕴，其知天人之性乎？"① 这与朱熹的观点和论述基本是一致的。虽然，《论语·述而》中也有"子不语怪、力、乱、神"的说法，但在朱熹看来，这主要是因为"怪异、勇力、悖乱之事，非理之正，固圣人所不语。鬼神，造化之迹，虽非不正，然非穷理之至，有未易明者，故亦不轻以语人也。谢氏曰：'圣人语常而不语怪，语德而不语力，语治而不语乱，语人而不语神。'"（《四书章句集注·论语集注·述而》）程树德先生引李充之言认为，"力不由理，斯怪力也。神不由正，斯乱神也。怪力乱神，有兴于邪，无益于教，故不言也"②。由此可见，孔子较少涉及怪力乱神的原因在于，怪力乱神都不是天理之正，既不利于教化万民，也不利于人君"修德力政"。因此，孔子采取了存而不论的态度，不轻易对这一类的问题进行表态。

总的来说，《论语》中关于天道、鬼神和人性等超越问题的讨论确实如子贡所感慨的那样是很少的，但我们也决不能据此就认为孔子完全忽视或者排斥这些问题。从《论语》、《周易》、《左传》和《史记·孔子世家》等文献中我们还是可以发现孔子对天道和人性及相关问题进行讨论、分析的证据和痕迹。在孔子的思想当中，"天"具有多重性质，正如郭齐勇教授所论，"在孔子那里，'天'有超越之天（宗教意义的终极归宿）、道德之天（道德意义的秩序与法则）、自然之天（自然变化的过程与规律）、偶然命运之天等不同内涵。他在肯定天的超越性、道德性的同时，又把天看作是自然的创化力量"③。

孔子在周游列国的过程中，有生活困顿，甚至是厄于陈蔡的时候，在弟子们都对孔子和儒家理想丧失信心的情况下，孔子却

---

① 程树德：《论语集释》，程俊英、蒋见元点校，中华书局，2013年，第371~372页。
② 程树德：《论语集释》，程俊英、蒋见元点校，中华书局，2013年，第556页。
③ 郭齐勇：《中国儒学之精神》，复旦大学出版社，2009年，第255页。

能够以"天"为论,认为作为人世主宰的"天"都还没有放弃,都还在坚持,我们又有什么理由不坚持呢?因此,匡人是不能威胁到自己的存在的,孔子认为自己的存在就代表了天命之所系。《史记·孔子世家》中记载了孔子到宋遇到桓魋的事。

> 孔子去曹适宋,与弟子习礼大树下。宋司马桓魋欲杀孔子,拔其树。孔子去。弟子曰:"可以速矣。"孔子曰:"天生德于予,桓魋其如予何!"

孔子周游列国时,在离开曹国去宋国的途中,与弟子们在一棵大树之下演习礼乐。此时,宋国的司马桓魋打算杀死孔子,当孔子的学生们要求其快速离开的时候,孔子的态度却显得十分从容,"天生德于予,桓魋其如予何?"孔子认为,自己受命于天,由曹到宋去宣传自己的思想价值和社会理想,是上天赋予自己的历史使命,因此,自己是不会受到桓魋的阻碍的,同时,更不能因为桓魋的阻碍而放弃自己的天命和对道德信念的坚守。因此,在孔子看来,决定道德的天命是指一种最高的必然性和客观规律,而这种必然性和客观规律决不是某个人能够轻易改变的。

"天"作为道德意义的秩序与法则,"孔子把对超越之天的敬畏与主体内在的道德律令结合起来,把宗教性转化为内在的道德性"。同时,郭齐勇教授认为,"天赋予了人以善良的天性,天下贯于人的心性之中。天不仅是人的信仰对象,不仅是一切价值的源头,而且也是人可以上达的境界。人本着自己的天性,在道德实践的工夫中可以内在的达到这一境界。这就是'下学而上达'。这基本上就是孔子的'性与天道'的思想"[①]。

相对于孔子主要从"天""天命""天道"的角度论证原始儒家道德哲学的形而上学基础而言,孟子更多的是从人性的角度展

[①] 郭齐勇:《中国儒学之精神》,复旦大学出版社,2009年,第254页。

开论证，而对"天""道""天道"等观念的说明则要少得多。孟子固然承认"天"的至上特征，"斋戒沐浴可以祀上帝"（《孟子·离娄下》），"天将降大任于是人也，必先苦其心志，劳其筋骨，饿其体肤，空乏其身，行拂乱其所为，所以动心忍性，曾益其所不能"（《孟子·告子下》）。显然，这里的"上帝"和"天"都具有至上神的意味。孟子通过"天"来论证道德哲学形而上学基础的主要工具是把"诚"灌注于"天"之内，正所谓"诚者，天之道也；思诚者，人之道也。至诚而不动者，未之有也；不诚，未有能动者也"（《孟子·离娄上》）。朱熹认为，"诚者，理之在我者皆实而无伪，天道之本然也；思诚者，欲此理之在我者皆实而无伪，人道之当然也"（《四书章句集注·孟子集注·离娄章句上》）。"诚"就是真实无妄的意思，这是"天"的本性，是"天道之本然"。而人就应该效法"天"的这种真实无欺的本性，把内在之善充分发挥出来。程瑶田以"实有"来解释"诚"，他认为，"诚者，实有而已矣。天实有此天也，地实有此地也，人实有此人也。人有性，性有仁义礼智之德，无非实有者也。故曰性善也者，实有此善焉也"（《孟子正义·离娄上》）。不管是真实无误还是实有，"诚"都突出天人一贯，强调善的本性为天人所共有。

孟子曾经引述过孔子对《诗经·大雅·烝民》之"天生烝民，有物有则，民之秉彝，好是懿德"的解释，以进一步论证其人性论思想，"孔子曰：'为此诗者，其知道乎！故有物必有则；民之秉彝也，故好是懿德。'"（《孟子·告子上》）显然，孟子认为，在孔子看来，《烝民》的作者一定对"道"有着充分而深入的了解，上天创造了万民，并为其制定了常道与法则，万民秉持这样的常道与法则，就有了美好的品德，也就是孟子所说的善性。对此，焦循引用程瑶田之语认为，"天分以与人而限之于天者，谓之命。人受天之所命而成于己者，谓之性。此限于天而成于己者，及其见于事为，又有无过无不及之分，以为之则。是则也，以德之极地言之，谓之中庸。以圣人本诸人之四德之性，缘于人情而制以与人遵守者言之，谓之威仪之礼。盖即其限于天成于己之所不待学而可知，不待习而可能者也。亦即其限于天成于己者之所学焉而愈知，习焉而愈能者也，是之谓性善"（《孟子正义·告子上》）。

基于对天道的上述理解，孔孟非常注重"天命""天道"的存在和影响。孔子继承了商周以来对"天""天命""天道"的信仰，认为"获罪于天，无所祷也"（《论语·八佾》），提出了"不知命，无以为君子"（《论语·尧曰》）和"君子有三畏"（《论语·季氏》）的思想。"君子有三畏，畏天命，畏大人，畏圣人之言。小人不知天命而不畏也，狎大人，侮圣人之言。"正是出于对"天"的超越性信仰，儒家对德性之善的追求才展现出深刻的哲学形而上学的思考和与宗教终极关怀的内容。

（四）"明于天人之分"

在郭沫若先生看来，荀子时天道问题的理解和阐释在一定程度上超越了其之前的思想家，"天道思想，儒家到了思、孟，道家到了惠、庄，差不多是再没有进展的可能了。他们彼此在互相攻击着，也在互相影响着，同时也一样地攻击墨家，而一样地受着墨家的影响，彼此之间的差异是很微细的，再后一辈的荀子，他是颇以统一百家自命的人，又把儒道两家的天道观统一了起来"[①]。显然，郭沫若先生认为荀子在天道观问题上的最大进展在于统一、融合了先秦各家，尤其是儒道两家关于天道观的思想，这也是荀子天道观的最大特色。

学术界一般认为，在天道观问题上，荀子否定和批判了商周以来把天视为意志之天、道德之天、命运之天的传统天道观思想，而是继承了春秋以来关于"天人相分"的思想，提出了自己独特的"明于天人之分"和"制天命而用之"的思想，从而建构了自

---

① 郭沫若：《中国古代社会研究》（外二种），河北教育出版社，2004年，第286页。

己道德哲学的形而上学基础。

"天人相分"的观念应该始于春秋时期，是中国早期思想家对自然宇宙、社会人生的理解和认识不断深化的结果，同时，其也是西周初年确立的礼乐文化、德性伦理逐渐演进的体现。据《春秋·僖公十六年》记载，"十有六年，春，王正月，戊申，朔，陨石于宋，五。是月，六鹢退飞，过宋都"。僖公十六年，宋国发生了一些非常奇怪的事情，有很多陨石落在了宋国境内，同时，还发生了六只鸟倒着飞的现象。对此，《左传》给予了解释，较为详细地说明了周朝的内史叔兴对这些怪异现象的理解。

> 十六年春，陨石于宋五，陨星也。六鹢退飞过宋都，风也。周内史叔兴聘于宋，宋襄公问焉，曰："是何祥也？吉凶焉在？"对曰："今兹鲁多大丧，明年齐有乱，君将得诸侯而不终。"退而告人曰："君失问。是阴阳之事，非吉凶所生也。吉凶由人，吾不敢逆君故也。"（《左传·僖公十六年》）

对于这些奇怪的天象，宋国人都受到了惊吓，认为这是上天降下的某种征兆。于是，当周朝内史叔兴到宋国聘问的时候，宋襄公非常紧张地问，这到底是什么征兆，是吉还是凶呢？对此，叔兴表面上迎合了宋襄公的说法，认为这是今年鲁国将要有大的丧事、齐国明年将会发生大的动乱、周天子将会得到各诸侯国的拥护但又无法坚持到最后的征兆。但是，当叔兴退下来之后，却跟其他人说，宋襄公的提问本身是非常不恰当的，所有这些奇怪的天象都是天道自然运行的具体体现，是有关阴阳的问题，而与人世社会的吉凶没有任何关系，人世社会的吉凶祸福都是由人自身所决定的，并不是天道的反映，跟天道也没有什么联系。叔兴关于阴阳的理解在当时是有一定代表性的，试图从自然内部去寻求对自然现象的解释，其基本观点就是人世社会的吉凶祸福都是人自身行为的结果，而不是天道的某种神秘的反映。关于这一方面的内容，子产有着更加深刻和科学的回答。《左传·昭公十八年》中记载了子产对天人关系的理解。

> 夏五月，火始昏见。丙子，风。梓慎曰："是谓融风，火之始也。七日，其火作乎！"戊寅，风甚。壬午，大甚。宋、卫、陈、郑皆火。梓慎登大庭氏之库以望之，曰："宋、卫、陈、郑也。"数日，皆来告火。裨灶曰："不用吾言，郑又将火。"郑人请用之，子产不可。子大叔曰："宝以保民也。若有火，国几亡。可以救亡，子何爱焉？"子产曰："天道远，人道迩，非所及也，何以知之？灶焉知天道？是亦多言矣，岂不或信？"遂不与，亦不复火。郑之未灾也，里析告子产曰："将有大祥，民震动，国几亡。吾身泯焉，弗良及也。国迁，其可乎？"子产曰："虽可，吾不足以定迁矣。"及火，里析死矣，未葬，子产使舆三十人迁其柩。火作，子产辞晋公子、公孙于东门。使司寇出新客，禁旧客勿出于宫。使子宽、子上巡群屏摄，至于大宫。使公孙登徙大龟。使祝史徙主祏于周庙，告于先君。使府人、库人各儆其事。商成公儆司宫，出旧宫人，置诸火所不及。司马、司寇列居火道，行火所焮。城下之人伍列登城。明日，使野司寇各保其征。郊人助祝史除于国北，禳火于玄冥、回禄，祈于四鄘。书焚室而宽其征，与之材。三日哭，国不市。使行人告于诸侯。宋、卫皆如是。陈不救火，许不吊灾，君子是以知陈、许之先亡也。

鲁昭公十八年五月，天象有异，大火星开始出现，初七又刮起了大风。鲁大夫梓慎认为，这是郑国即将发生大火灾的前兆。几天之后，宋国、卫国、陈国、郑国果然都发生了火灾，梓慎发出警告，如果不采纳自己的意见，郑国还会发生更大的火灾。于是，郑国人都请求郑侯采纳梓慎的意见，但这却遭到子产的强烈反对。在子产看来，天道遥不可及，而人道却发生在我们身边，天道和人道之间实在没有任何关联，怎么能够通过对天道的观察就了解人道的吉凶祸福呢？况且裨灶也不懂得天道的奥妙。最后，子产还是没有答应郑国人和梓慎的要求，结果郑国也没再发生别的火灾。于是，里析告诉子产，郑国将要发生大的变动，子产认为，即便如此，自己也不能单独决定迁都的事宜。之后，子产派人把祭祀用的大龟迁走了，还派人严加戒备，防止火灾再次发生。对此，杜预指出，"天道难明，虽裨灶犹不足以尽知之"（《春秋左传正义·昭公十八年》）。

除了春秋时期的思想之外，《管子》中关于天道的论述也对荀子天道观的形成产生了重要影响。

在《管子》看来，天道具有自然的性质，体现为自然界的规律和属性。《管子·心术上》指出，"天之道，虚其无形。虚则不屈，无形则无所位迕，无所位迕，故遍流万物而不变。德者，道之舍，物得以生生，知得以职道之精。故德者，得也。得也者，其谓所得以然也。以无为之谓道，舍之之谓德。故道之与德无间，故言之者不别也。间之理者，谓其所以舍也"。显然，在《管子》当中，天道无形，却代表了自然，是由至小的物质性的颗粒所构成的，"德"就是道在事物身上的体现，因此"道德无间"。这是一种朴素唯物主义的观点，体现了对老子之"道"的继承、转化与发展，"稷下道家之于老子形上之道的继承，可称为'创造性的继承'，将原本抽象渺远之道具象化而为精气"[1]。在人道与天道的关系问题上，《管子·五行》提出了"人与天调，然后天地之美生"的思想。

> 当春三月，萩室煁造，钻燧易火，杼井易水，所以去兹毒也。举春祭，塞久祷，以鱼为牲，以蘖为酒，相召，所以

---

[1] 陈鼓应注译《管子四篇诠释——稷下道家代表作解析》，商务印书馆，2006年，第51页。

属亲戚也。毋杀畜生，毋拊卵，毋伐木，毋夭英，毋拊竿，所以息百长也。赐鳏寡，振孤独，贷无种，与无赋，所以劝弱民。发五正，赦薄罪，出拘民，解仇雠，所以建时功施生谷也。夏赏五德，满爵禄，迁官位，礼孝弟，复贤力，所以劝功也。秋行五刑，诛大罪，所以禁淫邪，止盗贼。冬收五藏，最万物，所以内作民也。四时事备，而民功百倍矣。故春仁、夏忠、秋急、冬闭，顺天之时，约地之宜，忠人之和，故风雨时，五谷实，草木美多，六畜蕃息，国富兵强，民材而令行，内无烦扰之政，外无强敌之患也。（《管子·禁藏》）

显然，在《管子》看来，人道的任务就是要充分地认识、理解和掌握天道的法则，正所谓"为国之本，得天之时而为经"。在此基础上，更要顺应天道的要求，严格按照天道的时令安排社会生产与活动，只有这样才能真正实现"风雨时，五谷实，草木美多，六畜蕃息，国富兵强，民材而令行，内无烦扰之政，外无强敌之患"的目的。这就要求我们要在认识、顺应天道的前提下努力掌握和利用天道以服务于人道，我们理解天道和人道关系的根本即在于此。"万物尊天而贵风雨。所以尊天者，为其莫不受命焉也；所以贵风雨者，为其莫不待风而动待雨而濡也"，"法天地之位，象四时之行，以治天下。四时之行，有寒有暑，圣人法之，故有文有武。天地之位，有前有后，有左有右，圣人法之，以建经纪。春生于左，秋杀于右；夏长于前，冬藏于后。生长之事，文也；收藏之事，武也。是故文事在左，武事在右，圣人法之，以行法令，以治事理"（《管子·版法解》），即圣人应在尊重天道的基础上，积极体察、顺应和效法天道，这是圣人行令、治世的根本。可以认为，《管子》中关于天道与人道关系的论述，是荀子天道观和天人关系思想的理论前提，为其思想的提出奠定了直接的理论基础。

"明于天人之分"是荀子天道观中最为重要的观点。在荀子看来,"天"首先就代表了自然,"列星随旋,日月递照,四时代御,阴阳大化,风雨博施,万物各得其和以生,各得其养以成,不见其事而见其功,夫是之谓神。皆知其所以成,莫知其无形,夫是之谓天"(《荀子·天论》)。荀子提出,"天行有常,不为尧存,不为桀亡。应之以治则吉,应之以乱则凶"(《荀子·天论》)。荀子所谓的"天"是指自然之天,所谓"天行有常"意指自然界的运动变化有其内在的法则与客观的规律,不以人的意志为转移。它不依赖于人而存在,不被人世的治乱吉凶所决定,也不干预人世的治乱吉凶。所谓"明于天人之分",简言之,就是要明确天与人不相干预。这样,人世的治乱吉凶就要由人自己负责。"在天人关系上,荀子首先肯定'天行有常',认为自然的变迁基于自身法则,非人能左右。从'明于天人之分'观念出发,荀子确认了天道的实在性,又注意到社会治乱取决于人自身的治理而与天行无关。"[①]

人当然生活在自然界之中,但人世的治乱吉凶不取决于自然界,而取决于人如何采取相"应"的行动。"应之以治则吉,应之以乱则凶",其吉不是出于天之赏,其凶也不是出于天之罚,而是完全被或治或乱的社会行为所决定。需要突出强调的是,一个"应"字,就把人在处理与自然关系时的主动性牢牢掌握在自己手中,这样的观点无疑在力图使人摆脱千百年来对天的依靠,因此,不管是从人对自然宇宙、社会人生认识深化的角度来看,还是从人自身思维水平提高的角度来看,都是巨大的进步。所以,廖名春教授认为,"社会的治乱主要不取决于自然界的条件,因为相同的自然条件不能成为社会治乱的原因。在这里,荀子实际上已经把社会治安治乱的根源由'天命'转移到人事上来了"[②],可以认

[①] 杨国荣:《天人之辩的多重意蕴——基于〈荀子·天论〉的考察》,《船山学刊》2022年第5期。
[②] 廖名春解读《荀子》,国家图书馆出版社,2019年,第299页。

为,"荀子'天人之分'的思想,把人与自然的区别剖分得清清楚楚,将人与天之间的一切感情的纽带、情绪的关联截然割断,这在天人关系上确实是一次空前的革命,就是说它在科学的观点上具有划时代的意义也不为过"[1]。这样的评价是非常恰当的。

"明于天人之分"是对商周以来"天人感应"思想的批判与否定。荀子认为:

> 星队、木鸣,国人皆恐。曰:是何也?曰:无何也,是天地之变,阴阳之化,物之罕至者也,怪之可也,而畏之非也。夫日月之有蚀,风雨之不时,怪星之党见,是无世而不常有之。上明而政平,则是虽并世起,无伤也;上暗而政险,则是虽无一至者,无益也。夫星之队,木之鸣,是天地之变,阴阳之化,物之罕至者也,怪之可也,而畏之非也。物之已至者,人祅则可畏也。楛耕伤稼,耘耨失岁,政险失民,田薉稼恶,籴贵民饥,道路有死人,夫是之谓人祅。政令不明,举错不时,本事不理,夫是之谓人祅。礼义不修,内外无别,男女淫乱,则父子相疑,上下乖离,寇难并至,夫是之谓人祅。(《荀子·天论》)

当自然界发生一些怪异现象时,常被认为是上天对人的惩罚,故"国人皆恐"。而荀子认为,这些现象虽然罕见,但仍属于"天地之变,阴阳之化"的自然范围,它们与人世的治乱吉凶无关,故"怪之可也,而畏之非也"。如果政治清明、百姓安乐,即便这些奇异的事情同时发生,其实也无伤大雅,对于人世生活和社会治理而言,不会产生任何影响;反之,如果政治昏暗、民不聊生,即便所有的异象都没有出现,社会的混乱、秩序的崩坍也是不可避免的。"田薉稼恶,籴贵民饥""举错不时,本事不理""礼义

---

[1] 廖名春解读《荀子》,国家图书馆出版社,2019年,第295页。

不修，内外无别，男女淫乱""父子相疑，上下乖离"等情况都是由政治昏聩、人事不修造成的，荀子将之界定为"人祆"，即人祸，与天无关。因此，"唯圣人不求知天"，杨国荣教授认为，"对人祆的以上批评，主要在于指出社会问题产生的根源在于人自身，而不是由于自然的变迁或其他某种超验的力量"[1]。对此，有学者给予了高度评价，"毫无疑问，孔子、孟子的'道德化'天论中确实残留着神秘主义的色彩。而荀子则对鬼神观念给予了彻底的否定，将原来胶附于'天'这一概念之上的神鬼意识剔除干净，为天人并立的思想奠定了基础"[2]。相较于孔孟把"天"作为至上神、造物主，荀子的思想无疑更具进步意义。

当然，荀子并不反对举行祭祀、卜筮的仪式，但又明确区分了儒家精英文化与世俗文化的不同。在荀子看来，"雩而雨，何也？曰：无何也，犹不雩而雨也。日月食而救之，天旱而雩，卜筮然后决大事，非以为得求也，以文之也。故君子以为文，而百姓以为神。以为文则吉，以为神则凶也"（《荀子·天论》）。天旱时祭天以求雨（"雩"），发生日食、月食时祭天以免灾，有了疑难的大事时卜筮以测吉凶，事实上这些做法没有任何的实际意义，只是一种文饰教化的仪式而已。"君子以为文，而百姓以为神"，就是说即便儒家的精英文化认为"无鬼神"，但从"以神道设教"的角度来考虑，祭祀、卜筮等活动也是必需的，百姓以为真有鬼神。荀子以划分文化层次的方式，消解了墨子对儒家所谓"执无鬼而学祭礼"这一矛盾的批评。"以为文则吉，以为神则凶"，在荀子看来，作为社会主导的精英文化虽然可以有一些文饰教化的宗教仪式，但如果以为真有鬼神，使整个社会陷入宗教的迷狂之中，那就会有凶灾发生了。

---

[1] 杨国荣：《天人之辩的多重意蕴——基于〈荀子·天论〉的考察》，《船山学刊》2022年第5期。

[2] 纪洪涛：《荀子"天人并立"思想诠说》，《孔子研究》2022年第1期。

正是由于"天"自然无为，没有道德意识，不会干预人世的治乱吉凶，亦不是人类道德观念的根源，所以荀子提出了"制天命而用之"的思想。

> 大天而思之，孰与物畜而制之？从天而颂之，孰与制天命而用之？望时而待之，孰与应时而使之？因物而多之，孰与骋能而化之？思物而物之，孰与理物而勿失之也？愿于物之所以生，孰与有物之所以成？故错人而思天，则失万物之情。（《荀子·天论》）

"大"即尊崇之意，"大天"就意味着把"天"神化、道德化。如墨子所谓"天志"、《中庸》所谓"思知人，不可以不知天"就是"大天而思之"，《周易》所谓"大哉乾元"就是"从天而颂之"。荀子对这些都持反对意见，认为这样的"思天""颂天"显然并不符合自然界的实际情况。因此，荀子主张"物畜而制之"，即主张开发、裁制自然，使其被人所用。

荀子不像老、庄那样主张人应效法"天"的自然无为，他批评"老子有见于诎（屈），无见于信（伸）"（《荀子·天论》），批评"庄子蔽于天而不知人"（《荀子·解蔽》）。荀子主张"能参"，"天有其时，地有其财，人有其治，夫是之谓能参。舍其所以参，而愿其所参，则惑矣"（《荀子·天论》）。"参"有天、地、人三才之意，也有参与、配合的意思。在以天、地、人为核心的统一世界里，人要做的就是与天地相配合，遵守天时，获取地利，从事相应的社会生产与生活等活动，这就是"能参"。如果舍弃人的本分，只是祈望于天地，那就是"惑"而不明智了。

一般来说，若要开发、利用自然，首先就要研究、认识自然。但自然界的运动变化往往"不见其事，而见其功"，"皆知其所以成，莫知其无形"，人只能观察到自然的现象，然而内在的、无形的那些规律是人难以窥知的，荀子称此为"神"，亦即《周易》所谓"阴阳不测"的"神"。荀子不像《周易》有"穷神知化"的思想，而是主张"唯圣人为不求知天"。实际上，荀子所谓的"天行有常""养备而动时"等就已体现了"知天"的观念，"知天"到这样的程度就足以安排社会生产，而不必追求那些与社会治理和生产无关的自然界的内在本质或规律了。因此，荀子提出"无用之辩，不急之察，弃而不治"（《荀子·天论》）。这样，人应关注的就只是"人之道"，而最有用的就是社会伦理，故云："若夫君臣之义，父子之亲，夫妇之别，则日切磋而不舍也。"（《荀子·天论》）

荀子对于人在自然界中的位置、价值及卓越能力有较为系统的论述。在他看来：

> 水火有气而无生，草木有生而无知，禽兽有知而无义，人有气、有生、有知，亦且有义，故最为天下贵也。力不若牛，走不若马，而牛马为用，何也？曰：人能群，彼不能群也。人何以能群？曰：分。分何以能行？曰：义。故义以分则和，和则一，一则多力，多力则强，强则胜物。（《荀子·王制》）

"气"是万物的本原，"水火"是无机物，"草木"是植物，"禽兽"是动物，人不仅"有气、有生、有知"，而且"有义"，故人居于自然界的最高层次。人之所以"最为天下贵"，是因为相对于水火、草木、禽兽而言，人具有"义"，即以礼义为核心的社会道德价值，这是人能够超越于万物的根本所在。人之所以能够役使牛马、裁制万物，就是因为人能够结成社会（"群"）；人之所以能够结成社会，就是因为人有等级分工；而等级分工能够在人类社会得以落实，根本原因在于人有礼义，能够按照一定的标准形成一定的秩序。换言之，用礼义来确定等级分工、明确社会秩序就能够实现人际协调，以社会秩序和人际协调为基础就能够建立起统一的社会，从而依靠群体的存在获得强大的力量，这样就可以战胜万物，为人的存在和发展争取更多的资源和更大的空间。荀子最终把人的价值及力量归因于礼义道德，这就是"应之以治则吉"；而人能够"物畜而制之""制天命而用之"，原因也在于此。显然，荀子的思想强烈地表现出了儒家崇尚道德和人为的价值取向。

二　人性与道德形而上学

《周易·系辞上》提出，"一阴一阳之谓道，继之者善也，成之者性也。仁者见之谓之仁，知者见之谓之知。百姓日用而不知，故君子之道鲜矣"。王弼认为，"道者何？无之称也，无不通也，无不由也，况之曰道。寂然天体，不可为象。必有之用极，而无之功显，故至乎'神无方，而易无体'，而道可见矣"（《周易正义·系辞上》）。显然，王弼是用道家思想来解释"一阴一阳之谓道"的。

对于"继之者善也，成之者性也"，孔颖达认为，"'继之者善也'者，道是生物开通，善是顺理养物，故继道之功者，唯善行也。'成之者性也'者，若能成就此道者，是人之本性"，生物开通、顺理养物体现了天道之本然，而效法天道和成就天道，是人道的内容和要求，体现为"人之本性"（《周易正义·系辞下》）。

（一）"性自命出"与"天命之谓性"

真正为人性与天道建立起内在逻辑关联的，应当始于思孟学派。郭店楚墓竹简中的《性自命出》一般被认为是思孟学派的早期作品，其对于人性与天道关系的讨论，为孟子人性论思想的提出和其对性命关系问题的思考与回答提供了重要的思想前提和理论基础。同时，上海博物馆藏战国楚竹书中有《性情论》一篇，讨论的问题与《性自命出》基本类似，甚至有些篇章的文字和论述方式都是一致的，也被学术界认为是思孟学派的重要文献。对于这两篇文献之间的关系,陈来教授指出,"我现在的基本看法是,由于上博简缺损多于郭店简,所以仍应以郭店简文本为优。至于何以不同传本章序不同,这可能需要从传经经师的章句不同来解释。最后,不管上下两部分是否为两篇独立的文章,这两部分的内容虽有一致的地方,但重点确乎不同。这主要是,上部的重点是以乐化情,以礼养性。而下部的重点是君子的德行和容貌"①。因此,本书对思孟学派早期文献的考察主要还是以郭店楚墓竹简中的《性自命出》一篇为依据进行。

在天道与人性的关系问题上,《性自命出》认为,"性自命出,命自天降。道始于情,情生于性。始者近情,终者近义。知情□□□出之,知义者能纳之。好恶,性也。所好所恶,物也。善不□□□,所善所不善,势也"。《性情论》中也有类似的表述,"性自命出,命自天降。道始于情,情生于性。始者近情,终者近义。知情者能出之,知义者能入之。好恶,性也。所好恶,勿也。善不善,性也。所善所不善,势也"。在《性自命出》和《性情论》看来,人性出自命,而命则来自天,命具体体现为天道与人性进行沟通的媒介,因此,人性的内容及其合法性都是由上天赋予的。对此,郭沂教授认为,"'性自命出,命自天降',裘按:《中庸》'天命之谓性',意与此句相似。今按:《性自命出》的'性'和今本《中庸》的'性'内涵不同。前者谓'喜怒哀悲之气,性也',此'性'显然属于后人所说的气质之性;后者谓'天命之谓性,率性之谓道','性'是'道'的来源,无疑属于后人所说的义理之性"②。当然,郭沂教授以天命之性或义理之性和气质之性来解读和区分《性自命出》与《中庸》中的"天命之谓性"的做法是否科学,还有待进一步研究和考察,但把《中庸》

---

① 陈来:《郭店楚简〈性自命出〉与上博藏简〈性情论〉》,《孔子研究》2002年第2期。
② 郭沂:《〈性自命出〉校释》,《管子学刊》2014年第4期。

中的"天命之谓性"理解为"'性'是'道'的来源"却与人们普遍的理解存在一定偏差，还有待进一步探讨。

在此基础上，《中庸》更加详细地论述了天道与人性之间的相互关系与作用。

> 天命之谓性，率性之谓道，修道之谓教。道也者，不可须臾离也，可离非道也。是故君子戒慎乎其所不睹，恐惧乎其所不闻。莫见乎隐，莫显乎微，故君子慎其独也。喜怒哀乐之未发，谓之中；发而皆中节，谓之和；中也者，天下之大本也；和也者，天下之达道也。致中和，天地位焉，万物育焉。

在《中庸》看来，人性毫无疑问是源自天道的，天道是人性合法性的最后依据，人性的内容和属性也都是由天道所赋予和决定的。如果每个人都能够根据天赋自由发展而不加以人为阻碍的话，人性在社会生活中就自然体现为人道的流行。而对于人道的学习和修养，就是圣人的教化。由此可见，天命、人性、人道、教化不管是在内容上还是在精神价值上都是完全一致的，都是一以贯之的天道在不同对象中的不同体现。因此，天道、人性、人道是与我们的存在相伴始终、片刻不离的，凡是可以脱离我们的生活而独立存在的天道和人道就不是真正的天道和人道。因此，我们必须在生活中时刻警惕，不能有丝毫的放松和懈怠。

对此，孔颖达认为，"此节明中庸之德，必修道而行；谓子思欲明中庸，先本于道"。《中庸》的这一章告诉人们，涵养德性必须从中庸开始做起，而要深入地理解中庸之道，就必须首先了解天道之本人，这是我们学习和实践中庸的前提和基础。在此基础上，孔颖达又指出：

> 天命之谓性傲者，天本无体，亦无言语之命，但人感自

然而生,有贤愚吉凶,若天之付命遣使之然,故云"天命"。老子云:"道本无名,强名之曰道。"但人自然感生,有刚柔好恶,或仁、或义、或礼、或知、或信,是天性自然,故云"谓之性"。"率性之谓道",率,循也;道者,通物之名。言依循性之所感而行,不令违越,是之曰"道"。感仁行仁,感义行义之属,不失其常,合于道理,使得通达,是"率性之谓道"。"修道之谓教",谓人君在上修行此道以教于下,是"修道之谓教"也。云"《孝经说》曰:性者,生之质命,人所禀受度也",不云命者,郑以通解性命为一,故不复言命。(《礼记正义·中庸》)

显然,在天道与人性的关系问题上,孔颖达基本是赞同郑玄的观点的,人性与天命是一体而不可分离的。"'道也者,不可须臾离也'者,此谓圣人修行仁、义、礼、知、信以为教化。道,犹道路也。道者,开通性命,犹如道路开通于人,人行于道路,不可须臾离也。若离道则碍难不通,犹善道须臾离弃则身有患害而生也。"(《礼记正义·中庸》)由此可见,对于人道和教化问题的说明,孔颖达的论述要更加深入,在他看来,人道的内容就是仁、义、礼、知、信等儒家所倡导的道德规范和价值秩序,同时,这也是天道、天命和人性的核心内容。人道的使命在于沟通天命与人性,即所谓"开通性命"。在天命、人性及人道和教化的境界上,孔颖达又认为,"'喜怒哀乐之未发谓之中'者,言喜怒哀乐缘事而生,未发之时,澹然虚静,心无所虑而当于理,故'谓之中'。'发而皆中节谓之和'者,不能寂静而有喜怒哀乐之情,虽复动发,皆中节限,犹如盐梅相得,性行和谐,故云'谓之和'"(《礼记正义·中庸》)。由此可知,"中和"就是天命、人性、人道和教化与修养的最高境界。喜怒哀乐含而未发时,心无所虑,恬淡虚静,自然完满;喜怒哀乐发而中节,则说明人性形之于外,无不自然合于天道之本然,动静相宜,性行和谐。因此,可以认为,"中"的境界代表了人性的本然状态,而"和"的境界则是达到这种本然状态和完满境界的途径与方法。如果人能够"致中和"的话,则天地万物各得其理,各归其序,自然完满。这既是天道与天命的追求,同时也是人道、人性与教化和修养的最高追求。

而朱熹则主要从理学的立场来看待天道、天命与人道、人性的关系。朱熹认为:

> 命,犹令也。性,即理也。天以阴阳五行化生万物,气以成形,而理亦赋焉,犹命令也。于是人物之生,因各得其所赋之理,以为健顺五常之德,所谓性也。率,循也。道,犹路也。人物各循其性之自然,则其日用事物之间,莫不各有当行之路,是则所谓道也。修,品节之也。性道虽同,而气禀或异,故不能无过不及之差,圣人因人物之所当行者而品节之,以为法于天下,则谓之教,若礼、乐、刑、政之属是也。盖人之所以为人,道之所以为道,圣人之所以为教,原其所自,无一不本于天而备于我。学者知之,则其于学知所用力而自不能已矣。故子思于此首发明之,读者所宜深体而默识也。(《四书章句集注·中庸章句》)

在朱熹看来,人性就是天理。包括人在内的天地万物,都是由理与气共同构成的,"天以阴阳五行化生万物,气以成形,而理亦赋焉,犹命令也",二者相依,缺一不可。天理在个体身上的体现就是人性,其内容和要求自然是儒家的伦理道德和价值秩序。由于人所禀赋的天理是同一个天理,没有任何偏差,因此,每个人的人性也都是完全一样的。然而,由于不同的人的气质的不同,所以,完全相同的天理和人性在每个个体身上的表现千差万别。圣人根据自己对人性的理解、考察和体悟,把人性的要求转化为现实的规范,这就是人道和教化的直接来源。既然天理和人性是每个人都禀赋于天的,自然也就必须时刻相随、片刻不离了,"道者，日用事物当行之理，皆性之德而具于心，无物不有，无时不然，所以不可须臾离也。若其可离，则为外物而非道矣。是以君子之心常存敬畏，虽不见闻，亦不敢忽，所以存天理之本然，而不使离于须臾之顷也"（《四书章句集注·中庸章句》）。

对于"中和"的问题，朱熹认为，中与和是一体之两面的关系，具体体现为体与用的关系①，"喜、怒、哀、乐，情也。其未发，则性也，无所偏倚，故谓之中。发皆中节，情之正也，无所乖戾，故谓之和。大本者，天命之性，天下之理皆由此出，道之体也。达道者，循性之谓，天下古今之所共由，道之用也"（《中庸》）。显然，朱熹是从性与情及其关系的角度出发理解"已发"和"未发"的。关于性与情的关系，荀子认为，"性者，天之就也；情者，性之质也"（《荀子·正名》），情即性的本然要求。喜怒哀乐是情的外在表现，当喜怒哀乐没有形之于外的时候，则人性完满自足，中正无私，不偏不倚，无过无不及；而当喜怒哀乐形之于外时，就会产生恰当与否的差别，如果外在的情绪能够恰如其分地表达内在情感的话，则与礼无违，自然合于中道，这就体现为"和"，也就是孔子所谓的"礼之用，和为贵"。天命之性为体，是为"大本"；循性中节为用，是为"达道"，"其一体一用虽有动静之殊，然必其体立而后用有以行，则其实亦非有两事也"（《四书章句集注·中庸章句》）。显然，在朱熹看来，人与天地万物是一体的，其心、其气莫不如是。

在此基础上，《中庸》又探讨了"诚"与"思诚"的关系问题。

---

① 毛奇龄对朱熹的理解提出了质疑。在毛奇龄看来，朱熹仅仅用性情体现体用是远远不够的，因此提出了"性情心意，同一体用"的观点。"以心意言，则心是独，意亦是独；以性情言，则性是独，情不是独，以喜怒哀乐必将中著也；以心意言，则心是中，意亦是中，所谓诚于中；而以性情言，则性可言中，情不可言中，以喜怒哀乐未发是中，而发而形外即将达于天下也。"（《四书改错》卷十九）

第五章 原始儒家道德形而上学的建构

诚身有道：不明乎善，不诚乎身矣。诚者，天之道也；诚之者，人之道也。诚者不勉而中，不思而得，从容中道，圣人也。诚之者，择善而固执之者也。

自诚明，谓之性；自明诚，谓之教。诚则明矣，明则诚矣。唯天下至诚，为能尽其性；能尽其性，则能尽人之性；能尽人之性，则能尽物之性；能尽物之性，则可以赞天地之化育；可以赞天地之化育，则可以与天地参矣。其次致曲。曲能有诚，诚则形，形则著，著则明，明则动，动则变，变则化。唯天下至诚为能化。

在《中庸》看来，"诚"是天道的本性，而人道的任务就是深入地体会和把握天道的这种本性，即"诚之"或者说"思诚"，把天道之"诚"的本性在人道当中充分地体现出来，从而实现天道与人道的合一。凡是能够真正使二者完美合一的人就是圣人，其行为不需要刻意为之就能够自然合乎中道的要求，不进行思虑就能够把握天道的内容和要求，一言一行无不恰如其分地体现出天道和人性。对此，孔颖达认为，"至诚之道，天之性也。则人当学其至诚之性，是上天之道不为而诚，不思而得。若天之性有杀，信著四时，是天之道。'诚之者人之道也'者，言人能勉力学此至诚，是人之道也。不学则不得，故云人之道。唯圣人能然，谓不勉励而自中当于善，不思虑而自得于善，从容间暇而自中乎道，以圣人性合于天道自然"（《礼记正义·中庸》）。

而在朱熹看来，"诚者，真实无妄之谓，天理之本然也。诚之者，未能真实无妄，而欲其真实无妄之谓，人事之当然也"。"诚"的本义就是真实无妄，这就是天道之本然，同时也体现了圣人的境界和德性。圣人浑然天理，与天道一样都是真实无妄的，都能够把自我完满的本性自然显露出来而没有任何的窒碍，具体表现就是"不待思勉而从容中道"。而"诚之"体现为贤人之德，由于贤人还没有达到圣人的境界，因此，在德行上就体现出一定程度的亏缺障蔽，人的私欲也会在生活中有所显现。但是，贤人的优点和长处就在于虽未至善，但可以明善，并进而择善，努力提高自己的认识水平与修养水平，向至善靠拢，这同样可以最终实现对天理和人性的完全把握，从而达到"诚"的至高境界。因此，朱熹强调圣人和贤人两种不同的认识和修养方法，"德无不实而明无不照者，圣人之德。所性而有者也，天道也。先明乎善，而后能实其善者，贤人之学。由教而入者也，人道也。诚则无不明矣，明则可以至于诚矣"（《四书章句集注·中庸章句》）。

关于"诚"与"思诚"，《孟子·离娄上》中有类似的表述，"居下位而不获于上，民不可得而治也；获于上有道：不信于友，弗获于上矣；信于友有道：事亲弗悦，弗信于友矣；悦亲有道：反身不诚，不悦于亲矣；诚身有道：不明乎善，不诚其亲身矣。是故诚者，天之道也；思诚者，人之道也。至诚而不动者，未之有也；不诚，未有能动者也"。朱熹认为，"诚者，理之在我者皆实而无伪，天道之本然也；思诚者，欲此理之在我者皆实而无伪，人道之当然也。至，极也。杨氏曰：'动便是验处，若获乎上、信乎友、悦于亲之类是也。'此章述中庸孔子之言，见思诚为修身之本，而明善又为思诚之本"（《四书章句集注·孟子集注·离娄章句上》）。显然，朱熹在这里的理解基本上秉承了《中庸章句》的思想，但是，又进一步引用了杨时的话，思诚便是对天道天理的检验，具体体现为修身的根本所在，而明善又是思诚的根本，因此，明善即实现对最高天理的体悟和认识，就是达到圣人境界的首要要求了。

从朱熹关于"中和"与"诚"的论述来看，二者是统一的。因此，从工夫论的角度来看，"致中和"就相当于"诚之"或"思诚"的过程。"致，推而极之也"，即要求把未发之性与已发而中节之情推至极致，就可以达到"天地万物本吾一体"的境界，如此则"吾之心正，则天地之心亦正矣，吾之气顺，则天地之气亦顺矣"。因此，有学者指出，"朱熹《中庸章句》对'致中和，天地位焉，万物育焉'的诠释，其丰富内涵在于，朱熹认为，将人的喜怒哀乐未发的'中'与发皆中节的'和'推到极致，并据此体会人的先天本性以及与此具有共同性的天地万物之理和变化规律，进而'裁成天地之道，辅相天地之宜'、'赞天地之化育'，就可以实现'天地位'、'万物育'。而这与《中庸》所谓'唯天下至诚，为能尽其性；能尽其性，则能尽人之性；能尽人之性，则能尽物之性；能尽物之性，则可以赞天地之化育；可以赞天地之化育，则可以与天地参矣'是完全一致的"[①]。

总的来说，不管是"性自命出""天命之谓性"，还是"致中和""诚之""思诚"，都是在天道与人性之间建立了直接而确定的联系。由此，人性被赋予了形而上的超越性质和内容，成为原始儒家论述其道德哲学思想的重要的理论来源和思想依据，对后世产生了重要的影响。

（二）"人皆可以为尧舜"

"孟子道性善，言必称尧舜"（《孟子·滕文公上》），这句话准确描述了孟子人性论的基本观点、价值取向和修养目标等内容，是孟子人性论思想的集中体现。有学者较为深刻地揭示了孟子探讨人性问题的社会原因，"孟子之所以探究和揭示人类道德行为的内在心性根源，意在揭示人类社会秩序的人性本源。孟子时代的思想家之所以热衷于讨论人性问题，不仅源自于对人类行为的善恶与人类本性之关系问题的关切与思考，更主要的是由于当时特殊的时代环境——持续的政治动荡、残酷的军事战争和严重的社会失序状态激发了思想家对于重建社会政治秩序的热望，同时也

[①] 乐爱国：《朱熹〈中庸章句〉对"致中和"的注释及其蕴含的生态思想——兼与〈礼记正义·中庸〉比较》，《江南大学学报》（人文社会科学版）2012年第1期。

促使他们不能不反省人类的本性问题,不同的人性观点为社会政治秩序的重建提供了不同的思路"[1]。

可以认为,"人性本善"是孟子在人性论问题上的核心观点及其道德哲学的思想基础,孟子性善论为其道德哲学的构建提供了形而上的理论根据。由此出发,孟子重点说明了原始儒家所倡导的伦理关系的起源和道德秩序的产生,论证了原始儒家道德哲学中关于教化的可能性与修养的合理性等问题。因此,性善论是了解其道德哲学最重要的途径。

孟子性善论的观点和思想是在与时人、弟子,尤其是告子的辩论中逐次铺陈开来的。我们一般将告子的人性论界定为自然人性论,告子提出了"生之谓性"(《孟子·告子上》)的人性论观点,这与荀子所讲的"生之所以然者谓之性"(《荀子·正名》)、"性者,本始材朴也"(《礼论》)等是基本一致的。在告子看来,人一生下来就具有的一切自然资质都应属于人性的内容,"食色,性也",饥食渴饮、声色犬马就都成为人性的本然要求。人性的这种本然要求之中并不包含任何的道德因素,因而也无法通过善恶来进行道德评价,因此,告子主张人性"无善无不善"。

> 告子曰:"性,犹杞柳也;义,犹桮棬也。以人性为仁义,犹以杞柳为桮棬。"
> 告子曰:"性犹湍水也,决诸东方则东流,决诸西方则西流。人性之无分于善不善也,犹水之无分于东西也。"
> 告子曰:"生之谓性。"(《孟子·告子上》)

在这里,告子以杞柳、杯棬、湍水等比喻人性与仁义之间的关系。在告子看来,人性就像是木材,而仁义就像是用木材做成

---

[1] 林存光:《"民惟邦本":政治的民本含义——孟子民本之学的政治哲学阐释》,《四川大学学报》(哲学社会科学版)2014年第5期。

的器皿，二者之间虽有密切的联系，但还是不能把二者直接等同起来，木材可以做成器皿，但木材本身不必然就是器皿。同样，没有任何道德规定的人性可以发展出仁义道德，但是人性又并不必然等同于仁义道德。没有任何道德规定的人性就像是奔流不息的江河，从哪边引导，水就会流向哪边，因此，决定水的流向的不是水本身，而是外界的引导和规范。所以，人性是不应该有什么善恶之分的，现实的人的善恶是受后天环境和教化、学习影响的。在这种认识的基础上，告子认为，人一生下来就具有的各种自然资质，如饥食、渴饮、男女之欲等，无一例外都是人性的内容和要求，在这样的人性当中，自然没有任何道德的内容与规定。也就是说，告子认为，人类的感性生理和对于物质生活的追求属于自然的产物，而人类的道德理性和对于社会伦理的追求则显然属于社会的产物，人的善的道德品质都是后天教化和培养的结果，同样，人的恶的社会行为也不是出于人性之本然，而是受到社会环境和生活的影响。因此，在告子看来，不管是善还是恶，都不是人性的应有之义。朱熹认为，"告子言人性本无仁义，必待矫揉而后成，如荀子性恶之说也"（《四书章句集注·孟子集注·告子章句上》）。

对于告子的这种自然人性论，孟子给予了坚决的驳斥。

孟子曰："子能顺杞柳之性而以为桮棬乎？将戕贼杞柳而后以为桮棬也？如将戕贼杞柳而以为桮棬，则亦将戕贼人以为仁义与？率天下之人而祸仁义者，必子之言夫！"

孟子曰："水信无分于东西。无分于上下乎？人性之善也，犹水之就下也。人无有不善，水无有不下。今夫水，搏而跃之，可使过颡；激而行之，可使在山。是岂水之性哉？其势则然也。人之可使为不善，其性亦犹是也。"

孟子曰："生之谓性也，犹白之谓白与？"曰："然。""白羽之白也，犹白雪之白；白雪之白，犹白玉之白与？"曰：

"然。""然则犬之性,犹牛之性;牛之性,犹人之性与?"(《孟子·告子上》)

显然,在孟子看来,告子以杞柳、杯棬、湍水等来比喻人性与仁义之间关系的论述是有问题的,危害极大,"如将戕贼杞柳而以为杯棬,则亦将戕贼人以为仁义与?率天下之人而祸仁义者,必子之言夫!"(《孟子·告子上》)孟子如此猛烈地批判告子以杞柳喻仁义,根本原因在于其对现实生活的担忧与考量,恰如何怀宏教授所言,孟子"担心告子否定了人性中向善的动力之源,而在他看来,当时的天下,国家间道德沦丧,人们的良知放逸已久,亟须逆流而上,发掘出人的良知和善性"[1]。孟子认为,诚如告子所言,木材与杯棬并不完全是一回事,但正是由于木材具有将来可以被制作成器皿的本性,我们才能根据木材的这种本性而把木材加工成器皿。可以设想,如果木材本身并不具备被做成器皿的本性的话,我们不论如何努力都无法把木材加工成器皿。正是由于木材本身具有可以成为器皿的潜在的可能性,所以,木材才有可能成为器皿。同样,正是因为人性当中蕴含着可以为善的可能,人在后天的成长过程中才能够逐渐成为善人。亦有学者从目的论的角度对此进行阐释,"一般来说,我们总是根据木材的潜质来决定它的用途,这样才会物尽其用。但问题在于,是木材自身本来就具有某种潜质还是我们认为它具有这种潜质?即使我们不否认杞柳有其天生的材质,但是我们将其制作成何种器具乃取决于我们的目的,因此一个想用杞柳制作炊具的木匠可能会认为它具有制作杯盘的潜质,但是一个制作兵器玩具的制造商则可能认为它具有制作刀剑的潜质。这就是说,木材的潜质实际上是相对于我们的目的而言的"[2]。对此,有学

---

[1] 何怀宏:《人性何以为善?——对"孟子论证"的分析和重释》,《北京大学学报》(哲学社会科学版)2022年第4期。
[2] 黄启祥:《告子与孟子人性论辩之分析》,《道德与文明》2019年第1期。

者指出,"就杞柳与杯棬的关系而言,孟子虽然一方面与告子一致,承认有戕害或残贼的一面;但另一方面他与告子不一样之处在于,他会更深入地看到在人的生存活动中,杯棬有着对于杞柳树的顺成的一面"①。成善体现的是对人性的顺应,同时也是人性的必然要求。否则,如果真如告子所认为的那样,"言如此,则天下之人皆以仁义为害性而不肯为,是因子之言而为仁义之祸也"(《四书章句集注·孟子集注·告子章句上》)。

对于湍水之喻,孟子基本沿着告子的逻辑,因势利导地做了进一步的推演。② 孟子强调指出,水的本性固然没有东西之分,难道也没有上下之分吗?"水信无分于东西。无分于上下乎?"朱熹则直接揭示了孟子的论证意图,"水诚不分东西矣,然岂不分上下乎?性即天理,未有不善者也"。水往低处流就是水的本性,这与善是人的本性在逻辑上是一样的。③ 水性就下,因此,人性也就无

---

① 郭美华:《人性的顺成与转逆——论孟子与告子"杞柳与杯棬"之辩的意蕴》,《文史哲》2011年第2期。
② 有学者认为,孟子关于湍水之喻的论述是很牵强的,"孟子指出了水之'性'的问题,那就是它的向下流动的性质,但'湍水'这一比喻带来一个困难,即以'下流'而喻'向善'(向上)的困难,孟子继续引申这个比喻还和他的思想不完全吻合,他似乎是说人要强改水性,让水往上流,使之过颡,'使之在山'——也就是说使为'恶'是很难的,是需要搏激的,这和人们的一般观感不合,即一般人会更强调行善如上山,相当不易,而从恶则如下山,很快就能滑下来。这也和孟子认为人的良知本能是很容易陷溺、良心很容易放逸的观点不太吻合"。应该说,这样的观点非常敏锐地抓住了孟子人性论思想中难以自洽的问题,值得论者做进一步思考。具体可参见何怀宏《人性何以为善?——对"孟子论证"的分析和重释》,《北京大学学报》(哲学社会科学版)2022年第4期。
③ 毛奇龄认为,孟子以水之上下来驳斥告子的水之东西本来是没有问题的,但朱熹对于孟子的注解有画蛇添足之嫌,简直就是个"笑话",只不过是朱熹借以批驳论敌的一贯手法而已。"如此,则尔分东西,我分上下,各执一说。此如朱子与陆子静辨《太极图说》,辨之不胜,辄曰'请各尊所闻,各行所知'。此身所为事,而乃以之诬孟子,真笑话矣!孟子曰水信以为无分东西,乃亦不分上下乎?人无不善,水无不下,东西流者,下故也。此一下句解上句,一呼一转,正针对语,非撇开语。若曰'诚不分东西',则两开矣。'无分'者,有所分也。信者,不信也。如此'墨者夷之''子信以为人之亲其兄之子''信'字一例。凡辟异学,多如此。"(《四书改错》卷十七)

有不善了。通过外力的作用，水就下的本性是可以被改变的，不管是"过颡"还是"在山"，都代表了外力对水之本性的强制性改变。同样，人的善恶也是如此，至善的人性可以体现为现实的恶的行为，但是这无法改变人性善的本质。"水之过颡在山，皆不就下也。然其本性未尝不就下，但为搏激所使而逆其性耳。此章言性本善，故顺之而无不善；本无恶，故反之而后为恶，非本无定体，而可以无所不为也。"（《四书章句集注·孟子集注·告子章句上》）对于孟子对告子"杞柳"和"湍水"之喻的批驳，丁为祥教授认为，"孟子的敏锐与深刻就在于：从前一案例中，他立即看出从杞柳到桮棬之间不可忽视的'戕贼'作用，从而突出人性规定之自然而然的要求；而在后一案例中，他又透过湍水及其东流西流现象，立即看出水之超越于东流西流之'无不就下'的本性，从而将湍水及其东流西流包括所谓'过颡'、'在山'现象统统划归到'其势则然也'的范围中。于是，孟子就既突出了人性展现之自然而然的性质，同时又揭示了人性规定之本根性与本真性的要求"[①]。

对于告子"生之谓性"的论述，孟子同样给予了批判。在孟子看来，如果把人的本性等同于人生而本具的自然资质的话，那么人之性与动物之性的区别又如何体现呢？"白羽之白也，犹白雪之白；白雪之白，犹白玉之白与？""犬之性，犹牛之性；牛之性，犹人之性与？"白羽、白雪、白玉虽然都具有白的特性，但"羽性轻，雪性消，玉性坚"，三者在本质上是完全不同的。而告子以生解性，显然仅仅看到了事物的表象，而未能深究其理，恰如孙奭所讥讽的那样，"但知其粗者也"（《孟子注疏·告子上》）。因此，如果我们肯定告子观点的话，那么人与动物实际上也就没有什么区别了。对此，朱熹从"生之谓性"的"生"字入手对告子以及孟子对告子思想的批判展开论述。在朱熹看来，"生，指人物之所以知觉运

---

① 丁为祥：《孟子如何"道性善？——孟子与告子的人性之辩及其不同取向"》，《哲学研究》2012年第12期。

动者而言",即言不管何种生物,只要其知觉运动存在一致性,则其本性就应该是一样的。这也正是孟子反问告子时所坚持的逻辑,"孟子又言若果如此,则犬牛与人皆有知觉,皆能运动,其性皆无以异矣",因此,这样的反诘使得"告子自知其说之非而不能对也"。

> 性者,人之所得于天之理也;生者,人之所得于天之气也。性,形而上者也;气,形而下者也。人物之生,莫不有是性,亦莫不有是气。然以气言之,则知觉运动,人与物若不异也;以理言之,则仁义礼智之禀,岂物之所得而全哉?此人之性所以无不善,而为万物之灵也。告子不知性之为理,而以所谓气者当之,是以杞柳湍水之喻,食色无善无不善之说,纵横缪戾,纷纭舛错,而此章之误乃其本根。所以然者,盖徒知知觉运动之蠢然者,人与物同;而不知仁义礼智之粹然者,人与物异也。孟子以是折之,其义精矣。(《四书章句集注·孟子集注·告子章句上》)

当然,朱熹是从宋明理学,尤其是程朱理学的立场来看待和解释二者之间的辩论的。在朱熹看来,人性贯彻了人得之于天道的理,体现为天地之性或义理之性,这是人成圣的内在根据和依托。同时,理与气的结合生成了人的气质之性,这是现实的人善恶区别的根本所在。如果从纯粹人性的角度来看,所谓人性,就是人与禽兽的区别,在于人的社会属性,尤其是人的道德属性。"孟子在这里实际上是在替告子的'生之谓性'构造一个论证,以显示'生之谓性'的观点所可能导致的荒谬结论。在孟子看来,告子正是把人与动物的共性或者人的动物性看成了人的本性。孟子对告子的这个反驳意在表明,并非人生而即有的就是人的本性,人的本性不是与动物共有的本能,而是人区别于动物的特有禀赋。进一步说,动物之性可能无善无不善,但是人性不同于动物之性。孟子所逼问的正是人的特有天性。"[①]

---

① 黄启祥:《告子与孟子人性论辩之分析》,《道德与文明》2019年第1期。

在孟子看来，人性毫无疑问地首先应体现为作为"人之所以为人之理"即人的本质规定的社会属性，尤其是人的道德属性。如果像告子那样把人性单纯地理解为人天生而本具的以生物本能为主要内容的自然属性的话，那么，人之性与牛之性、犬之性等禽兽之性的分别又能体现在哪里呢？① 当然，如果从天命所赋的层面来看，孟子并不否认人生而本具的自然属性、生理欲求也是人性的必要内容，但如果从人兽之别的层面来看，"人之为人之理"，也就是人作为人而存在的本质属性就只能被归结为仁、义、礼、智的道德规定。因此，孟子对"性"与"命"做了十分严格的区分，"口之于味也，目之于色也，耳之于声也，鼻之于臭也，四肢之于安佚也，性也，有命焉，君子不谓性也。仁之于父子也，义之于君臣也，礼之于宾主也，知之于贤者也，圣人之于天道也，命也，有性焉，君子不谓命也"（《孟子·尽心下》）。对此，朱熹认为，"此二条者，皆性之所有而命于天者也。然世之人，以前五者为性，虽有不得，而必欲求之；以后五者为命，一有不至，则不复致力，故孟子各就其重处言之，以伸此而抑彼也。张子所谓'养则付命于天，道则责成于己'。其言约而尽矣"（《四书章句集注·孟子集注·尽心章句下》）。也就是说，在孟子和朱熹看来，人的耳目口腹之欲是与生俱来的，从这个角度讲，其可以算作"性"的内容，但有德君子将之视作"命"，正所谓"死生有命，富贵在天"（《论语·颜渊》）。因此，人们对于外在的功名利禄、

---

① 有学者认为，"告子的'生之谓性'可作两种理解：其一，所有动物生而具有的生存与繁殖本能；其二，人生而具有的生存与繁殖本能。我们可以说告子是在后一种意义上谈论'生之谓性'的，但是这也不妨碍孟子在前一种意义上理解它，而且孟子正是基于这种理解来反驳告子的。这里的问题是，即使我们认为告子在后一种意义上谈论'生之谓性'，他能为自己辩护吗？恐怕很难，因为我们虽然可以在后一种意义上区分人与其他动物的不同，但是却无法由此区别人与动物的不同本质。无论告子在上述哪种意义上谈论人性，他都难以区分人不同于动物的特性"。具体可参见黄启祥《告子与孟子人性论辩之分析》，《道德与文明》2019 年第 1 期。

声色犬马的追求是没有什么意义的。反之，仁、义、礼、智的道德规定是人禀受于天的，从宋明理学的观点来看，人所禀受之气的厚薄清浊也是命中注定、不可改变的。从这个意义上看，仁、义、礼、智也应该属于"命"的范围，但有德君子视之为"性"，将其作为自身区别于禽兽的根本所在，所谓"仁义礼智，非由外铄我也，我固有之也"（《孟子·告子上》）。这也正是张栻所强调的"养则付命于天，道则责成于己"（《四书章句集注·孟子集注·尽心章句下》）的真正意涵之所在。

在此基础上，孟子和告子又就仁义的内外问题进行了论辩和交锋。

告子曰："食色，性也。仁，内也，非外也；义，外也，非内也。"

孟子曰："何以谓仁内义外也？"

曰："彼长而我长之，非有长于我也；犹彼白而我白之，从其白于外也，故谓之外也。"

曰："异于白马之白也，无以异于白人之白也；不识长马之长也，无以异于长人之长与？且谓长者义乎？长之者义乎？"

曰："吾弟则爱之，秦人之弟则不爱也，是以我为悦者也，故谓之内。长楚人之长，亦长吾之长，是以长为悦者也，故谓之外也。"

曰："耆秦人之炙，无以异于耆吾炙。夫物则亦有然者也，然则耆炙亦有外与？"

孟季子问公都子曰："何以谓义内也？"

曰："行吾敬，故谓之内也。"

"乡人长于伯兄一岁，则谁敬？"曰："敬兄。"

"酌则谁先？"

曰："先酌乡人。"

"所敬在此，所长在彼，果在外，非由内也。"公都子不能答，以告孟子。

孟子曰："敬叔父乎？敬弟乎？彼将曰'敬叔父'。曰：'弟为尸，则谁敬？'彼将曰'敬弟。'子曰：'恶在其敬叔父也？'彼将曰：'在位故也。'子亦曰：'在位故也。庸敬在兄，斯须之敬在乡人。'"季子闻之曰："敬叔父则敬，敬弟则敬，果在外，非由内也。"公都子曰："冬日则饮汤，夏日则饮水，然则饮食亦在外也？"（《孟子·告子上》）

告子从"食色，性也"的判断出发，认为"仁，内也，非外也；义，外也，非内也"，明确提出了"仁内义外"的观点。在此基础上，告子又做了进一步的解释，在他看来，正是因为对方年龄比我大，所以我才能够以对待长者的姿态去对待他。因此，我是否尊重对方所根据的是对方的年龄等实际情况，如果对方的年龄比我要小的话，那么，我就不会以对待长者的姿态去对待他了。由此可见，作为道德主体的我是否尊重对方，依据的是对方的年龄，也就是说，外在条件最终决定了我的态度，这怎么能说我对对方的尊重是出自我人性的本然呢？对此，朱熹给予了批评，"告子以人之知觉运动者为性，故言人之甘食悦色者即其性。故仁爱之心生于内，而事物之宜由乎外。学者但当用力于仁，而不必求合于义也"（《四书章句集注·孟子集注·告子章句上》）。告子又进一步指出，从人的道德观念和道德行为的角度看也是如此，我的兄弟我自然去爱，这是由我内在的仁所决定的，而秦人的兄弟我自然不去爱，这也是由我内在的仁所决定的，这种仁的基础是血缘关系；楚人之长而长于我的，我会给予相应的尊重，我的家乡有长于我的，我也会给予同样的尊重，这一点则是由外在的社会规范和道德要求所决定的，因此说"仁内义外"。

对此，朱熹指出，"白马白人，所谓彼白而我白之也；长马长人，所谓彼长而我长之也。白马白人不异，而长马长人不同，是乃所谓义也。义不在彼之长，而在我长之心，则义之非外明矣"。孟子举例认为，敬酒时是先敬作为长辈的叔叔，还是先敬弟弟呢？按照正常的情况，当然是要先敬长辈。但是，如果弟弟是作为祭祀祖先时的"尸"而存在的呢？因为"尸"在这里是作为祖先的代表而出现的，因此在这种情况下，理所当然地应该先敬作为"尸"的弟弟。由此可见，"所敬之人虽在外，然知其当敬而行吾心之敬以敬之，则不在外也"。在孟子看来，虽然所敬的对象确实是外在于道德主体而存在的，但是人的道德情感则是内在的，人对于何人当敬、何人不当敬的认识和区别也是内在的。因此，孟子认为应该是"仁义内在"而不应是"仁内义外"，这体现了孟子论证性善论的重要方面。李景林教授明确指出，"孟子对告子的批驳，实质上是人的情感生活中是否内在地、先天地具有普遍的道德原则的问题，而非仁、义何者在'内'的问题。孟子主张仁义内在于人性，而'非由外铄我也'。'内在'和'外在'，是一个笼统的说法。实质上，孟子主张仁义内在于人性，并非把人性抽象地等同于仁义"[①]。对此，朱熹

---

① 李景林：《伦理原则与心性本体——儒家"仁内义外"与"仁义内在"说的内在一致性》，《中国哲学史》2006年第4期。另外，郭店楚墓竹简《六德》中明确提到了"仁内义外"的观点，跟《孟子》中所载的告子的表述是完全一致的。但李景林教授认为，"《六德》篇与告子的'仁内义外说'，名词相同，但内涵迥异。郭简《六德》篇的'仁内义外说'，讲家族内、外治理方法的区别；告子所持'仁内义外说'，则是由人的情感生活与道德普遍性之割裂，而引生一人性的'白板说'"。而且，在李景林教授看来，《六德》篇所主张的"仁内义外"与孟子所强调的"仁义内在"虽然表述不同，但在核心价值上是完全一致的，"'仁内义外'的问题……我们不能光从字面上看，要看看内容。从内容上看的话，《六德》篇的'仁内义外'说和孟子说的一点也不矛盾。因为《六德》篇讲的是治理家庭和治理社会的原则上的不同。'门内之治恩掩义'，治理家庭的主导原则则是亲情；'门外之治义断恩'，治理社会的主导原则是义务。从这个意义上讲，孟子并不能反对'仁内义外'，但是孟子又批评告子的'仁内义外'。这就是我刚才讲的问题，在情感里面，你有没有普遍的道德性的东西。告子讲的仁的含义和孟子、儒家讲的仁的含义是不一样的。他的仁的含义就是指个人的喜好。从这个意义上讲，仁也是'外'，因为我们看《告子上》篇前面的讨论，告子认为仁和义都在外头，都在人性的外头。那么孟子批判告子的义外说的核心点是说，你不要说在情感中就没有义的内容。另外，他批评'仁内义外'说时反问：'长者义乎，长之者义乎？''长之者义乎'，就是情感问题了。我尊敬长者，这是义，不是说那个'长'是义。孟子批评告子'仁内义外'说，认为在情感中就有道德的规定在内。但是如果是从社会伦理和家庭伦理怎么处理的角度看，孟子肯定是不会反对'义外'的。不能只从文字上看，它是两个层面的东西。如果从这两个层面来看，它是不矛盾的"。

引范氏之言指出，孟子和告子关于"仁义内外"问题的论辩，其目的主要在于申明和强调，"使明仁义之在内，则知人之性善，而皆可以为尧舜矣"（《四书章句集注·孟子集注·告子章句上》）。由此，我们可以更加明确地知道"仁义内外"之辩对于孟子论证"人性本善"观点的重要意义了。

在对性善论的具体表述和论证上，孟子提出了"四端"的观念。

> 人皆有不忍人之心。先王有不忍人之心，斯有不忍人之政矣。以不忍人之心，行不忍人之政，治天下可运之掌上。所以谓人皆有不忍人之心者，今人乍见孺子将入于井，皆有怵惕恻隐之心。非所以内交于孺子之父母也，非所以要誉于乡党朋友也，非恶其声而然也。由是观之，无恻隐之心，非人也；无羞恶之心，非人也；无辞让之心，非人也；无是非之心，非人也。恻隐之心，仁之端也；羞恶之心，义之端也；辞让之心，礼之端也；是非之心，智之端也。人之有是四端也，犹其有四体也。有是四端而自谓不能者，自贼者也；谓其君不能者，贼其君也。凡有四端于我者，知皆扩而充之矣，若火之始然，泉之始达。苟能充之，足以保四海；苟不充之，不足以事父母。（《孟子·公孙丑上》）

众所周知，这段话是孟子对于人性善问题的最集中论述。孟子开宗明义地指出，不忍人之心在每个人身上都是先天固有的。"天地以生物为心，而所生之物因各得夫天地生物之心以为心，所以人皆有不忍人之心也。"先代圣王将这种不忍人之心用于治理天下，就体现为仁政和王道。"众人虽有不忍人之心，然物欲害之，存焉者寡，故不能察识而推之政事之间；惟圣人全体此心，随感而应，故其所行无非不忍人之政也。"（《四书章句集注·孟子集注·公孙丑章句上》）

为了更好地说明这一点，孟子举了一个"今人乍见孺子将入于井"的例子,有学者称之为"天才的例证"。① 当人看到一个小孩儿趴在井边上,马上就要掉下去了的时候,人们都会有什么反应呢?当然人马上就会生发出一种恻隐之心,"乍见之时,便有此心,随见而发,非由此三者而然也。程子曰:'满腔子是恻隐之心。'谢氏曰:'人须是识其真心。方乍见孺子入井之时,其心怵惕,乃真心也。非思而得,非勉而中,天理之自然也。内交、要誉、恶其声而然,即人欲之私矣'"。孟子特别强调,这种恻隐之心的出现既不是要讨好小孩儿的父母,也不是要用这件事来沽名钓誉地博取好的名声,更不是由于厌恶小孩儿的哭声才有了要救人的冲动。在排除了以这三种可能性为代表的所有的外在可能性之后,他就只能把这种恻隐之心的生发归结为人性之本然了。对此,丁为祥教授指出,"在孟子看来,任何人在面对'孺子将入于井'的场景时,恻隐之心的发生都是一种自然而然的反应,任何后天的、功利的、外缘的条件都不是恻隐之心发生的真实动机。既然如此,而恻隐之心的发生又具有一种不容己性,那么所谓恻隐之心也就只能归结为人先天本有之道德善性的当下呈现了"②。因此,孟子才认为,"无恻隐之心,非人也;无羞恶之心,非人也;无辞让之心,非人也;无是非之心,非人也。恻隐之心,仁之端也;羞恶之心,义之端也;辞让之心,礼之端也;

---

① 对于孟子所举的这个例子,何怀宏教授给予了高度评价,"孟子所举的这个例证是一个非常有说服力的例证,甚至可以说是一个天才的例证。它直接、生动、形象,能立刻唤起人们的感情,也能引发进一步地深入思考"。继而,何怀宏教授又分析和说明了这个例子对于孟子关于性善论论证的重要意义,"这里的道德主体是成年人,但是,如果说这几乎所有的人都会选择拉这孩子一把,而所有这些人成长的后天环境却可能是千差万别的,那么,我们就可以追溯到人的共同本性和本心,就可以说,人性基本上还是善的,或者更确切地说,人本性中的善端是超过了人的恶端的,人最初向善的可能性是超过了向恶的可能性的。性善论就可以在这一基础上基本成立。这样做对于人性的理论来说也是有必要的"。具体论述可参见何怀宏《人性何以为善?——对"孟子论证"的分析和重释》,《北京大学学报》(哲学社会科学版)2022年第4期。
② 丁为祥:《孟子如何"道性善?——孟子与告子的人性之辩及其不同取向"》,《哲学研究》2012年第12期。

是非之心,智之端也"(《孟子·公孙丑上》)。恻隐之心、羞恶之心、辞让之心、是非之心构成了仁、义、礼、智四德的心理基础,是道德之善得以成立的理论前提,也是人为善的根本保证。"恻隐、羞恶、辞让、是非,情也。仁、义、礼、智,性也。心,统性情者也。端,绪也。因其情之发,而性之本然可得而见,犹有物在中而绪见于外也。"(《四书章句集注·孟子集注·公孙丑章句上》)鉴于心与性的这种关系,有学者又把孟子关于人性论的构造称为"本心本体论"[1],借以突出"心"在孟子人性论和道德哲学中的地位。

但必须强调的是,这四种道德情感仅仅是善的开始,所以孟子才称之为"端","其初发时毫毛如也"(《朱子语类》卷五十三),"端"就是萌芽、开始的意思,"它表示萌芽而非完满"[2]。在孟子看来,"四端"并不是已经现实实现了的仁、义、礼、智四德,而仅仅代表将来可以为善的潜在的可能性。这四种可能性是非常微弱的,容易"陷溺其心"(《孟子·告子上》),因此,道德主体只有通过不断的扩充与培养,才能使这四种道德情感发扬光大,并最终真正在现实生活中显现真实的善,"'端'字用得十分精当,如火之始燃,泉之始达,必须存而养之,扩而充之,才可以成就善"[3]。反之,如果道德主体恰如孟子所言"自暴自弃","放其心而不知求",完全放弃对于善的本性的培养的话,那结果

---

[1] 杨泽波教授在分析了孟子关于"良心本心"的基础上,认为"良心本心是内在的,但它不能自已,必然有所发用,表现于外,这个表现出来的东西就是仁义礼智之性","性的根据全在于良心本心,良心本心是性善的基础"。基于这样的认识,杨泽波教授指出,"由此,我得出了这样一个看法:孟子实质上已经创立了一种道德本体论,我将其称为'本心本体论'。因为在孟子那里,内在为心,外在为性,良心本心包容不住,发用在外,其表现就是善性,所以心是善的根源,性的源头,没有心也就没有善,没有性,说到底,总根子还是一个良心本心。正是根据这种理解,我才把孟子的良心本心称为'本心本体',一来彰显良心本心在性善论中的地位,二来突出良心本心的道德本体论意义"。具体论述可参见杨泽波《孟子性善论研究》(再修订版),上海人民出版社,2016年,第38~39页。

[2] 傅佩荣:《儒家哲学新论》,中华书局,2010年,第57页。

[3] 傅佩荣:《儒家哲学新论》,中华书局,2010年,第137页。

就只能是善端日消，不仅无法"保四海"，而且无法"事父母"，终与禽兽无异，这也就是孟子所讲的"苟得其养，无物不长；苟失其养，无物不消"（《孟子·告子上》）。因此，朱熹强调指出，"四端在我，随处发见。知皆即此推广，而充满其本然之量，则其日新又新，将有不能自已者矣。能由此而遂充之，则四海虽远，亦吾度内，无难保者；不能充之，则虽事之至近而不能矣"（《四书章句集注·孟子集注·公孙丑章句上》）。也就是说，"善端是人人同具的，而对待善端的这两种态度才是真正构成了君子与小人的最大不同"①。正是在这个意义上，孟子又把这种"不忍人之心"，也就是善的本性称为"良知""良能""天爵"等。

孟子曰："人之所不学而能者，其良能也；所不虑而知者，其良知也。孩提之童，无不知爱其亲者；及其长也，无不知敬其兄也。亲亲，仁也；敬长，义也。无他，达之天下也。"

孟子曰："有天爵者，有人爵者。仁义忠信，乐善不倦，此天爵也；公卿大夫，此人爵也。古之人修其天爵，而人爵从之。今之人修其天爵，以要人爵；既得人爵，而弃其天爵，则惑之甚者也，终亦必亡而已矣。"（《孟子·尽心上》）

在孟子看来，仁、义、礼、智不仅是人的本质属性，而且还具有一种超验的性质，体现为人人先天本具的本性和良知。"良者，本然之善也。程子曰：良知良能，皆无所由；乃出于天，不系于人。爱亲敬长，所谓良知良能者也。亲亲敬长，虽一人之私，然达之天下无不同者，所以为仁义也。"（《四书章句集注·孟子集注·尽心章句上》）因此，人同此心，心同此理，凡是同类，都会有共同的爱好，人心对于仁、义、礼、智道德的爱好就像人的耳

---

① 《中国伦理思想史》编写组编《中国伦理思想史》，高等教育出版社，2015年，第56页。

目口腹之欲一样,"口之于味也,有同耆焉;耳之于声也,有同听焉;目之于色也,有同美焉。至于心,独无所同然乎?心之所同然者何也?谓理也,义也。圣人先得我心之所同然耳。故理义之悦我心,犹刍豢之悦我口"(《孟子·告子上》)。对此,朱熹强调指出,"理义之悦我心,犹刍豢之悦我口,此语亲切有味。须实体察得理义之悦心,真犹刍豢之悦口,始得"(《四书章句集注·孟子集注·告子章句上》)。必须承认,不管是孟子的论证,还是朱熹的阐释,在逻辑上都是很牵强的,但他们论述的目的却是十分明确的,其关注点主要有二:一是通过口同味、耳同声、目同色的同理推断论证"心之所同然者"的真实性;二是要说明人性具有普遍性和统一性,"圣人与我同类"(《孟子·告子上》)。正是在这两点的基础上,孟子才得出了"人皆可以为尧舜"的结论。

但是,这样的善性,或者如孟子所说的"良知""良能""天爵""不忍人之心"等能否必然发展为现实实现了的善,更多的还要看人的修养和操守。于是孟子从"牛山之木"的比喻出发,认为"牛山之木尝美矣,以其郊于大国也,斧斤伐之,可以为美乎?是其日夜之所息,雨露之所润,非无萌蘖之生焉,牛羊又从而牧之,是以若彼濯濯也。人见其濯濯也,以为未尝有材焉,此岂山之性也哉?"按照这样的逻辑,孟子对人性的理解也是如此,也就是说,我们不能因为人的恶行就否认善性的真实性,二者并不存在必然的矛盾,恶是由外在环境造成的,是人自我放弃的结果。因此,善性从潜在的可能性转化为现实性的唯一途径就只能通过个人的存养和努力,"求则得之,舍则失之"的论述说明了后天培养的重要性。因此,傅佩荣教授指出,"'牛山之木'的比喻(《告子上》),指出山之本性不是濯濯,也不是花木盛美,而是具有生长花木之'潜能',只须不再旦旦伐之,让它有机会实现本性。同理,人的本性,既非本恶也非本善,而是具有行善之潜能,亦即向善,只须存养充扩之"[1]。故

---

[1] 傅佩荣:《儒家哲学新论》,中华书局,2010年,第137页。

而，孟子最后得出结论，在他看来，对于人性而言，"苟得其养，无物不长；苟失其养，无物不消。孔子曰：'操则存，舍则亡；出入无时，莫知其乡。'惟心之谓与？"（《孟子·告子上》）

基于这样的认识，孟子认为，虽然善的人性是每个人都先天本具的，但是这并不能保证每个人在现实生活中都能够成为君子和圣人，现实的善恶都是后天环境和教化不断引导的结果，"体有贵贱，有小大。无以小害大，无以贱害贵。养其小者为小人，养其大者为大人"（《孟子·告子上》）。尽管每个人的现实人格都是不一样的，但是，这并不妨碍善性的存在和发挥，这种说法实质上就为孟子解释人性本善与现实的恶之间的矛盾留下了足够的理论空间。

（三）"人之性恶，其善者伪也"

与孟子不同的是，荀子对道德形而上学的论证主要是从人性恶的立场和前提出发的。当然，最近几年，学术界兴起了一股关于荀子主张"性朴论"的热潮，"近年来，'性朴说'在荀子研究中颇为流行。[①]

[①] 除了性恶论和性朴论之外，亦有学者提出了"性恶心善说""人性向善论"等不同的观点。梁涛教授基于郭店楚简中对于"伪"的理解，认为"人之性恶，其善者伪也"这句话"既点出性恶，又指出善来自心之思虑活动，揭示了人生中以'性'为代表的向下堕时期的力量、以'心'为代表的向上提升的力量，并通过善恶的对立对人性作出考察，实际是提出了性恶、心善说。荀子的心乃道德智虑心，心好善、知善、为善，具有明确的价值诉求，故心善是说心趋向于善、可以为善"。具体论述可参见梁涛《荀子人性论辨正——论荀子的性恶、心善说》，《哲学研究》2015年第5期。傅佩荣教授在肯定荀子性恶论的前提下，通过对作为"荀子思想中的关键概念"之"心"的讨论，认为"荀子说：'心也者，道之工宰也。道也者，治之经理也。'（《正名》）由此看来，我们无法否认'心'（代表人性）与'道'（代表善）之间是有某种密切关系。我们若认为荀子心中也有'人性向善论'的想法，并非凭空杜撰"。也就是说，在傅佩荣教授看来，"荀子在提出性恶论时，心中是以一种道德的及文化的理想主义为念"。具体论述可参见傅佩荣《儒家哲学新论》，中华书局，2010年，第58~59页。可见，傅佩荣教授并不否认荀子性恶论的基本立场，而只是认为"荀子心中也有'人性向善论'的想法"，即不排除在荀子的思想中，具有"人性向善论"的思想元素。这种观点很可能来自唐君毅先生，"对荀子之言性恶，进一步之讨论，仍是就荀子所承认人有欲为善之理想一点上追问。今姑无论此欲为善之欲，是否能使人必得其所欲之善"。具体可参见唐君毅《中国哲学原论·原性篇》，中国社会科学出版社，2014年，第35页。

这种观点认为，将荀子人性论界定为'性恶'是一个历史的误会，荀子真正要表达的是'性朴'之主张"①。针对荀子人性论的定性问题，廖名春教授明确指出，"荀子将'好利''疾恶''好声色'这些人的社会属性归之于人的自然本能，蔽于恶与人的生理机制有联系的一面，因而得出了性恶的结论，这是完全错误的"②。宋志明教授也发出了"荀子是性恶论者吗"的疑问，认为"有些论者喜欢把荀子称为性恶论者，我觉得有厚诬古人之嫌，不敢苟同。荀子的确写过《性恶》篇，称他为'人性有恶'论者，比较合适；而称他为性恶论者，言过其实了"，"硬把性恶论的帽子扣在荀子头上，显然不合适"。③ 傅佩荣教授也在一定程度上承认，"荀子似乎以人的本能为其本性，而其本性自身又是中立的东西"④。周炽成教授在详细对比《荀子》各篇中关于人性问题讨论的基础上，认为"如果我们以这些文章为依据来讨论他的人性论，就会得出一个全新的结论：荀子是性朴论者，而不是性恶论者"。在此基础上，周炽成教授得出结论，认为"《性恶》为荀子后学所作"⑤。颜世安教授部分赞同这种观点，他认为"荀子基本人性观不同于性恶说，《性恶》的写作不是荀子晚期对自己人性观的归纳，也不是荀子后学对老师人性思想的归纳。这一篇是为特殊目的（提出与孟子性善说对抗的观点）而作，其论点不能代表荀子的基本人性观"⑥。在他看来，《性恶》不仅不是荀子所自作，甚至并非

---

① 杨泽波：《"性朴说"商议——儒家生生伦理学对荀子研究中一个流行观点的批评》，《哲学动态》2021年第11期。除性朴论的观点之外，还有学者提出了荀子性善论的观点，然此说论证过于牵强，赞同此类观点的学者少之又少，故不做专论，相关资料可以参见姜忠奎《荀子性善证》，载《无求备斋荀子集成》第38卷，台北：成文出版社，1977年。对于这一观点的反驳亦可参见颜世安《荀子人性观非"性恶"说辨》，《历史研究》2013年第6期。
② 廖名春：《荀子》，国家图书馆出版社，2019年，第361页。
③ 宋志明：《荀子是性恶论者吗?》，《走进孔子》2022年第4期。
④ 傅佩荣：《儒家哲学新论》，中华书局，2010年，第58页。
⑤ 周炽成：《荀子乃性朴论者，非性恶论者》，《邯郸学院学报》2012年第4期。
⑥ 颜世安：《荀子人性观非"性恶"说辨》，《历史研究》2013年第6期。

出于荀门后学之手,而是专为批判孟子性善论而作。

但亦有学者指出,"在明确荀子性恶论之真实意涵的前提下,以性恶论定位荀子的人性论仍是最合理的做法"。在其看来,"性朴"与"性恶"在荀子思想中是完全可以融合在一起的,两者之间并不是非此即彼的关系,"荀子以朴说性仅只表明性的形式义,亦即生就义与质朴义,而非意在强调人性于价值上是中性的,事实上,性伪之分即蕴含了性朴这层含义,因此其与荀子的性恶论之间同样无任何矛盾之处"①。杨泽波教授从儒家生生伦理学的角度,认为性朴论"这种看法似乎也有道理。但能否将荀子的人性理论直接界定为'性朴',还需要多方面的考虑","'性朴说'对于把握荀子思想主旨缺少直接帮助",因此他得出结论,认为"'性朴说'在近年的荀子研究中十分流行。如何评判这种对荀子的新理解,在学界争议很大。笔者在建构儒家生生伦理学的过程中,对这个问题进行了较为系统的思考。总体来说,笔者不赞成这种新理解"。在杨泽波教授看来,"'性朴说'的目的是为经验主义和先验主义划线,认定荀子属于前者且更接近真理,孟子属于后者且走偏了方向,从而'扬荀抑孟'。受此影响,持'性朴说'的学者往往不能正视孟子'性善论'的内在价值,不了解人的先在性对成德成善的重要意义,其思维方式有待反省"②。

应该说,从理论和文本的角度来看,这两类观点都是有合理性的。因此,有学者站在过程论的立场上认为,"荀子一生可分为居赵(前期)、游齐(中期)、退居兰陵(晚期)三个阶段,其人性论思想经历了一个发展变化的过程,《荀子》各篇是在不同时期

---

① 廖晓炜:《性恶、性善抑或性朴:荀子人性论重探》,《中国哲学史》2020 年第 6 期。
② 杨泽波:《"性朴说"商议——儒家生生伦理学对荀子研究中一个流行观点的批评》,《哲学动态》2021 年第 11 期。

完成的，记录的是荀子不同时期的看法"①。但是，从荀子对孟子性善论批判和论证道德教化必要性的角度来看，性恶论无疑更有力度。"就荀子思想本身而言，真正具有理论意义的仍是性恶论，此说既是荀子论述礼义之必要性、国家起源诸说的理论起点，同时也是反驳孟子性恶论的理论基础"②，杨泽波教授也明确认为，"'朴'不是荀子反驳孟子'性善论'的着力点"③，而这也正是本书所需要和坚持的。

正是通过对性恶论的分析，荀子重点论证了道德教化的必要性，为包括政治制度和伦理规范在内的"礼义法度"存在的必要性与合理性提供了必要的理论根据和人性支撑，也为其道德哲学，尤其是道德形而上学的提出与确立提供了坚实的思想基础。

在人之所以为人，也就是人的本质问题上，荀子坚持了传统儒家的一贯立场。与孔孟相类似，荀子同样认为人与禽兽的主要区别就在于人的社会属性，尤其是人的道德规定。对此，《荀子·王制》明确区分了人与水火、草木和禽兽之间的不同。

> 水火有气而无生，草木有生而无知，禽兽有知而无义，人有气、有生、有知，亦且有义，故最为天下贵也。

---

① 梁涛：《荀子人性论的中期发展——论〈礼论〉〈正名〉〈性恶〉的性-伪说》，《学术月刊》2017年第4期。另外，梁涛教授发表了一组文章以论证自己的观点，还可参见《荀子人性论辨正——论荀子的性恶、心善说》（《哲学研究》2015年第5期）、《荀子人性论的历时性发展——论〈富国〉、〈荣辱〉的情性-知性说》（《哲学研究》2016年第11期）、《荀子人性论的历时性发展——论〈修身〉、〈解蔽〉、〈不苟〉的治心、养心说》（《哲学动态》2017年第1期）、《荀子人性论的历时性发展——论〈王制〉〈非相〉的情性-义/辨说》（《中国哲学史》2017年第1期）。
② 廖晓炜：《性恶、性善抑或性朴：荀子人性论重探》，《中国哲学史》2020年第6期。
③ 杨泽波：《"性朴说"商议——儒家生生伦理学对荀子研究中一个流行观点的批评》，《哲学动态》2021年第11期。

第五章　原始儒家道德形而上学的建构

在万物的构成上，荀子继承了春秋以来的朴素唯物主义传统，认为包括人在内的天地万物都是由物质性的气构成的。尽管如此，但人与万物还是有着本质区别的，具体体现为人的以"义"为核心的道德规定和道德属性。在这一点上，荀子和孟子的立场是完全一致的。但是，二者的差别在于，孟子认为人的道德属性是先天本具的，是人的恻隐之心、羞恶之心、辞让之心和是非之心呈现于外的表现。而荀子在人性问题上贯彻了在天道观上"天人相分"的原则，认为生理欲求是上天所赋予的，这是天的职分；而道德修养以及由之而来的道德属性则是后天培养的结果，是教化与修养的表现，这是人的职分。简言之，就是强调人性属于人的自然属性，而道德属于人的社会属性，人性出于自然而道德出于人为，在自然之性当中当然不包含任何先验的道德的内容和规定。其实质上是为了说明人类先天的生理欲求与后天的道德规范之间的区别，主张通过道德修养来不断改变人的恶的本性。于是，基于"性伪之分"的立场，在对孟子性善论批判的基础上，荀子提出了性恶的主张。

> 孟子曰："今之学者，其性善。"
> 曰：是不然。是不及知人之性，而不察乎人之性、伪之分者也。凡性者，天之就也，不可学，不可事；礼义者，圣人之所生也，人之所学而能，所事而成者也。不可学、不可事而在人者谓之性，可学而能、可事而成之在人者谓之伪。是性、伪之分也。今人之性，目可以见，耳可以听。夫可以见之明不离目，可以听之聪不离耳，目明而耳聪，不可学明矣。（《荀子·性恶》）

在荀子看来，孟子所主张的性善论根本上是错误的，是不能很好地理解人性的本质、不能看清性伪之分的表现。人性是上天所赋予的，是不需要经过学习、教化和修养就可以自然实现的东西；而以礼义为核心的道德观念和道德规范则是人必须经过后天的学习、教化和培养才能逐渐掌握的东西，是人为努力的结果。这种差别就是人性与人为之间最大的不同。这是从性伪之分的角度对孟子性善论所做的批判。

> 孟子曰："今人之性善，将皆失丧其性故也。"
> 曰：若是，则过矣。今人之性，生而离其朴，离其资，必失而丧之。用此观之，然则人之性恶明矣。所谓性善者，不离其朴而美之，不离其资而利之也。使夫资朴之于美，心意之于善，若夫可以见之明不离目，可以听之聪不离耳，故曰目明而耳聪也。今人之性，饥而欲饱，寒而欲暖，劳而欲休，此人之情性也。今人饥，见长而不敢先食者，将有所让也；劳而不敢求息者，将有所代也。夫子之让乎父，弟之让乎兄，子之代乎父，弟之代乎兄，此二行者，皆反于性而悖于情也；然而孝子之道，礼义之文理也。故顺情性则不辞让矣，辞让则悖于情性矣。用此观之，人之性恶明矣，其善者伪也。（《荀子·性恶》）

从性善论出发，孟子认为，人天性纯良，至善无欺，世界上的恶都是人性丧失的结果和表现。而在荀子看来，这种观点是有问题的。如果人一生下来就不断地脱离其纯真质朴的自然资质的话，那么，人就一定会丧失其本性，而这恰恰证明了人性恶观点的正确性与合理性。荀子认为，从人的自然本性出发，饥食渴饮等都在人的自然欲求范围之内，都是人性的本然状态和必然要求。但现实生活中，"见长而不敢先食""劳而不敢求息"都是在人的道德意识支配下做出的，从根本上说，都是有违于人的自然本性的。因此，如果顺任人性自然发展而不加以任何规范和节制的话，就根本不会出现父子、兄弟之间相互谦让的现象，这本身就是有悖于人禀赋于天的自然性情的。所以，人的本性并不像孟子所主张的那样是纯然至善的，道德所标志的善都是后天圣王教化和人为努力，从而改变恶的本性的结果。这是荀子从道德与性情关系的角度对孟子性善论所做的批判。

> 孟子曰："人之性善。"
> 曰：是不然。凡古今天下之所谓善者，正理平治也；所谓恶者，偏险悖乱也。是善恶之分也已。今诚以人之性固正理平治邪？则有恶用圣王，恶用礼义哉！虽有圣王礼义，将曷加于正理平治也哉！今不然，人之性恶。故古者圣人以人之性恶，以为偏险而不正，悖乱而不治，故为之立君上之势以临之，明礼义以化之，起法正以治之，重刑罚以禁之，使天下皆出于治，合于善也。是圣王之治而礼义之化也。今当试去君上之势，无礼义之化，去法正之治，无刑罚之禁，倚而观天下民人之相与也。若是，则夫强者害弱而夺之，众者暴寡而哗之，天下之悖乱而相亡不待顷矣。用此观之，然则人之性恶明矣，其善者伪也。（《荀子·性恶》）

最后，荀子又从礼义法度存在的必要性的角度批判了孟子的性善论。荀子认为，从孟子的逻辑来看，所谓善指的是端正顺理，合于礼乐；而所谓恶自然是指偏斜险恶，违背社会的基本价值和秩序。如果每个人都像孟子所说的那样，是性善而顺理的话，那么，圣王和礼义的存在将失去其必要性与合法性。反之，既然圣王和礼义是现实存在的，那么也就可以反证孟子所主张的人性善在理论上是不周延的。正是由于人的本性是恶的，所以圣王为了能够补偏救弊，匡正人的思想和行为，才起礼义、制法度、用刑罚，这是善的根本和来源，也是圣王之治和礼乐之化的结果。如果社会生活中没有圣王教化、礼义的规范和刑罚的强制的话，那么社会秩序的崩塌是可以想见的，这必然会导致恃强凌弱、暴力横行、相互残害，从而导致天下大乱的情形频繁出现。所以，从这个角度来看，我们有充分的理由坚持人性恶的观点，善都是来自人为的主观努力。

在对孟子的性善论进行强烈批判的基础上，荀子又系统论证了性恶论的观点和思想。在荀子看来，所谓"性"，就是人生而先天本具的一切自然资质，"生之所以然者，谓之性"。生命活动之所以展现出这样而不是那样的面貌与特征的原因即在于人性。"性之和所生，精合感应，不事而自然谓之性。"（《荀子·正名》）由此可见，荀子所谓的"人性"，就是指人的自然生命和自然本能。其主要特征就在于"不学而能、不事而成"的先天性，"凡性者，天之就也，不可学，不可事"（《荀子·性恶》），"凡人有所一同：饥而欲食，寒而欲暖，劳而欲息，好利而恶害，是人之所生而有也，是无待而然者也，是禹、桀之所同也"（《荀子·荣辱》）。可见，荀子所说的人性，是指人的自然属性，无论圣愚，没有分别，其内容主要是指人的生理本能和心理需求，其中并不包含任何善恶的道德内容和评价。

荀子坚持人性恶的原因主要在于，首先，人生来就有"饥而欲食，寒而欲暖，劳而欲休"的自然欲求，因而生来就有好利无害的本性。因此，如果顺任人的自然性情发展而不加以引导的话，那么人类生活所应具有的辞让、忠信、礼义等美德与品质就不会出现，一定会代之以争夺、残贼和淫乱，社会分裂与动荡、国家衰亡与纷争就无法避免。因此，只有通过礼义教化，使人们能够自觉地规范自然本能、克制欲望，人类社会才能迎来人际关系的真正和谐与安宁。

> 今人之性，生而有好利焉，顺是，故争夺生而辞让亡焉；生而有疾恶焉，顺是，故残贼生而忠信亡焉；生而有耳目之欲，有好声色焉，顺是，故淫乱生而礼义文理亡焉。然则从人之性，顺人之情，必出于争夺，合于犯分乱理，而归于暴。故必将有师法之化，礼义之道，然后出于辞让，合于文理，

而归于治。用此观之，人之性恶明矣，其善者伪也。(《荀子·性恶》)

在这里，我们需要明确的是，荀子论证性恶论的思想逻辑与孟子论证性善论的思想逻辑是完全不同的。孟子的性善论强调每个人都具有一种先验的善的本性，具体体现为恻隐、羞恶、辞让、是非四种潜在的道德情感，这些道德情感形之于外就体现为具体的仁、义、礼、智的具体的道德规定，现实的恶都是善的本性的改变。而在荀子看来，人性恶并不意味着人的本性先天就是恶的，也不代表人性中潜在地包含着恶的情感与因素，而只是强调，如果顺任人的自然本性发展而不加以任何人为的约束与规范的话，那么必然会导致恶的结果的出现。"今当试去君上之势，无礼义之化，去法正之治，无刑罚之禁，倚而观天下民人之相与也，若是，则夫强者害弱而夺之，众者暴寡而哗之，天下之悖乱而相亡不待顷矣。用此观之，然则人之性恶明矣，其善者伪也。"有学者认为这是《荀子》一书"对'性恶'所作的最严格、清晰的描述"，在安全失去礼义法度的作用、指导和规范的前提下，顺由人在自然状态的发展必将导致社会的悖乱，"如果我们细读《性恶》篇，即可发现荀子对性恶的阐释，基本都是在上述基本前提下展开的"[1]。正是从这个意义上说，荀子坚持人性恶的观点。

其次，荀子认为，如果"善"是人的本性和本能的话，那就应该像"明不离目""耳不离聪"一样，是永远也不会丧失掉的。但是，在现实生活中，恶人、恶事、恶行比比皆是，这些都说明人性中的"善"是有可能丧失掉的。既然人性中的"善"是可以丧失掉的，这就证明"善"不是人的本能，当然也就更加不是人性所固有的内容和规定了。在荀子看来，人们所追求的东西都是

---

[1] 廖晓炜：《性恶、性善抑或性朴：荀子人性论重探》，《中国哲学史》2020年第6期。

自己所没有的，如果人们本已具有，则必不追求。"凡人之欲为善者，为性恶也。夫薄愿厚，恶愿美，狭愿广，贫愿富，贱愿贵，苟无之中者，必求于外。……人之欲为善者，为性恶也。今人之性，固无礼义，故强学而求有之也；性不知礼义，故思虑而求知之也。然则性而已，则人无礼义，不知礼义。人无礼义则乱，不知礼义则悖。然则性而已，则悖乱在己。用此观之，人之性恶明矣，其善者伪也。"（《荀子·性恶》）因此，人既然追求"善"，就证明孟子所坚持的人性中的"善"的存在是不现实的。

在对"性"理解的基础上，荀子又提出了"伪"的范畴。

> 性者，本始材朴也；伪者，文理隆盛也。无性则伪之无所加，无伪则性不能自美。性伪合，然后成圣人之名一，天下之功于是就也。故曰：天地合而万物生，阴阳接而变化起，性伪合而天下治。天能生物，不能辨物也；地能载人，不能治人也；宇中万物、生人之属，待圣人然后分也。诗曰："怀柔百神，及河乔岳。"此之谓也。（《荀子·礼论》）

在荀子看来，所谓"伪"，直言之就是人为，具体来说，即指繁复的礼法规范。在梁涛教授看来，《性恶》中对于"伪"的论证和使用大多是从礼义法度这个层面呈现的。梁涛教授从"心虑而能为之动谓之伪。虑积焉、能习焉而后成谓之伪"（《荀子·正名》）的理解与阐释出发，认为"从荀子对伪的定义来看，伪显然是与心密切相关的概念，指心之虑与心之能。虑指心的抉择、判断能力，能指心的认知功能"，而礼义法度都是在这个基础之上引申、拓展而来的，二者之间的联结主要体现在圣人的思虑和作为上。为此，梁涛教授用一张思维导图展示了荀子对"伪"的意义体系的拓展与延伸，对我们理解"伪"的思想演化极具启发意义。

伪之基本义：①"心虑而能为之动。"（伪之第一义，指心之运用）→②"虑积焉，能习焉。"（伪之第二义，指心之成就）→伪之引申义：③"起礼义，制法度，以矫饰人之情性而正之。"（圣人之伪，指圣人制作礼义，施行教化）→④"文理隆盛。"（圣人制作之礼义，亦称"伪故""礼义积伪"）→⑤"化师法，积文学，道礼义。"（凡人之伪，指凡人学习、接受礼义）[①]

"性"与"伪"的结合才是天下大治的基础，没有恶的人性，善的礼法就失去了作用的对象；没有礼法的规范，恶的人性就无法实现自我完善。因此，"伪"就具体表现为在恶的人性的基础上对人性的加工和改造。这种以恶的人性为基础的点缀和修饰，就是对人的情欲加以适当引导和限制，使之合乎一个统一的、取中的标准。例如，一般人父母去世后总要悲哀，但有的人"彼朝死而夕忘之"，而有的人悲伤过度，无有穷期。这两种情形都是有害的，所以需要将人们的悲哀之情加以调节，将两个极端"断长续短，损有余，补不足"，使之符合一个统一的标准——礼。这样，一方面不至于不哀不敬，另一方面也不至于"隘（穷）慑（悲戚）伤生"，其效果足以"达敬爱之文，而滋成行义之美"。因此，"两情（吉凶忧愉之情）者，人生固有端焉。若夫断之继之，博之浅之，益之损之，类之尽之，盛之美之，使本末始终莫不顺比纯备，足以为万世则，则是礼也"（《荀子·礼论》）。

必须指出的是，对于人性的这种加工、改造并不是以对人的自然欲求的单向压制为内容和要求的。恰恰相反，在荀子看来，对于人性的这种加工、改造是为了更好地满足人对于情感和欲望的追求，其目的是"养人之欲，给人之求"（《荀子·礼论》）。"故礼者养也。刍豢稻粱，五味调香，所以养口也；椒兰芬苾，所

[①] 梁涛：《〈荀子·性恶〉篇"伪"的多重含义及特殊表达——兼论荀子"圣凡差异说"与"人性平等说"的矛盾》，《中国哲学史》2019年第6期。

以养鼻也；雕琢、刻镂、黼黻、文章，所以养目也；钟鼓、管磬、琴瑟、竽笙，所以养耳也；疏房、檖貌、越席、床笫几筵，所以养体也。故礼者养也。"梁涛教授认为，荀子的礼主要有两个方面的功能，即行为准则和文化教养，"礼的前一种功能可称为节性，后一种可称为饰性，其目的都是要养性，养既有养育之意，也有涵养之意，而这里的性主要是'口之于味，目之于色'的情性"①。但必须强调的是，礼对于人的情感欲望的满足是以等级区分为前提而展开的，《荀子·礼论》指出：

> 君子既得其养，又好其别。曷谓别？曰：贵贱有等，长幼有差，贫富轻重皆有称者也。……孰知夫出死要节之所以养生也！孰知夫出费用之所以养财也！孰知夫恭敬辞让之所以养安也！孰知夫礼义文理之所以养情也！故人苟生之为见，若者必死；苟利之为见，若者必害；苟怠惰偷懦之为安，若者必危；苟情说之为乐，若者必灭。故人一之于礼义，则两得之矣；一之于情性，则两丧之矣。故儒者将使人两得之者也，墨者将使人两丧之者也，是儒、墨之分也。

显然，在荀子看来，礼对人的情感欲望的满足是严格按照社会等级区分进行的，同时，这也是保证每个人都能够享受到相应的情感欲望满足的先决条件。如果人都能够按照礼义的要求去做的话，那么就可以实现社会规范和情感欲望的双重满足；反之，如果每个人都按照自己的性情和本能去做的话，那么，就既无法达到社会规范的秩序化，也无法从根本上保证人的情感欲望的满足，这就是"一之于礼义，则两得之矣；一之于情性，则两丧之矣"。因此，墨家强调的"兼而无别"的平等、无差别地爱一切人

---

① 梁涛：《荀子人性论的中期发展——论〈礼论〉〈正名〉〈性恶〉的性-伪说》，《学术月刊》2017年第4期。

第五章　原始儒家道德形而上学的建构

的思想和做法在现实世界中是根本行不通的。

在明确区分"性"与"伪"的基础上，荀子提出了"人之性恶，其善者伪也"的思想。"善"既然不是人的天性所固有的，那就一定是出于圣王的教化和人为的努力。因此，在这里，荀子坚持了儒家关于圣人制礼作乐的思想传统，认为"善"就应该源自圣人的制作，"礼义法度者，是生于圣人之伪"（《荀子·性恶》）。人性既然都是恶的，那么，圣人之性当然也不例外，圣人的性与一般人的性一样都是恶的，"凡人之性者，尧舜之与桀跖，其性一也；君子之与小人，其性一也"（《荀子·性恶》），"材性知能，君子小人一也；好荣恶辱，好利恶害，是君子小人之所同也"，"尧舜则非生而具者也"（《荀子·荣辱》）。那么，既然圣人之性也是恶的，恶的人性又是怎样创制出善的礼义法度的呢？唐君毅先生提出，"人于此最易发生之对荀子言之一驳难，是吾人欲德礼义，虽必须转化吾人现实生命之状态，而化性，然此性可化，人可为圣贤为禹，又如何可言性之必恶？"[①] 傅佩荣教授也指出，"荀子如何联系人的本性与人为造作？换句话说，假使人性本恶，那么人为造作之善由何而来？"[②] 事实上，荀子认为，圣人所造之物与作为造物者的圣人的人性是没有任何关联的。

> 故枸木必将待檃栝、烝、矫然后直，钝金必将待砻、厉然后利。今人之性恶，必将待师法然后正，得礼义然后治。今人无师法则偏险而不正，无礼义则悖乱而不治。古者圣王以人之性恶，以为偏险而不正，悖乱而不治，是以为之起礼义、制法度，以矫饰人之情性而正之，以扰化人之情性而导之也。始皆出于治、合于道者也。今之人，化师法、积文学、道礼义者为君子；纵性情、安恣睢，而违礼义者为小人。用

[①] 唐君毅：《中国哲学原论·原性篇》，中国社会科学出版社，2014年，第34页。
[②] 傅佩荣：《儒家哲学新论》，中华书局，2010年，第58页。

此观之，人之性恶明矣，其善者伪也。(《荀子·性恶》)

因此，荀子对圣人之性与圣人之善的矛盾的处理，在客观上具有否定人性普遍性和破坏人性统一性的倾向。善并不直接来源于圣人之性，而是来源于圣人之心，体现为圣人之心的理性思维功能的发挥。"生之所以然者谓之性。性之和所生，精合感应，不事而自然谓之性。性之好、恶、喜、怒、哀、乐谓之情。情然而心为之择谓之虑。心虑而能为之动谓之伪。虑积焉，能习焉，而后成谓之伪。"(《荀子·正名》)人的理性思维可以对人性流露出来的自然情感和欲望进行有效的选择和节制，体现为思虑的作用。

因此，梁涛教授把荀子的"心"归结为"道德智虑心"，"荀子的心乃道德智虑心，虽然能知、有义、有辨，却不像孟子的道德本心那样可以直接引发道德行为，而是首先需要向外学习、积累，进而'化性起伪'、'积善成德'"①。"心"的思虑功能逐渐成熟之后，就会成为一种规范。因此，所谓"善"，包括礼义法度，在本质上体现为圣人的主观努力，是圣人之心知觉思虑的作用不断发挥的结果，"积思虑，习伪故"，也是圣人理性思维不断节制自我行为的体现，这就是荀子一再强调的"化性起伪"。其中的关键即在于"治气养心之术"，要求"莫径由礼，莫要得师，莫神一好"(《荀子·修身》)。因此，梁涛教授指出"心"在其中发挥了重要作用，"在荀子那里，最早的礼义或善来自心，是'圣人积思虑，习伪故'的结果，同时又成为后人学习、认识的对象。一代代的人们通过学习、接受、实践前人创造的礼义，进而把握其共理，推求其统类，处常而尽变，推导、制作出适应其时代需要的礼义，由此形成本末相顺，终始相应的礼义之道，也就是人道。故荀子特重视心的认知义，强调心要知道，荀子的心也是道德认

---

① 梁涛：《荀子人性论的历时性发展——论〈修身〉、〈解蔽〉、〈不苟〉的治心、养心说》，《哲学动态》2017年第1期。

知心"①。

在"化性起伪"的基础上，荀子认为，人性是可以依靠圣王教化和主观努力而改变的，"性也者，吾所不能为也，然而可化也；积也者，非吾所有也，然而可为也。注错习俗，所以化性也；并一而不二，所以成积也。习俗移志，安久移质，并一而不二，则通于神明、参于天地矣"（《荀子·儒效》）。也就是说，人性虽然不是出自人为，但却是可以被改造的；后天的积习也不是出于人的天性，但却是可以不断获取的。行为和环境可以对恶的人性进行改造和完善，这就为每个人成为圣人开辟了一条通道。恰如李景林教授所论述的那样，"荀子以性中无善恶的现成内容，其针对孟子之人性善说，故言'人之性恶，其善者伪也'，以凸显躬行礼义对于实现人道之善的必要性"②。因此，荀子强调"圣人也者，人之所积也"，圣人、君子都是通过对礼义的不断研习和积累以实现"化性起伪"的，最终成就了完满的人格。

> 故积土而为山，积水而为海，旦暮积谓之岁。至高谓之天，至下谓之地，宇中六指谓之极；涂之人百姓积善而全尽谓之圣人。彼求之而后得，为之而后成，积之而后高，尽之而后圣。故圣人也者，人之所积也。人积耨耕而为农夫，积斲削而为工匠，积反货而为商贾，积礼义而为君子。工匠之子莫不继事，而都国之民安习其服。居楚而楚，居越而越，居夏而夏，是非天性也，积靡使然也。故人知谨注错，慎习俗，大积靡，则为君子矣；纵情性而不足问学，则为小人矣。（《荀子·儒效》）

---

① 梁涛：《荀子人性论辨正——论荀子的性恶、心善说》，《哲学研究》2015 年第 5 期。

② 李景林：《人性的结构与目的论善性》，《北京师范大学学报》（社会科学版），2019 年第 5 期。

从"人之性恶,其善者伪也"的思想出发,荀子最后却得出了"涂之人可以为禹"的结论。荀子认为,"凡所贵尧、禹、君子者,能化性,能起伪,伪起而生礼义。然则圣人之于礼义积伪也,亦犹陶埏而生之也"(《荀子·性恶》)。从人性的根本上讲,人性是具有统一性的,即言每个人的人性都是一样的,具体表现为"恶",尧、禹等圣王、君子与恶人都概莫能外。但尧、禹却能如同陶匠把陶土制作、打磨成陶器一样,通过后天努力而改变先天本性中的"恶",从而成就"善"的品质与德行,甚至成就圣人的人格,这就是"涂之人可以为禹"的结论的由来。可以说,孟子通过对"人性本善"的论证,说明了道德教化的可能性问题,最终得出了"人皆可以为尧舜"的结论;而荀子通过对"人之性恶,其善者伪也"的论证,说明了道德教化的必要性问题,最终得出了"涂之人可以为禹"的结论。在这里,荀子和孟子实现了殊途同归。[1]

---

[1] 梁涛教授通过对孟子和荀子人性论的对比,认为《荀子》中《修身》《解蔽》《不苟》等篇"都是讨论养心、治心问题的,构成了荀子人性论的重要内容。其中《解蔽》提出'思仁',《不苟》提出'养心莫善于诚',皆受到思孟之学的影响,说明荀子后期自觉向思孟回归"。梁涛教授又强调了二者之间的不同,"但这种回归并非殊途同归,而是保持着高度的理论自觉。荀子在吸收、借鉴思孟思想的同时,试图建构不同于思孟而更为完备的人性论"。具体论述可参见梁涛《荀子人性论的历时性发展——论〈修身〉、〈解蔽〉、〈不苟〉的治心、养心说》,《哲学动态》2017年第1期。

第六章 仁义与道德价值

道德价值是原始儒家道德哲学的重要内容。在道德形而上学的基础上，原始儒家从善与恶的道德评价出发，以仁-义-礼为核心构建了完整的道德哲学体系。其中，"仁"代表原始儒家道德哲学的逻辑起点，"礼"标志着原始儒家道德哲学的完成，而"义"作为沟通"仁"与"礼"的渠道和媒介，代表着原始儒家道德哲学从内在心性不断生发、显现为外在规范的过程，原始儒家道德哲学从而实现了从心志-情感伦理向制度-规范伦理的过渡。

一 善恶的道德评价

道德评价是道德价值的首要内容，"道德价值是以人类相互利益关系为基础的、以善恶评价为形式的社会价值形态"[1]。在原始儒家的道德哲学体系中，道德评价和道德判断是以"善""恶"及其关系的形式体现出来的。

（一）善恶与道德评价

道德评价一般是指"人们在道德活动中根据一定社会的道德要求和道德规范系统，借助传统习惯、社会舆论、良心等方式，

---

[1] 葛晨虹：《道德与道德价值》，《北京行政学院学报》2001年第3期。

对行为现象及其道德价值作出价值评定和判断"[1]。罗国杰先生等认为,"道德评价是形成社会道德风尚和个人道德品质的重要道德活动","所谓道德评价,就是生活于现实的各种社会关系中的人们,直接依据一定社会或阶级的道德准则,通过社会舆论或个人心理活动等形式,对他人或自己的行为进行善恶判断,表明褒贬态度"[2]。应该说,这两种定义对道德评价的主要内容、方法、范围、目的等给予了科学的说明,代表了学术界对于道德评价的一般认知。

从理论层面来讲,道德评价以道德价值及其标准为前提,一切道德评价都必须围绕一定的道德价值标准展开。同时,道德价值标准一般应具有一定的客观性,是在某一个特定时间、地域内得到社会群体普遍认可的稳定的评判尺度,代表了社会基本的普遍价值和公共价值。对于不同的民族、同一民族的不同历史时期来说,道德价值标准都有可能是变化的,这种稳定与变化往往与该民族的文化传统紧密联系,也就是说,道德评价标准的民族与历史的差异性最终是通过文化差异性体现出来的。恰如习近平总书记于2014年在文艺工作座谈会上的讲话中指出的那样,"中华民族在长期实践中培育和形成了独特的思想理念和道德规范,有崇仁爱、重民本、守诚信、讲辩证、尚和合、求大同等思想,有自强不息、敬业乐群、扶正扬善、扶危济困、见义勇为、孝老爱亲等传统美德。中华优秀传统文化中很多思想理念和道德规范,不论过去还是现在,都有其永不褪色的价值"。中华民族作为世界民族之林中历史最悠久、积淀最深厚的重要成员之一,在长期的历史发展中形成了独具特色的文明传统和精神价值,因此,"中华民族所采用的道德评价体系是具有中国特征、中国特色、中国特

---

[1] 《伦理学》编写组编《伦理学》,高等教育出版社、人民出版社,2012年,第258页。

[2] 罗国杰、马博宣、余进编著《伦理学教程》,中国人民大学出版社,1997年,第373页。

质的体系","当代中华民族并没有从根本上改变自身以道德评价为主导的文化传统"。①

从实践层面来讲,道德评价是将道德价值、道德原则、道德规范等落实到现实社会和日常生活的重要途径,其重要性无可替代。在向玉乔教授看来,中国传统的道德评价体系"将儒家、道家、佛家等的道德价值观都视为合理的道德价值标准,将它们应用于不同语境,对人们对待工作、业绩等方面的道德态度进行评价,从而形成了中国传统道德评价的多元格局。多元性道德评价体系在中国传统社会是中华民族道德生活的价值航标,在当今中国社会仍然能够对中华民族的道德生活发挥不容忽视的价值指引作用"②。比如,道义作为儒家道德精神和道德价值的集中代表,在中国传统社会中一直是道德评价的重要标准。《论语·里仁》中就重点强调了这一点,"君子之于天下也,无适也,无莫也,义之与比",即一个有德君子,对于天下之事做与不做的衡量标准只有一个,那就是看这件事是否合乎社会道义的要求。所以,当孔子的学生子路向老师请教"士"的问题时,孔子却得出了"言必信,行必果,硁硁然,小人哉"(《论语·子路》)的结论,将"言必信,行必果"明确看成是小人之德,这与大众的普遍认知显然是不一致的。对此,孟子给出了合理的解释,"言不必信,行不必果,惟义所在"(《孟子·离娄下》),也就是说,在孟子看来,言是否需要必信、行是否需要必果的唯一衡量标准就是要看这样的言行是否合乎道义的要求,辨明是非曲直是决定你的言行是否具有合法性的最后根据。可以认为,以道义为核心的道德评价标准直到今天依然对我们的行为和思想产生着重要的影响,成为支配我们社会生活和价值观念的重要内容。

---

① 向玉乔:《中国传统道德评价的多元格局和当代价值》,《北京大学学报》(哲学社会科学版)2022年第1期。
② 向玉乔:《中国传统道德评价的多元格局和当代价值》,《北京大学学报》(哲学社会科学版)2022年第1期。

道德评价又往往是与善恶观念紧密联系在一起的。"马克思主义认为，善恶标准是评价人们道德行为和事件的最一般的标准，但是善恶标准又必须与生产力标准和历史标准，乃至终极价值目标有机地统一起来"①。罗国杰先生等曾深刻指出，"确定行为善恶的责任问题是进行道德评价的出发点。只有确认人们应当对自己的行为善恶承担道德责任，才需要对人们的道德行为进行评价，否则道德评价就是一种多余的无谓之举"。道德责任是进行道德评价的必然要求，在缺乏道德责任的前提下进行道德评价，就必然会使道德主体的行为丧失必要的社会约束和自我约束，因此，这样的道德评价也是没有意义的。而善恶是确定道德责任的核心标准。这是因为，"道德评价所要达到的目的之一，也就是要导致人们养成高度的道德责任感，以便能够对善的行为有道德上的满足，而对恶的行为有道德上的内疚和自我批评"②，这样就可以在一定社会的全体成员中，形成善恶是非的判断标准和赏善罚恶的社会风气，从而达到移风易俗、改善民风、提升个人道德水平和人格修养层次的目的。因此，道德主体对自身或他人的行为进行善恶的道德评价和判断，进而区分和明确其道德责任——不管是对于社会群体和他人，还是对于道德主体本身而言——都是十分必要的。

毫无疑问，善恶作为元伦理学和规范伦理学所关注的重要内容，是道德哲学的核心问题，代表了道德的总原则和终极标准。同时，善恶作为"伦理学的核心范畴"，是评价一个人的行为是否具有正当性的核心标准，也是"人们在社会生活中对行为、品质、人格以及个人进行道德判断和评价的最一般概念，是人与人之间、个人与社会之间所发生的复杂道德关系的

---

① 《伦理学》编写组编《伦理学》，高等教育出版社、人民出版社，2012年，第259页。
② 罗国杰、马博宣、余进编著《伦理学教程》，中国人民大学出版社，1997年，第373页。

反映，是进行道德判断和道德评价的最一般依据","善恶是判断人的道德行为价值最一般的标准，是最一般的道德性质，适用于所有对人有利害关系的行为、品质、人格，乃至一个人或一个社会等"。① 从这里连续使用的四个"最一般"就可以看出善恶相对于道德评价而言的重要意义。甚至有学者认为，善恶作为道德的特殊范畴，是道德区别于其他社会意识形态的本质标准，"只有'善恶'二字才表达了道德反映社会生活的特殊角度和道德与其他社会意识形态相区别的特殊本质。去掉了'善恶'二字，就没有充分的根据说这是在定义道德"②。也有学者将善恶矛盾看作是"道德体系的基本矛盾","在道德体系中，有许许多多的矛盾，其中必有一个矛盾支配着其他矛盾的存在和发展，并决定着道德体系的性质。这个矛盾就是善恶矛盾"。③

那么，何谓善恶？古今中外，人们的理解和论述各有不同。在西方的文化传统中，苏格拉底用知识来界定美德，提出"美德即知识"的命题；柏拉图将善视作最高理念；亚里士多德把善作为最终目的，"一切技术，一切研究以及一切实践和选择，都以某种善为目标","既然在全部行为中都存在某种目的，那么这目的就是所谓的善"；奥古斯丁把上帝作为至善的标志；斯宾诺莎把善界定为正义与爱，"一个善良的人是那个在理性容许的范围内爱一切的人。因此，正义是支配心灵倾向的德行，希腊人称这种倾向为人类的爱"；康德把善视作"先验的""自由的"意志；④ 如此

---

① 《伦理学》编写组编《伦理学》，高等教育出版社、人民出版社，2012 年，第 188~189 页。
② 杨正馨：《善恶矛盾是道德的特殊矛盾》，《郑州大学学报》（哲学社会科学版）1987 年第 2 期。
③ 胡京国：《试论道德的善恶范畴》，《暨南学报》（哲学社会科学版）1997 年第 4 期。
④ 囿于笔者对西方文化与伦理思想的有限了解，这里对于西方思想家关于"善"的理解主要来自《西方伦理思想史》编写组编写的《西方伦理思想史》中的相关篇章，具体可参见《西方伦理思想史》，高等教育出版社，2019 年。

等等，不一而足。

而在中国的文化传统中，善恶问题则成为众多思想家关注和论述的重点。《释名·释言语》中有"善，演也，演尽物理也"，"恶，扼也，扼困物也"。王先谦在《释名疏证补》中认为，"善、演叠韵。左昭二年传孔疏：演谓为其辞以演说之。文选西都赋注引仓颉篇：演，引也。其言引伸物理莫不曲尽斯为善矣"，"叶德炯曰：《说文》，恶，丑也。象人局背之形。困扼，义近恶，从亚，得声，故由此义也"。也就是说，"善"字来源于"演"字，意指推演以穷尽有利于事物顺利发展的道理与规律；"恶"即困厄，与"善"相反，意指阻碍事物顺利发展。《说文解字》以"吉"释"善"，提出"善，吉也"，"与义、美同意"，段玉裁也认为"义与善同意"（《说文解字注》）。在中国传统社会中，凡是符合"义"或"道义"标准的行为都是善的，一定社会的公共价值构成了"善"的主要标准。关于"恶"，《说文解字》认为，"恶，过也"，段玉裁注之曰："人有过曰恶，有过而人憎之亦曰恶。"（《说文解字注》）在这里，《说文解字》虽然没有说明衡量"恶"的具体标准，而代之以"过"和"人憎之"的主观评价，但结合其关于"善"的理解，我们可以明确知道，所谓"恶"即指那些不合乎道义要求的行为。在中国思想史上，也有思想家从利害的角度来区分善恶，如后期墨家就强调指出，"利，所得而善也"，"害，所得而恶也"（《墨子·经上》）。总的来讲，义利之辨构成了中国传统社会认识和区分善恶的主要标准。

（二）善恶观念的出现

从现有文献来看，具有道德评价内涵的善恶范畴是在西周末年到春秋初年开始出现的，但善恶观念的出现则要相对早得多。对此，有学者指出，"善恶观的形成是西周时期伦理思维进步，伦理水平提高的重要标志"，"时代的需求促使西周中期出现的善观念的评价功能趋于完善，最终成为从总体上对人们的思想、行为

第六章　仁义与道德价值

进行肯定性道德评价的观念"，"作为伦理学的基本范畴之一的善恶观遂形成"[①]。应该说，这种观点的提出是较为谨慎的。善恶观念作为道德评价最重要的标准，是伴随着中国早期社会道德观念和伦理思想的出现而产生的，因此，我们在早期文献中虽然并不能明确看到"善""恶"二字的存在，但毋庸置疑，作为道德评价标准和尺度的善恶观念至晚在西周初年就应该已经出现了。因此，也有学者指出，"中国传统的'善''恶'观念应始成于殷末周初，这与道德观念的产生有着密切的关联"[②]。

与之相联系，殷末周初的善恶评价首先出现在政治生活领域，这与道德观念和礼乐思想首先应用于政治生活领域是相对应的。此时，虽然还没有明确的善恶范畴，但道德评价已经成为社会生活的重要部分，对善恶责任问题的论述也在政治生活中发挥着越来越重要的作用。在反映西周初年社会生活的《尚书·酒诰》中，我们就可以很好地看到善恶评价之间的鲜明对比。必须指出的是，在殷末周初的道德评价中，评价的主体往往是作为最高权威的"天"，由"天"来进行道德评价，显然是为了更好地凸显这种道德评价的合法性和权威性。

　　王曰："封，我闻惟曰，在昔殷先哲王迪畏天，显小民，经德秉哲。自成汤咸至于帝乙，成王畏相。惟御事厥棐有恭，不敢自暇自逸，矧曰其敢崇饮？越在外服，侯、甸、男、卫、邦伯，越在内服，百僚庶尹惟亚惟服宗工，越百姓里居，罔敢湎于酒。不惟不敢，亦不暇。惟助成王德显，越尹人祇辟。我闻亦惟曰，在今后嗣王酗身，厥命罔显于民，祇保越怨不易。诞惟厥纵淫泆于非彝，用燕丧威仪，民罔不蠱伤心。惟

[①] 徐难于：《善恶观形成初探》，《四川大学学报》2001年第3期。
[②] 张锡勤、柴文华：《中国伦理道德变迁史稿》（上卷），人民出版社，2008年，第31页。

荒腆于酒,不惟自息乃逸,厥心疾很,不克畏死。辜在商邑,越殷国灭无罹。弗惟德馨香,祀登闻于天,诞惟民怨。庶群自酒,腥闻在上,故天降丧于殷,罔爱于殷,惟逸。天非虐,惟民自速辜。"(《尚书·酒诰》)

《尚书·酒诰》是周公借成王之口向康叔封下达命令的诰辞,"殷民化纣嗜酒,故以戒酒诰"(《尚书正义·酒诰》)。周公对比了殷商的先代圣王与后嗣诸王,尤其是商纣王在德行方面的诸种表现,告诫康叔封,要吸收殷商灭亡的经验教训。在周公看来,殷商先王"经德秉哲",从殷商开国的商汤开始,甚至一直到帝乙,都"罔敢湎于酒",甚至"不惟不敢,亦不暇"。"殷先智王,谓汤蹈道畏天,明著小民。能常德持智,从汤至帝乙中间之王犹保成其王道,畏敬辅相之臣,不敢为非。"在孔安国看来,殷代诸位先王为保持王道,大都以德自持,敬畏臣下,不敢胡作非为。因此,不管是中央政府,还是边疆之地,都没有人敢沉湎于酒色,不但不敢,而且为了辅助君王成其王道,还往往以正身敬法,用身教落实王道和对万民的教化。对此,孔颖达认为,"王者上承天,下恤民,皆由蹈行于为,畏天之罚已故也。又以道教民,故明德著小民"(《尚书正义·酒诰》)。因此,殷商先王和贤臣都能够秉德以临万民,堪称天下民众的表率,这既是对上天的敬重,也是对万民的教化。

但到了殷商末年,情况发生了巨大变化,纣王贪图享乐而懈怠政事,"酗乐其身,不忧政事","纣暴虐,施其政令于民,无显明之德,所敬所安,皆在于怨,不可变易","纣众群臣用酒沈荒,腥秽闻在上天,故天下丧亡于殷,无爱于殷,惟以纣奢逸故"。孔安国认为,由于商纣王贪图享乐,施行繁苛暴政,德行亏缺,因此,招致天怒人怨。但其尚不自知,对当时万分危急的形势没有正确的判断和清醒的认知,带领群臣"用酒沈荒",以致"腥秽闻在上天"。因此,殷商的灭亡完全是殷商滥用荒虐之政而不行德治的结果，是咎由自取，"为天所亡，天非虐民，惟民行恶自召罪"（《尚书正义·酒诰》）。

通过对比，帝乙之前的殷代诸先王慎酒以存，而商纣王则嗜酒而灭。前者"经德秉哲""厥棐有恭""罔敢湎于酒""王德显越"，拒绝奢靡，亲政爱民，崇尚德政；而后者则"诞惟厥纵""淫洪于非彝""荒腆于酒""诞惟民怨"，嗜酒靡奢，荒政害民。因此，前者能够获得并保有天命，而后者就只能"天降丧于殷"，自取其祸了。虽然，在周公的论述中并没有出现善恶的字眼，但道德评价的含义已深蕴其中了。类似的道德评价，我们还可以从其他文献中发现端倪。

> 尹逸筴曰："殷末孙受，德迷先成汤之明，侮灭神祇不祀，昏暴商邑百姓，其章显闻于昊天上帝。"周公再拜稽首，乃出。立王子武庚，命管叔相。乃命召公释箕子之囚，命毕公、卫叔出百姓之囚。乃命南宫忽振鹿台之财，巨桥之粟。乃命南宫百达、史佚迁九鼎三巫。乃命闳夭封比干之墓。乃命宗祝崇宾，飨祷之于军。乃班。（《逸周书·克殷解》）

《逸周书·克殷解》记述的是武王克商之后的一系列政策举措。在这里，商纣王的过错主要在于"迷先成汤之明，侮灭神祇不祀，昏暴商邑百姓"，违背了殷商先王的明德，蔑视神祇，不祀祖先，昏暴百姓，以此来论证西周政权是得自"天"的。显然，成汤之明德就是善，而纣王的种种行为就是属于恶了。

由此可见，在西周初年的道德评价中，敬德、爱民、勤政、慎酒自然就是善，而暴虐、淫洪、民怨、懈怠、嗜酒等自然就代表了恶。这里道德评价的主体自然是"天"，关于善恶的内涵已经深蕴其中了。正如有学者所指出的那样，"从伦理评价的出发点讲，将人的罪恶行为与过失、差错从观念上加以区分，是善恶观得以形成的关键环节"。

同时，一些代表善恶、具有明确道德评价意义的词汇，如"臧""罪"等，也已经在社会生活，尤其是政治生活中开始被使用了。《尚书·酒诰》中有"惟曰我民迪小子惟土物爱，厥心臧。聪听祖考之遗训，越小大德"。关于"臧"，《说文解字》以"善"释"臧"。对于"臧"，孔安国解释道："文王化我民，教道子孙，惟土地所生之物皆爱惜之，则其心善。"也就是说文王"有正""无彝酒""饮惟祀""惟土物爱""聪听祖考之遗训"等，这些都是"臧"的具体体现。显然，"臧"确实具有美好、善的意思，体现为一种肯定性的道德评价，这应是确定无疑的了。《左传·宣公十二年》中有"执事顺成为臧"的说法，"臧"引申为成功、顺利的意思。再到后来，"臧"与"否"作为道德评价的两个方面相对而使用，《周易·师》中就有"否臧，凶"之类的观念和用法。而到了西周晚期，与道德评价有关的词汇日渐丰富，善与恶的范畴和观念已经非常明确地被提出来了，"西周晚期，善作为概括性、肯定性的道德评价观，在人们的道德实践中强有力地促使人承担道德责任与进行道德价值选择"，"随周人伦理评价观的发展，'恶'便具有了道德方面的评价功能，肯定性的道德评价善，否定性的道德评价为恶，作为伦理学的基本范畴之一的善恶观遂形成"。[①]

（三）"志仁无恶"与道德评价

到了春秋时期，善恶已经一定程度上突破了政治生活的范畴，被普遍运用到社会生活的各个领域，尤其表现在对人的行为及其道德评价上。孔子十分注重善恶的分别，《论语·颜渊》就明确指出，"君子成人之美，不成人之恶"。朱熹认为，"成者，诱掖奖劝以成其事也。君子小人，所存既有厚薄之殊，而其所好又有善恶之异。故其用心不同如此"（《四书章句集注·论语集注·颜渊》）。

---

① 徐难于：《善恶观形成初探》，《四川大学学报》2001年第3期。

第六章 仁义与道德价值

《论语·尧曰》中记载了子张问政于孔子的事,借此,孔子论述了"尊五美,屏四恶"的思想。孔子认为,只要能够尊重五种美德,同时摒弃四种恶政,政治自然就可以得到很好的处理。所谓"五美"是指"君子惠而不费,劳而不怨,欲而不贪,泰而不骄,威而不猛",要求君子要给百姓和民众较多的恩惠和好处而自己却又能无所损耗,役使百姓辛苦劳作同时又不会招致他们的怨恨和不满,追求仁德同时不要贪图财货和利益,为人庄重同时不能傲慢,做人要威严同时又不能表现得剑拔弩张,这就是"五美"。所谓"四恶",是指"不教而杀谓之虐;不戒视成谓之暴;慢令致期谓之贼;犹之与人也,出纳之吝谓之有司"。首先要求不要不教而诛,不对百姓进行必要的教化就对他们施以刑罚,甚至是杀戮,这就叫作暴虐;不对百姓提前加以告诫就要求他们做事必须成功,这就叫作残暴;不对百姓的行为加以必要的监督就突然规定期限,这就叫作贼;给别人钱财的时候却又出手非常吝啬,这就叫作小气。在孔子这里,善与恶是泾渭分明的,而区分善恶的标准主要在于对德的遵守与践行。甚至,孔子还提出了"志仁无恶"的观点。

子曰:"苟志于仁矣,无恶也。"(《论语·里仁》)

对此,朱熹认为,"苟,诚也。志者,心之所之也。其心诚在于仁,则必无为恶之事矣。杨氏曰:'苟志于仁,未必无过举也,然而为恶则无矣'"(《四书章句集注·论语集注·里仁》)。也就是说,如果我们能够把仁作为理想信念和价值追求,真诚地把求仁作为我们道德修养的目标和社会生活的原则的话,那么,我们就没有什么恶可言了,或者说,我们也就不会做恶的事了。显然,这是出于道德理想主义的动机和要求。对于这句话的理解,不能孤立地看,而应该把上下文结合起来分析。在这句话的前后,《论语·里仁》还提到,"唯仁者能好人,能恶人","我未见好仁者,恶不仁者。好仁者，无以尚之；恶不仁者，其为仁矣，不使不仁者加乎其身。有能一日用其力于仁矣乎？我未见力不足者。盖有之矣，我未见也"。朱熹认为，"盖无私心，然后好恶当于理，程子所谓'得其公正'是也。游氏曰：'好善而恶恶，天下之同情，然人每失其正者，心有所系而不能自克也。惟仁者无私心，所以能好恶也'"（《四书章句集注·论语集注·里仁》）。为什么"苟志于仁"，就能够达到"无恶"的境界呢？这里的"无恶"显然不能被理解为没有恶、完全杜绝恶的意思，而只是说，如果我们能够以"仁"为依归的话，个体就会心底无私，做什么事情都不是为了自己的个人利益，这样的话，人们就不会刻意地犯错、做恶事了。因此，仁的要求不在于一定为善，同时一定不为恶，"人之过也，各于其党。观过，斯知仁矣"，我们对于人的过错或者过失要进行严格的分类和区别。"程子曰：'人之过也，各于其类。君子常失于厚，小人常失于薄；君子过于爱，小人过于忍。'尹氏曰：'于此观之，则人之仁不仁可知矣。'吴氏曰：'后汉吴佑谓：掾以亲故：受污辱之名，所谓观过知仁是也。'愚按：此亦但言人虽有过，犹可即此而知其厚薄，非谓必俟其有过，而后贤否可知也。"（《四书章句集注·论语集注·里仁》）在这里，朱熹和二程所要表达的正是这样的思想。

二　孔子与"仁者爱人"

在继承和发展春秋时期"仁"观念的基础上，孔子把"仁"上升到其道德哲学的核心范畴和最高范畴地位，提出并论证了"仁者爱人"的思想，代表了原始儒家道德哲学建构的逻辑起点。"在仁出现并流行后，是孔子首次对仁作了理论阐发，完成了对仁的理论抽象，将仁视为最高道德，并以仁包摄其他道德，开创了儒家的仁学。仁的流行和孔子仁学的出现，可以看作是春秋时代的一种新的的伦理思潮。孔子将仁视为最高道德和诸德之源，遂使一切道德规范出自真情，由真情统率，因此，仁学的出现乃是中国传统伦理道德发展历程中的一次理论升华。"① "爱人"是"仁"最根本的要求，后世儒家，不管是孟子还是荀子都曾表达过"仁者爱人"的主张，《大戴礼记·主言》也强调"仁者莫大于爱人"，这些都体现了后世儒家对孔子"仁者爱人"思想的继承与弘扬。

（一）"仁者爱人"

在《论语》中，"仁"有"全德"之称，这种说法应始自程朱理学。二程就将仁与义、礼、智、信的关系理解为全体与四肢的关系，"仁、义、礼、智、信五者，性也。仁者，全体；四者，四支"（《河南程氏遗书》卷二）。在此基础上，朱熹更是明确提出了"全德"的概念，"仁者，本心之全德"，"心之全德，莫非天理"（《四书章句集注·论语集注·颜渊》）。在朱熹看来，作为全德的"仁"就代表了天理，因此，"仁"对其他诸德具有统摄作用，即"仁包四德"，"人之为心，其德亦有四，曰仁义礼智，而仁无不包"（《晦庵先生朱文公文集》卷六十七）。在孔孟那里，虽然仁、义、礼、智、信五常并用，但五者却并不具有同等的作用和地位，"仁"相对于其他德目的主导意义是显而易见的。②

近代以来，学者多赞同程朱的观点，蔡元培先生认为，"平日所言之仁，则即以为统摄诸德"③；冯友兰先生更是明确指出，"惟仁亦为全德之名，故孔子常以之统摄诸德"④。由此可见，从以上

---

① 张锡勤：《中国传统道德举要》，黑龙江大学出版社，2009年，第152页。
② 类似的观点，学术界多有说明，具体可参见陈来、白奚等教授关于本问题的论述。陈来：《仁统四德——论仁与现代价值的关系》，《江苏社会科学》2016年第4期；白奚：《"全德之名"和仁圣关系——关于"仁"在孔子学说中的地位的思考》，《孔子研究》2002年第4期。
③ 蔡元培：《中国伦理学史》，上海书店出版社，1984年，第14页。
④ 冯友兰：《中国哲学史》（上），中华书局，1984年，第101页。具体论述可参见白奚《"全德之名"和仁圣关系——关于"仁"在孔子学说中的地位的思考》，《孔子研究》2002年第4期；陈声柏、张晓辉：《全德之名与全体大用——孔子之"仁"再认识》，《孔子研究》2014年第4期。

论述看来，一方面，孔子把"仁"作为一种具体的德目，将之与其他诸德并立；另一方面，孔子又把"仁"作为一种道德精神，甚至是道德总原则灌注于其他诸德之中，并由此而构成了其他诸德以内在的德性内涵和精神价值。因此，当代学者多把"仁"做广义和狭义的区分，"'仁'有广义和狭义的区分。广义的仁是最高道德规范，它是包括许多道德规范的全德之称。种种道德规范互相制约、互相结合，形成一个完美的全体，此即广义之仁"，"狭义之仁即是爱人，体现了广义之仁最基本的精神"[①]。

在《论语》中，孔子论及"仁"达百余次，在孔子所论的所有道德范畴中是最多的，"仁"自然也就成为孔子最为关注的道德范畴。在孔子对"仁"的百余次论述中，我们可以看出，孔子对于"仁"的具体内涵的理解和用法是不一样的，然而贯穿其中的道德精神和价值是基本一致的。其中，对于"仁"最首要的理解和阐释就是"爱人"。

> 樊迟问仁，子曰："爱人。"问知，子曰："知人。"樊迟未达，子曰："举直错诸枉，能使枉者直。"樊迟退，见子夏，曰："乡也吾见于夫子而问知，子曰：'举直错诸枉，能使枉者直'，何谓也？"子夏曰："富哉言乎！舜有天下，选于众，举皋陶，不仁者远矣。汤有天下，选于众，举伊尹，不仁者远矣。"（《论语·颜渊》）

朱熹引二程等人之语，认为"学者之问也，不独欲闻其说，又必欲知其方；不独欲知其方，又必欲为其事。如樊迟之问仁知也，夫子告之尽矣。樊迟未达，故又问焉，而犹未知其何以为之也。及退而问诸子夏，然后有以知之。使其未喻，则必将复问矣。

---

① 张锡勤、孙实明、饶良伦主编《中国伦理思想通史·先秦—现代（1949）》（上册），黑龙江教育出版社，1992年，第41~42页。

既问于师，又辨诸友，当时学者之务实也如是"（《四书章句集注·论语集注·颜渊》）。在孔子看来，"仁"的基本精神和本质要求就是"爱人"，也就是要求所有道德主体要真诚无欺地爱一切人，而不是爱某个人或某些人，在这里，孔子所要表达的是一种爱类的意识，爱的对象是所有人。所以，《论语·学而》指出，"弟子入则孝，出则弟，谨而信，泛爱众而亲仁，行有余力，则以学文"。关于"泛爱众而亲仁"，朱熹解释认为，"泛，广也。众，谓众人。亲，近也。仁，谓仁者"（《四书章句集注·论语集注·学而》）。另外，孔子特别强调，对于他人的爱应该是发自道德主体自身内心深处一种真实的、质朴的道德情感，其中不能掺杂任何功利的计较和私欲的成分，哪怕只有微不足道的一点点，道德主体对他人的爱都会因此而大打折扣，变得不那么真实、自然和纯粹了。在孔子看来，那种因为受到社会规范的制约而不得不施之于外的爱的行为和情感都是不真实的，算不上真正的"爱人"。因此，在所有的道德情感中，孔子最重视的还是亲情。

> 叶公语孔子曰："吾党有直躬者，其父攘羊，而子证之。"孔子曰："吾党之直者异于是。父为子隐，子为父隐，直在其中矣。"（《论语·子路》）

应该说，孔子关于父子相隐的说法，从古至今，备受诟病。甚至有人认为，中国古代社会只讲人治不讲法治，孔子之过也。近些年，学术界也曾经掀起过一场关于这一问题的学术论争。[①] 在

[①] 近20年来，关于"父子相隐""亲亲互隐"问题的讨论在中国学术界引起热议，郭齐勇等教授从中西方文化传统等各种角度对本问题展开论证和说明，观点各异，相关的论文、著述及研讨会论文集等成果有很多，可参见《儒家伦理争鸣集——以"亲亲互隐"为中心》（郭齐勇，湖北教育出版社，1999年）、《经学、制度与生活——〈论语〉"父子互隐"章疏证》（陈壁生，华东师范大学出版社，2010年）、《"亲亲相隐"问题研究及其他》（林桂榛，中国政法大学出版社，2013年）、《"亲亲相隐"与二重证据法》（梁涛，中国人民大学出版社，2017年）等。

这里，本书无意讨论这场学术论争的具体问题，我们主要来看一看，孔子为什么要做这样的表态。

孔子做过鲁国的大司寇，专门掌管刑狱，难道他不知道偷东西是不道德的，甚至是犯法的吗？他不懂得相互包庇是有违社会公平正义的吗？这些我们常人都能够理解的东西，孔子作为至圣先师，尤其是还掌管过刑狱，他难道不了解吗？从常理上说，这些道理对孔子来说都不是问题，那么孔子为什么还要这么说呢？本书认为，孔子在这里所讨论的既不是法治建设问题，也不是如何维护社会的公平正义的问题，而是在讲一个父子亲情的问题，这就关系到了孔子对于"爱人"的理解。在儒家看来，仁者爱人，应该是发自我们内心的一种真实的道德情感，这种道德情感是我们内心对他人之爱的自然流淌。那么，什么人之间的爱的情感最容易做到这一点呢？当然是父子之亲、母女之爱，这是人世间最真挚、最无私的情感。因此，朱熹认为，"父子相隐，天理人情之至也。故不求为直，而直在其中。谢氏曰：'顺理为直。父不为子隐，子不为父隐，于理顺邪？瞽瞍杀人，舜窃负而逃，遵海滨而处。当是时，爱亲之心胜，其于直不直，何暇计哉？'"谢氏所说的"瞽瞍杀人"的事记载在《孟子·尽心上》中。

> 桃应问曰："舜为天子，皋陶为士，瞽瞍杀人，则如之何？"
>
> 孟子曰："执之而已矣。"
>
> "然则舜不禁与？"
>
> 曰："夫舜恶得而禁之？夫有所受之也。"
>
> "然则舜如之何？"
>
> 曰："舜视弃天下犹弃敝蹝也。窃负而逃，遵海滨而处，终身䜣然，乐而忘天下。"

在朱熹看来，舜的行为是应该得到赞赏的，"舜之心知有父而已,不知有天下也。……盖其所以为心者,莫非天理之极,人伦之至"(《四书章句集注·孟子集注·尽心章句上》)。但是,赞美舜的理由不是因为他枉法,而是因为舜把作为"天理之极,人伦之至"的孝发挥到了极致,"为子者,但知有父,而不知天下之为大"。那么,儒家为什么高度重视这种情感呢?因为这种情感正是培养人广泛的爱心和普遍的社会责任感的基础和前提。如果一个人连正常的父子之亲、母女之爱都不能保证的话,我们说这个人会对社会有多么大的爱心、多么高尚的人格,那是不可能的。所谓"行远必自迩""登高必自卑"(《中庸》)讲的就是这个道理。在朱熹看来,"人能和于妻子,宜于兄弟如此,则父母其安乐之矣。子思引诗及此语,以明行远自迩、登高自卑之意"(《四书章句集注·中庸章句》)。所以,在孔子看来,为人子女者,任何人都不愿意看到自己至亲至爱的父母名声扫地,甚至是锒铛入狱。至于证还是不证,孔子对这个问题并没有回答。

关于父子亲情的维护,即便是强调严刑峻法的法家也在一定程度上给予认可。"楚之有直躬,其父窃羊,而谒之吏。令尹曰:'杀之!'以为直于君而曲于父,报而罪之。以是观之,夫君之直臣,父之暴子也。"(《韩非子·五蠹》)另外,《吕氏春秋·当务》中对此也有所记载,"楚有直躬者,其父窃羊而谒之上。上执而将诛之。直躬者请代之。将诛矣,告吏曰:'父窃羊而谒之,不亦信乎?父诛而代之,不亦孝乎?信且孝而诛之,国将有不诛者乎?'荆王闻之,乃不诛也。孔子闻之曰:'异哉!直躬之为信也。一父而载取名焉。'故直躬之信不若无信"。在韩非子看来,直躬之人虽然可以说是忠于君主的,但是他告发父亲的行为无疑是"父之暴子",对于直躬之人的这种行为他是给予否定的。而《吕氏春秋》则更是从反面论证了孔子的思想与观点,在孔子看来,楚国的这个直躬之人徒逞口舌之利,以此而沽名钓誉,在君主和社会上博取令名,这不是发自道德主体内心的真实的道德情感的自然流露,因而也算不上是真正的"爱人"了。

（二）"忠恕之道"

忠恕既是对"仁者爱人"的具体体现，同时也是实现"仁者爱人"的途径和方法，即"为仁之方"，是孔子思想一以贯之的指导原则。"子曰：'参乎！吾道一以贯之。'曾子曰：'唯。'子出。门人问曰：'何谓也？'曾子曰：'夫子之道，忠恕而已矣。'"（《论语·里仁》）虽然孔子把"仁"视作仅次于"圣"的道德境界，他本人都从不自诩为"仁"，但在孔子那里，"仁"又不是高不可攀、遥不可及的，其根本途径即在于忠恕之道。

关于忠恕，孔子提出：

> 子贡问曰："有一言而可以终身行之者乎？"子曰："其恕乎！己所不欲，勿施于人。"（《论语·卫灵公》）

> 子贡曰："如有博施于民而能济众，何如？可谓仁乎？"子曰："何事于仁，必也圣乎！尧舜其犹病诸！夫仁者，己欲立而立人，己欲达而达人。能近取譬，可谓仁之方也已。"（《论语·雍也》）

对于"恕"道，孔子是非常重视的，将之视为可以终身奉行的准则。《说文解字》以"仁"释"恕"，"恕，仁也。从心，如声"。段玉裁对于"恕"字的解释基本上沿袭了许慎的说法，"孔子曰：能近取譬，可谓仁之方也矣。孟子曰：强恕而行，求仁莫近焉。是则为仁不外于恕，析言之则有别，浑言之则不别也。仁者，亲也"（《说文解字注》）。也就是说，在段玉裁看来，从具体内涵上讲，"恕"与"仁"虽然是有区别的，但从基本价值上看，二者并无不同。因此，许慎认为以"仁"释"恕"是没有问题的，强调的就是二者内在精神上的一致性。

朱熹认为，所谓"恕"，"推己及物，其施不穷，故可以终身行之。尹氏曰：学贵于知要。子贡之问，可谓知要矣。孔子告以求仁之方也。推而极之,虽圣人之无我,不出乎此。终身行之,不亦宜乎?"(《四书章句集注·论语集注·卫灵公》)"推己及物"是"恕"的根本特征,其具体方法即在于"己所不欲,勿施于人"。从字面意思来看,就是说自己不想得到的结果,也不要强行施之于他人。"恕"道要求道德主体要将心比心,以己之心度人之心,设身处地地为他人着想。程树德先生引晚清学者黄式三《论语后案》中的观点认为,"己恶饥寒焉,则知天下之欲衣食也。己恶劳苦焉,则知天下之欲安佚也。己恶衰乏焉,则知天下之欲富足也。如此三者,圣王所以不降席而匡天下。故君子之道,忠恕而已矣。以此言恕,即絜矩之道也"。因此,所谓"恕"道,就是《大学》中所讲的絜矩之道。"所谓平天下在治其国者,上老老而民兴孝,上长长而民兴弟,上恤孤而民不倍,是以君子有絜矩之道也。所恶于上,毋以使下;所恶于下,毋以事上;所恶于前,毋以先后;所恶于后,毋以从前;所恶于右,毋以交于左;所恶于左,毋以交于右;此之谓絜矩之道。"由此可以看出,所谓"恕","是指在与人交往中,能够即自己切近之情感欲望而通情、体谅他人,以此为道德实践的情感基础"[①]。显然,儒家把"恕"视作"平天下之要道",不管是为人处世、待人接物还是修齐治平,"恕"道都是不可或缺的重要的道德原则。

对于"忠",孔子将之视为更高层次的道德要求。《说文解字》以"敬"释"忠","忠,敬也。尽心曰忠。从心,中声"。段玉裁认为,"敬者,肃也,未有尽心而不敬者"(《说文解字注》)。可见,"忠"最重要的要求是尽心,朱熹认为,"尽己之谓忠"(《四书章句集注·论语集注·学而》),"为他人谋一件事,须尽自家伎俩与他思量,便尽己之心"(《朱子语类》卷六)。陈淳也认为,"须是无一毫不尽方是忠"(《北溪字义·忠信》)。因此,所谓"尽己"就是竭尽全力、毫无保留的意思。有学者认为,"忠

[①] 董卫国:《忠恕之道思想内涵辨析》,《中国哲学史》2013年第3期。

的基本内容与要求是真心诚意、尽心竭力地对待他人,对待事业","忠的根本要求是全心全意,尽心竭力"。① 也有学者更加侧重于以"敬"与"肃"的结合、从实践方法的角度来解释"忠",认为作为道德修养的"忠"的思想内涵体现为"以谨慎、敬畏之精神克服私欲、偏见的遮蔽,从而保持内心道德情感的真实和道德理智的觉醒"②,二者虽然稍有不同,但都强调道德情感的真实性,这是"忠"的首要内涵。

对于忠,朱熹认为,"以己及人,仁者之心也。于此观之,可以见天理之周流而无闲矣。状仁之体,莫切于此","近取诸身,以己所欲譬之他人,知其所欲亦犹是也。然后推其所欲以及于人,则恕之事而仁之术也"(《四书章句集注·论语集注·雍也》)。由此可见,推己及人、以己及人是"忠"与"恕"的共同特征,"推己及人是总的原则,忠恕是其两个方面的表现"③。李存山教授认为,"'忠恕之道'一方面主张人与人之间的平等互利","另一方面又强调在平等互利中尊重他人的独立意志,不要以己之意志强加于他人","这是最基本、最普遍的道德准则"。④

在《论语》中,忠恕二字是分开论述的,但朱熹特别强调,"忠恕只是一件事,不可作两个看",而对于忠恕之间的关系,朱熹提出了"忠体恕用"的思想,"忠是体,恕是用,只是一个物事"(《朱子语类》卷二十七)。因此,可以认为,忠恕是一体之两面,首先表现为对于人己关系的处理,要求道德主体能够将心比心,设身处地地为他人着想,以己之心度人之心,不能刻意地去伤害别人,而要去想方设法、全力以赴地帮助别人,从切己的

---

① 张锡勤:《中国传统道德举要》,黑龙江大学出版社,2009年,第100页。
② 董卫国:《忠恕之道思想内涵辨析》,《中国哲学史》2013年第3期。
③ 钱逊:《对"夫子之道,忠恕而已矣"的理解》,《中国哲学史》2005年第1期。此外,学术界对于忠恕思想的阐发是多元的,具体可以参见董卫国《忠恕之道思想内涵辨析》,《中国哲学史》2013年第3期。
④ 李存山:《中国文化的"忠恕之道"与"和而不同"》,《道德与文明》2016年第3期。

意愿出发而推及他人，其中既注重道德情感的真实性，又强调待人接物过程中的方法与工夫，这与张载"以爱己之心爱人则近仁，以责人之心责己责近道"（《正蒙·中正》）所追求的境界是一致的。

（三）"克己复礼"

礼作为制度化、规范化的社会存在，是对"仁者爱人"的道德精神的具体呈现，是对"忠恕之道"的为仁之方的具体落实，是将"仁"的内在情感形之于外的必要环节，"礼无论广义或狭义，都是仁爱精神规范化的外部表现。故礼是将狭义之仁（质朴的爱心）提高到全德之仁的关键"[①]。

在儒家看来，不管是"仁者爱人"还是"忠恕之道"，都强调道德主体应该本着一种真诚无欺的道德情感去真正地关爱他人，对于他人的这种关爱所依赖的完全是道德主体自身的道德自觉，其最终的落实有赖于道德主体自觉自愿的道德行为，而不能掺杂任何外在的利害、计较和约束。孔子认为，掺杂了个人考虑的爱人和忠恕将失去其应有之义，而不能算是仁的体现了。既然如此，道德主体依靠自身的真挚情感就自然可以实现人与人、人与社会之间的和谐，那么，"礼"存在的意义在哪里呢？或者说"礼"存在的必要性与合法性要如何体现呢？这里所涉及的核心问题就是如何理解"仁"与"礼"的关系。对此，孔子认为：

> 颜渊问仁。子曰："克己复礼为仁。一日克己复礼，天下归仁焉。为仁由己，而由人乎哉？"颜渊曰："请问其目。"子曰："非礼勿视，非礼勿听，非礼勿言，非礼勿动。"颜渊曰："回虽不敏，请事斯语矣。"（《论语·颜渊》）

[①] 张锡勤、孙实明、饶良伦主编《中国伦理思想通史·先秦—现代（1949）》（上册），黑龙江教育出版社，1992年，第43~44页。

对于"克己复礼为仁"的阐释,直接涉及人们对仁与礼的关系的理解,这是历代注家分歧最大的部分。

从现有文献来看,"克己复礼"与"仁"的关系并不是由《论语》首先提出的。据《左传·昭公十二年》记载,楚灵王狩于州来,打算派人出使宗周,求取九鼎,最终却"及于难",对此,仲尼有所评论,认为"古也有志:'克己复礼,仁也',信善哉!楚灵王若能如是,岂其辱于乾溪?"从《左传》中的记载来看,"克己复礼,仁也"这句话应该是在孔子之前就存在了的,因此,孔子在说这句话的时候,非常明确地提出"古也有志"。对此,王应麟指出,"古也有志,克己复礼,仁也。或谓克己复礼,古人所传,非出于仲尼。致堂曰:'夫子以克己复礼为仁,非指克己复礼即仁也。'胥臣曰:'出门如宾,承事如祭,仁之则也。'盖左氏粗闻阙里绪言,每每引用,而辄有更易。穆姜于《随》举《文言》,亦此类"(《困学纪闻》卷六)。程树德引《论语稽求篇》认为,"夫子是语本引成语。《春秋》昭十二年,楚灵王闻祈招之诗,不能自克,以及于难。夫子闻之,叹曰:'古也有志:克己复礼,仁也,信善哉!楚灵王若能如是,岂其辱于乾溪?'据此,则克己复礼本属成语,夫子一引之以叹楚灵王,一引之以告颜子"[①]。除此之外,从年龄上看,也大概可以推知此言当为孔子引用先人之语。《左传》中的这句话出自鲁昭公十二年,而据《史记》记载,孔子出生于鲁襄公二十二年。襄公在位三十一年,去世后其子稠继位,是为鲁昭公,则昭公十二年时,孔子仅及弱冠之年。按照《孔子家语·本姓解》的记载,孔子"至十九,娶于宋之亓官氏,一岁而生伯鱼。鱼之生也,鲁昭公以鲤鱼赐孔子。荣君之贶,故因以名曰鲤,而字伯鱼"。据此,钱穆先生认为,"古者国君诸侯赐及其下,事有多端。或逢鲁君以捕鱼为娱,孔子以一士参预其役,

---

[①] 程树德:《论语集释》,程俊英、蒋见元点校,中华书局,2013年,第942~943页。

例可得赐。而适逢孔鲤之生。不必谓孔子在二十岁前已出仕，故能获国君之赐。以情事推之，孔子始仕尚在后"①。显然，在钱穆先生看来，此时孔子尚未出仕。我们不能从孔子尚未出仕就认为《左传》中的这句话一定不是孔子说的，这样的推论显然是不合逻辑的，然而却是更加合乎情理的。

理解"克己复礼为仁"的关键在于对"克"与"己"的阐释，根据对此二字的阐释的不同，古人对这句话的理解主要有三种代表性观点。

第一种观点是以"胜"释"克"。隋代经学家刘炫认为，"克者，胜也"②。根据程树德先生的看法，这个观点应当来自扬雄，"此本扬子云'胜己之私之谓克'语"，这句话出自扬雄《法言·问神》。但程树德先生进一步梳理了从"己"到"己之私"，再到"己之私欲"的演进过程，"然己不是私，必从'己'字下添'之私'二字，原是不安。至程氏直以己为私，称曰己私，至朱《注》谓身之私欲，别以'己'上添'身'字，而专以'己'字属私欲。于是宋后字书皆注己作私"。"胜己之私之谓克"，显然，以"胜"释"克"是一种传统观点，自两汉至隋唐，均是如此。二程和朱熹在继承这一观点的基础上，进行了较大的发挥。

> 仁者，本心之全德。克，胜也。己，谓身之私欲也。复，反也。礼者，天理之节文也。为仁者，所以全其心之德也。盖心之全德，莫非天理，而亦不能不坏于人欲。故为仁者必有以胜私欲而复于礼，则事皆天理，而本心之德复全于我矣。归，犹与也。又言一日克己复礼，则天下之人皆与其仁，极言其效之甚速而至大也。又言为仁由己而非他人所能预，又见其机之在我而无难也。日日克之，不以为难，则私欲净尽，

---

① 钱穆：《孔子传》，生活·读书·新知三联书店，2018年，第11页。
② 程树德：《论语集释》，程俊英、蒋见元点校，中华书局，2013年，第946页。

天理流行，而仁不可胜用矣。程子曰："非礼处便是私意。既是私意，如何得仁？须是克尽己私，皆归于礼，方始是仁。"又曰："克己复礼，则事事皆仁，故曰天下归仁。"谢氏曰："克己须从性偏难克处克将去。"（《四书章句集注·论语集注·颜渊》）

显然，朱熹主要是从心性论和工夫论的角度对"克己复礼为仁"加以阐释的。朱熹认为，只要人能够不断地战胜、克服自身的私欲，同时实现向礼的复归，就可以成就本心之全德，天理在此时就可以得到充分的彰显，仁者的境界即在于此。"盖克去己私，便是天理，'克己复礼'所以为仁也"，其中，"仁是地头，'克己复礼'是工夫，所以到那地头底"。因此，有学者指出，"从礼之'节文'义看，复礼是后天的外在工夫；从礼之'天理'义看，复礼是复性，是复主体先天固有的内在本性；外在的复礼文旨在揭掉私欲的遮蔽，让主体固有的、内在的德礼、性礼得到恢复，外在工夫必然走向内在"[1]。

第二种观点是以"约"释"克"。南北朝时期的经学大师皇侃在《论语义疏》中明确提出，"克，犹约也。复，犹反也。言若能自约俭己身，返反于礼中，则为仁也。于时为奢泰过礼，故云礼也。一云：身能使礼反返身中，则为仁也"。程树德先生引《论语稽求篇》认为，"马融以约身为克己，从来说如此"。阮元在驳斥程朱观点的基础上对此又有深入分析。

> 颜子"克己"，"己"字即"自己"之"己"，与下"为仁由己"相同，言能克己复礼，即可并人为仁。一日克己复礼而天下归仁，此即己欲立而立人，己欲达而达人之道。仁

---

[1] 郭园兰：《朱熹仁礼关系辨：以"克己复礼为仁"诠释为中心》，《中国哲学史》2021 年第 6 期。

第六章　仁义与道德价值

虽由人而成，其实当自己始，若但知有己，不知有人，即不仁矣。孔子曰，勿谓仁者人也，必待人而后并为仁，为仁当由克己始，且即继上二"克己"字叠而申之曰："为仁由己，而由人乎哉！"亦可谓大声疾呼，明白晓畅亦。如以"克己"字解为私欲，则下文"为仁由己"之"己"，断不能再解为私，而由己不由人反诘辞气与上文不相属矣。

克者，约也，抑也。己者，自也。何尝有己身私欲重烦战胜之说？故《春秋》庄八年书"师还"，杜预以为"善公克己复礼"。而后汉元和五年平望侯刘毅上书"克己引愆，显扬侧陋"。谓能抑己以用人。即《北史》称冯元兴"卑身克己，人无恨者"。汤韩愈与冯宿书"故至此以来，克己自下"。直作"卑身"、"自下"解。

马注以克己为约身，最得经意。……马季长以克己为约身者，能修己自胜，约俭其身，即下文"非礼勿动"四者。是范武子训"克"为"责"，责己失礼而复之，与下文"四勿"义亦通。马氏"约身"之训，即《论语》"以约失之者鲜矣"之"约"。约身则非礼勿视、听、言、动，故"克己复礼"连文。《左传》、《论语》马、杜、范、刘等说，义本互通。（《论语论仁论》，《揅经室集·揅经室一集》卷八）

显然，在阮元看来，马融以"约"释"克"、以"自""身"释"己"的观点是最符合孔子原意的，所谓"克己"就是约束、抑制自身，约己自克。程树德先生对阮元的看法表示赞同，"平心论之，同一'己'字而解释不同，终觉于义未安，阮氏之说是也。朱注为短，盖欲伸其天理人欲之说，而不知孔氏言礼不言理也"[1]。清代学者陈澧也认可以"约"释"克"的观点，认为"克己复礼，朱子解为胜私欲。为仁由己，朱子解为在我。两'己'字不

---

[1] 程树德：《论语集释》，程俊英、蒋见元点校，中华书局，2013 年，第 944 页。

同解。戴东原《孟子字义疏证》驳之，澧谓朱注实有未安，不如马注解克己为约身也。或疑如此则《论语》无胜私欲全天理之说，斯不然也"①。因此，礼往往具有"约""俭"等特征，"其所以为礼者，曰敬，曰让，曰约，约节之，曰文质，其本在俭，其用在和，而先之以仁之守、义之质、学之博"②。

与此相类似的观点还有以"责"释"克"。"范宁云：克，责也。复礼，谓责克己失礼也。非仁者则不能责己复礼，故能自责己复礼为仁矣。"③ 有以"肩"释"礼"，"《论语竢质》：《说文解字》曰：'克，肩也。'《诗》'佛时仔肩'，《毛传》云：'仔肩，克也。'《郑笺》云：'仔肩，任也。'盖肩所以儋荷重任，克训肩，则亦训任矣。克己复礼，以己身肩任礼也。言复者，有不善未尝不知，知之未尝复行，《周易》所谓'不远复'也。克己复礼，仁以为己任矣，故委任也"④。

第三种观点是以"能"释"克"，以汉代经学大师孔安国和晚清著名学者俞樾为主要代表。《群经平议》对"克己复礼"的句读有着独特的理解。

> 按孔注训克为能，是也。此当以"己复礼"三字连文。己复礼者，身复礼也，谓身归复于礼也。能身复礼，即为仁矣，故曰克己复礼为仁。下文曰："一日克己复礼，天下归仁焉。为仁由己，而由人乎哉？"必如孔注，然后文义一贯。孔子之意，以己与人对，不以己与礼对也。《正义》不能申明孔注，而漫引刘说以申马注约身之义，而经意遂晦矣。昭十二年《左传》因楚灵王不能自克而引仲尼曰，"古也有志：克己复礼，仁也。信善哉。"则正训克为胜。左氏晚出，先儒致

---

① 陈澧：《东塾读书记》（外一种），杨志刚编校，中西书局，2012年，第22页。
② 陈澧：《东塾读书记》（外一种），杨志刚编校，中西书局，2012年，第15页。
③ 程树德：《论语集释》，程俊英、蒋见元点校，中华书局，2013年，第944页。
④ 程树德：《论语集释》，程俊英、蒋见元点校，中华书局，2013年，第946页。

疑。凡此之类，皆不足据。[1]

显然，俞樾既不赞同朱熹的观点，也并不完全同意马融、皇侃等人的观点，他认为，如果道德主体能达到使自身复归于礼的要求，也就可以达到仁的境界了。但俞樾未能对"克"字做进一步的解释和阐发，由此导致对其观点的理解存在一定的困难；同时，俞樾对朱熹的观点和阐释所做的深入的分析和评价，缺乏必要的对比。对于俞樾的观点，金景芳、吕绍纲先生给予了高度评价，认为"俞氏依孔注义训'克'为能，谓'己复礼'三字连文，至确。说孔子之意是己与人对言，不是己与礼对言，只有如此作解，才与孔子下文'为仁由己，而由人乎哉'文义一贯，更切中肯綮，可谓真知灼见"。因此，金景芳、吕绍纲先生指出，"孔安国、俞樾训克为能，把'克己复礼'释作自己复礼，是唯一正确的解释"，并由此而断言"任何把'克己复礼'的'克'字作动词看的训释，都是错误的"。另外，金景芳、吕绍纲先生还认为，"俞氏据孔注指出'己复礼'三字连文，这一点至关重要。只有确定这一点，才有可能把'克己复礼为仁'这句话讲明白。'己复礼'，当然就是自我复礼，不是要别人复礼或者要别人为我复礼。这正是孔子答颜渊问仁所要表达的意思"[2]。本书认为金景芳、吕绍纲先生对于孔注和俞樾观点的分析和论述具有独到之处，极具启发意义，可资借鉴。

恰如有学者所强调的那样，"仁"与"礼"的关系表现为内容与形式的关系。其中，"仁"必须以"礼"为表达方式，而"礼"又必须以"仁"为内在要求。必须强调的是，在孔子那里虽然"仁""礼"并举，但二者的意义和作用却并不是完全相同的。毫无疑问，"仁"作为爱人的道德情感和内在的道德要求，在"仁"

---

[1] 程树德：《论语集释》，程俊英、蒋见元点校，中华书局，2013年，第942页。
[2] 金景芳、吕绍纲：《释"克己复礼为仁"》，《中国哲学史》1997年第1期。

与"礼"的关系问题上居于主导地位,"礼"的外在表达必须以内在之"仁"为前提和基础,"礼"所要展现的正是"仁"的精神和价值。因此,《论语》发出了"礼云礼云,玉帛云乎哉"(《阳货》)和"人而不仁如礼何"(《八佾》)的疑问,也就是说,在《论语》看来,所谓的"礼"难道指的仅是外在的物质和仪式吗?一个人如果失去了内在的"仁"的道德情感,那么这样的"礼"还有什么意义呢?孔子从文质统一的角度论证了"仁"与"礼"的关系,"质胜文则野,文胜质则史。文质彬彬,然后君子"(《论语·雍也》)。朱熹认为,"学者当损有余,补不足,至于成德,则不期然而然矣。杨氏曰:'文质不可以相胜。然质之胜文,犹之甘可以受和,白可以受采也。文胜而至于灭质,则其本亡矣。虽有文,将安施乎?然则与其史也,宁野'"(《四书章句集注·论语集注·雍也》)。亦有学者提出,《论语》在文质关系问题上曾提出"质先文后""质本文末""重质弃文"等多种观点,表述虽多有差异,但对于"质"的重视则是基本一致的。[①] 这些论述,都突出了对于"礼"所包含的真实的道德情感的注重和强调。对此,《左传·昭公二十五年》中记载了子大叔见赵简子的事。

> 子大叔见赵简子,简子问揖让、周旋之礼焉。对曰:"是仪也,非礼也。"简子曰:"敢问何谓礼?"对曰:"吉也闻诸先大夫子产曰:'夫礼,天之经也,地之义也,民之行也。'……"简子曰:"甚哉,礼之大也!"对曰:"礼,上下之纪,天地之经纬也,民之所以生也,是以先王尚之。故人之能自曲直以赴礼者,谓之成人。大,不亦宜乎?"简子曰:"鞅也请终身守此言也。"

---

① 张继军:《从子夏问〈诗〉看〈论语〉中所见文质观——兼论先秦儒家道德哲学的价值转向》,《中国哲学史》2018年第4期。

这里所体现出来的是对"礼义"与"礼仪"的区分。孔颖达深刻地指出,"礼是仪之心,仪是礼之貌。本其心,谓之礼,察其貌,谓之仪。行礼必为仪,为仪未是礼。故云仪,非礼也。郑玄《礼序》云:'礼者,体也,履也。统之于心曰体,践而行之曰履。'此训两释,良有以也。郑谓体为礼,履为仪,是其所以礼仪别也","义谓义理,性谓本性,言天地性义有常,可以为法,故民法之而为礼也"(《春秋左传正义·昭公二十五年》)。这些都充分说明,相对于外在的礼节、仪式、规范而言,内在于"礼"的"仁",即道德主体发自内心的真实的道德情感才是最重要的,同时也是最可贵的。

(四)"为仁之本"

孔子认为,对于"仁者爱人"的落实要选择正确的着手处。一方面,儒家有博爱的胸怀,要求泛爱万物,《论语·颜渊》提出"四海之内皆兄弟",《孟子·尽心上》讲"亲亲而仁民,仁民而爱物",《孟子·梁惠王上》主张"老吾老以及人之老,幼吾幼以及人之幼",《礼记·礼运》要求"天下一家,中国一人",张载《西铭》强调"凡天下疲癃残疾、惸独鳏寡,皆吾兄弟之颠连而无告者也",王守仁甚至提出"君臣也、夫妇也、朋友也,以至于山川鬼神鸟兽草木也,莫不实有以亲之"的思想,并以"天地万物为一体"(《大学问》)作为明德的根本目标,凡此种种,都是在强调儒家思想博爱的胸怀。

另一方面,孔子又认为,在现实的社会生活中,人对于他人的爱应该在先后、程度、方式上有所区别,这是由人的以血缘关系为纽带而形成的道德情感所决定的。这种差异具体体现为一个以道德主体为核心的辐射圈,离中心越近的就爱得越深、越重、越厚,而离中心越远的就自然爱得越浅、越轻、越薄。在孔子看来,那种没有任何区别的爱人的情感是不真实的,也是不合乎人的以血缘关系为纽带而形成的自然情感的。所以,孔子特别注重

"孝悌"的观念。

> 有子曰:"其为人也孝弟,而好犯上者,鲜矣;不好犯上而好作乱者,未之有也。君子务本,本立而道生。孝弟也者,其为仁之本与!"(《论语·学而》)

对此,朱熹指出,"仁者,爱之理,心之德也。为仁,犹曰行仁。……行仁自孝弟始,孝弟是仁之一事。谓之行仁之本则可,谓是仁之本则不可。盖仁是性也,孝弟是用也,性中只有个仁、义、礼、智四者而已,曷尝有孝弟来。然仁主于爱,爱莫大于爱亲,故曰孝弟也者,其为仁之本与!"在程朱看来,亲亲是仁民、爱物的基础与前提,因此,孝弟就是仁爱之心的根本所在,是天理、人性的最直接的体现。所以孟子提出"亲亲而仁民,仁民而爱物"时,朱熹用"水"做了一个十分形象的比喻,"仁如水之源,孝悌是水流底第一坎,仁民是第二坎,爱物则第三坎"(《朱子语类》卷二十),即言人的仁爱之心就像水的源头一样,水流经过洼地的时候是有层次之分的,必须先把距离最近的洼地填满了,才有可能继续往前流,接着流进第二个洼地,依此类推。这里所强调的就是爱人也有亲疏、远近、厚薄之分,而不可能是一视同仁的。对此,清代程瑶田有一段精辟的论述。

> 人有恒言,辄曰一公无私,此非过公之言,不及公之言也。此一视同仁、爱无产等之教也。其端生于意必固我,而其弊必极于父攘子证,其心责陷于欲博大公之名,天下治人,皆枉己以行其私矣。而此一人也,独能一公而无私,果且无私乎?圣人之所难,若人之所易,果且易人之所难乎?果且得其谓之公乎?公也者,亲亲而仁民,仁民而爱物。有自然之施为,自然之等级,自然之界限,行乎不得不行,止乎不得不止。时而子私其父,时而弟私其兄,自人视之,若无不

行其私者。事事生分别也，人人生分别也，无他，爱之必不能无差等，而仁之必不能一视野。此之谓公也，非一公无私之谓也。《仪礼·丧服传》之言昆弟也，曰："昆弟之义无分，然而有分者，则辟子之私也。子不私其父，则不成其子。"孔子之言直躬也，曰："父为子隐，子为父隐，直在其中。"皆言以私行其公，是天理人情之至，自然之施为、等级、界限，无意、必、固、我于其中者也。如其不起，则所谓公者，必不出于其心之诚然，不诚则私焉而已矣。或问第五伦曰："公有私乎？"曰："吾兄子尝病，一夜十往，退而安寝。吾子有疾，虽不省视，而竟夜不眠。岂可谓无私乎？"呜乎，是乃所谓公道也。是父子相隐者之为吾党直躬也。不博大公之名，安有营私之举？天不容伪，故愚人千虑，必有得焉，诚而已矣。（《通艺录·论学小记》）

显然，程氏从公私关系的角度对孝悌观念进行了解读和论证。在程氏看来，只有差等之爱才是真正合乎人的真实的自然情感的。因此，以私行公，才是"天理人情之至"，也只有这样的"公"才能出于道德主体内心之"诚"。而将仁者爱人看作一视同仁、爱无差等的思想，必将导致"枉己以行私"的局面。因此，孟子对追求"兼相爱"的墨家非常痛恨，"杨氏为我，是无君也；墨氏兼爱，是无父也。无父无君，是禽兽也。公明仪曰：庖有肥肉，厩有肥马，民有饥色，野有饿莩，此率兽而食人也！杨墨之道不息，孔子之道不著，是邪说诬民，充塞仁义也"（《孟子·滕文公下》）。在孟子看来，主张"为我"和"兼爱"的杨墨之言的出现是圣王不作、天下大乱的结果，是孔子之道不著、淫辞邪说横行的表现，必将对世道人心和社会秩序产生灾难性的后果。因此，孟子把"距杨墨"作为自己的使命，对其展开坚定的批判。

根据《说文解字》，"善事父母"为孝，"善兄弟"为悌。因此，所谓孝悌，指的就是对父母兄弟的亲情的维护，这是我们将内在的道德情感扩充于外的内在基础和前提。孝悌观念所强调的主要是爱有差等的问题。在孔子看来，只有这种差等之爱才是真正符合人的真实的道德情感的，也只有这样的爱人的情感，才能算得上是真正的"仁者爱人"。同时，这种真挚的爱人的情感是人的道德情感的基础，对他人的爱的情感都是建立在对父母兄弟的爱的情感前提之上的。程树德先生据皇侃引王弼之言认为，"自然爱亲为孝，推爱及物为仁也"。清末著名藏书家宦懋庸指出，"凡注家皆视仁与孝弟为而橛，不知'仁'古与'人'通。《孟子》'仁者，人也'，《说文》人象形字，人旁着二谓之仁，如果中之仁，萌芽二瓣。盖人身生生不已之理也。仅言仁，古不可遽见。若言仁本是人，则即于有生之初能孝能弟上见能孝弟乃成人，即全乎其生理之仁。不孝弟则其心已麻木不仁，更何以成其为人？"①显然，王弼的观点与程朱是基本一致的，而宦懋庸则主要从"仁""人"二字的相通性入手对其进行解读，虽然并没有涉及程朱所讲的天理与人性，但最终殊途同归。

此外，孔子也十分重视孝悌在国家治理和政治秩序方面的重要作用。元代经学家陈天祥指出，"古之明王，教民以孝弟为先。孝弟举，则三纲五常之道通，而国家天下之风正。故其治道相承，至于累世数百年不坏，非后世能及也。此可见孝弟功用之大。有子之言，可谓得王道为治之本矣。孟子言'人人亲其亲，长其长，而天下平'，与此章义同。盖皆示人以治国平天下之要端也"（《四书辨疑》卷二）。显然，在陈氏看来，孝悌是通达三纲五常、端正社会风气的重要途径，是国家治理的根本，也是政治秩序得以维系的关键所在。所以，当叔向因其弟犯法而大义灭亲时，孔子对于叔向的行为和品格给予了高度评价，"叔向，古之遗直也。治国制刑，不隐于亲，三数叔鱼之恶，不为末减。曰义也夫，可谓直矣"（《左传·昭公十四年》）。虽然，孔子坚持主张"父为子隐，

---

① 程树德：《论语集释》，程俊英、蒋见元点校，中华书局，2013年，第18页。

子为父隐",但当面对叔向的大义灭亲时,孔子又强调不能以私废公,更不能以公义徇私情。因此,有学者指出,"孔子将人的道德情操的培养,看成一个由近及远的发展过程,将人的精神境界视为一个不可分割的整体,同时也看到道德与政治的统一关系,这些思想亦均有启发性"①。

三 孟子与"居仁由义"

"居仁由义"是孟子道德哲学的核心内容,同时也是原始儒家道德哲学的重要组成部分和必不可少的发展环节。"居仁由义"主要是以"义"为中介,有效沟通了孔子的"仁"和荀子的"礼",实现了原始儒家道德哲学从心志伦理向规范伦理的过渡。

(一)"四心"与"四德"

以性善论为基础,孟子继承并发扬了孔子的仁学思想,提出了以恻隐之心、羞恶之心、辞让之心、是非之心为主要内容的"四心"观念,并论证了以仁、义、礼、智"四德"为核心的道德规范体系。从文献来看,最能反映这一问题的是孟子的两段话。

> 人皆有不忍人之心。先王有不忍人之心,斯有不忍人之政矣。以不忍人之心,行不忍人之政,治天下可运之掌上。所以谓人皆有不忍人之心者,今人乍见孺子将入于井,皆有怵惕恻隐之心。非所以内交于孺子之父母也,非所以要誉于乡党朋友也,非恶其声而然也。由是观之,无恻隐之心,非人也;无羞恶之心,非人也;无辞让之心,非人也;无是非之心,非人也。恻隐之心,仁之端也;羞恶之心,义之端也;

---

① 张锡勤、孙实明、饶良伦主编《中国伦理思想通史·先秦—现代(1949)》(上册),黑龙江教育出版社,1992年,第49页。

辞让之心，礼之端也；是非之心，智之端也。人之有是四端也，犹其有四体也。有是四端而自谓不能者，自贼者也；谓其君不能者，贼其君者也。凡有四端于我者，知皆扩而充之矣，若火之始然，泉之始达。苟能充之，足以保四海；苟不充之，不足以事父母。(《孟子·公孙丑上》)

乃若其情，则可以为善矣，乃所谓善也。若夫为不善，非才之罪也。恻隐之心，人皆有之；羞恶之心，人皆有之；恭敬之心，人皆有之；是非之心，人皆有之。恻隐之心，仁也；羞恶之心，义也；恭敬之心，礼也；是非之心，智也。仁义礼智，非由外铄我也，我固有之也，弗思耳矣。故曰："求则得之，舍则失之。"或相倍蓰而无算者，不能尽其才者也。《诗》曰："天生蒸民，有物有则。民之秉彝，好是懿德。"孔子曰："为此诗者，其知道乎！故有物有则，民之秉彝也，故好是懿德。"(《孟子·告子上》)

理解上文的关键点主要有三个，首先是对于"端"的理解，其次是对于心、性、情三者关系的理解[①]，最后是对于"四心"与"四德"关系的理解。这三个方面的问题是紧密纠缠在一起的，因此对这三个问题的理解不能孤立进行。

其中，古代学者对于"端"字的理解还是比较一致的，以赵岐、孙奭为代表的传统注疏，以"首"训"端"。赵岐认为"端者，首也。人皆有仁义礼智之首，可引用之"。对此，孙奭进一步指出，"孟子言人有恻隐之心，是仁之端，本起于此也。有羞恶之心者，是义之端，本起于此也。有辞让、是非之心者，是礼、智之端，本起于此者也。以其仁者不过有不忍恻隐也，此孟子所以言恻隐羞恶辞让是非四者，是为仁义礼智四者之端本也"(《孟子

[①] 关于孟子对心、性、情的释义，可以杨泽波教授的相关论述为参考，详见《孟子性善论研究》(再修订版)，上海人民出版社，2016年，第27~32页。

注疏·公孙丑上》)。"端"就是开始、萌芽的意思,也可以将其理解为根本,即言恻隐、羞恶、辞让、是非之心就是仁义礼智四德的开始,也是仁义礼智四德得以存在的根本。焦循赞同赵岐和孙奭的观点,并引用《仪礼》《说文解字》《周礼》等文献给予佐证,"《仪礼·乡射礼》注云:'序端,东序头也。'头,首也。故端为首。端与耑通。《说文》耑部云:'耑,物初生之题也。'题亦头也。故《考工记》'轮人凿端',注云,'内题方有头,可由此推及全体。'惠氏士奇《大学说》云:'《大学》致知,《中庸》致曲,皆自明诚也。《中庸》谓之曲,《孟子》谓之端,在物为曲,在心为端。'"(《孟子正义·公孙丑上》)

而以朱熹为代表的理学阐释,以"绪"训"端","端,绪也。因其情之发,而性之本然可得而见,犹有物在中而绪见于外也"(《四书章句集注·孟子集注·公孙丑章句上》)。《说文解字》认为,"绪,丝耑也",段玉裁做进一步解释,"耑者,草木初生之题也。因为凡首之称,抽丝者得绪而可引。引申之,凡事皆有绪可缵"(《说文解字注》)。可见,从《说文解字》及段注来看,朱熹以"绪"训"端"和赵岐等以"首"训"端",虽然在表述上有所不同,但内涵是基本一致的。但从朱熹后面的解释来看,"绪"又带有某种必然性的意思,见其首则本性即可得而见之,意思是当人们在某种境遇面前展现出某种情绪或情感的时候,在这种情绪或情感背后所隐藏的人性之本然的存在就已经深蕴其中了。

于是,孟子在《告子上》中干脆抛弃了关于"端"的使用和思想,直接认为"恻隐之心,仁也;羞恶之心,义也;恭敬之心,礼也;是非之心,智也",而不再像《公孙丑上》那样,把仁义礼智归结为"端"了。这代表了一个很重要的转变,焦循非常清晰地指出了两者之间的不同,"前以情之可以为善明性善,此又以心之有恻隐、羞恶、辞让、是非明性善也"(《孟子正义·告子上》),并引清人毛奇龄之言认为,"恻隐之心,仁之端也。言仁之端在心,不言心之端在仁,四德是性之所发,藉心见端,然不可云心本于性。观性之得名，专以生于心为言，则本可生道，道不可生本明矣"（《孟子正义·公孙丑上》）。在这里，毛奇龄对于"心""性"及"四端""四德"的理解更具启发意义。显然，在毛奇龄看来，"四端"源于人心，恻隐是心之所发，因此，恻隐表现为"心之端"，其余羞恶、辞让、是非之心也是如此。而"四德"本于人性，道德主体通过"四心"展现"四德"，而不是通过"四德"来展现"四心"。以仁为例，仁通过恻隐之心展现出来，恻隐之心就是仁的开始、萌芽和根本，看到了恻隐之心的存在，就大概可以窥知仁的存在，而不能说通过看到仁才能感知到恻隐之心，义、礼、智也是如此。毛奇龄在最后所谈的"本"与"道"应该分别指代"心"与"性"，"心"是根本，而"性"则代表天道，也即诚与善。

正是基于这样的理解，孟子在《告子上》中省掉了"端"字，而直接把恻隐、羞恶、辞让、是非之心与仁、义、礼、智之德统一起来，从而提出，"仁义礼智，非由外铄我，我固有之也"。对此，赵岐认为，"仁、义、礼、智，人皆有其端，怀之于内，非从外销铄我也"。显然，赵岐依然是从"端"的角度来说明"四心"与"四德"的关系，并没有完全领会孟子在这里的用意。而孙奭则有了不一样的理解，"盖以恻隐、羞恶、恭敬、是非之心，人皆有是心也，人能顺此而为之，是谓仁、义、礼、智也，仁、义、礼、智即善也。然而仁、义、礼、智之善，非自外销铄我而亡之也，我有生之初固有之也，但人不思而求之耳，故曰求则得而存，舍而弗求则亡之矣"（《孟子注疏·告子上》）。由此可见，孙奭的注解更能凸显《孟子》中这两处文献所表达的思想的差异。

元代陈天祥在肯定《告子上》的理解的基础上，对《公孙丑上》以"端"沟通"四心"与"四德"的做法给予了批判，甚至是否定。"端，端绪也。丝之端绪即丝也；麻之端绪即麻也；仁之端便是仁；义之端便是义。今乃分仁、义、礼、智为性；分仁、义、礼、智之端恻隐、羞恶、辞让、是非之心为情，岂有一体而为两物者哉？《语录》论'乃若其情，则可以为善矣'，与此说互相首尾，亦以四端为情，又说情既发，则有善、不善，盖不知恻隐、羞恶、辞让、是非之心，未尝涉于不善也？情有善、不善，若指喜怒哀惧爱恶欲七情而言则可，归之四端则不可。四端本只是仁、义、礼、智，不可别指为情也。后篇'恻隐之心，仁也；羞恶之心，义也；恭敬之心，礼也；是非之心，智也'，有此明文，岂容别议"（《四书辨疑》卷十）。陈天祥显然是从性、情的角度解读"四心"与"四德"的关系的。在陈氏看来，"四心"即"四德"。以仁为例，仁之端就意味着仁的开始，因此，恻隐之心就是仁。如果把恻隐之心视为情的话，则恻隐之心形之于外，就会有善与不善的区别，这与恻隐之心就是仁的前提产生矛盾，因此，陈氏明确确认"四端本只是仁、义、礼、智，不可别指为情也"。文中所说的"后篇"即指《告子上》，认为《告子上》关于"四心"与"四德"关系的解读是不容置疑的。

而朱熹则主要是从体用关系的角度解释"四心"与"四德"的关系的。"前篇言是四者为仁义礼智之端，而此不言端者，彼欲其扩而充之，此直因用以着其本体，故言有不同耳。"（《四书章句集注·孟子集注·告子章句上》）在朱熹看来，《公孙丑上》主要强调的是"端"作为"四心"与"四德"的桥梁而对于"四德"的作用和意义，《告子上》则转换了阐释角度，把"四德"视为"本体"，而把"四心"看成是"四德"本体之发用流行。但恰如李存山教授所言，"实际上，孟子当时还没有'性体情用'的观点。此处的'恻隐之心，仁也'云云，质言之，还应如前一种表述，是讲恻隐、羞恶、恭敬、是非之心为仁、义、礼、智之'端'，由此而'尽心'，'思则得之'，亦即'扩而充之'，便是'非由外铄'的仁、义、礼、智之'四德'"[1]。

---

[1] 李存山：《"四端"与"四德"及其他——读〈孟子〉辨义四则》，《中原文化研究》2015年第5期。

在孟子看来，人之"四德"是发端于"四心"的，"四德"就是人之"四心"的外在呈现，既然作为人的本性的"四心"中先验地包含仁、义、礼、智"四德"的萌芽，那么任何人的本性也就先验地体现为善。关于"四心"与"四德"的关系，学界有所梳理。涂可国教授认为，自孟子之后，人们对于孟子"四心"与"四德"关系的诠释基本是按照两种路线进行的，"一种是'四德'为体'四心'为用，'四德'为根基'四心'为生发，不妨将之概括为'四心萌芽说'。朱熹训解道：'恻隐、羞恶、辞让、是非，情也。仁义礼智，性也。心，统性情者也。端，绪也。因其情之发，而性之本然可得而见，犹有物在中而绪见于外也。'这里，朱熹从心、性、情三者关系角度诠释'四心'与'四德'，认为'四心'是情、是发，'四德'是性、是本，它们共同由总体的心加以统摄"。"另一种是'四心'为体、'四德'为用，'四心'为根基、'四德'为生发，不妨将之概括为'四心本源说'。国内学者蒙培元、杨国荣等对此做了一定的阐发。杨国荣指出，孟子所言的恻隐之心、羞恶之心、恭敬之心、是非之心含有情感之义，它们是内在于主体的、自然的、人之所以为人的本然之心"。在深入分析恻隐之心与仁、羞恶之心与义、辞让之心与礼、是非之心与智的逻辑关系的基础上，涂可国教授指出，以上两种路线在认识上的误区主要"在于局限在性本情用的惯性思维；在于只知道'四端'具有初生、开始、端绪等含义，而忽视了它也有始基、原因的义项；在于太过夸大仁义礼智'四德'的作用，以此遮蔽了'四心'的本源意义"，并认为其间真实的义理逻辑在于"'四心'构成了'四德'的心理本源，为'四德'奠定情感根基"[1]。应该说，这一分析和结论的合理性是很明显的，凸显了道德主体从"四心"到"四德"的心理-情感机制，代表了孟子心性之学的重

---

[1] 涂可国：《孟子"四心""四端"与"四德"的真实逻辑》，《武汉大学学报》（哲学社会科学版）2020 年第 3 期。

要内容，在很大程度上纠正了诸多学者过分依赖人性问题进行解读的偏颇，这种解读必然会在事实上造成对于"心"的问题的忽略和漠视。

　　傅佩荣教授则认为，"答复这些问题的关键，在于阐明孟子的'心'概念"。在傅佩荣教授看来，"孟子所谓的'心'，既非心脏，也非灵魂，而是一种敏感易觉的反省意识"①。杨泽波教授也将"心"的功能主要定位于反省、反思，在反对将"思"理解为"思考"的基础上，杨泽波教授认为，"依据孟子良心本心是内在的，是道德的根据，要成就道德就要发明良心本心，而发明的途径是切记自反的一贯思想，孟子此句是说，耳朵眼睛不会反思良心本心，所以要受蒙蔽，而心的功能是反思，反思了就可以得到良心本心，不反思就得不到。所以，这里的'思'只宜理解为反思"②。徐复观先生虽然肯定"思包含反省与思考的两重意思"，但马上又补充认为"在孟子则特别重在反省这一方面"，"仁义为人心所固有，一念的反省、自觉，便当下呈现出来"③。因此，反省、反思也是以恻隐、羞恶、辞让、是非"四心"为主要内涵的内在善性向外彰显出来、显现为仁、义、礼、智四德的根本途径。《孟子·告子上》明确指出，"耳目之官不思，而蔽于物，物交物，则引之而已矣。心之官则思，思则得之，不思则不得也。此天之所与我者，先立乎其大者，则其小者弗能夺也。此为大人而已矣。"徐复观先生认为，"孟子以前所说的心，都指的是感情、认识、意欲的心，亦即是所谓'情识'之心。人的道德意识，出现得很早。但在自己心的活动中找道德的根据，恐怕到了孟子才明白有此自觉。人的耳目口鼻之欲，都要通过心而表达出来"④。因

---

① 傅佩荣：《儒家哲学新论》，中华书局，2010年，第56页。
② 杨泽波：《孟子性善论研究》（再修订版），上海人民出版社，2016年，第146页。
③ 徐复观：《中国人性论史》（先秦篇），上海三联书店，2001年，第148页。
④ 徐复观：《中国人性论史》（先秦篇），上海三联书店，2001年，第150页。

此，当耳目之官与外物接触时，耳目等感觉器官就会受到外物的蒙蔽与干扰而陷溺其中；而心的功能在于反省、反思，人只有通过不断的自省，才能发现并执守自我的本性，才能克服耳目之官带来的蒙蔽而使人性之善得以彰显，做到"君子存诚，克念克敬，天君泰然，百体从令"（《四书章句集注·孟子集注·告子章句上》）。

关于"仁"，孟子在继承了孔子"爱人"主张的基础上，明确提出"仁者爱人"（《孟子·离娄下》）的观念。仁者之爱作为爱人的根本，是一个从己身不断推及他人的过程，"仁者以其爱及其不爱"（《孟子·尽心下》），"老吾老以及人之老，幼吾幼以及人之幼"（《孟子·梁惠王上》），道德主体需要把这种爱人的情感不断传递出去，由"亲亲"而至"爱民"，并最终推及天地万物，以实现"兼济天下"的目标。关于"义"，孟子认为"敬长，义也"（《孟子·尽心上》），"仁，人心也；义，人路也"（《孟子·告子上》）。显然，孟子把"义"视为通向和实践仁的途径与方法，是道德主体把内心当中的爱人的情感形之于外的关键一步。因此，"义"也就成了衡量道德主体的社会行为是否具有合法性的主要依据和价值标准。关于"礼"，孟子认为，"礼"就体现为道德主体在日常生活中对于仁义的道德情感的真实表达，所以，"礼"重点强调一个"敬"字，"有礼者敬人"即代表了"礼"的精神实质和根本要求，同时也代表了道德主体进行社会活动的规范和标准。"夫义，路也；礼，门也。惟君子能由是路，出入是门也"（《孟子·万章下》），"礼"代表了道德主体的诚敬之心，"用下敬上，谓之贵贵；用上敬下，谓之尊贤。贵贵尊贤，其义一也"（《孟子·万章下》）。关于"智"，孟子认为"智"就是对于自身善性的体认和对于是非善恶的辨别，显现为成熟而理性的道德认知。道德主体只有充分意识到仁义礼智为自身所固有，才能形成坚定的道德信念、培养道德评价的能力。另外，孟子认为"心之官则思"（《孟子·告子上》），人心具有知觉和思虑等功能，当心的知觉和思虑功能向内发挥作用时，就体现为"反求诸己""反身而诚"的道德修养过程。因此，"智"就代表了道德主体自身的道德自觉。在"四心"和"四德"的基础上，孟子还论述了"忠""孝""信""耻"等德目，从而构造了一个相对完善的道德规范体系。

与此同时，孟子对社会伦理关系做了新的高度概括，并论证了调节各种社会伦理关系所适用的具体的道德要求。《左传·昭公二十五年》记载了子大叔与赵简子的对话，"为君臣、上下，以则地义；为夫妇、外内，以经二物；为父子、兄弟、姑姊、甥舅、昏媾、姻亚，以象天明，为政事、庸力、行务，以从四时"，把社会伦理关系分为君臣、夫妇、父子、兄弟、姑姊、甥舅、昏媾、姻亚等；《左传·昭公二十六年》中晏子也曾经对社会伦理关系及其规范进行了概况，"礼之可以为国也久矣。与天地并。君令臣共，父慈子孝，兄爱弟敬，夫和妻柔，姑慈妇听，礼也。君令而不违，臣共而不贰，父慈而教，子孝而箴；兄爱而友，弟敬而顺；夫和而义，妻柔而正；姑慈而从，妇听而婉：礼之善物也"。显然，按照晏子的区分，社会伦理关系大体可以分为君臣、父子、兄弟、夫妻、姑妇五类。

在此基础上，孟子提出，"人之有道也，饱食、暖衣、逸居而无教，则近于禽兽。圣人有忧之，使契为司徒，教以人伦：父子有亲，君臣有义，夫妇有别，长幼有序，朋友有信"（《孟子·滕文公上》）。虽然社会上的伦理关系是复杂多样的，但其中最为根本的应当是父子、君臣、夫妇、长幼、朋友五类，人们称之为"五伦"。父子有血缘之亲，君臣有仁义之义，夫妇有内外之别，长幼有尊卑之序，朋友有诚信之德，这就是孟子所提出的处理人伦关系的基本原则和要求，同时代表了人之所以为人之理、人之所以异于禽兽之理，即人与禽兽的根本区别。如果社会上的所有人都按照五伦的要求去做，那么"人伦明于上，小民亲于下，有王者起，必来取法，是为王者师也"（《孟子·滕文公上》）。可以认为，孟子对于人伦关系的概括和规范得到了后世学者及官方的确认，成为处理人与人之间关系的基本准则，对古代社会生活产生了重大影响。

（二）"居仁由义"

在以"四德"为核心的道德规范体系中，孟子最看重的无疑还是"仁"与"义"，时常"仁义"并举。在孟子看来，"仁义"关系就像是安宅与道路的关系一样，安宅是根本，道路就是通向安宅的途径。同样，对于人的存在和人格修养而言，仁就是人之为人的根本所在，而义就是通向仁、实现仁、达到仁的必由之路。因此，"居仁由义"就是一个人具备道德人格的重要标志，"居仁由义，大人之事备矣"。

关于"居仁由义"，孟子是通过其与王子垫的讨论提出的。

> 王子垫问曰："士何事？"
> 孟子曰："尚志。"
> 曰："何谓尚志？"
> 曰："仁义而已矣。杀一无罪，非仁也；非其有而取之，非义也。居恶在？仁是也；路恶在？义是也。居仁由义，大人之事备矣。"（《孟子·尽心上》）

王子垫向孟子请教士应当何所为，孟子提出了"尚志"的观念，于是王子垫进一步追问"尚志"的内涵，孟子认为，所谓"尚志"，就是躬行仁义。杀害一个无罪的人，这是不符合仁的要求的；而占有不属于自己的东西，则是不符合义的要求的。仁就相当于家，而义则相当于回家的路。以仁为家、以义为路，一个有德君子应该做的事即在于此。

对此，赵岐认为，"孟子言志之所尚，仁义而已矣。不杀无罪、不取非有者为仁义，欲知其所当居者仁为上，所由者义为贵，大人之事备矣"。必须承认，赵岐"所当居者仁为上，所由者义为贵"的表述显然是把"居仁"与"由义"看成了两件事，而且二者还处于并列关系,这种割裂仁义的观点显然是不符合孟子"居仁由义"思想的实质与旨趣的。这种解经的思路对后世产生了重要的影响,孙奭的阐释基本沿袭了赵岐的观点,"此章指言人当尚志,志于善也,善之所由,仁与义也","如杀一人之无罪,是为非仁也;非己之所有而取求之,是为非义也。如此非仁非义者,亦以所居有恶疾,在于仁,所行有恶疾,在于义是也。如仁以为居,义以为行,则大人之事亦备矣"(《孟子注疏·尽心上》)。朱熹认为,"非仁非义之事,虽小不为;而所居所由,无不在于仁义,此士所以尚其志也"。但朱熹紧接着又有所补充,"大人,谓公、卿、大夫。言士虽未得大人之位,而其志如此,则大人之事体用已全。若小人之事,则固非所当为也"。在这里,朱熹显然试图从体用关系的角度来解读"居仁由义","居仁"为体,这是人性之善的根源所在;而"由义"为用,是这种人性之善形之于外从而充分彰显的必然途径。戴震认为,"言仁可以赅义,使亲爱长养不协于正大之情,则义有未尽,亦即为仁有未至"(《孟子字义疏证·仁义礼智》)。在这里,戴震把仁与义真正统一起来,并明确突出了仁的核心地位。应该说,朱熹和戴震的观点是非常有道理的,这与孟子所讲的"仁,人心也;义,人路也"(《孟子·告子上》)的思想倾向和理论旨趣是完全一致的。

  孟子曰:"仁,人心也;义,人路也。舍其路而弗由,放其心而不知求,哀哉!人有鸡犬放,则知求之;有放心,而不知求。学问之道无他,求其放心而已矣。"

孙奭认为,"由路求心,为得其本,追逐鸡狗,务其末也","仁者是人之心也,是人人皆有之者也;义者是人之路也,是人人皆得而行之者也。今有人乃舍去其路而不行,放散其心而不知求之者,可哀悯哉!且人有鸡犬放之则能求追逐之,有心放离之而不求追复。然而学问之道无他焉,但求其放心而已矣。能求放心,则仁义存矣。以其人之所以学问者，亦以精此仁义也"（《孟子注疏·告子上》）。在这里，仁体现为人之为人之理，代表了人的本心；而义则是行仁之具，非义则无以求仁，因此，人心与人路之间存在着十分密切的因果联系。

首先，孟子认为，仁是人之所以为人、人之所以异于禽兽的根本所在，是人心的最本质的特征。

> 孟子曰："君子所以异于人者，以其存心也。君子以仁存心，以礼存心。仁者爱人，有礼者敬人。爱人者人恒爱之，敬人者人恒敬之。有人于此，其待我以横逆，则君子必自反也：我必不仁也，必无礼也，此物奚宜至哉？其自反而仁矣，自反而有礼矣，其横逆由是也，君子必自反也：我必不忠。自反而忠矣，其横逆由是也，君子曰：'此亦妄人也已矣。如此则与禽兽奚择哉？于禽兽又何难焉？'是故君子有终身之忧，无一朝之患也。乃若所忧则有之：舜人也，我亦人也。舜为法于天下，可传于后世，我由未免为乡人也，是则可忧也。忧之如何？如舜而已矣。若夫君子所患则亡矣。非仁无为也，非礼无行也。如有一朝之患，则君子不患矣。"（《孟子·离娄下》）

在孟子看来，有德君子之所以表现出异于常人的特征，主要是因为所存的心是不一样的。君子将人与人之间真实的道德情感之心常存心间，将社会生活的种种规范常存心间。我关心他人、尊敬他人，但是，如果不能同样得到他人的关心和尊敬，那么我就要深刻反思和内省，在我身上，还有什么爱心不够或者不能严格遵守社会规范的地方，还有什么内心之中不够诚敬的地方。这就是君子与小人的重要区别。同时，"仁"也是先王治理天下的道德基础。王道与霸道正是以"仁"为标准而划分的，"道二，仁与不仁而已矣"（《孟子·离娄上》）。家国社稷与个人荣辱均系于此,"三代之得天下也以仁,其失天下也以不仁。国之所以废兴存亡者亦然。天子不仁,不保四海;诸侯不仁,不保社稷;卿大夫不仁,不保宗庙;士庶人不仁,不保四体"。因此,以事亲为本的"仁"被赋予了更大的社会责任,成为人之为人和王道政治的基本要求。

关于义,孟子认为,这是人立身行事的必由之路。仁是人心的根本,而义就是实现仁的途径与方法。如果抛弃这条必由之路,放失自己的本心而不知呵护、不去主动追求的话,则是一件令人悲哀的事情。人们往往在丢失了一些物品之后,知道尽力去找回来,而自己的本心丢掉了反倒不知道去寻找了。因此,求学问道的目的其实很简单,就是把被我们放失的本心重新找回来,重新让本心主宰、主导我们的思想、行为和生活。因此,朱熹指出,"仁者心之德,程子所谓心如谷种,仁则其生之性,是也。然但谓之仁,则人不知其切于己,故反而名之曰人心,则可以见其为此身酬酢万变之主,而不可须臾失矣。义者行事之宜,谓之人路,则可以见其为出入往来必由之道,而不可须臾舍矣"(《四书章句集注·孟子集注·告子章句上》)。

不同于孙奭的是,朱熹更加注重仁义对于人之存在的重要性。对于任何道德主体而言,与《中庸》中所说的"不可须臾离"的"道"一样,仁义都是"不可须臾失""不可须臾舍"的。在这里,朱熹和二程把心看成是谷物的种子,而仁显然就是种子的本质规定性,如果只是表面上了解了仁,而实质上没有体会到仁就在我们切己的日常生活中的话,那还是远远不够的。而义则是我们在社会生活中的行为方式,也就是"人路",这条路可以为我们自由出入和来往提供条件和便利,是绝对不能丢掉的。但是,在现实生活中,人们又往往忽略这一点,"放其本心而不知求"的现象比比皆是,所以,"程子曰:'心至重,鸡犬至轻。鸡犬放则知求之,心放而不知求,岂爱其至轻而忘其至重哉?弗思而已矣。'"(《四书章句集注·孟子集注·告子章句上》)二程对这种现象给予了深刻的批判，认为世人陷于世惑所愚，失其大而求其小，舍本逐末，这都是不能够深入思考和了解人性的结果。因此，在朱熹看来，求学问道的内容当然是多样的，但是其根本之处就在于"求其放心而已"，也就是通过道德认知和道德践履，发现和培养自己的本性、本心、良知等，从而把自我心中至善的本性充分地发挥和扩充出来，以成就完美的道德人格。

在二者关系上，孟子坚持仁义统一的观点。首先就是"居仁由义"，孟子认为，"爱人"是人性的本质要求，但对他人的爱必须有所区别。"义"即仁爱之心施之有当的根本途径和重要保障。所谓"老吾老以及人之老；幼吾幼以及人之幼"（《孟子·梁惠王上》），显然，对于人之老幼的关爱是以亲亲为前提和基础的，爱由亲始既是人性的要求，同时也是合于义的做法，这种观点体现了儒家爱有差等的价值传统。其次是"仁义内在"。告子认为，"仁，内也，非外也；义，外也，非内也"（《孟子·告子上》），主张仁内义外。而在孟子看来，"义"作为道德准则，虽然针对不同的道德对象会有不同的体现，但与"仁"一样，二者产生的基础都是发自内心的道德情感，因此，仁义都是内在于心、非由外铄的。这与其性善论的观点是一脉相承的。

关于"仁"，与孔子一样，孟子也认为"仁"的首要内涵就体现在"爱人"上，也可以被称为"不忍人之心""恻隐之心"等，这是人性之善的根本所在，同时也是圣人治理天下、教化百姓的道德前提和人性基础，"苟能充之，足以保四海。苟不充之，不足以事父母"（《孟子·公孙丑上》）。关于"义"，孟子以"敬长"释"义"，正所谓"亲亲，仁也；敬长，义也"（《孟子·尽心上》）。因此，"敬长"首先体现为"从兄"即对于"悌"的道德要求。如果说"仁"是人性之根本的话，那么"义"就是实现、扩充、推及人性的根本途径，这也体现了对于孔子把孝悌作为"为仁之本"（《论语·学而》）的继承与发展。

第六章　仁义与道德价值

邹与鲁哄。穆公问曰："吾有司死者三十三人，而民莫之死也。诛之，则不可胜诛；不诛，则疾视其长上之死而不救，如之何则可也？"孟子对曰："凶年饥岁，君之民老弱转乎沟壑，壮者散而之四方者，几千人矣，而君之仓廪实，府库充，有司莫以告，是上慢而残下也。曾子曰：'戒之戒之！出乎尔者，反乎尔者也。'夫民今而后得反之也。君无尤焉。君行仁政，斯民亲其上、死其长矣。"（《孟子·梁惠王下》）

邹国和鲁国交战，邹穆公对孟子抱怨，自己的将士战死疆场数十人，而国中百姓却没有一个为他们牺牲的，实在是令人恼火，于是就此事向孟子请教。孟子认为，在灾荒之年，邹国的百姓"老弱转乎沟壑，壮者散而之四方"，老弱病残都死于沟壑，年轻力壮的都四处逃散，而此时，邹国的粮仓里却堆满了粮食，官员们并没有向君主报告情况，这是他们不关心百姓、漠视民生的表现。国家怎么对待百姓，百姓也将怎么对待国家，因此，不能把将士战死而百姓默然的责任归因于百姓，而是要恭行仁政，这样的话，百姓自然愿意亲近君上，并且愿意为国家牺牲了。

因此，朱熹认为，"君不仁而求富，是以有司知重敛而不知恤民。故君行仁政，则有司皆爱其民，而民亦爱之矣"（《四书章句集注·孟子集注·梁惠王章句下》）。显然，这是对自西周初年以来的民本思想的继承和发展。在孟子看来，"居仁由义"、施行仁政，是关系到国家命运和存亡的大事，必须谨慎对待，"三代之得天下也以仁，其失天下也以不仁。国之所以废兴存亡者亦然。天子不仁，不保四海；诸侯不仁，不保社稷；卿大夫不仁，不保宗庙；士庶人不仁，不保四体。恶死亡而乐不仁，是犹恶醉而强酒"（《孟子·离娄上》）。显然，从历史的经验来看，禹、汤、文、武等人，以仁而得天下；而桀、纣、幽、厉等人，则以不仁而失天下，就是这个道理。

在"居仁由义"的基础上,孟子又提出了"由仁义行"的观点。

> 孟子曰:人之所以异于禽兽者几希,庶民去之,君子存之。舜明于庶物,察于人伦。由仁义行,非行仁义也。(《孟子·离娄下》)

"由仁义行"意在强调仁义的内在性,对于人而言,仁义体现为人性的本然内容。因此,人能够"明于庶物,察于人伦",都是以仁义为核心的内在之善所呈现的结果,"由仁义行,非行仁义,则仁义已根于心,而所行皆从此出。非以仁义为美,而后勉强行之,所谓安而行之也。此则圣人之事,不待存之,而无不存矣"(《四书章句集注·孟子集注·离娄章句下》)。由此可知,"由仁义行"即把根植于心的仁义推向外,而不是按照外在的仁义规范的要求去行事,这正是君子与小人的"几希"区别。但朱熹将舜对于万物和人伦的观察与认知归因于生而知之的本能,则显然与孟子讨论人性问题的初衷有所背离了。

(三) 惟义所在

"居仁由义"的思想反映在义利关系问题上,就表现为"重义轻利"的价值倾向。

义利关系是儒家文化中特别重要的一个问题,也是贯穿中国传统思想文化始终的一个问题,"义与利,是中国哲学中一个大问题"[1]。因此,朱熹认为,"义利之说,乃儒者第一义"(《朱子文集》卷二十四)。儒家学者对于义利关系的思考与阐发就形成了义利观,成为指导传统社会日常生活的重要原则。"义利观所探讨的乃是道义与利益,特别是与个人利益的关系。此外,它还包括了

---

[1] 张岱年:《中国哲学大纲》,商务印书馆,2015年,第569页。

对公利与私利、精神生活与物质生活等方面关系的认识。"① 张岱年先生认为，从大的原则来讲，中国传统的义利观大概可以分为三种路向，即儒、墨、道三家。

第一种是儒家的义利观，基本的倾向是将义作为人安身立命、立身行事的根本，其是人的社会行为具有合法性的最后依据，也是最高标准，对孔子而言，"凡事合于义则作，不合于义则不作"②，"孔子很少说利，盖孔子一生行事，不问某事之有利无利，只问其合义不合义。合于义的行为也许即是有利的，但儒家并不注意其究竟有利与否，而只注意其合义与否"。而对于孟子而言，利的存在更是不必要的，"孟子尚义反利，比孔子更甚。孟子以为一切行动唯须以义为准绳，更不必顾虑其他"③。当然，儒家之中也有思想家是在一定程度上肯定利的存在的必要性与合法性的，但其基本倾向依然首先保证义的优先性，是以肯定义为前提的，"荀子并不完全排斥利"，"荀子对于义利问题的真实主张，是以义胜利、勿以利克义"，"人不能完全去利存义，但须以义为主"④。

第二种是墨家的义利观。墨子"兼相爱，交相利"的思想在价值倾向上与儒家相对立。墨子"极重视利，而亦注重义"。因此，判断一个人的社会行为是否具有合法性的标准就是是否有利，"墨子以为，唯一的根据，即在于此行为之利与不利。有利便是应当，无利便是不应当。除了看行为之利与不利外，更无别的标准以判别行为之义与不义"。不同于儒家思想的是，墨子还有义利统一的思想倾向，"他以为义与利非相反对，而是统一的。利即是义"⑤。因此，墨家提出了"义，利也"（《墨子·经上》）的思想，《墨子·大取》也指出"义利，不义害"。应该说，这种义利统一

---

① 张锡勤：《中国传统道德举要》，黑龙江大学出版社，2009年，第21页。
② 张岱年：《中国哲学大纲》，商务印书馆，2015年，第570页。
③ 张岱年：《中国哲学大纲》，商务印书馆，2015年，第571页。
④ 张岱年：《中国哲学大纲》，商务印书馆，2015年，第573页。
⑤ 张岱年：《中国哲学大纲》，商务印书馆，2015年，第573页。

的思想是非常可贵的。

第三种是道家的义利观。相较于儒家和墨家,道家的义利观表现出了自己的特色,"道家既卑视利,亦菲薄义。义与利,同为道家所摈斥"。一方面,道家追求"绝仁弃义"(《道德经》第十九章),对儒家注重仁义的思想坚决反对;另一方面,道家又要求"不就利,不违害"(《庄子·齐物论》),与墨家重利的观念也做了坚定的切割。事实上,道家要追求的就是无是无非、无理无害、无我两忘的自然境界。因此,不管是义还是利,都不是道家所要关注和讨论的问题,"道家崇尚自然,而义利皆属人为,同当排弃"[1]。

在以上三种观点中,对后世影响最大的——不管是从思想理论来讲还是从社会生活来讲——无疑都是儒家,尤其是孔孟的义利观。

义利关系是孟子道德规范体系的重要组成部分。在义利关系方面,孟子继承并且发展了春秋以来的重义轻利的思想倾向,尤其是孔子的重义轻利的义利观,要求人们自觉地以道义而非利益作为立身行事的根本准则。《左传·僖公二十七年》在谈到义利关系时指出"德、义,利之本也",孔颖达认为,"有德有义,利民之本也",并引《晋语》之言"夫好先王之法者,德义之府也。夫德义,生民之本也。能敦笃,不忘百姓"(《春秋左传正义·僖公二十七年》)。这里的"利"是以"利民""生民""不忘百姓"为内容和要求的,这样的"利"与德、义是相统一的。《国语》甚至提出了"义以导礼"(《国语·晋语四》)和"废义则利不立"(《国语·晋语二》)的观点,《左传·成公二年》更是明确提出了"义以生利"的思想,这种义利统一、以义为主的思想对于儒家义利观的建立产生了十分重要的影响。

孔子首先强调"义"作为行为标准的至上性,"君子之于天下也,无适也,无莫也,义之与比"(《论语·里仁》),"君子义以

---

[1] 张岱年:《中国哲学大纲》,商务印书馆,2015年,第576页。

第六章　仁义与道德价值

为上。君子有勇而无义为乱，小人有勇而无义为盗"（《论语·阳货》）。在孔子这里，"义"是衡量人的行为具有正当性的最高标准。在义利关系问题上，当然也不例外，孔子首先就注意到了"利"的危害性，他认为，"放于利而行，多怨"（《论语·里仁》），一个君子或者在上位者如果把利作为行动原则的话，那么他一定会招致怨恨。因此，孔子提出，"不义而富且贵者，于我如浮云"（《论语·述而》），凡是不符合道义要求的富贵，对人而言是没有意义的，甚至是应当鄙弃的。当人们面对利益的时候，孔子要求人们要"见利思义"（《论语·宪问》）和"见得思义"（《论语·季氏》）而不能见利忘义，必须坚持"义然后取"（《论语·宪问》）的态度。

春秋时期"义以导利"和孔子"见利思义"的观点在坚持"义"的优先性的同时，一定程度上也肯定了"利"存在的必要性和现实性，孟子对于春秋时期及孔子义利观的继承主要体现在对于"义"的强调上。所以，当孔子讲到"言必信，行必果，硁硁然小人哉"（《论语·子路》）的时候孟子则毫不犹豫地明确指出，"言不必信，行不必果，惟义所在"（《孟子·离娄下》），也就是说，言是否需要信，行是否需要果，唯一的决定因素就是看这样的言和行是否合乎义的规定和要求，孟子甚至在孔子"杀身成仁"（《论语·卫灵公》）的基础上提出了"舍生取义"（《孟子·告子上》）的思想主张，由此亦可见孟子对于"义"的重视。义利关系问题也是《孟子》七篇所重点论述的第一个问题。

> 孟子见梁惠王。王曰："叟不远千里而来，亦将有以利吾国乎？"孟子对曰："王何必曰利？亦有仁义而已矣。王曰'何以利吾国？'大夫曰'何以利吾家？'士庶人曰'何以利吾身？'上下交征利而国危矣。万乘之国弑其君者，必千乘之家；千乘之国弑其君者，必百乘之家。万取千焉，千取百焉，不为不多矣。苟为后义而先利，不夺不餍。未有仁而遗其亲

者也,未有义而后其君者也。王亦曰仁义而已矣,何必曰利?"(《孟子·梁惠王上》)

历代儒者及注家对于《孟子》首章的这段话都给予了高度评价。元代陈天祥盛赞孟子此语充分体现了"大贤气象"(《四书辨疑》卷九)。就文义而言,这段话主要关注了两个问题,即利与仁义。有学者明确指出,"此节一句辟惠王之言利,一句即提出仁义,语意斩钉截铁"[1]。不同学者的关注点也有所不同。司马迁从社会现实的角度首先看到的是"利"的问题,曾慨叹,"余读孟子书,至梁惠王问'何以利吾国',未尝不废书而叹也",认为孟子着实抓住了社会治乱和世道人心的根本,"利诚乱之始也!夫子罕言利者,常防其原也。故曰'放于利而行,多怨'。自天子至于庶人,好利之弊何以异哉!"(《史记·孟子荀卿列传》)司马迁将利视为乱世之源,诸侯放恣、处士横议,莫不以利为追求,因此司马迁引孔子之语斥天下之人好利之弊。

而程朱更加关注"仁义"的问题,"孟子有功于圣门不可言。……孟子开口便说仁义"(《二程集·河南程氏遗书》卷十八)。朱熹认为,"仁者,心之德、爱之理。义者,心之制、事之宜也"。仁即内在之性中的爱人之理,义即外在之行中的治事之宜,朱熹视之为本章之"大指"。在朱熹看来,仁义根于人心,为天地之性之本然,因此,对于任何人而言,不管是天子还是庶人,均只需躬行仁义,而不需专心私利。仁义与私利并不是非此即彼的对立关系,"仁义未尝不利",追求仁义并不必然意味着要拒斥私利,躬行仁义,则利自然会随之而来,"循天理,则不求利而自无不利;殉人欲,则求利未得而害已随之"(《四书章句集注·孟子集注·梁惠王章句上》)。因此,有学者将本章义利观的主要内容归结为三个要点,"第一个要点是'何必曰利?亦有仁义而已

---

[1] 唐文治:《孟子大义》,徐炜君整理,上海人民出版社,2018年,第1页。

矣'，实质是义以为上，这是讲原则；第二个要点是反对'后义而先利'，实质是先义后利，这是讲次序；第三个要点是'未有仁而遗其亲者也，未有义而后其君者也'，实质是义利双成，这是讲目的。这三个要点是逻辑依次递进、含义逐渐展开的：讲原则，就要义以为上，将道义当作最高原则；讲次序，就要先义后利，将道义放在第一位，将利益放在第二位；讲目的，就要义利双成，不因道义而排斥利益，最终实现道义与利益的统一"①。

孟子在义利关系上的这种思想倾向是由其人性论、政治观和社会思想决定的。

其一，对于"义"的追求是人性的本然要求。所以，当人乍见孺子将入于井的时候，怵惕恻隐之心就会油然而生，"非所以内交于孺子之父母也，非所以要誉于乡党朋友也"（《孟子·公孙丑上》）；"义之端"也是从道德主体内心当中的羞恶之情中培育、生发、显现出来的，是人性当然之则。因此，人性对于"义"的追求是道德主体的一种本能，它对私利具有天然的排斥性和免疫力。在孟子看来，私利是恶的来源，既是人的道德修养的巨大障碍，同时也必将对民情世风和国家管理造成破坏。

因此，朱熹强调指出，"安其危利其菑者，不知其为危菑而反以为安利也。所以亡者，谓荒淫暴虐，所以致亡之道也。不仁之人，私欲固蔽，失其本心，故其颠倒错乱至于如此，所以不可告以忠言，而卒至于败亡也"（《四书章句集注·孟子集注·离娄章句上》）。"安其危利"必将导致私欲横流、本心放失的结果，最终也将导致颠倒错乱，甚至灭国的败亡结局。同时，义利之别也是区分善与恶、圣人与小人的重要尺度，"鸡鸣而起，孳孳为善者，舜之徒也。鸡鸣而起，孳孳为利者，跖之徒也。欲知舜跖之分，无他，利与善之间也"（《孟子·尽心上》）。

其二，重义轻利是国家治理的迫切需要。在孟子看来，对个

---

① 杨海文：《〈孟子〉首章与儒家义利之辨》，《中国哲学史》2021年第6期。

人利益的追求首先就应以满足礼义的要求为前提和条件,因此当个人利益与社会道义产生冲突的时候,道德主体应该毫不犹豫地、无条件地服从道义的规定,否则,社会秩序的崩塌、人伦关系的消解、个体德性的堕落将是不可避免的灾难,"紾兄之臂而夺之食,则得食;不紾,则不得食,则将紾之乎?逾东家墙而搂其处子,则得妻;不搂,则不得妻,则将搂之乎?"(《孟子·告子下》)同样,对一个国家来说,应该以义而非利为号召。因此,当梁惠王向不远千里而来的孟子询问其能为自己的国家带来什么实际利益的时候,孟子坚定地对梁惠王说:"王何必曰利?亦有仁义而已矣。王曰'何以利吾国'?大夫曰'何以利吾家'?士庶人曰'何以利吾身'?上下交征利而国危矣。万乘之国弑其君者,必千乘之家;千乘之国弑其君者,必百乘之家。万取千焉,千取百焉,不为不多矣。苟为后义而先利,不夺不餍。未有仁而遗其亲者也,未有义而后其君者也。王亦曰仁义而已矣,何必曰利?"(《孟子·梁惠王上》)上下竞相求利,对于国家和君主而言就是最大的不利,甚至是灾难。

在孟子看来,不管是从个人的角度还是从天下、国家的角度来看,都应以义为本而以利为末,"有德此有人,有人此有土,有土此有财,有财此有用。德者,本也;财者,末也"(《大学》)。只有通过道义的方式获得的财富,才具有正当性与合法性。如果天子治理天下、诸侯治理国家都以利为先而不以义为本的话,公卿大夫和万方百姓必然会竞相效之,"为人臣者怀利以事其君,为人子者怀利以事其父,为人弟者怀利以事其兄,是君臣、父子、兄弟终去仁义,怀利以相接,然而不亡者,未之有也"(《孟子·告子下》),如此则必将导致亡国、灭种、去姓、毁家的悲惨结局。"在孟子的信念体系里,充满着对于民众生活、天下秩序的关切和关怀"[①],这种关切

---

① 朱承:《从"四端"到"四海":孟子公共性思想的进路》,《中南大学学报》(社会科学版)2022年第1期。

和关怀的实现只能有赖于道义,同时儒家坚信只有通过道义才能真正实现这一点。

当然必须指出的是,孟子重义轻利的思想并不是全盘否定利,相反,对于某些性质的利他他还持肯定的态度。首先,孟子肯定个人欲望的存在和对于利益的追求,但是其必须在道义的指导下进行,只有符合道义要求的利才是具有合理性的,这是对于孔子"义然后取"思想的进一步阐发。因此,当孟子的弟子彭更质疑其"后车数十乘,从者数百人,以传食于诸侯"的生活是否太过奢侈时,孟子认为,"非其道,则一箪食不可受于人;如其道,则尧舜之天下,不以为泰"(《孟子·滕文公下》)。可见,孟子在重义的前提下承认利益存在的合理性,主要表现为以义为对利益进行取舍的标准。

其三,孟子认为社会的公利就是最大的义。孟子继承了孔子的"富而后教"的思想,认为在"救死而恐不赡"(《孟子·梁惠王上》)的情况下,教化百姓以义修身是没有意义的,有恒产方能有恒心,否则只能是"放辟邪侈,无不为已"(《孟子·滕文公上》)。因此,"明君制民之产,必使仰足以事父母,俯足以畜妻子"(《孟子·梁惠王上》),必要的物质条件是百姓接受教化、讲求道德、修养身心的必不可少的基础。王道、仁政的首要要求就是要满足百姓的物质生活需要,文王之治亦不过在于"制其田里,教之树畜,导其妻子使养其老"(《孟子·尽心上》)。孟子认为,省刑罚、不违农时、轻徭役赋税等经济政策的实施都是为了养民以利,实现社会的公利就代表了最大的义,这也是王道政治的必然要求,正所谓"国不以利为利,以义为利也"(《大学》)。实质上,道义代表了社会的公共利益,同时也是实现社会公利的手段和方式,只有社会群体,上至王公贵胄下至平民百姓都能以追求社会公利为目的,才能最大限度地实现和保障个人利益。由此可知,在社会道义和个人利益、整体利益与个体利益的关系问题上,孟子坚定地主张前者而否定后者。因此,当齐宣王向孔子请教齐桓公和晋文公的伟大功绩时，孟子强调指出，"仲尼之徒无道桓、文之事者，是以后世无传焉。臣未之闻也。无以，则王乎？"（《孟子·梁惠王上》）于是，朱熹指出，"董子曰：仲尼之门，五尺童子羞称五霸。为其先诈力而后仁义也，亦此意也"（《四书章句集注·孟子集注·梁惠王章句上》）。对于社会管理阶层的要求更是如此，有学者从公共性的角度出发，认为孟子"要将私人利益追求服从于公共理性诉求，以民众作为公共政治的根本，将民心、民意作为公权力使用的依据和约束，以仁政的治理路径来达成王道的公共生活理想，从而实现从'四端'的个体之善到'四海'的公共之善"①。这种思想对当时的个体修养、社会生活、国家治理而言，无疑是极具积极意义的。

孟子指出，如果人们都以对利的追求为处理人际关系的价值准则的话，那么必然会造成上下交征、不夺不餍的局面，使社会陷入失序的状态，这是很可怕的，因而万不可取。为了进一步论证自己义利观的合理性，孟子又从不同的角度说明了求利与求义这两种价值选择所造成的相反后果。从人格修养的角度来讲，这两种不同的价值选择导致了两种相反的人格境界。这便是"鸡鸣而起，孳孳为善者，舜之徒也。鸡鸣而起，孳孳为利者，跖之徒也"。舜与跖之差"无他，利与善之间也"（《孟子·尽心上》）。从治国理政的角度来讲，这两种价值选择所造成的不同后果就更明显了。如果"君臣、父子、兄弟去利，怀仁义以相接也，然而不王者，未之有也"；反之，如果"君臣、父子、兄弟终去仁义，怀利以相接也，然而不亡者，未之有也"（《孟子·告子下》）。可见，"去利"而"怀仁义"是王道政治能够实现的决定性因素。基于这种认识，孟子认为，人们应该将道义而非利益作为自身行为的出发点。因此，当社会道义与个人利益发生冲突的时候，孟子

---

① 朱承：《从"四端"到"四海"：孟子公共性思想的进路》，《中南大学学报》（社会科学版）2022年第1期。

要求人们毫不犹豫地将道义作为唯一选择,"生,亦我所欲也;义,亦我所欲也。二者不可得兼,舍生而取义者也"(《孟子·告子上》)。道义二字能经得起生死、贫富、贵贱的考验,"一箪食,一豆羹,得之则生,弗得则死,呼尔而与之,行道之人弗受;蹴尔而与之,乞人不屑也。万钟则不辨礼义而受之,万钟与我何加焉?"(《孟子·告子上》)不管在何种境遇面前,外在的声色犬马、功名利禄等一切物质诱惑对坚守道义的人而言,都是微不足道的。由此,道义的社会价值得到进一步的凸显与提升。

由此可见,孟子对于利并不是完全拒斥的,陈来教授明确指出,"在这样一个价值观的表达中,其实孟子并不是否定利","但是坚决反对唯利是图、唯利是求、唯利是需"[1]。因此,孟子义利之辨的关键,不在于要不要利的问题,而在于义与利何者优先以及以何种方式获得利的问题。有学者指出,"孟子的义利观旨在通过'仁义'引导、规范、制约'利',使统治者与老百姓能共同构建理想的'仁政''王道'社会"[2]。孟子对于"义"的强调,确立了儒家重义轻利的伦理传统[3],对其后的公私之辨、理欲之辨都产生了重要影响。

四 荀子与"行义以礼"

与孔子尚"仁"、孟子重"义"不同的是,荀子将"礼"作为其道德哲学的核心范畴,在继承孔子"仁者爱人"、孟子"居仁

---

[1] 陈来:《〈孟子·梁惠王上〉解读(一)》,《文史知识》2017年第4期。
[2] 钱耕森:《孟子义利观新探》,《中国文化研究》2016年第6期。
[3] 当然,亦有学者将孟子关于义利之辨的讨论提升到形而上的高度,通过对朱熹对于《孟子》首章之注疏的分析,认为"'义利之辨'所指向的人在道德活动中的抉择问题实际转变成了是否朝向人的生成本真而共在的问题。这也使儒家哲学传统中关于'义'与'利'的探讨获得了真正本质性的分判与说明"。具体论述可参见王鑫《孟子的义利之辨:一种形而上式的理解》,《哲学研究》2022年第1期。

由义"思想的基础上,阐释并论证了"行义以礼"的理论,由此提出了一整套以"礼"为中心的道德规范体系,完成了原始儒家道德哲学的建构。

(一)"礼正其经纬蹊径"

西周时期,"礼"主要作为政治范畴而被应用于社会政治生活领域。而到了春秋战国时期,"礼"则主要作为伦理范畴而被广泛应用于社会生活,尤其是道德生活领域,成为治理国家、整合社会、修养身心的道德规范与要求。

在荀子的思想体系中,"礼"具有无比崇高的地位和重要的作用。王先谦明确指出,"荀子论学论治,皆以礼为宗,反复推详,务明其指趣,为千古修道立教所莫能外"(《荀子集解·序》),这体现了荀子对于社会生活的深入观察与深刻思考。在荀子看来,"礼"首先代表了自然宇宙、社会人生的最高法则,甚至是包括人在内的天地万物所以存在的最后依据,"天地以合,日月以明,四时以序,星辰以行,江河以流,万物以昌,好恶以节,喜怒以当,以为下则顺,以为上则明,万变不乱,贰之则丧也。礼岂不至矣哉!"(《荀子·礼论》)作为至道的"礼"可以使天地调和、四时有序、万物昌盛、好恶适度、喜怒得当、下民顺服、君主贤明,因此"礼"就成为天地、日月、四时、星辰、江河、万物,乃至好恶、喜怒、上下等的根源,是万变之中的不变,是天地间的最高存在,这充分展现了"礼"的作用。

荀子对于"礼"的重视与阐发,原因大体有二。首先,源自荀子对春秋战国以来社会生活的深入思考。周人尚文,体现为重礼的倾向。春秋战国时期,礼坏乐崩,"礼"所包含的等级尊卑的社会秩序、仁者爱人的道德情感消失殆尽,因此,孔孟为了予以拯救,提出了仁义的思想。而在荀子看来,相对于当时的世道人心,仁义思想有着明显的不足。虽然荀子承认"仁义者,大便之便也",将仁义视为最大的便利,但仁义的落实容易受到破坏和干扰,"彼仁者爱人,爱人故恶人之害之也;义者循理,循理故恶人之乱之也",春秋五霸、战国七雄、秦之四世"兵强海内,威行诸侯,非以仁义为之也"。基于这样的认识,荀子提出"礼"的观念,赋予其新的思想内涵,将之提升为最高的道德范畴和政治范畴,"礼者,治辨之极也,强固之本也,威行之道也,功名之总也"(《荀子·议兵》)。

其次,源自荀子对俗儒思想的批判。《荀子·儒效》辨析和讨论了俗儒、雅儒和大儒。其中,俗儒"略法先王而足乱世术,缪学杂举,不知法后王而一制度,不知隆礼义而杀《诗》《书》",而雅儒"法后王,一制度,隆礼义而杀《诗》《书》"。可见,俗儒和雅儒的差别主要有二:法先王还是法后王和是否能够"隆礼义而杀《诗》《书》"。如果结合孟子的思想来看,荀子所痛斥的俗儒很可能指的就是孟子。众所周知,孟子曾旗帜鲜明地提出了法先王的思想,"遵先王之法""因先王之道"(《孟子·离娄上》)。赵岐明确指出,"孟子通五经,尤擅《诗》《书》"(《孟子题辞》)。由此可见,荀子所批判的俗儒所应具备的特征在孟子身上都能准确找到,这不是历史的巧合所能解释得过去。荀子认为,"学之经莫速乎好其人,隆礼次之。上不能好其人,下不能隆礼,安特将学杂识志,顺《诗》《书》而已耳。则末世穷年,不免为陋儒而已"(《荀子·劝学》)。如果仅仅通晓《诗》《书》文句而不能按照礼法的规范去处世的话,也不过就是一介陋儒而已。

在荀子看来,作为天地至道的"礼"固然是包罗万象的,但其核心旨趣却不在于天地之道、自然宇宙,而主要在于社会人生,尤其是君子之道。因此,荀子明确提出,"道者,非天之道,非地之道,人之所以道也,君子之所道也"。

> 先王之道,人之隆也,比中而行之。曷谓中?曰:礼义是也。道者,非天之道,非地之道,人之所以道也,君子之所道也。君子之所谓贤者,非能遍能人之所能之谓也;君子

之所谓知者，非能遍知人之所知之谓也；君子之所谓辩者，非能遍辩人之所辩之谓也；君子之所谓察者，非能遍察人之所察之谓也，有所正矣。相高下，视墝肥，序五种，君子不如农人；通货财，相美恶，辩贵贱，君子不如贾人；设规矩，陈绳墨，便备用，君子不如工人；不恤是非然不然之情，以相荐撙，以相耻怍，君子不若惠施、邓析。若夫谪德而定次，量能而授官，使贤不肖皆得其位，能不能皆得其官，万物得其宜，事变得其应，慎墨不得进其谈，惠施、邓析不敢窜其察，言必当理，事必当务，是然后君子之所长也。(《荀子·儒效》)

先王之道的核心既非天道，亦非地道，而是人道与君子之道，其核心就是礼义。从社会生产来看，君子不如农人、贾人、工人等从事实际劳动的人；从个人能力来看，君子也不是全知全能的，而是有限度的，对其所能、所知、所辩、所察都"有所正"。但君子以礼义为依托，却能够达到"谪德而定次，量能而授官""万物得其宜，事变得其应""言必当理，事必当务"的境界，按照德行确定等级、依据才能授予官职、天地万物得其所宜、人间诸事都能得到相应的处理、言谈举止合乎社会规范的要求，这就远非农人、贾人，甚至慎到、墨翟、惠施、邓析之流所能比的。故而，荀子将礼义视为"人道之极"，从而把"礼"上升到最高道德原则的高度。

礼之理诚深矣，"坚白""同异"之察入焉而溺；其理诚大矣，擅作典制辟陋之说入焉而丧；其理诚高矣，暴慢恣睢轻俗以为高之属入焉而队。……礼者，人道之极也。(《荀子·礼论》)

在荀子看来，礼的内涵"诚深""诚大""诚高"，广大悉备。

第六章 仁义与道德价值

一方面,"礼"是批判以邓析、惠施为代表的名家、法家、墨家和道家等"异端邪说"的有力工具和武器,就像是绳之于墨、称之于铨、方圆之于规尺一样;另一方面,"礼"也是衡量君子之行、圣人之德的标准和尺度。因此,"礼"就代表了社会道德规范的最高准则,不遵守"礼"的规范的人就是无方之人,而那些能以"礼"为准则而又能固守"礼"的规范的人就是圣人。圣人代表了道德的极致,人们求学问道的目的就是要成为这样的圣人。因此,"礼"就体现为一切社会生活的根本所在,故而荀子提出了"礼正其经纬"的思想,即认为"礼"是探求先王教化、领会仁义之本的便捷途径。从荀子思想的整体来看,"礼正其经纬"涉及国家、社会和个人三个层面。"礼之于正国家也,如权衡之于轻重也,如绳墨之于曲直也。故人无礼不生,事无礼不成,国家无礼不宁","君臣不得不尊,父子不得不亲,兄弟不得不顺,夫妇不得不欢,少者以长,老者以养。故天地生之,圣人成之"(《荀子·大略》)。[①] 可见,不管是对于国家治理、人际和谐,还是对于为人处世来说,"礼"都是不可或缺的。

首先,在国家层面,荀子将"礼"视为治道之本,提出了"国无礼不正"的思想。"国无礼则不正。礼之所以正国也,譬之:犹衡之于轻重也,犹绳墨之于曲直也,犹规矩之于方圆也,既错之而人莫之能诬也。诗云:'如霜雪之将将,如日月之光明,为之则存,不为则亡。'此之谓也"(《荀子·王霸》)。在荀子看来,对于国家治理而言,"礼"是不可或缺的,就像是用称衡量轻重、绳墨规范曲直、规矩判断方圆。因此,荀子明确表示,"礼者,政

[①] 基于此,有学者将荀子视为后果论者,"对个人而言,礼的功能是欲望的合理满足,即所谓'养人之欲,给人之求';对国家而言,礼的功能是'如权衡之于轻重也,如绳墨之于曲直也','国家无礼不宁'。这意味着,荀子关注的是礼对于个人和政治行为产生的结果。在这个意义上,荀子是一个伦理学的后果论者(consequentialist)"。具体论述可参见毛朝晖《荀子礼论中规则与美德统一性的宇宙论论证》,《伦理学研究》2021 年第 6 期。

之挽也。为政不以礼，政不行矣"，"治民不以礼，动斯陷矣"（《荀子·大略》）。

> 礼者，治辨之极也，强固之本也，威行之道也，功名之总也，王公由之所以得天下也，不由所以陨社稷也。故坚甲利兵不足以为胜，高城深池不足以为固，严令繁刑不足以为威。由其道则行，不由其道则废。（《荀子·议兵》）

"礼"作为治理国家的最高法则，是国家保持强大和威慑力的重要保障，同时也是天子、诸侯赢得天下的根本方式，否则，就会有毁家灭姓的危险。"礼"的作用要远远大于坚固的铠甲、勇猛的士兵、高大的城池、严苛的法令和繁琐的刑罚，遵循礼义的要求是赢得天下和成就功名的唯一途径。因此，荀子一再强调，"隆礼贵义者其国治，简礼贱义者其国乱。治者强，乱者弱，是强弱之本也"（《荀子·议兵》）。

> 故人之命在天，国之命在礼。人君者隆礼尊贤而王，重法爱民而霸，好利多诈而危，权谋倾覆幽险而亡。威有三：有道德之威者，有暴察之威者，有狂妄之威者。此三威者，不可不孰察也。礼义则修，分义则明，举错则时，爱利则形，如是，百姓贵之如帝，高之如天，亲之如父母，畏之如神明，故赏不用而民劝，罚不用而威行，夫是之谓道德之威。礼乐则不修，分义则不明，举错则不时，爱利则不形，然而其禁暴也察，其诛不服也审，其刑罚重而信，其诛杀猛而必，黭然而雷击之，如墙厌之。如是，百姓劫则致畏，嬴则敖上，执拘则最，得间则散，敌中则夺，非劫之以形势，非振之以诛杀，则无以有其下，夫是之谓暴察之威。无爱人之心，无利人之事，而日为乱人之道，百姓讙敖则从而执缚之，刑灼之，不和人心。如是，下比周贲溃以离上矣，倾覆灭亡可立

而待也,夫是之谓狂妄之威。此三威者,不可不孰察也。道德之威成乎安强,暴察之威成乎危弱,狂妄之威成乎灭亡也。(《荀子·强国》)

在荀子看来,如果说人的命运取决于天的话,那么,国家的命运就取决于"礼"。在此基础上,荀子把君主及其国家治理方式分成四类:崇尚礼义而尊贤重能,其君可以为王;注重法度而爱护百姓,其君可以为霸;贪图私利而诡计多端,其君则危;玩弄权谋而阴暗险恶,其君必亡。与此相对应,荀子提出了人君的三类威势,即道德之威、暴察之威、狂妄之威,三者的区别主要在于对礼义的态度不同。其中,道德之威修礼义、明等分、举措适宜、爱民以利,如此则百姓宾服,尊之如帝,敬之如天,爱之如亲,畏之如神,民人自然不赏而劝、不罚而行,动静得宜,这代表了儒家理想的政治形态。

其次,在社会层面,荀子提出了"制礼义以分之"的思想,"礼"的起源及功能是首先涉及的问题。

一方面,荀子坚持了儒家关于"圣人制礼作乐"的文化传统,甚至提出了"礼莫大于圣王"(《荀子·非相》)的观点。[①]《荀子·礼论》指出,"礼有三本:天地者,生之本也;先祖者,类之本也;君师者,治之本也。无天地恶生?无先祖恶出?无君师恶治?三者偏亡焉,无安人。故礼,上事天,下事地,尊先祖,而隆君师,是礼之三本也"。由此可见,天、地、君、亲、师都是"礼"产生的根据。其中,天、地是人类社会得以存在的根本,先

---

① 这里的"圣王"当指尧舜等人,荀将"圣人"分为两类:"圣人不得势者"如仲尼、子弓为"圣人";而"圣人得势者"如舜、禹则为圣王,强调的是"德"与"位"的统一。"圣也者,尽伦者也;王也者,尽制者也;两尽者,足以为天下极矣"(《荀子·解蔽》),"圣王作为'圣'与'王'兼具的人格,在语意和逻辑上皆表征道德权威与政治权威(权力)的统一"。具体论述可参见东方朔《荀子的"圣王"概念》,载东方朔主编《荀子与儒家思想——以政治哲学为中心》,复旦大学出版社,2019年,第97页。

祖是宗族得以存在的根本，而天子则是国家和社会得以有效治理的根本，三者缺一不可。所以，"礼"的作用就在于祭祀天地、尊敬先祖和推崇天子，这也是"礼"得以产生和发挥作用的根本原因。

另一方面，荀子抛弃了西周乃至孔子、孟子把"礼"的产生与天道联系在一起的做法，而主要是从实际的社会生活的角度，尤其是从人的物质生活和情感需求的角度来看待和分析"礼"的产生。荀子认为，礼义是人类结成社会组织以征服自然的需要。他说："力不若牛，走不若马，而牛马为用，何也？曰：人能群，彼不能群也。人何以能群？曰：分。分何以能行？曰义。故义以分则和，和则一，一则多力，多力则强，强则胜物。"（《荀子·王制》）就是说，人要征服自然、驾驭万物就必须合群，即结成社会组织。要合群就必须有等级名分以保证社会秩序和社会分工，使"君以制臣"，"上以制下"（《荀子·富国》），使"农以力尽田，贾以察尽财，百工以巧尽械器，士大夫以上至于公侯莫不以仁厚知能尽官职"（《荀子·荣辱》）。要使等级名分能行得通，除了有作为政治制度之"礼"的规定外，还必须有作为伦理道德的礼义的调和。有了礼义，人便有能力合群胜物了。荀子论证道德起源说的目的，就是要论证圣王之治和礼义法度的合法性与神圣性。荀子将礼义道德看成是对人的自然本能进行加工改造的产物，这是其人定胜天思想在人性问题上的运用。而且，荀子不仅承认人的"饥而欲食，寒而欲暖，劳而欲休"的自然本性，同时，也承认人以礼义为本质的社会性，其目的在于规范社会秩序，"从注重'仁'到强化'礼'的转换，既意味着突出规范的作用，也包含着对社会秩序的重视"，"这里不仅仅涉及理论、思想层面的问题，而且直接与社会现实相联系"[①]。这种看法的合理性是显而易见的。

[①] 杨国荣：《荀子的规范与秩序思想》，《上海师范大学学报》（哲学社会科学版）2013年第6期。

关于"礼"的起源问题的相关论述在《荀子》中是很多见的，比如：

> 礼起于何也？曰：人生而有欲，欲而不得，则不能无求。求而无度量分界，则不能不争；争则乱，乱则穷。先王恶其乱也，故制礼义以分之，以养人之欲，给人之求。使欲必不穷于物，物必不屈于欲。两者相持而长，是礼之所起也。（《荀子·礼论》）

在这里，荀子主要是从人的物质生活的角度对"礼"的起源问题展开论述和分析的。在荀子看来，正是由于人性是恶的，人生而本具的自然欲求是多方面的，人们对于这些自然欲求的追求是人生烦恼和社会动荡的根源所在，因此，必须通过某种方式把人们的自然欲求控制在合理的区间和范围之内，这个任务是由圣王来完成的。有鉴于此，圣王制定相应的礼义以对有限的社会资源进行合理分配。

> 力不若牛，走不若马，而牛马为用，何也？曰：人能群，彼不能群也。人何以能群？曰：分。分何以能行？曰：义。故义以分则和，和则一，一则多力，多力则强，强则胜物，故宫室可得而居也。故序四时，裁万物，兼利天下，无它故焉，得之分义也。故人生不能无群，群而无分则争，争则乱，乱则离，离则弱，弱则不能胜物，故宫室不可得而居也，不可少顷舍礼义之谓也。
>
> 分均则不偏，势齐则不一，众齐则不使。有天有地而上下有差，明王始立而处国有制。夫两贵之不能相事，两贱之不能相使，是天数也。势位齐而欲恶同，物不能澹则必争，争则必乱，乱则穷矣。先王恶其乱也，故制礼义以分之，使有贫富贵贱之等，足以相兼临者，是养天下之本也。《书》

曰："维齐非齐。"此之谓也。(《荀子·王制》)

荀子对于"分"的理解是建立在等级和秩序的基础之上的，上下之分源自天地之别，具有先验的合法性。因此，有学者指出，"所谓'分均'，亦即消解'分'，其结果则是'不偏'。从社会领域来看，'不偏'意味着缺乏上下、贵贱等区分，主次、从属等社会关系亦不复存在，一切趋于均衡。'势齐'与'分均'的含义相通，主要是指泯灭社会成员之间的差别，其结果是社会成员之间无法确立其等级关系。社会一旦缺乏这种上下、贵贱的等级差序，则将导向无序化"[①]。圣王制礼作乐的目的即在于消除这种无序化的状态，使整个社会归于一种既定的秩序当中，从而保证"贫富贵贱之等"，这被荀子视为供养天下的根本所在。可见，只有在这种以上下尊卑的等级和名位为核心的秩序中，人才能够组成统一的整体，从而形成战胜自然物的强大力量。而"礼"就是这种秩序的根本保障，这也就是《荀子·非相》所强调的"分莫大于礼"。因此，有学者指出，"礼的主要功能是规定社会名分，调节物质分配，从而确保社会群体的和谐共存"[②]。

但必须强调的是，这种分配的目的不是压制人的情感和欲望，恰恰相反，而是能够更好地满足人们对于物质生活的需求，一方面，"礼"可以把人的情感欲望控制在相对合理的范围之内，另一方面，也要保证现有的物质财富可以满足大部分人的物质生活的需求，从而使人的物质生活和物质需要与社会的物质财富之间形成一种良性的互动，这才是圣人制礼作乐的根本所在。

最后，在个人层面，荀子提出了"礼者，所以正身也"的

[①] 杨国荣：《合群之道——〈荀子·王制〉中的政治哲学取向》，载东方朔主编《荀子与儒家思想——以政治哲学为中心》，复旦大学出版社，2019年，第2页。

[②] 高洪波：《荀子论礼的起源》，载颜炳罡主编《荀子研究》第一辑，社会科学文献出版社，2018年，第99页。

观点。

> 礼者，所以正身也；师者，所以正礼也。无礼何以正身？无师，吾安知礼之为是也？礼然而然，则是情安礼也；师云而云，则是知若师也。情安礼，知若师，则是圣人也。故非礼，是无法也；非师，是无师也。不是师法而好自用，譬之是犹以盲辨色、以聋辨声也，舍乱妄无为也。故学也者，礼法也。夫师，以身为正仪，而贵自安者也。诗云："不识不知，顺帝之则。"此之谓也。(《荀子·修身》)

一方面，孔子十分注重"礼"对于人的身心修养的重要意义，《论语·季氏》中有"不学礼，无以立"，《论语·泰伯》中有"兴于诗，立于礼，成于乐"，《论语·述而》中有"诗书执礼，皆雅言也"；另一方面，孔子也非常重视"正身"对于国家治理的重要作用，《论语·子路》强调，"其身正，不令而行；其身不正，虽令不从"，要求为政者要注重自身的德行修养。而荀子则将孔子的"礼"与"正身"结合起来，直接把相对于个人而言的"礼"的功能界定为"正身"，强调以"礼"正身。在荀子看来，"礼"就是规范人的思想和行为的最重要的原则和工具，人一旦失去"礼"的指导，就像要求目盲之人分辨颜色、耳聋之人辨别声音一样，其后果只能是手足无措、肆意妄为。

与孟子把"理义"视为人之所以为人之理、人之所以异于禽兽之理一样，荀子也把礼义看作是人与禽兽的根本区别。

> 人之所以为人者，何已也？曰：以其有辨也。饥而欲食，寒而欲暖，劳而欲息，好利而恶害，是人之所生而有也，是无待而然者也，是禹、桀之所同也。然则人之所以为人者，非特以二足而无毛也，以其有辨也。今夫狌狌形笑，亦二足而无毛也，然而君子啜其羹，食其胾。故人之所以为人者，非

特以其二足而无毛也，以其有辨也。夫禽兽有父子而无父子之亲，有牝牡而无男女之别。故人道莫不有辨。辨莫大于分，分莫大于礼。(《荀子·非相》)

在这里，荀子开宗明义地提出"人之所以为人者，何已也"的疑问，直接抛出了人何以为人的问题，杨倞注曰"问何以谓之人而贵于禽兽也"(《荀子集解·非相》)。荀子将之归结为"辨"，即"别"，"辨，辨别，辨别亲疏、尊卑、是非、善恶等，即孟子所谓之'智'。……辨别白黑美恶是感性之知，辨别是非善恶是理性之知。辨是心体的理性功能作用而见诸于行事的，存于心就是判断力，形于外就是辨说(辨通辩，包括语言、文字)。这是人类异于禽兽先天所独具的特点。人性恶而能'化性起伪'者以此，荀子《劝学》所欲发扬者亦此"①。陈来教授认为，"作为群体生活的人，与动物不同之处就在于人类的群体生活有辨，'辨'指父子之亲、男女之别这些伦理规范"②。由此可见，荀子将人何以为人的原因归结为人的理智的分别能力。虽然人性恶，都有饥食渴饮的本能，但人之所以为人并不在于人的生理特征，"二足而无毛"不能作为人与禽兽的根本区别。禽兽虽然也有父子，但是却没有父子之间真挚的情感；虽然也有雌雄的差异，但却无法形成男女之别的伦理界限。而人凭借其分辨是非、善恶、美丑、尊卑等的能力使自己超然物外而最为天下贵。其中，"辨"最可贵的就是对于等级名分的区分了，"辨莫大于分"。而"分"的标准和尺度则在于"礼"，"分莫大于礼"的思想说明社会所有等级名分的区分都是靠"礼"而最终落实下来的，这就是人与禽兽最本质的区别之所在。即便是有的狌狌在形象上具备了人"二足而无毛"

---

① 董治安、郑杰文、魏代富整理《荀子汇校汇注附考说》(上)，凤凰出版社，2018年，第235页。
② 陈来：《孔子·孟子·荀子》，生活·读书·新知三联书店，2017年，第218页。

的生理特征，但由于礼义的缺失，也就注定了狌狌不可能成为真正意义上的人。

荀子认为，"礼"贯穿于个体生活的一切领域，几无例外。

> 扁善之度，以治气养生则后彭祖，以修身自名则配尧、禹。宜于时通，利以处穷，礼信是也。凡用血气、志意、知虑，由礼则治通，不由礼则勃乱提僈；食饮、衣服、居处、动静，由礼则和节，不由礼则触陷生疾；容貌、态度、进退、趋行，由礼则雅，不由礼则夷固、僻违、庸众而野。故人无礼则不生，事无礼则不成，国家无礼则不宁。诗曰："礼仪卒度，笑语卒获。"此之谓也。（《荀子·修身》）

学者对于"扁"的释义多有论证，主要观点有三。首先，训"扁"为"辨"。杨倞认为，"扁，读为辨。《韩诗外传》曰'君子有辨善之度'，言君子有辨别善之法，即谓礼也。言若用礼治气养生，寿则不及于彭祖，若以修身自为名号，则寿配尧、禹不朽矣。言礼虽不能治气养生而长于修身自名，以此辨之，则善可知也"（《荀子集解·修身》）。其次，训"扁"为"遍"。高邮王氏父子认为，"扁，读为遍。《韩诗外传》作'辨'，亦古遍字也（说见《日知录》）。'遍善'者，无所往而不善也。君子依于礼则无往而不善，故曰'遍善之度'。下文'以治气养生'六句，正所谓'遍善之度'也"。基于这种理解，王念孙对杨倞的解释给予了批评，"杨读'扁'为'辨'，而训为'辨别'，则与'之度'二字不贯，卢读'扁善'为'平善'，亦非下六句之意"（《读书杂志·荀子》）。王引之对其父王念孙的解释又有所补充，"'以修身自名'，文义未安，当有脱误。杨云'以修身自为名号'，则所见本已同今本。《韩诗外传》作'以治气养性（与"生"同）则身后彭祖；以修身自强（今本脱"以"字）则名配尧、禹，于义为长'"。最后，训"扁"为"平"。卢文弨《荀子拾补》认为，

"扁，《外传》作'辨'。则扁当训平。《尚书》'平章'、'平秩'，古作'辨章'、'辨秩'，此谓隆礼之人有平善之度，不当作辨别解"（《荀子集解·修身》）。钟泰在《荀子订补》中基本同意卢氏的注释，同时又有所补充，"卢、郝训扁为平是也，而意向未尽。平者，中也。《礼论》曰：'礼者断长续短，损有余益不足，无余无不足之谓中。'观用度字可见也"①。今从王氏父子的观点来看，所谓"遍善之度"即指以礼义行事则无往而不善，联系下文，语意更加通顺连贯。

在荀子看来，礼义兼顾人的物质、精神两方面的生活与修养，以礼义治气养生则可寿比彭祖，以礼义修身自强则可德配圣王。因此，人的一切个人生活和社会生活都必须依"礼"而行，不管是显赫，还是穷困，均应以"礼"为依归。人的衣食住行、言谈举止、待人接物、情感思虑等都必须在"礼"的指导下进行，这样就可以和谐通达，否则就必然会陷入悖乱散漫、倨傲邪僻，甚至是野蛮危险的境地。因此，荀子得出了"人无礼则不生，事无礼则不成，国家无礼则不宁"，不只是个人层面的修身，推之于社会、国家亦是如此。

（二）"礼者养也"

基于"礼"之起源，荀子认为，圣人制礼作乐的目的不是压制人的情感欲望，相反，是避祸止乱，以使人们能够更好地满足自身的自然欲求。"刍豢稻粱，五味调香，所以养口也；椒兰芬苾，所以养鼻也；雕琢刻镂，黼黻文章，所以养目也；钟鼓管磬，琴瑟竽笙，所以养耳也；疏房檖貌，越席床第几筵，所以养体也。故礼者，养也。"（《荀子·礼论》）"礼者，养也"所要表达的主要意思也就在这里了。荀子主要是从"欲不可去"和"欲不可尽"

---

① 董治安、郑杰文、魏代富整理《荀子汇校汇注附考说》（上），凤凰出版社，2018年，第76页。

的辩证关系的角度论证"礼者,养也"的必要性的。

> 欲过之而动不及,心止之也。心之所可中理,则欲虽多,奚伤于治!欲不及而动过之,心使之也。心之所可失理,则欲虽寡,奚止于乱!故治乱在于心之所可,亡于情之所欲。不求之其所在,而求之其所亡,虽曰我得之,失之矣。性者,天之就也;情者,性之质也;欲者,情之应也。以所欲为可得而求之,情之所必不免也;以为可而道之,知所必出也。故虽为守门,欲不可去,性之具也。虽为天子,欲不可尽。欲虽不可尽,可以近尽也;欲虽不可去,求可节也。所欲虽不可尽,求者犹近尽;欲虽不可去,所求不得,虑者欲节求也。道者,进则近尽,退则节求,天下莫之若也。(《荀子·正名》)

关于"欲"与"礼"的关系,荀子认为,由于"欲"是受之于天的,"不待可得",如此则"欲"的存在就具有了天然的合理性,即便对于看门人也同样如此。忽视这一点而试图完全摒弃"欲"的做法是不可能达到理想效果的,甚至会适得其反,那些试图通过消除或者减少人的自然欲求而实现治国目标的人,却往往由于无法引导人们归于正途,反而被自己过多的欲望所困扰。因此,荀子明确提出"欲不可去"的观点。与此同时,荀子又认为"欲不可尽",人的欲望不可能完全得到满足而必须有所节制,即便是贵为天子也必须不断节制自己的各种欲望。但是,"欲"的存在有性质的不同,衡量的标准即在于"中理"。如果心中的欲求合乎道理,即使再多,也不会对国家治理产生任何不利的影响,因为人心会对自己的欲求进行节制;相反,如果心中的欲求虽然并不多,但是却完全不合乎道理,心对于欲求的节制作用无法得到发挥的话,其对于国家治理的伤害也是不可避免的。

故而,荀子认为,有欲求还是没有欲求、欲求多还是欲求少,都与国家的治乱兴衰没有关系；欲求的"中理"是由心的作用决定的，"求者从所可，受乎心也"，心对于人的自然欲求、社会行为，甚至是"道"都具有主宰和制约作用，"心也者，道之工宰也。道也者，治之经理也。心合于道，说合于心，辞合于说"。因此，一方面，当人过多的欲求受到心的制约的时候，就会有所收敛，甚至是完全停止，这就是"欲不及而动过之，心使之也"；另一方面，人的欲求虽然并不十分过分，但是人的行动却表现得异常强烈，这也是受到了心的支配和驱动。有学者认为，"只要人的心灵功能得以正常发挥，即使存在无尽的本真之'欲'，心灵依然能对它进行有序调控，使人在生存向度上归于有序。反之，在心灵不受任何法则限定的情境下，即使本真之'欲'非常细微，它依然有可能危及整个理想秩序的营建"①。由此可以认为，国家的治乱不在于欲求的多寡，而在于心之作用的发挥程度。正因为人的欲求是天然禀赋、不可剔除的，同时也是不可能得到完全满足的，所以善于思考的人就会自觉节制自己的欲求，于是"进则近尽，退则节求，天下莫之若也"，国家治理的目标也就可以实现了。因此，人既要养其体，更要养其心，通过节欲而实现养欲的目的，有学者认为，"礼的确立是为了养护人的欲望，欲望是正面的而不是负面的。礼的意义和目的是'养'，养欲、养情、养德"②。

但必须强调指出的是，荀子所论述的"养"并不是平等、无差别的养，而是以一定的社会等级秩序为前提和基础的，是人们按照一定的社会等级享受其对应的利益和待遇，"君子既得其养，又好其别。曷谓别？曰：贵贱有等，长幼有差，贫富轻重皆有称者也"（《荀子·礼论》）。也就是说，"礼"在满足"养"的需求的同时，还必须强调"贵贱有等，长幼有差，贫富轻重皆有称者"

---

① 张美宏：《养欲与成圣——荀子论人的实现》，《现代哲学》2020年第4期。
② 刘荣茂：《礼养与性朴：〈荀子·礼论〉研究》，《现代哲学》2017年第6期。

第六章 仁义与道德价值

的社会等级与社会差别。因此,荀子认为:

> 礼者,以财物为用,以贵贱为文,以多少为异,以隆杀为要。文理繁,情用省,是礼之隆也;文理省,情用繁,是礼之杀也;文理、情用相为内外表里,并行而杂,是礼之中流也。故君子上致其隆,下尽其杀,而中处其中。步骤、驰骋、厉骛不外是矣,是君子之坛宇、宫廷也。人有是,士君子也;外是,民也;于是其中焉,方皇周挟,曲得其次序,是圣人也。故厚者,礼之积也;大者,礼之广也;高者,礼之隆也;明者,礼之尽也。诗曰:"礼仪卒度,笑语卒获。"此之谓也。(《荀子·礼论》)

在荀子看来,"礼"固然要以物质生活需求的满足为目的,但更强调社会等级贵贱的差等,祭品的多与寡、仪式的隆与约等都是衡量等级贵贱的标志。仪式复杂而所要表达的情感简约,这是比较隆重的"礼";反之,仪式简单而所要表达的情感却十分繁复,这就是相对简约的"礼"了。礼节仪式与道德情感相互配合、适应,这是"礼"的践行比较适中的表现。因此,作为有德君子,一言一行,一举一动,都要合乎"礼"的规范和要求,而不能有越"礼"行为。如果所有的活动都能合乎"礼"的要求,那就可以称得上是君子了;而如果肆意超越"礼"的范围,那就只能是一般民众了。但如果既能遵循礼的要求,同时又能从心所欲地随意活动而合乎"礼"的规定,那么这样的人就是圣人了。所以,君子的品格要依靠"礼"的积累。

"礼者,养也"的思想还体现在荀子关于义利关系的论述上。与孔子和孟子有所不同的是,"荀子并不完全排斥利"[1],而是坚持义利两有的观点。在荀子看来,"义与利者,人之所两有也。虽

---

[1] 张岱年:《中国哲学大纲》,商务印书馆,2015年,第573页。

尧、舜不能去民之欲利，然而能使其欲利不克其好义也。虽桀、纣不能去民之好义，然而能使其好义不胜其欲利也。故义胜利者为治世，利克义者为乱世"（《荀子·大略》）。荀子认为，人们对于义利关系的态度和处理，决定着天下国家的治乱兴衰，义与利都是社会生活的必要元素，人所需要做的，也是人必须做的就是不断地用社会的道义战胜个人的私利。因此，张岱年先生指出"荀子对于义利问题的真实主张，是以义胜利、勿以利克义"，"荀子是主张先义后利，以义制利。人不能完全去利存义，但须以义为主"①，这也代表了荀子义利观的核心观点和主要特色，"故人一之于礼义，则两得之矣；一之于情性，则两丧之矣"（《荀子·礼论》）。必须强调的是，荀子最终依然毫不犹豫地表明了儒家的价值立场，对于"义"的坚持是其思想发展的逻辑必然。

荀子坚定地认为，要满足欲求、趋福避祸就必须用道义对事物和行为加以制衡，其依据自然就是以礼义为核心的价值传统，"权不正，则祸托于欲，而人以为福，福托于恶，而人以为祸，此亦人所以惑于祸福也。道者，古今之正权也，离道而内自择，则不知祸福之所托"（《荀子·正名》）。因此，在义与利对立时，荀子主张先义后利，要求重义轻利，"先义后利者荣，先利而后义者辱"（《荀子·荣辱》），"义胜利为治世，利克义为乱世"（《荀子·大略》）。为贯彻先义后利的原则，荀子拥护孔子的"杀身成仁"和孟子的"舍生取义"的观点，认为君子"畏患而不避义死，欲利而不为所非"（《荀子·不苟》）。君子与常人一样，害怕遭遇祸患，但却绝不会为了躲避祸患而放弃道义，而是为了道义而甘愿赴死；君子也想谋得利益，但却绝不会单纯为了利益而去做违背道义的事，正所谓君子有所为有所不为，这就是君子坦荡荡而与俗世不同之所在。

"从理论形成上看，孔孟所谓义的最高理论根据是天命，是事

---

① 张岱年：《中国哲学大纲》，商务印书馆，2015年，第573页。

天、立命，故可以认为其伦理思想是理想主义的，荀子所谓义的最后理论根据是'养人之欲，给人之求'的利，故可以认为其伦理思想是现实主义和功利主义的。孔孟当义与利对立时是重义轻利的，故其伦理思想的重，要特征之一是重义论。荀子虽然也谈重义轻利，但他注重强调义则必利，义是谋利的手段，从途径上看是重义的，从目的上看则是重利的。故如果说其伦理思想的特征是重义论，勿宁说是义利并重论。"① 当然，这种论述上的差别仅仅是形式上的不同，而在精神价值和理论旨趣上，三者并无本质的差异，儒家的立场是荀子"礼者，养也"思想及义利观的必然归宿。

（三）"行义以礼"

在荀子那里，"礼"成为一个几乎无所不包的范畴，被荀子称为"人道之极也"（《荀子·礼论》），"荀子作为道德规范的礼，继承了孔子礼的广义精神，是一切处理特殊人际关系之具体道德规范的概括"，"在荀子那里，作为道德规范的礼乃是全德范畴，是最高道德范畴"②。"仁"的道德情感主要体现为"爱人"，而"义"的精神价值则主要体现为"循理"。

> 陈嚣问孙卿子曰：先生议兵，常以仁义为本。仁者爱人，义者循理，然则又何以兵为？凡所为有兵者，为争夺也。
> 孙卿子曰：非女所知也。彼仁者爱人，爱人，故恶人之害之也；义者循理，循理，故恶人之乱之也。彼兵者，所以禁暴除害也，非争夺也。故仁者之兵，所存者神，所过者化，若时雨之降，莫不说喜。是以尧伐驩兜，舜伐有苗，禹伐共

---

① 张锡勤、孙实明、饶良伦主编《中国伦理思想通史·先秦——现代（1949）》（上），黑龙江教育出版社，1992年，第168页。
② 张锡勤、孙实明、饶良伦主编《中国伦理思想通史·先秦——现代（1949）》（上），黑龙江教育出版社，1992年，第154页。

工,汤伐有夏,文王伐崇,武王伐纣,此四帝两王,皆以仁义之兵行于天下也。故近者亲其善,远方慕其德,兵不血刃,远迩来服,德盛于此,施及四极。诗曰:"淑人君子,其仪不忒,其仪不忒,正是四国。"此之谓也。(《荀子·议兵》)

在与弟子陈嚣的这段对话中,荀子重点讨论的是仁义与用兵之间的关系。陈嚣认为荀子一边讨论用兵之道,另一边又强调仁义之本,这从根本上说是完全矛盾的。因为在其看来,所有的战争都是出于争夺的目的,怎么会有仁义存于其中呢?对此,荀子解释认为,所谓仁,就是要爱人;所谓义,就是要按照道理和要求去做。用兵的目的是禁暴止乱、消除危害。所以,仁者的部队会对所经之地进行治理和教化,从而劝民以善。对此,中国早期社会有例在先,《史记·鲁周公世家》曾记载"周公卒,子伯禽固已前受封,是为鲁公。鲁公伯禽之初受封之鲁,三年而后报政周公。周公曰:'何迟也?'伯禽曰:'变其俗,革其礼,丧三年然后除之,故迟'"。由此可以看出,移风易俗、劝民以善是传统社会的通行做法。因此,当年"尧伐驩兜,舜伐有苗,禹伐共工,汤伐有夏,文王伐崇,武王伐纣",这些都是仁义之师征讨四方、纵横天下的最好例证,所带来的结果自然就是"近者悦,远者来",圣王的德行及于四方,乃至天下。

同时,荀子认为,"爱人"必须"循理",即合乎一定的道理才能行得通。对此,《荀子·大略》明确提出了"处仁以义""行义以礼"的思想,并由此逻辑地论证和说明了仁、义、礼三者之间的关系,对于原始儒家道德哲学最终的建构产生了极其重大的影响。

亲亲、故故、庸庸、劳劳,仁之杀也。贵贵、尊尊、贤贤、老老、长长,义之伦也。行之得其节,礼之序也。仁,爱也,故亲。义、理也,故行。礼、节也,故成。仁有里,义有门。仁非其里而处之，非礼也。义非其门而由之，非义也。推恩而不理，不成仁；遂理而不敢，不成义；审节而不和，不成礼；和而不发，不成乐。故曰：仁、义、礼、乐，其致一也。君子处仁以义，然后仁也；行义以礼，然后义也；制礼反本成末，然后礼也。三者皆通，然后道也。（《荀子·大略》）

荀子认为，"亲亲、故故、庸庸、劳劳"，体现了仁的等级差别；"贵贵、尊尊、贤贤、老老、长长"，体现了义的伦理价值。人们的社会行为都能够合乎法度的要求，恰如其分地表达出来，这就体现为"礼"的秩序。仁就是爱人，体现为对亲人、朋友的关心和爱护；义就是要合于道理和法则，体现为人的社会行为；礼就是合理的节制，体现为事理的顺畅。虽然，从功能的角度上看，仁、义、礼三者之间各有侧重，但是它们所要实现的目标则是完全一致的。首先，对于仁而言，有德君子根据义的精神价值来处理和安排仁的道德情感；其次，对于义而言，只有根据礼，也就是社会规范和秩序的要求来安排义，才能真正地发挥义的作用；最后，对于礼而言，要想制定符合社会生活要求的规范和秩序，必须以仁的道德情感和义的精神价值来进行，只有这样，礼才能够真正地发挥规范生活和引导社会的作用。因此，仁、义、礼是三位一体、相互贯通的。礼通过社会的规范和秩序来落实和安排义，从而实现作为人的道德情感的仁与社会规范的完满统一。可以认为，这样的逻辑和论证体现了原始儒家对于道德哲学的体系性建构的积极努力。

由上可知，就仁与义的关系而言，荀子认为，行仁需要以合义为前提，"推恩不理不成仁"，这里的"理"指代的就是"义"。就仁与礼的关系而言，"人主仁心设焉，知其役也，礼其尽也，故王者先仁而后礼，天施然也"（《荀子·大略》）。天子治理天下首先要有仁德之心，体现了荀子对于儒家价值传统的继承和发扬，作为社会规范的礼是对于仁爱之心的完美体现。正因如此，天子才先讲求仁德，然后再制定礼义。从孔子开始，仁爱之心都是通过社会规范表达出来的，同时，社会规范也不能仅仅体现为外在的形式，而必须以内在的仁爱之心为基础和内容。这就像美味的食物那样，虽然可能很美味，但是不适合食用者的口味，也是枉费。如果社会规范与仁德不符，也是不合乎礼制要求的。

荀子认为，"礼"是规范一切社会伦理关系和社会行为的最高准则，具有最广泛的适用性，是君臣、父子、兄弟、夫妇、长幼等各种社会伦理关系都必须共同遵守的规范和秩序。"行义动静，度之以礼"（《荀子·君道》），具有最广泛的有效性。对此，荀子强调指出，"礼者，人之所履也，失所履，必颠蹶陷溺。所失微而其为乱大者，礼也"（《荀子·大略》）。所谓"礼"，就是人立身行事必须严格遵守的规范与秩序，如果失去了这样的规范和秩序，人的行为必定会陷于混乱和危难之中，甚至会导致无可挽回的灾难。而"礼"的作用就体现在这里，对于治理国家、天下而言，"礼"就像秤砣之于轻重、墨线之于曲直。因此，人如果不能遵守社会的规范和秩序的话，就无法在社会上生存，任何行为和活动都必须在"礼"的规范下进行才有成功的希望，失去了"礼"的规范和制约，国家必然陷于混乱。这样，像孔子所说的那样，"君不君、臣不臣、父不父、子不子"的情况就无法避免，因此，对于"礼"，君臣、父子、兄弟、夫妇、长幼都必须严格遵守。

同时，荀子关于"礼"的思想中还包含一种理性主义的倾向。"礼"体现为社会伦理关系双方共同的道德要求和行为规范，而不是像后世所说的片面的权利与义务关系。这说明，一方面，荀子强调社会等级贵贱的合法性与合理性，但另一方面，荀子也在试图实现不同社会等级的人的和谐。对此，荀子特别强调指出：

> 古者先王审礼以方皇周浃于天下，动无不当也。故君子恭而不难，敬而不巩，贫穷而不约，富贵而不骄，并遇变态

而不穷，审之礼也。故君子之于礼，敬而安之；其于事也，径而不失；其于人也，寡怨宽裕而无阿；其为身也，谨修饰而不危；其应变故也，齐给便捷而不惑；其于天地万物也，不务说其所以然而致善用其材；其于百官之事、技艺之人也，不与之争能而致善用其功；其待上也，忠顺而不懈；其使下也，均遍而不偏；其交游也，缘义而有类；其居乡里也，容而不乱。是故穷则必有名，达则必有功，仁厚兼覆天下而不闵，明达用天地、理万变而不疑，血气和平，志意广大，行义塞于天地之间，仁智之极也。夫是之谓圣人。审之礼也。（《荀子·君道》）

荀子认为，不管是君主还是臣下、父子还是兄弟、丈夫还是妻子，对于"礼"的遵守都是必要的。为君者要按照"礼"的要求坚持公平而不偏私，为臣者要按照"礼"的要求忠诚而不懈怠，为人父者要按照"礼"的要求仁爱而有节制，为人子者要按照"礼"的要求敬爱父母而有礼貌，为人兄者要按照"礼"的要求仁慈而友爱，为人弟者要按照"礼"的要求恭顺而不苟且，为人夫者要按照"礼"的要求建功立业而不淫乱，为人妻者也要按照"礼"的要求柔顺而肃静。总之，有德君子对百官、乡里、朋友、上下，甚至天地万物，都能够做到审之以"礼"。

因此，以"礼"立身行事就会天下大治，万民和乐。只有通晓"礼"的规范和秩序，才能够真正成就完美的理想人格，"礼"是成就圣人和君子的必备条件。

第七章　修养与道德人格

道德人格是道德形而上学和道德价值的集中体现，也是原始儒家道德哲学的重要内容。道德人格的养成既需要圣王的教化，更在于自我的学习、修养和提高。对于理想的道德人格而言，教化与修养是一体之两面，二者常相须，缺一不可。但不管是教化，还是学习与修养，其目的都在于道德人格的完善，而中和的境界就是这种完善的道德人格的重要标志。

一　礼乐与道德教化

儒家认为，道德教化是道德境界提升的重要途径，也是道德人格养成的重要方式。所谓教化，就是以教化民，也就是通过对社会和百姓的道德教育从而实现移风易俗、整饬人心的目的，受到历代思想家的高度重视。

（一）"上所施下所效"

中国传统社会是非常重视教化的。《礼记·学记》认为"古之王者，建国君民，教学为先"，古代的圣王、君主要想建立国家、管理百姓，最首要的工作就是"教"与"学"。从师者的角度讲是"教"，从受教者的角度讲是"学"，教的过程和学的过程是统一的，受教者主要不是指在校的学生，而是全体民众。根据《汉书·艺文志》，这正是儒家最主要的社会责任之一，"儒家者流，

第七章　修养与道德人格

盖出于司徒之官，助人君顺阴阳、明教化者也"。因此，在传统社会，教化主要就是指通过社会教育，尤其是道德教育而改变人、塑造人，并最终达到人格提升和移风易俗的目的。

传统社会如此重视对广大民众的教化问题，主要出于个人和社会两个方面的考虑。

在个人层面，教化关注的重点是"成人"，是出于人格提升、劝人以善的需要。因此，不管是孔子所强调的"学以致道"还是荀子所追求的"学以成人"，都体现了对于个体道德提升的关注和期盼。荀子在《劝学》的最后对整篇文献的主旨和内容进行了总结，提出了"德操"与"成人"的教育理念。

> 百发失一，不足谓善射；千里跬步不至，不足谓善御；伦类不通，仁义不一，不足谓善学。学也者，固学一之也。一出焉，一入焉，涂巷之人也。其善者少，不善者多，桀、纣、盗跖也。全之尽之，然后学者也。君子知夫不全不粹之不足以为美也，故诵数以贯之，思索以通之，为其人以处之，除其害者以持养之，使目非是无欲见也，使耳非是无欲闻也，使口非是无欲言也，使心非是无欲虑也。及至其致好之也，目好之五色，耳好之五声，口好之五味，心利之有天下。是故权利不能倾也，群众不能移也，天下不能荡也。生乎由是，死乎由是，夫是之谓德操。德操然后能定，能定然后能应，能定能应，夫是之谓成人。天见其明，地见其光，君子贵其全也。

在荀子看来，人格修养和境界提升就与射箭和驾驶一样，是一个通过不断坚持而逐步积累的过程，专心致志，始终如一，真正做到"全之尽之"，才算得上是一个有德君子。君子必须充分了解自身的实际与不足，然后有针对性地进行提升，选择贤德之人与之相处与学习，不断阅读经典，领会圣王教化的精神意涵，经过持续思索和反复实践，从而使人的视听言动无不合于教化的要求，所思所虑无非礼义，内化于心，外现于行，任何外在的权利欲望、诱惑胁迫，甚至是生死都不能对其意志和信念有所改变，这才算是真正的"德操"。王先谦引郝懿行之言认为，"德操，谓有德而能操持也。生死由乎是，所谓'国有道，不变塞'、'国无道，至死不变'者，庶几近之"。只有在这样的德操之下，人才能够获得内心的安宁和坚定，心有所持；才能够应物自如，"内自定而外应物"（《荀子集解·劝学》）。这就是儒家所追求的"成人"，体现为一个长期坚持不懈的教化和学习的过程，恰如有学者所强调的那样，"强力操持，不得稍有间歇，方可'能定能应'，以合于人之为人的规定性。它注定是一个冲突不断的过程，虽有'成人'之为限，仿佛有终，实则却是一辈子的事。荀子曰：'学数有终，若其义则不可须臾舍也。为之人也，舍之禽兽也。'此之谓也"[1]。

在社会层面，教化关注的重点是"防民"，这是阻止万民从利、改善社会民风的需要。对此，《汉书》中有一段精辟的论述可做参考。

> 凡以教化不立而万民不正也。夫万民之从利也，如水之走下，不以教化堤防之，不能止也。是故教化立而奸邪皆止者，其堤防完也；教化废而奸邪并出，刑罚不能胜者，其堤防坏也。古之王者明于此，是故南面而治天下，莫不以教化为大务。立太学以教于国，设庠序以化于邑，渐民以仁，摩民以谊，节民以礼，故其刑罚甚轻而禁不犯者，教化行而习俗美也。（《汉书·董仲舒传》）

《汉书·董仲舒传》认为，教化是规范和引导万民行为的根本

---

[1] 陈迎年：《"能定能应，夫是之谓成人"——〈荀子〉论道德之源》，《江淮论坛》2005年第6期。

途径。这主要是因为，从人性的角度来看，趋利之心是人的本能，就像水是往下走的一样，教化就是阻止万民百姓趋利的一个重要堤防。如果教化废弛，必将导致奸邪并出、横行于世的局面，在这种情况下，即便是再完备的刑罚，也无法阻止人心的向背。正是看到了这一点，所以古代圣王均注重教化的实行，视之为治理天下的第一要务。通过教化，逐步培养人的爱人之心，增强人的规则意识和秩序观念，并用道德规范约束人的社会行为，即便没有刑罚的作用，也能达到移风易俗、淳朴民风，从而改善整个社会风尚的目的。

由此可见，"教"的功能主要在于不断克制人性中丑恶的方面，同时培养美善的方面，从而使人不断地弃恶从善、避恶扬善，最终成就完美的境界和高尚的人格。这与我们今天所理解和使用的"教育"一词是有一定区别的。我们日常所说的"教育"，从内涵上讲深受西方，尤其是苏联和东欧文化与政治影响。虽然它强调德、智、体、美、劳的全面发展，但最终落实下来却主要体现为知识传授。但在传统文化看来，教育和教化虽然谈的是同一个问题，但侧重点却有所不同。

关于"教"，《说文解字》认为，"教，上所施下所效也"，在下位者仿效在上位者所施之教，即言圣王施教于上，万民效法于下。这与荀子关于"教"的理解是基本一致的，荀子认为，"以善先人谓之教"，"先，首唱也"（《荀子集解·修身》）。"教"的首要功能就是能够示人以善，从而对后世产生一种典范的作用，以供人学习和效仿。对此，《礼记·学记》主要是从"学之失"的角度来理解"教"的，"学者有四失，教者必知之。人之学也，或失则多，或失则寡，或失则易，或失则止。此四者，心之莫同也。知其心，然后能救其失也。教也者，长善而救其失者也"。孔颖达认为，"使学者'和易以思'，是长善，使学者无此四者之失，是救失，唯善教者能知之"（《礼记正义·学记》）。因此，"教"的作用主要体现为"善教者使人继其志"（《礼记·学记》），"善教者必能使后人继其志,如善歌之人能以乐继其声,如今人传继周、孔是也"(《礼记正义·学记》)。显然,"教"就是一个不断培养善的德性同时又不断改正错误以臻完善的过程,"教"的主要任务就是使后人能够传周继孔,从而将儒家的价值与精神流传于后世。有学者认为,"'教化'作为不断被儒家构建的系统理论,由尧舜发明、政府推动,旨在通过法令制度这种外在强制性的约束手段以及德性教育的劝谕性方式,促进臣民改恶从善,进而移风易俗"[1]。

而《中庸》则主要从形而上的层面揭示"教"的来源与内容,"天命之谓性,率性之谓道,修道之谓教",对此,汉宋诸儒有不同的解释。郑玄认为,"天所命生人者也,是谓性命。循性行之,是谓道。治而广之,人放效之,是曰教",即言人遵循天命之道而行,就是"教",而按照儒家的传统思想,代表天命和道的只能是圣王,因此,所谓"教"也就是仿效圣王之道的意思。对此,孔颖达做了进一步阐释,"依循性之所感而行,不令违越,是之曰'道'。感仁行仁,感义行义之属,不失其常,合于道理,使得通达,是'率性之谓道'。'修道之谓教',谓人君在上修行此道以教于下"。这种说法基本沿袭了《说文解字》,只是又增添了具体的内容而已。

而朱熹的解释则体现了更多的理学色彩。

> 命,犹令也。性,即理也。天以阴阳五行化生万物,气以成形,而理亦赋焉,犹命令也。于是人物之生,因各得其所赋之理,以为健顺五常之德,所谓性也。率,循也。道,犹路也。人物各循其性之自然,则其日用事物之间,莫不各有当行之路,是则所谓道也。修,品节之也。性道虽同,而气禀或异,故不能无过不及之差,圣人因人物之所当行者而

---

[1] 吴新颖、杨定明:《儒家教化论》,浙江大学出版社,2018年,第11页。

品节之，以为法于天下，则谓之教，若礼、乐、刑、政之属是也。盖人之所以为人，道之所以为道，圣人之所以为教，原其所自，无一不本于天而备于我。(《四书章句集注·中庸章句》)

应该说，虽然朱熹对于这句话的阐释更多着眼于天理、性命、气禀等理学视域，认为天理如一、气禀各异，从而导致圣人之教的方式因人而异。但其对于"教"的整体性理解依然坚持了儒家圣人设教的传统。"道"代表了以礼乐为核心的价值秩序，而"教"就是指对于天道的落实和对于人道的彰显，其方式即在于圣人的教化。从这个意义上讲，《说文解字》《礼记》《荀子》等对于"教"的理解并没有本质上的差别，所遵循的思想理路是基本一致的。

关于"育"，《说文解字》认为，"育，养子使作善也"。可见，《说文解字》是从德性培养与提升的角度来理解"育"字的，"育"的重点不在于对子女的"养"，而在于对子女德行的提升，使其向善的方向发展。段玉裁的注释引用了孟子的一句话，"中也养不中，才也养不才"(《孟子·离娄下》)，认为德行高、修养好的人应该去熏陶德行不高、修养不好的人，同时有才能的人应该去教育才能不够的人。因此，"从𠫓，不从子而从倒子者，正谓不善者可使作善也"，"释言曰：育，稚也。故史记作教稚子。邠风毛传亦曰：鬻子，稚子也。稚者当养以正。二义实相因"(《说文解字注》)。《周易》也是主要从德行培养的角度理解"育"字的，"君子以果行育德"(《周易·蒙卦·象传》)，"育德者，养正之功也"，"育养其德"(《周易正义·蒙》)。从这个意义看，虞翻认为，"育，养也"(《周易集解·蒙》)，"育"就是"养"的意思，而养的内容则是德，因此，《周易》之"育"所强调的就是"养德"。

《尔雅·释诂》以"长"训"育"，"育，长也"；《诗经·小雅·谷风》中有"既生既育"，郑玄认为"育谓长老也"(《毛诗正义·谷风》);《尚书·盘庚中》中有"我乃劓殄灭之,无遗育",孔安国认为"育,长也"(《尚书正义·盘庚中》)。显然,上述对于"育"的理解大多侧重于"养长",而忽略了"作善""养德"的内涵,因而也就无法达到对于"育"的真正理解。

关于"化",《说文解字》认为,"匕,变也。从到人"。"㐆"就像是一个倒立的人,表示人之反正的不同,这种不同就代表变化。而"匕"就是"化"的异体字,段玉裁指出,"凡变匕当作匕,教化当作化,许氏之字指也。今变匕字书作化,化行而匕废矣。大宗伯:以礼乐合天地之化,百物之产。注曰:能生非类曰化,生其种曰产。按虞、荀注易,分别天变地化,阳变阴化,析言之也。许以匕释变者,浑言之也。从到人。到者今之倒字。人而倒,变匕之意也"(《说文解字注》)。因此,可以认为,"化"最初的含义就是"变"。这一点在《周易》中体现得更加明显,《周易·系辞上》中有"知变化之道",虞翻认为"在阳称变,乾五之坤;在阴称化,坤二之乾。阴阳不测之谓神,知变化之道者,故知神之所为。诸儒皆上子曰为章首,而荀马又从之,甚非者矣"(《周易集解·系辞上》)。《荀子·正名》则提出"状变而实无别而为异者,谓之化",王先谦认为,"状虽变而实不别为异所,则谓之化。化者,改旧形之名"(《荀子集解·正名》)。显然,荀子和王先谦对于"化"的理解虽有变的意思,但对"状变而实无别"的强调则在很大程度上展现了与《周易》的不同。

张载则从对比的角度对"变"与"化"进行了说明,"变言其著,化言其渐","'变则化',由粗入精也;'化而裁之谓之变',以著显微也"(《正蒙·神化》)。对此,王夫之认为,"变者,自我变之,有迹为粗;化者,推行有渐而物自化,不可知为精"(《张子正蒙注·神化》)。张载和王夫之明确区分了"变"与"化","变"指的是事物显著的、粗线条的,甚至是肉眼可见的不同;而"化"则更加强调一个"渐"字,指的是那些在细微处发生的、不易为人所知觉的不同,往往体现为一个长期的过程。因此，"化"通常是指那些缓慢发生的、在不知不觉中完成的变化，融化、文化、风化、感化、潜移默化、食古不化等，都有这个含义。

在《周易》的基础上，《周礼》又把这种变化与德行及其培养结合起来。《周礼·大宗伯》指出，"以天产作阴德，以中礼防之；以地产作阳德，以和乐防之。以礼乐合天地之化、百物之产，以事鬼神，以谐万民，以致百物"。这里提到了"天地之化"，郑玄认为，"能生非类曰化"，也就是说，所谓"化"就是能够产生出新的东西。因此，贾公彦指出，"以礼乐并行以教，使之得所，万物感化，则能合天地之化，谓能生非类也"，"化"有变化之意。继而，贾公彦给予了更加明确的解释，"凡言变化者，变化相将，先变后化，故《中庸》云：'动则变，变则化。'郑云：'动，动人心也；变，改恶为善也。变之久，则化而性善也。'又与鸠化为鹰之等，皆谓身在而心化。若田鼠化为鴽，雀雉化为蛤蜃之等，皆据身亦化，故云能生非类曰化也。《易》云'乾道变化'，亦是先变后化，变化相将之义也"（《周礼注疏·大宗伯》）。结合贾公彦和郑玄对于"化"的理解和引申可知，儒家所讲的"化"具有改变的内涵，尤其是指对于世道人心的改过迁善的过程。"化，教行也"，段玉裁赞同这一理解，"教行于上，则化成于下。贾生曰：此五学者既成于上，则百姓黎民化辑于下矣。老子曰：我无为而民自化"（《说文解字注》）。《礼记·乐记》中有"化民成俗"，这里的"化"就是以德教化从而改变百姓的意思。

《中庸》在论述"诚"与"明"的关系时，也谈到了"化"的问题。

> 自诚明谓之性，自明诚谓之教。诚则明矣，明则诚矣。唯天下至诚，为能尽其性。能尽其性，则能尽人之性。能尽人之性，则能尽物之性。能尽物之性，则可以赞天地之化育。可以赞天地之化育，则可以与天地参矣。其次致曲，曲能有

诚，诚则形，形则著，著则明，明则动，动则变，变则化。唯天下至诚为能化。

郑玄认为，"动，动人心也。变，改恶为善也，变之久则化而性善也"。孔颖达进一步指出，"初渐谓之变，变时新旧两体俱有，变尽旧体而有新体谓之为化。如《月令》鸠化为鹰，是为鹰之时非复鸠也，犹如善人无复有恶也"。在孔颖达看来，变与化是同一个过程的两个不同的阶段，开始刚刚展现出不同时称为"变"，此时事物的新旧两种状态同时存在；当事物的变持续以致旧体尽灭而新体出现时，则称为"化"，儒家以此来比喻人弃恶从善的过程。因此，"'动则变，变则化'者，既感动人心，渐变恶为善，变而既久，遂至于化。言恶人全化为善，人无复为恶也。'唯天下至诚为能化'，言唯天下学致至诚之人，为能化恶为善，改移旧俗"（《礼记正义·中庸》）。显然，"化恶为善，改移旧俗"是儒家所讲的"化"的应有之义和首要内涵。

综合以上可知，"教""育""化"在内涵上存在一定兼容性，彼此互通。在传统社会和文化系统中，"教""育""化"体现为同一过程的三个不同的方面："教"侧重的是成人的途径，"育"关注的是成人的目标，而"化"则强调的是成人的方式与过程。所以，"教育"就是通过"教"而达到"育"，也就是通过圣王之教以达到学以成人的目的；而"化"则重点讨论"教"是如何实现"育"的，也就是从"教"到"育"的过程，这个过程就主要体现为"化"。因此，我们甚至可以认为，教化的重点不在于"教"，而在于"化"，李景林教授认为，"儒学的文化意义是'教化'，其在哲学思想上亦特别注重一个'化'字。这个'化'的哲学意义，就是要在人的实存之内转变、变化的前提下实现存在的'真实'，由此达到德化天下，以至'参赞天地之化育'的天人合一"[①]。教化体

[①] 李景林：《教化儒学论》，孔学堂书局，2014年，第16页。

现为一个潜移默化、润物无声的改变过程，一个缓慢的德性培养和人格提升的过程。这种变化都是在不知不觉中完成的，可以说是日用而不自知的，不管是儒家所讲的"变化气质"，还是佛学所说的"熏习""熏染"，强调的都是这样一个过程。

教化观念在中国社会与文化中的出现是很早的，相传尧舜就设置了专门从事教化的职官和官吏，"帝曰：'契，百姓不亲，五品不逊，汝作司徒，敬敷五教，在宽'"（《尚书·舜典》），舜委任契为司徒，以教化万方，从而改变"百姓不亲，五品不逊"的民风不淳的局面，使百姓亲睦、家庭和顺。《毛诗序》里讲到，"正得失，动天地，感鬼神，莫近于诗。先王以是经夫妇，成孝敬，厚人伦，美教化，移风俗"。董仲舒也认为，"教化行而习俗美"（《汉书·董仲舒传》）。

教化之所以能够使个人"服之而无厌"、使社会"缓急调和，刚柔得中"（《毛诗正义·关雎序》），其根源在于教化是一种着眼长远、着手细微的而不是一蹴而就、急功近利的培养方式。因此，《礼记》在总结"六经"的教化作用之后，针对"礼"的独特意义，得出了"使人日徙善远罪而不自知"的结论，体现了对教化二字的最佳诠释。①

> 故礼之教化也微，其止邪也于未形，使人日徙善远罪而不自知也，是以先王隆之也。《易》曰："君子慎始，差若毫厘，谬以千里。"此之谓也。（《礼记·经解》）

---

① 李景林教授认为，"把'普遍化'、'转变'、'保持'这三个关键词所标示的理论层面统一起来，可以较全面地理解'教化'这一概念的内涵"。李景林教授同时指出，可以把《孟子·尽心下》中的一段话作为对于儒家整个教化思想的概况，"可欲之谓善，有诸己之谓信，充实之谓美，充实而有光辉之谓大，大而化之之谓圣，圣而不可知之之谓神"。具体论述可参见李景林《教化视域中的儒学》，中国社会科学出版社，2013年，第7页。

对此，孔颖达认为，"'故礼之教化也微'者，言礼之教人豫前，事微之时豫教化之，又教化之时，依微不甚指斥"，教化的作用主要体现为事前预防和防微杜渐，文中所引《易》"君子慎始"之语，其中"始"即代表"其微时"。"'其止邪也于未形'者，谓止人之邪，在于事未形著，是教化于事微者也，使人至之也。又使人日日徙善、远于罪恶而不自觉知。是教化依微，不甚指斥。为此之故，是以先世之王隆尚之也。"（《礼记正义·经解》）当此之时，邪恶的行为尚处于酝酿阶段，还没有真正实施，或者还处于实施的初级阶段，危害并不明显，教化的作用如果在此时得到充分发挥的话，就可以把人心中邪恶的念头及时打消。于是，人的心性在此时得到了锻炼、经受了考验，意志品质和道德境界也会因此而有所提高。如此，日积月累，就可以实现日日"徙善""远罪"的目的，人的修养就可以因此而在无形之中得到提升，其所依据的是对于儒家思想与价值的信仰与认同。[①]

毋庸置疑，在儒家看来，教化是一种能够从实质上提升人格、淳朴民风从而拯救世道人心的方式，也是一种能够从根本上解决问题的方式，对于我们今天的道德建设具有巨大的借鉴意义。

（二）"善政不如善教"

关于教化，传统文献中有很多记载和说明，《孝经》中有"教之可以化民"，《毛诗·周南序》中有"风，风也，教也。风以动之，教以化之"。孔颖达认为，"风之始，谓教天下之始也。序又解名教为风之意，风训讽也，教也。讽谓微加晓告，教谓殷勤诲示。讽之与教，始末之异名耳。言王者施化，先依违讽谕以动之，民渐开悟，乃后明教命以化之"（《毛诗正义·周南序》）。《荀子》

[①] 李景林教授认为，"儒学的'教化'之异于宗教义的教化，其根源就在于，它的天道性命的形上学是理性人文主义的'哲理'，而非单纯信仰性的'教理'"。具体可参见李景林《教化儒学论》，孔学堂书局，2014年，第14页。

中也大量谈到了教化，《议兵》中有"礼义教化"，《臣道》中有"政令教化"，《王制》中有"劝教化，趋孝悌""广教化，美风俗"等提法，这些都说明，原始儒家从一开始就十分注重教化。至于教化思想，《诗经》《左传》《论语》《孟子》等文献中多有所见。《诗经·绵蛮》记载：

  绵蛮黄鸟，止于丘阿。道之云远，我劳如何。饮之食之，教之诲之。命彼后车，谓之载之。
  绵蛮黄鸟，止于丘隅。岂敢惮行，畏不能趋。饮之食之，教之诲之。命彼后车，谓之载之。
  绵蛮黄鸟，止于丘侧。岂敢惮行，畏不能极。饮之食之，教之诲之。命彼后车，谓之载之。

  《绵蛮》是传统社会中较早提及教化的文献。《毛诗序》指出，"《绵蛮》，微臣刺乱也。大臣不用仁心，遗忘微贱，不肯饮食教载之，故作是诗也"。郑玄认为，本首诗应作于西周后期，"幽王之时，国乱礼废恩薄，大不念小，尊不恤贱，故本其乱而刺之"。孔颖达则进一步指出，"《绵蛮》诗者，周之微贱之臣所作，以刺当时之乱也。以时大臣卿大夫等皆不用仁爱之心，而多遗弃忽忘微贱之臣，至于共行不肯饮食教载之，谓在道困乏，渴则不与之饮，饥则不与之食，不教之以事，不载之以车。大不念小，尊不恤贱，是国政昏乱所致，故作是《绵蛮》之诗以刺之也"。在诗歌作者看来，微贱之臣为国奔走四方，饥食渴饮、耳提面命，这是卿大夫的责任，但卿大夫们却没有尽到自己的责任。这里的"教之诲之"主要指的是上位者在工作上对下属群僚的工作指导，还并不具备后世所说的对普通百姓进行教化的意思。

  普通百姓天生的资质决定了必须"教而后善"。原始儒家一般都把圣人看成是生而知之的，至少也是先知先觉者，因此，不管是伏羲画八卦，还是周公制礼作乐，都是典型的圣王创制说，属于英雄史观的范畴。孔子把人的认识能力分为四个等次。"孔子曰：'生而知之者，上也；学而知之者，次也；困而学之，又其次也；困而不学，民斯为下矣。'"（《论语·季氏》）孔子认为，人的认识能力有一种先验的区分，最高层次的人是生而知之者，只有圣人才能达到这一点；其次一等的人是学而知之者，可以通过后天的学习和培养，而达到较高的认识和修养的境界；更次一等的是那些天生愚笨的人，但他们可以自觉到学习的重要性，通过学习也可以提高自己的层次和境界；最后一等的是天生愚笨但又不主动学习的人。显然，除了圣人之外，其他三个层次的大多数人都需要通过后天的教化和学习才能有所提高。因此，圣人制礼作乐的目的即在于，圣人依靠自己生而知之的认识能力，通过对天道和人道的观察与体认，把领悟到的天道及其价值转化成外在的规范和秩序，再将之传授给普通的社会民众。所以，对于大多数人来说，教化是十分必要的。

对于国家治理而言，相对于法治刑政，教化人心是能够从根本上解决问题的方式，是整饬世道人心的根本之道。对此，孔子通过对法治与德治的对比说明了这一点。

　　子曰："道之以政，齐之以刑，民免而无耻。道之以德，齐之以礼，有耻且格。"（《论语·为政》）

在孔子看来，法治刑政自然是实现社会治理的有效方式，其不足在于人虽"苟免刑罚而无所羞愧，盖虽不敢为恶，而为恶之心未尝忘也"。相反，德治、礼义则可以很好地解决这一问题，"躬行以率之，则民固有所观感而兴起矣，而其浅深厚薄之不一者，又有礼以一之，则民耻于不善，而又有以至于善也"。因此，"德礼则所以出治之本，而德又礼之本也。此其相为终始，虽不可以偏废，然政刑能使民远罪而已，德礼之效，则有以使民日迁善而不自知。故治民者不可徒恃其末，又当深探其本也"（《四书章句集注·论语集注·为政》)。在这里,德主刑辅的观念已经很成熟了,基于此,董仲舒提出了"教,政之本也;狱,政之末也"(《春秋繁露·精华》)的思想主张。

《国语·齐语》中有"教不善则政不治",《礼记·学记》中有"古之王者,建国君民,教学为先也",《春秋繁露·深察名号》中有"性待教而为善",而《孟子·尽心上》更是明确指出,"仁言不如仁声之人人深也,善政不如善教之得民也。善政,民畏之;善教,民爱之。善政得民财,善教得民心"。朱熹认为,"政,谓法度禁令,所以制其外也。教,谓道德齐礼,所以格其心也"。因此,相较之下,"得民财者,百姓足而君无不足也;得民心者,不遗其亲,不后其君也"。所以,在中国传统的社会生活和政治智慧中,一直都有"得民心者得天下""天时不如地利,地利不如人和"之类的说法,这种观念即立足于此。

正是基于对教化作用的深刻认知,在中国早期社会,教化就成了社会生活的重要部分。《孟子·滕文公上》记载了上古时期的学校教育的一般情况。

> 设为庠序学校以教之:庠者,养也;校者,教也;序者,射也。夏曰校,殷曰序,周曰庠,学则三代共之,皆所以明人伦也。人伦明于上,小民亲于下。

朱熹认为,"庠以养老为义,校以教民为义,序以习射为义,皆乡学也。……父子有亲,君臣有义,夫妇有别,长幼有序,朋友有信,此人之大伦也。庠序学校,皆以明此而已"(《四书章句集注·孟子集注·滕文公章句上》)。这说明,在夏商周时期,多元化的教化方式开始被应用于社会生活,尤其是在夏代,针对道德规范和道德观念的学校教育就已经开始了。《礼记·学记》指出,"古之教者,家有塾,党有庠,术有序,国有学。比年入学,中年考校。一年视离经辨志。三年视敬业乐群,五年视博习亲师,

生活与思想的互动

七年视论学取友，谓之小成；九年知类通达，强立而不反，谓之大成。夫然后足以化民易俗，近者说服，而远者怀之，此大学之道也"。这里详细介绍了圣王教化的不同方式，以及学习的过程和目的。除此之外，汉代还设立"三老""五更"，以教化的方式在社会生活中持续地发挥作用。

孟子在重视学校教育的同时，也注重加强家庭教育。"中也养不中，才也养不才，故人乐有贤父兄也。如中也弃不中，才也弃不才，则贤不肖之相去，其间不能以寸。"（《孟子·离娄上》）孟子认为，贤父友兄是家庭教育的主体，对子弟进行道德教育以使其成为人才，是家长应尽的责任。在这里，孟子将教育延伸到家庭层面。另外，孟子主张君子有三乐，"君子有三乐，而王天下不与存焉。父母俱存，兄弟无故，一乐也；仰不愧于天，俯不怍于人，二乐也；得天下英才而教育之，三乐也。君子有三乐，而王天下不与存焉"（《孟子·尽心上》）。"教人以善""教人以正"是人生最大的乐趣。《孟子·尽心上》还对教育方法进行了阐述，"君子之所以教者五：有如时雨化之者，有成德者，有达财者，有答问者，有私淑艾者。此五者，君子之所以教也"。"时雨"之教，强调对受教者的善端教育，使之人性的萌芽得以成长，终成人才；"成德"之教，强调对其优点开展固化教育，促使其成长，长其善而救其失；有的施以"达材"之教，因材施教，根据其素质，诱导促进，终达成材之目的；"答问"之教，强调受教者虽学有所得但亦有所惑，当不吝赐教予以点拨；"有私淑艾者"是指虽未亲自授教，但可以通过对其思想的影响进行相应的教育。同时，孟子认为，"大匠不为拙工改废绳墨，羿不为拙射变其彀率。君子引而不发，跃如也。中道而立，能者从之"（《孟子·尽心上》）。因此，只有确立严格的教育标准，社会才能培养出真正的有用之才。

（三）"乐极和，礼极顺"

从教化的载体来看，原始儒家所设定的教化内容是以《诗》

《书》《礼》《乐》《易》《春秋》"六经"为主的。《史记·孔子世家》明确指出,"孔子以诗书礼乐教,弟子盖三千焉,身通六艺者七十有二人。如颜浊邹之徒,颇受业者甚众"。从教化的精神实质来看,"孔子以四教:文,行,忠,信。绝四:毋意,毋必,毋固,毋我"。《论语·述而》指出,"子以四教:文、行、忠、信",即教人诗书礼乐之文、道德践行之法、明仁义忠信之道。《汉书·艺文志》在概括儒家起源及思想特质时指出,"游文于六经之中,留意于仁义之际"。显然,儒家实施社会教化的载体就是"六经",而教化的实质内容则主要是儒家所坚持的礼乐传统和以"仁义"为核心的精神价值与道德秩序。

在教化理念上,孔子强调充分调动学生积极思维的启发式教学方式,"不愤不启,不悱不发。举一隅不以三隅反,则不复也"(《论语·述而》)。同时,注重以身作则,"其身正,不令而行"。还有因材施教,"求(冉有)也退故进之,由也兼人,故退之"(《论语·先进》)。在教化方式上,教化方式是由教化内容所决定的,为此,原始儒家构建了多元化的教化体系,主要包括礼教、乐教、诗教和神道设教等。当然,礼教和乐教是最主要的两种教化方式。

关于礼教,就是指以礼的社会规范的方式来教化百姓,从而把百姓的思想和行为都纳入社会规范与秩序,使百姓的思想和行为都合乎礼的道德价值的要求。对此,之前的论述已经有了较多说明,兹不赘述。

关于乐教,有学者指出,中国传统社会的乐教是把广义的乐,包括音乐、诗歌和舞蹈,作为道德教化的重要工具。高度重视乐教在道德教化方面的作用,这是中国传统伦理思想和道德生活的重要特色,在张锡勤教授看来,"中国古代乐教的基本精神是寓教于乐,乐中有教,其途径则是由美而入善"[①]。对此,先秦及汉初

---

① 张锡勤:《中国传统道德举要》,黑龙江大学出版社,2009年,第309页。

时期的文献多有论述。

相传，中国很早就已经注意到了乐的教化功能和教化作用，根据《吕氏春秋·古乐》的记载，在朱襄氏、葛天氏、陶唐氏、黄帝、颛顼、帝喾、唐尧、虞舜、大禹、成汤、文王、周公等早期圣王时期，就已经有了与音乐相关的职业和专门从事该职业的人员，同时，"以乐传教于天下"（《吕氏春秋·察传》）。这些都说明，乐的教化功能在早期社会就已经为人们所认识和运用，成为道德教化的重要工具了。乐作为实现社会治理的有效方式，与礼、政、刑相并列，《礼记·学记》明确指出，"礼以道其志，乐以和其声，政以一其行，刑以防其奸。礼乐刑政，其极一也，所以同民心而出治道也"。这说明，礼、乐、刑、政四者，虽然功能各异，但"同民心""出治道"的目的是完全一致的，是王道得以实现的重要保障，"礼节民心，乐和民声，政以行之，刑以防之。礼乐刑政，四达而不悖，则王道备矣"（《礼记·乐记》）。对于王道社会而言，四者是缺一不可的。

儒家认为，乐本身就具有"和"的特征，《礼记·乐记》强调"乐者，天地之和也"，完美的乐可以使人身心愉悦，把人的情感和欲望控制在合理、适度的范围内，从而实现社会和谐的目的。因此，《荀子·乐论》指出，"乐在宗庙之中，君臣上下同听之，则莫不和敬；闺门之内，父子兄弟同听之，则莫不和亲；乡里族长之中，长少同听之，则莫不和顺。故乐者审一以定和者也，比物以饰节者也，合奏以成文者也；足以率一道，足以治万变"。通过乐的教化作用，就可以实现君臣上下、父子兄弟、乡里族人等的和谐、和敬、和亲、和顺。

乐是基于圣王对于人的道德心理和情感需求的判断而产生的，因此，《礼记·乐记》认为，"先王本之情性，稽之度数，制之礼义。……使亲疏贵贱长幼男女之理，皆形见于乐，故曰：乐观其深矣"。可以认为，先王对礼乐的创制所依靠的是人之性情的本然，也就是直接针对人的情感需求与心理而作的。因此，对于人的心灵而言，乐的感染力是很强的。乐的这种强的感染力可以使人的道德心理和情感需求与之产生共鸣，从而达到以道德教化人心的目的。《礼记·乐记》指出：

> 夫民有血气心知之性，而无哀乐喜怒之常，应感起物而动，然后心术形焉。是故志微、噍杀之音作，而民思忧；啴谐、慢易、繁文、简节之音作，而民康乐；粗厉、猛起、奋末、广贲之音作，而民刚毅；廉直、劲正、庄诚之音作，而民肃敬；宽裕、肉好、顺成、和动之音作，而民慈爱。流辟、邪散、狄成、涤滥之音作，而民淫乱。

显然，乐最大的优势在于能感人，孔颖达认为，"人心皆不同，随乐而变。夫乐声善恶，本由民心而生，所感善事则善声应，所感恶事则恶声起。乐之善恶，初则从民心而兴，后乃合成为乐。乐又下感于人，善乐感人，则人化之为善；恶乐感人，则人随之为恶"。在孔颖达看来，乐由心生，所表达的正是人内在真实的道德心理和情感需要。因此，拥有不同的人生境遇、不同的心理感受、不同的情感体验，人对于乐的理解和体认是不一样的。所以，乐教必须对症下药。

对于乐与社会伦理之间的关系，原始儒家认为，一方面，乐是社会生活的反映，体现了儒家的伦理精神和道德价值。因此，乐具有很大的教化作用，《荀子·乐论》认为，"夫声乐之入人也深，其化人也速，故先王谨为之文"。《礼记·乐记》强调，"凡音者，生人心者也。情动于中，故形于声。声成文，谓之音。是故治世之音安以乐，其政和。乱世之音怨以怒，其政乖。亡国之音哀以思，其民困。声音之道，与政通矣"。这说明，乐随人情而动。若人情欢乐，乐音亦欢乐；若人情哀怨，乐音亦哀怨。另一方面，乐能够对社会伦理和政治生活产生重要的影响。对此，《荀子·乐论》指出：

乐中平则民和而不流，乐肃庄则民齐而不乱。民和齐则兵劲城固，敌国不敢婴也。如是，则百姓莫不安其处，乐其乡，以至足其上矣。然后名声于是白，光辉于是大，四海之民莫不愿得以为师，是王者之始也。乐姚冶以险，则民流僈鄙贱矣。流僈则乱，鄙贱则争，乱争则兵弱城犯，敌国危之。如是，则百姓不安其处，不乐其乡，不足其上矣。故礼乐废而邪音起者，危削侮辱之本也。故先王贵礼乐而贱邪音。其在序官也，曰："修宪命，审诛赏，禁淫声，以时顺修，使夷俗邪音不敢乱雅，太师之事也。"

很明显，在荀子看来，音乐中正平和则百姓就和睦而不淫乱，音乐严肃庄重则百姓就同德而不混乱，这就体现为王者之始。反之，如果音乐轻浮、邪恶则百姓就会轻慢、卑贱，这则是国破家亡的根源。因此，只有礼制和雅颂兴起而靡靡之音被废弃，国家才能真正地实现长治久安。正是基于这样的认识，原始儒家极力要求将礼乐作为道德教化、整饬人心的重要工具。因此，儒家一再强调"移风易俗，莫善于乐"（《孝经》）。《论语·泰伯》认为，"兴于诗，立于礼，成于乐"。可见，理想的道德人格的养成是通过乐的实现体现出来的，这足以说明乐对于人格养成的重要性。

在礼与乐的关系问题上，二者相伴而行、相辅相成。因此，《礼记·乐记》认为，"乐也者，动于内者也；礼也者，动于外者也。乐极和，礼极顺，内和而外顺，则民瞻其颜色而弗与争也；望其容貌，而民不生易慢焉"。显然，这是一种典型的乐主内礼主外、乐主心礼主行的思想，礼的作用在于通过外在规范来约束人的行为，而乐的作用则主要在于通过乐的感化来唤起内心的道德情感和道德自觉；礼的功能在于区分高低贵贱的等级差别，而乐的功能则主要在于使不平等的社会关系条理化、和谐化。在原始儒家看来，只有"礼乐皆得"，才能真正称得上是有德君子。

在荀子看来，乐与礼同样具有伦理规范与社会秩序的内容和价值。与礼一样，乐首先来自圣王对于"乱"的厌弃与担忧，"人不能不乐，乐则不能无形，形而不为道，则不能无乱。先王恶其乱也，故制雅颂之声以道之，使其声足以乐而不流，使其文足以辨而不諰，使其曲直繁省廉肉节奏，足以感动人之善心，使夫邪污之气无由得接焉"（《荀子·乐论》）。可见，圣王制作礼乐的目的是很明确的，体现为圣王基于对乐与人的道德情感之间互动和联系的理解，试图通过雅颂之声唤起人内心的良善，从而达到教化万民的目的。

礼与乐都是圣王制作出来，是用来治理天下、教化万民的手段和方式，"礼乐之情同"（《礼记·乐记》）。因此，荀子明确指出，"乐者，圣王之所乐也，而可以善民心，其感人深，其移风易俗。故先王导之以礼乐，而民和睦"（《荀子·乐论》）。在荀子看来，礼与乐都是圣王为移风易俗、劝民以善而采用的重要工具。通过"正其乐"，从而使百姓的情感形之于外，便能够恰如其分、适当得体。礼与乐都是有德君子涵养身心、修德成人的重要依托，因此，任何人都无法抛弃礼乐，"礼乐不可斯须去身"（《礼记·乐记》）。礼与乐都能够培养人和易、正直、子爱、诚信的心性，这就是善的来源。具有这种心性的人生活和乐，和乐则心安，心安则体静，体静则性命长久，性命长久则可以与天为一。因此，《荀子·乐论》明确指出，"乐者，所以道乐也，金石丝竹，所以道德也"。在这里，荀子对于乐的道德功能和道德内涵给予了很好的揭示。

在荀子看来，"乐行而志清，礼修而行成，耳目聪明，血气和平，移风易俗，天下皆宁，美善相乐。故曰：乐者，乐也。君子乐得其道，小人乐得其欲"。好的音乐流行于世，人们受到感染就会志向清明而纯洁；按照礼的标准和要求修身立德，崇高的德行就会随之而逐渐形成。有德君子从音乐中可以体会出道义之所在，而小人则只能通过音乐来展现其内心的各种欲望。如果按照道义的要求来节制自身的欲望，人在快乐的同时还能保持有序而和谐的社会生活；如果完全抛弃道义的指导而任由人的欲望支配人的生活和活动的话，人们将陷于迷乱和彷徨，社会秩序也会随之有崩塌的危险。因此，荀子认为，"乐者，治人之盛者也"，音乐是治理天下、国家的有效手段和理想形式。礼义保证社会的秩序，而音乐则保证生活的和谐，两者相得益彰，相辅相成。音乐可以深入人的内心深处，唤醒人内心中最感性的一面，从而改变人的欲望和性情。因此，荀子强调"君子明乐，乃其德也"（《荀子·乐论》）。

总的来看，在礼与乐的关系问题上，一方面，原始儒家继承了形成于西周初年的礼乐传统，另一方面，原始儒家又在很大程度上突破了礼乐文化产生之初的政治生活特征的限制，而将之改造成一种具有道德意涵的普遍的思想与价值，由此构成了其道德哲学的重要部分。这些思想集中体现在原始儒家关于礼乐教化的论述之中。

二 工夫与道德修养

对于原始儒家而言，道德教化与道德修养是一体之两面。道德教化侧重于外界对道德主体的影响，而道德修养则更加侧重于道德主体自身的道德养成。应该说，道德教化是道德修养的必要条件，同时道德修养无法脱离道德主体自身的道德认知。《大学》强调"自天子以至于庶人，壹是皆以修身为本"，充分体现了道德修养对于国家、社会和个人的重要意义。因此，有学者指出，"儒家经典《大学》主张，只有通过致力于个人修养的方式，人们才能全面地理解知识和道德，最终改变世界。这篇文献简练而全面，其中心思想是：尽管个人、家庭、社会、政治乃至宇宙的成长是相辅相成的，但一切皆必须以个人修养的提升为根本"[1]。

---

[1] 安乐哲：《"学以成人"：论儒学对世界文化秩序变革的贡献》，《孔学堂》2020年第2期。

（一）"致中和"

中和是原始儒家道德人格的理想境界，"致中和"则是达到这种境界的途径与方法。对此，《中庸》认为：

> 天命之谓性，率性之谓道，修道之谓教。道也者，不可须臾离也，可离非道也。是故君子戒慎乎其所不睹，恐惧乎其所不闻。莫见乎隐，莫显乎微，故君子慎其独也。喜怒哀乐之未发，谓之中；发而皆中节，谓之和。中也者，天下之大本也；和也者，天下之达道也。致中和，天地位焉，万物育焉。

关于"中"，《说文解字》以"内"训"中"，"中，内也。从口。丨，上下通"。段玉裁赞同《说文解字》的说法，并强调指出以"和"训"中"是错误的，"内也。俗本和也，非是"（《说文解字注》）。段玉裁认为，"内"应为"中"字正解，也有"合宜"的意思。孔颖达对于"中"的阐发沿袭并发展了许慎的理解，"喜怒哀乐缘事而生，未发之时，澹然虚静，心无所虑而当于理，故'谓之中'"（《礼记正义·中庸》），所强调的就是喜怒哀乐未发时心的内在性。朱熹的阐释则更多地体现了其心性之学的特色，"喜、怒、哀、乐，情也。其未发，则性也，无所偏倚，故谓之中"（《四书章句集注·中庸章句》）。在朱熹看来，此处的"中"字意为喜怒哀乐未发时，人心所呈现的天理、人性的本然状态。此时，人心尚未外感于物，因此天理充斥于心中，"盖未感物时，胸中原有主宰，程子所谓'静中有物'，朱子所谓'至静之时，但又能知能觉者，而无所知所觉'，不偏于无，固不待言。但如处室中，东西南北未有定向，止于中间，所谓中也"（《松阳讲义》卷二）。正是由于喜怒哀乐未发，因此人心浑然在中，无所偏倚，完满自足。

关于"和",《说文解字》提出"和,相应也"。孔颖达认为,"不能寂静而有喜怒哀乐之情,虽复动发,皆中节限,犹如盐梅相得,性行和谐,故云'谓之和'"(《礼记正义·中庸》)。所谓"和",即指"性行和谐",也就是说人的内在本性与外在活动完美统一,内在本性通过人的外在活动得以彰显,毫发毕现,人的外在活动自然合乎人性和天道的要求。在朱熹看来,"发皆中节,情之正也,无所乖戾,故谓之和"。当人心外感于物的时候,就具体体现为喜怒哀惧爱恶欲七情。所谓"发皆中节",是指当情感、情绪形之于外的时候,人能够恰如其分地合乎内在本性的要求,也就是合乎天道的要求,无一丝乖违。

> 或问:"喜怒哀乐之未发谓之中"云云,何也?曰:此推本天命之性,以明由教而入者,其始之所发端,终之所至极,皆不外于吾心也。盖天命之性,万理具焉,喜怒哀乐,各有攸当。方其未发,浑然在中,无所偏倚,故谓之中。及其发而皆得其当,无所乖戾,故谓之和。谓之中者,所以状性之德,道之体也,以其天地万物之理无所不该,故曰天下之大本。谓之和者,所以著情之正,道之用也,以其古今人物之所共由,故曰天下之达道。盖天命之性,纯粹至善,而具于人心者,其体用之全,本皆如此,不以圣愚而有加损也。(《四书集编·中庸》)

在这里,"中"指的是完满的人性含而未发的状态,在这样的状态下,吾性自足,每个人的人性都是至善、完满的,此即天下之善的根本所在。而"和"指的是人的喜怒哀乐之情形之于外而皆能中节,从而自然合于中道,这是达到"中"的境界的方法和途径。如果能够达到中和境界的话,人也就能够成为体悟天理、参天地之化育的圣人了。对此,郑玄认为,"中为大本者,以其含喜怒哀乐,礼之所由生,政教自此出也"(《礼记正义·中庸》)。

朱熹指出,"大本者,天命之性,天下之理皆由此出,道之体也。达道者,循性之谓,天下古今之所共由,道之用也。此言性情之德,以明道不可离之意"(《四书章句集注·中庸章句》)。也有学者从动静关系的角度来解读中与和,"性之与情,犹波之与水,静时是水,动则是波;静时是性,动则是情"(《礼记正义·中庸》)。人之喜怒哀乐的情感是由感官与外界事物相接触而产生的,未发之时,心无所虑,性无所感,因此表现为原始的中的状态。一旦与外界事物相接触,内在的道德情感被激发,就会形之于外,表现为现实的情绪。如果道德主体能够自觉地以礼义为原则和标准进行自我约束,那么,情虽发而皆能中节,这也是一种至高的道德修养境界了。因此,中与和虽然表现和境界有所不同,但二者的精神价值实质上是相同的,都是对于人至善的义理之性的表达。

人修养的目的就是要达到中和所代表的境界,而达到这一境界的过程,即工夫,就是"致"。因此,"'致中和'既是各种具体工夫的终极目标,又是实现人生目标的根本原则和方法","如何实现本真的中和状态、理想的中和境界,即如何'致中和'的问题,就成为中国哲学方法论中的重要问题"[①]。

对于"致",《说文解字》认为,"致,送诣也。从夂从至"。段玉裁又做了进一步解释,"致,送诣也。言部曰:诣,候至也。送诣者,送而必至其处也。引伸为召致之致,又为精致之致,月令必工致为上是也"(《说文解字注》)。在段玉裁看来,"致"就是把某物送至某处的意思,也可以引申为招致的意思。郑玄将其解释为"行之至也",孔颖达则直接训"致"为"至"(《礼记正义·中庸》),"致中和"即达到中和之意。朱熹对于"致"的理解就大大地往前延伸了一步,"致,推而极之也"(《四书章句集注·中庸章句》),"致者,用力推致而极其至之谓也"。在肯定

---

① 程梅花:《论朱熹"致中和"的方法论》,《中国哲学史》2003年第2期。

"中,性之德。和,情之德"的基础上,《四书集编》又提出,"孟子所谓'存心养性'、'收其放心'、'操则存',此等处,乃致中也。至于充广其仁义之心等处,乃致和也","'致'字是只管挨排去之义,如射箭,才上红心,便道是中,亦未是。须是射著红心之中,方是"(《四书集编·中庸》)。

概言之,所谓"致中和",就是要求人们在心性修养过程中,把天地之性的内在之善推向极致,同时把作为天地之性的外化之情与天地之性的契合也推向极致,以使人能够在喜怒哀乐未发时保证内心的完满自足,在喜怒哀乐已发后保证外在行为无不自然合乎天理和人性的要求。因此,有学者指出,"《中庸》所谓'致中和',明显是就人的性情而言,要求将人的性情中喜怒哀乐未发的'中'与发皆中节的'和'推到极致;而'致中和,天地位焉,万物育焉',又将人的性情与自然界的状态联系在一起,以为人的性情之'中'、'和',达到了极致,就可以使得'天地位'、'万物育'"[①]。可以认为,"'致'字工夫极精密也"(《四书集编·中庸》),此言不虚。

(二)"学而时习之"

儒家思想的精神实质,一言以蔽之,即在于教人学做人。《荀子·劝学》明确指出,"学恶乎始?恶乎终?曰:其数则始乎诵经,终乎读礼;其义则始乎为士,终乎为圣人"。这就是告诉我们应该学做什么样的人、如何学做人,这是传统社会中人们立身行事、待人接物、治国安邦的前提和基础。因此,原始儒家十分注重"学"这个字,"学"是提高自我修养的关键环节和重要途径,《论语·学而》开篇第一句就开宗明义地讲到"学而时习之,不亦

[①] 乐爱国:《朱熹〈中庸章句〉对"致中和"的注释及其蕴含的生态思想——兼与〈礼记正义·中庸〉比较》,《江南大学学报》(人文社会科学版)2012年第1期。

说（悦）乎"，《荀子》以《劝学》开篇，《礼记》中亦有《学记》，这些都体现了儒家对于"学"的重视。

对于"学而时习之，不亦说（悦）乎"，最常见的一种理解就是"好好学习，然后再时常复习复习，难道不是一件很快乐的事情吗？"这显然与我们真切的感性经验是不相符的，甚至是完全背离的。很多人都有学习的意愿，甚至不少人能够做到积极主动、自觉自愿地学习，可以说是"乐于学"。但"学而乐"，即能够从艰苦的学习生活中得到最大的乐趣，体现为儒家孜孜以求的一种愉悦的生命体验，恐怕不是多数人能够做得到的。那么，既然如此，孔子为什么还要说这句话，甚至他的学生还把这句话作为《论语》的开篇第一句呢？我们又该如何来认识和解读这句话呢？

其实，这句话至少揭示了三个方面的内容——学什么、怎么学、为什么学，也就是学的内容、方式和目的。搞清楚这三个方面，我们也就大概可以了解孔子、儒家讲这句话的真实意涵了。

第一个问题：学什么，即学习的内容是什么。

《说文解字》认为，"学，觉悟也。从教从冂。冂，尚矇也"。段玉裁给予进一步阐释。

> 学、觉叠韵。学记曰：学然后知不足，知不足然后能自反也。按知不足所谓觉悟也。记又曰：教然后知困，知困然后能自强也。故曰教学相长也。兑命曰：学学半。其此之谓乎。按兑命，上学字谓教，言教人乃益己之学半。教人谓之学者，学所以自觉，下之效也。教人所以觉人，上之施也。故古统谓之学者也。枚颐伪尚书说命上字作敩，下字作学，乃已下同玉篇之分别矣。……作学从教，主于觉人。秦以来去攵作学，主于自觉。学记之文，学教分列，已与兑命统名为学者殊矣。（《说文解字注》）

显然，段玉裁是从《礼记·学记》中关于教与学的关系入手对《说文解字》的解释给予说明的。训"学"为"效",这是从学的自觉性的角度来看的,因此,"学所以自觉,下之效也",与"教"相对。《白虎通·辟雍》认可《说文解字》的理解,"学之为言,觉也,以觉悟所未知也"。另外,从《四书章句集注·论语集注·学而》来看,朱熹也大体沿着《说文解字》的思路和逻辑,"学之为言效也。人性皆善,而觉有先后,后觉者必效先觉之所为,乃可以明善而复其初也"。朱熹从人性善的角度出发,在肯定先知先觉与后知后觉的区分的基础上,认为学就是一个通过不断地启发自身从而恢复善的本性的过程,在这一过程中,学主要体现为后知后觉对先知先觉的效法和学习。显然,朱熹的解读借鉴了李翱的复性观念,具有浓厚的理学色彩。在朱熹看来,学的内容虽然很多,但主要是指圣人言行、品质与经典,"夫子之所志,颜子之所学,子思、孟子之所传,皆是学业"(《朱子文集·答张敬夫》)。因此,朱熹所说之学的主要内容就是要研习儒家经典、学习圣人气象。当然,正因如此,朱熹的阐释受到了后世儒者的批评。[1]

---

[1] 例如,清初学者毛奇龄在《四书改错》中认为朱熹释"学"为"效"既没有体现训诂的原则,也没有明确说明效的对象和学的内容,"此小诂错也。特小诂不胜错,只取数条略该之,可类推矣"。在毛奇龄看来,"学有虚字,有实字。如学《礼》、学《诗》、学射、御,此虚字也。若志于学、可与共学、念终始典于学,则实字矣。此开卷一学字,自实有所指而言。乃注作'效'字,则训实作虚,既失既诂字之法,且效是何物,可以时习?又且从来字学并无此训,即有时通'斆'作'效',亦是虚字。善可效,恶亦可效。《左传》'尤人而效之',万一效人尤,而亦习之乎?错矣!学者,道术之总名。贾谊《新书》引逸《礼》云:'小学业小道,大学业大道。'以学道言,则大学之道,格致诚正修齐治平是也。以学述言,则学正崇四术,凡春秋《礼》、《乐》,冬夏《诗》、《书》皆是也。此则学也"(具体可参见毛奇龄《四书改错》卷十八,华东师范大学出版社,2015年,第407~408页)。对于毛奇龄的诘难和批评,后学黄式三并不赞同,认为将"学"的主要内容界定为"读书"是没有问题的,并坚持认为朱熹的注解才是"此章之正解"。在他看来,"学谓读书,王氏及程子说同。朱子注学训效者,统解学于第一学字之中,如'孰为好学'、'弟子不能学'、'愿学'、'学道',必训为效而始通。其引程子说学为读书,时习为既读而时绎,则此章之正解"(具体可参见黄式三《论语后案》,凤凰出版社,2008年,第1页)。

第七章 修养与道德人格

对于"学"字,我们不能将其笼统地、泛泛地理解为抽象的"学习",事实上,孔子和儒家所讲的"学"是有具体内容和特定含义的。① 南宋时期的大儒朱熹在《大学章句》的序言中提到:

> 人生八岁,则自王公以下,至于庶人之子弟,皆入小学,而教之以洒扫、应对、进退之节,礼乐、射御、书数之文;及其十有五年,则自天子之元子、众子,以至公、卿、大夫、元士之适子,与凡民之俊秀,皆入大学,而教之以穷理、正心、修己、治人之道。

朱熹把人的学习过程分成小学和大学两个阶段。在小学阶段,人们主要学习两个方面的内容:一是"洒扫、应对、进退之节",这主要是从生活经验的层面来讲的,包括知识、礼仪等生活常识;另一个是"礼乐、射御、书数之文",即古人所讲的"六艺",体现为不同的文化技能。儒家把这些都看成是人进行自我修养的一种方式,通过对生活常识和文化技能的学习,达到修身养性、陶冶情操、锻炼心智,从而立德正己、涵养身心、培养健全人格的目的。

以"射"为例。"射"是指古人进行的射箭、投壶之类的活动。习射是非常复杂的,不是单纯的技艺问题,另外还包括两个方面。一是礼节、程序方面的要求。《仪礼》中详细描写了大射礼、宾射礼、燕射礼、乡射礼等不同层次的射礼,不同的射礼在礼仪、程序等方面都有不同的要求,参加人对此必须非常精通。二是内在修养方面的要求,这才是古人习射的真正目的,"射艺最早只是单纯的竞技运动,而礼射则是在这种竞技运动的基础上赋

---
① 关于"学"的具体内容,有学者对此有所总结,具体可参见赵清文《自我超越的"学为君子"之道——〈论语〉"学而时习之"章析义》,《孔子研究》2014 年第 3 期。

予了它更多文明的、政治的内涵"①。关于射礼与习射,《礼记·射义》认为,"射者,仁之道也。射求正诸己,己正而后发,发而不中则不怨胜己者,反求诸己而已矣","射之为言者绎也,或曰舍也。绎者,各绎己之志也。故心平体正,持弓矢审固;持弓矢审固,则射中矣。故曰:为人父者,以为父鹄;为人子者,以为子鹄;为人君者,以为君鹄;为人臣者,以为臣鹄。故射者各射己之鹄"。就是说,作为一名优秀的射手,除了要精通射箭的技艺、礼仪之外,更重要的是进行德性和心理方面的锻炼,必须做到"内志正、外体直",也就是内心端正、思想集中、凝神静气,只有做到心平体正,然后才可能一矢中的,这些都体现了人对于自我身心的一种修养。而如果仍然没有射中,儒家认为也不能怨天尤人,为自己的失败找客观原因,而必须"反求诸己",认真地反思和总结自己的不足,这才是一个人德性心理不断完善和技术水平不断提高的重要途径。所以,《礼记》的结论就是射道"可以观德行也",射箭可以涵养人的身心,是衡量一个人道德水平和修养层次的重要标准。

因此,《论语·八佾》中讲"君子无所争,必也射乎!揖让而升,下而饮,其争也君子"。在孔子看来,一个有德君子不能时时处处争强好胜、好勇斗狠,而应该谦恭、礼让。但如果有一项活动,君子可以去争一争的话,那一定就是射箭了。在这里,争的不是胜负,而是气度,是君子之争,而非小人之争。显然,这是孔子在射礼逐渐丧失其应有的教化功能的时候,对只重形式不重内涵的时弊所做出的努力。②

而在大学阶段,人们学习的主要内容是"穷理、正心、修己、治人之道",这也就是《大学》中提到的"三纲领、八条目",即

---

① 饶益波:《〈论语〉"射不主皮"章辨正》,《古籍整理研究学刊》2022年第5期。
② 因此,有学者指出,"射礼所固有的恭敬肃严之特性也已经丧失了","孔子所极力维护的'射不主皮',说明礼射只重礼仪"。具体论述可参见袁俊杰《两周射礼研究》,科学出版社,2013年,第380页。

"大学之道，在明明德，在亲（新）民，在止于至善""格物、致知、诚意、正心、修身、齐家、治国、平天下"，概言之，就是内圣外王。修养身心、涵养德性，努力提高自己的道德层次和人格境界，这属于内圣的层面；而治国安邦、兼善天下，就属于外王的层面。如果用一个字来概括的话，那就是儒家所说的"道"。《论语》讲"君子学以致道"，学习就体现为对"道"的追求。因此，程树德先生引伊川先生高弟赵彦子之子赵仲修之言认为，"所谓学者，非记问诵说之谓，非缉章绘句之谓，所以学圣人也。既欲学圣人，自无作辍。出入起居之时，学也。饮食游观之时，学也。疾病死生之时，亦学也。人须是识得'造次必于是，颠沛必于是'，'立则见其参于前，在舆则见其倚于衡也'，方可以学圣人"[1]。窃以为赵仲修对"学"的理解和阐释一语中的、切中要害，圣人的言行举止、为人处世、生活态度都是"道"的体现，因此都是后人学习、效法的对象，而不能仅仅把记诵辞章当作学的主要方面，这与《礼记·学记》所讲的"记问之学，不足以为师"是一脉相承的。针对朱熹的理解，有学者明确指出，"用'效'来解释'学'，本身没有太大的问题，然而将'效'只是理解为效法'先觉'的圣贤，甚至进一步引申为读书，并将其作为'学'的全部意义，则显得过于偏狭。从'效'的本意上来说，固然有效法先贤的涵义，但从受教育者的角度来说，还应当包含与自身切近的师长的言行作为；而从'成人'的要求上说，则要求效法'天'这个具有超越意义的善的化身"[2]。必须承认的是，这样的补充和批评是很有意义的。

也就是说，在儒家看来，大学阶段就应该系统学习儒家的思想理念和精神价值了，从内容上讲就是"修己治人之道"，而从形

---

[1] 程树德：《论语集释》，程俊英、蒋见元点校，中华书局，2013年，第5页。
[2] 赵清文：《自我超越的"学为君子"之道——〈论语〉"学而时习之"章析义》，《孔子研究》2014年第3期。

式上看就是对儒家的经典，尤其是《诗》《书》《礼》《乐》《易》《春秋》"六经"的学习。所以，《史记·孔子世家》中讲"孔子以诗书礼乐教，弟子盖三千焉，身通六艺者七十有二人"，《礼记·经解》对"六经"各自的教化作用都有说明：

入其国，其教可知也。其为人也，温柔敦厚，诗教也。疏通知远，书教也。广博易良，乐教也。絜静精微，易教也。恭俭庄敬，礼教也。属辞比事，春秋教也。

由此可见，"六经"对人的教化是非常全面的，每部经典都可以帮助我们提升某一方面的修养。因此，在儒家看来，研习"六经"是个体进德修业的根本。综上可知，学虽然有大小之分，但其精神价值、思想旨趣是一样的，都表现为对于儒家之"道"——修己治人之道、内圣外王之道的学习和践履，大小之分所体现的是同一个系统中循序渐进的学习过程。

第二个问题：怎么学，即学习的方式是什么。

对于学习方式，《论语》中提到很多，"温故而知新""举一而反三""学而不思则罔，思而不学则殆""敏而好学，不耻下问"等。在这里，删繁就简，只分析"学而时习之"中提到的学习方式——"时习"。

"时"是儒家很重要的一个观念。在原始儒家的思想中，"时"的含义是很丰富的。"时"有经常、时常的意思，也有天时、四时的意思，《孟子·梁惠王上》中有"斧斤以时入山林"，《史记·太史公自序》中提到"诸生以时习礼其家"。"时"也有"时机""时势"的意思，《周易·革》中讲"汤武革命，顺乎天而应乎人，革之时大矣哉"。"时"还有适时、合于时宜的意思，《荀子·天论》中讲"风雨之不时"等。皇侃《论语义疏·学而》认为，"时"即指"日中"，"凡学有三时：一是就人身中为时，十就年中为时，三就日中为时也。……三就日中为时者，前身中、年中二时，而所学并日日修习不暂废也。……今云'学而时习之'者，时是日中之时也"。程树德先生引焦循《论语补疏》把"时"解释为"当其可"，认为"当其可之谓时"，"'不愤不启，不悱不发'，时也。'中人以上可以语上，中人以下不可以语上'，时也。'求也退，故进；由也兼人，故退'，时也。学者以时而说，此大学之教所以时也"①。以"日中"为"习"，固然可以表达日日勤勉修习而不敢有丝毫荒殆之心的意思，但在义理上稍欠连贯，在解释"学而时习"与"悦"的关系时就会存在理解上的困难。而以"当其可"释"时"则更加符合孔子和儒家思想的理论旨趣，从这个意义上讲，"时"作"适时"应该是有合理性的。

"习"，在这里也不能简单地理解为学习、复习的意思。其最重要的含义就是实践，用儒家的表达那就是要践行、践履。"习"即"習"，是会意字，从羽，说明跟鸟有关系。《说文解字》给出的解释是"数飞也"，就是一只小鸟，羽翼渐丰，开始学习飞行。"数飞"指的是反复飞，不止一次地飞，反复练习，反复实践，最后才能翱翔于蓝天之上。因此，"学而时习之"，就是要求人们要不断地、适时地、恰如其分地把学来的儒家的价值理念在生活当中实践出来，所以儒家非常重视"行"。荀子就曾讲道：

> 不闻不若闻之，闻之不若见之，见之不若知之，知之不若行之。学至于行之而止矣。行之，明也。明之为圣人。圣人也者，本仁义，当是非，齐言行，不失毫厘，无他道焉，已乎行之矣。故闻之而不见，虽博必谬；见之而不知，虽识必妄；知之而不行，虽敦必困。不闻不见，则虽当，非仁也。其道百举而百陷也。（《荀子·儒效》）

显然，在荀子看来，学的最高境界就是把学到的圣王教化在

---

① 程树德：《论语集释》，程俊英、蒋见元点校，中华书局，2013年，第5页。

自己的社会生活当中完全表现出来。因此，对于孝而言，仅仅把孝顺父母挂在嘴边上是远远不够的，而必须在现实生活中真切地关心父母，使之衣食无忧、心情舒畅、安享天伦，这才是真正的孝。所以，在谈到知行关系的时候，朱熹讲"论先后，知为先；论轻重，行为重"；明代大儒王守仁则直接提出"知行合一"的理念，真正的知本身就内在地包含行的要求，道德认知和道德实践是高度统一的。因此，一个人如果有质朴的道德情感和良好的道德操守，在生活中真正做到严于律己，同时又能善待他人、善待社会，对于这样的人，"虽曰未学，吾必谓之学矣"（《论语·学而》）。南宋的陆九渊说得就更直接了，"若某则不识一个字，亦须还我堂堂地做个人"（《陆九渊集·语录下》），这与上面所说的意思是完全一致的。

第三个问题：为什么学，即学习的目的是什么。

儒家认为，"学"最直接的目的就是修身，成就完美的理想人格，成为君子，乃至圣人。结合"学而时习之，不亦说（悦）乎"这句话，从另外一个层面来讲，学和习的目的是获得由内而外的"悦""乐"的生命体验。悦与乐是一体之两面，二程指出"悦在心，乐主发散与外"（《四书章句集注·论语集注·学而》），即言"悦"是内在的情感体验，而这种情感体验行之于外，就表现为乐。"学而时习之"何以会愉悦呢？儒家认为，当一个人把自己学到的修身、齐家、治国、平天下的道理在社会生活中真切地落实下来的时候，内心就会获得一种自足的、自我实现的满足感和幸福感。儒家非常重视这种由内而外的乐的情感体验。《论语·宪问》讲到了孔子对颜回的评价，"贤哉！回也。一箪食，一瓢饮，在陋巷。人不堪其忧，回也不改其乐。贤哉！回也"。

从物质生活的角度来看，颜回的生活自然是困顿和艰苦的，任何人面对这种际遇时都会愁眉不展、为生活担忧，但颜回却能够在这样艰难的处境中自得其乐。孔子也讲"饭疏食，饮水，曲肱而枕之，乐亦在其中矣"。传统社会一直强调"安贫乐道"，在原始儒家看来，人们乐的不是贫，而是道。虽然生活很贫困，但人们的内心很充实，这种充实和乐，来自对理想、信念的坚守和执着。恰如孟子所讲的"富贵不能淫，贫贱不能移，威武不能屈"，儒家认为，在自己内心的理想信念、志向操守面前，不管是富贵还是贫贱，不管是威逼还是利诱，都是苍白无力、微不足道的，我自岿然不动。在坚持下来的时候，我们内心是自足的、幸福的，这才是乐的生命体验的真正由来，"孔颜乐处"因此而成了历代儒者孜孜以求的人生目标。

对这句话的完整理解，恰如李景林教授所指出的，"学所以能'乐'，乃在于这'学'是表现整体生命的'学'，而不单纯以知识技艺为内容。孔子并不是否定知识技艺，他对知识技艺的态度，可以用'游于艺'一语来概括。生命要由'道（德、仁）'为人的分化了的现实存有奠基，并起到整合的作用。人通过道德修养的路，才能达到存在的真实。'学'保持在它的生命整体的意义中，才能是'乐'"[1]。此言确当。

（三）"养浩然之气"

孟子认为，善性为人所固有，只要顺由四端的自然展开，就必然可以成就善行和理想的道德人格。但人们在日常生活中会受到各种物质欲望的诱惑，导致人的良知不断陷溺，直至丧失。

在孟子看来，人的本性固然具有善的因素，都有将来可以为善的可能性，但这并不意味着每个人都能够自然而然地把这种善的可能性直接转化为现实性，也就是说善的本性并不能保证每个人在现实生活中都展现出崇高的品质和德行。其中就涉及恶的来源的问题，这是孟子性善论必须面对和回答的问题。恰如有学者所提出的那样，"孟子或是将人性中的欲望看作是中性的，但他的

---

[1] 李景林：《"学"何能"乐"——〈论语〉"学而时习"章解义》，《齐鲁学刊》2005年第5期。

性善论总是要遇到一个很大的问题,那就是现实生活中的'恶从何来'?我们谁也无法否认,在真实的生活世界里,还有大量的恶行和一些恶人存在,有些恶甚至是令人难以思议的、触目惊心的大恶。无疑会有人向孟子提出如果说人性全善,恶从何来,以及我们如何处理这种恶的问题"[①]。孟子在解释恶的来源问题时主要考虑了内外两个方面的因素。

一方面,孟子认为,恶来自外部环境对人性所发挥的阻碍作用。在面对告子"湍水"之喻的诘难时,孟子提出,"水信无分于东西。无分于上下乎?人性之善也,犹水之就下也。人无有不善,水无有不下。今夫水,搏而跃之,可使过颡;激而行之,可使在山。是岂水之性哉?其势则然也。人之可使为不善,其性亦犹是也"。人性之善与水性就下的道理是一样的。必须说明的是,虽然水性就下,但水一定是向下流的吗?当然不是,当水受到外力作用的时候,水就有可能改变就下的本性,"搏而跃之,可使过颡;激而行之,可使在山"。恰如"牛山之木"那样,"牛山之木尝美矣,以其郊于大国也,斧斤伐之,可以为美乎?"(《孟子·告子上》)牛山之木确实很美,但如果每天都要遭受刀剁斧砍,那么再美的大树也难以保持原本的"美"。人性也是如此,如果人性不断遭受挑战而不能及时得到修复的话,那么君子难保不会变成小人。因此,"不忍人之心"虽然人人皆具,但对于绝大多数人而言,"物欲害之,存焉者寡"(《四书章句集注·孟子集注·公孙丑章句上》)。人性之善由于受到了物欲的蒙蔽而无法展现出来,以致日渐减少甚至无,在人格上就体现为小人或禽兽了。

因此,当善的本性受到某种外力作用的时候,主要表现为人们在日常生活中所遇到的种种诱惑以及内心对这些诱惑的回应,人的心就会躁动不安,如果不能及时修复而任由其发展的话,那

[①] 何怀宏:《人性何以为善?——对"孟子论证"的分析和重释》,《北京大学学报》(哲学社会科学版)2022年第4期。

么必将导致难以挽回的后果，这就是"其势则然也"。对此，赵岐和朱熹的理解大体是一致的。赵岐认为，"人性生而有善，犹水之欲下也。所以知人皆有善性，似水无有不下者也。跃，跳。颡，额也。人以手跳水，可使过颡，激之可令上山，皆迫于势耳，非水之性也。人之可使为不善，非顺其性也，亦妄为利欲之势所诱迫耳，犹是水也"（《孟子注疏·告子上》）。朱熹则指出，"水之过颡在山，皆不就下也。然其本性未尝不就下，但为搏激所使而逆其性耳"（《四书章句集注·孟子集注·告子章句上》）。二者都认为，水能够过颡、在山，都是由搏激所致，表现为外力对水之本性的改变，人性及其改变也是如此。恰如焦循所言，"人以手跳水，可使过颡，激之可令上山，皆迫于势耳，非水之性也。人之可使为不善，非顺其性也，亦妄为利欲之势所诱迫耳，犹是水也"（《孟子正义·告子上》）。

另一方面，恶的产生固然受外部环境的影响，但人不能把持自我的本心、本性则是恶产生的主要原因，甚至是根本原因。[①] 孟子以舜为例，在《尽心上》中指出，"之居深山之中，与木石居，与鹿豕游，其所以异于深山之野人者几希。及其闻一善言，见一善行，若决江河，沛然莫之能御也"。孙奭认为，"虞舜初起于历

[①] 张载和程朱都主张通过双重人性论来解决恶的来源问题，以天地之性保障人性中善的普遍性，而以气质之性解释恶的现实性，正是由于气禀的不同，才产生了人与兽、君子与小人、贤与不肖等的差别。而王夫之则坚决反对把气质作为恶产生的原因，因此，有学者指出，"气质之才本无固有之不善，情则位于功罪之间，而恶之产生正在于情"。这主要是因为，"程、朱认为'才禀于气'，人因所禀之气的清浊不同，其才各有昏明强弱之差异，此正为人之善恶不齐的原因所在。船山则以耳、目、口、体所具视、听、言、动之能为才，并指出，孟子'以形色为天性'，乃从人禽之辨的角度立说，强调才虽有'灵蠢之分'，但既生之为人，其耳、目、口、体皆足以'率仁义礼智之性'以为善。同时，孟子又'以耳目之官为小体'，说明虽为恶非才之罪，但为善亦非才之功，以性尽才，性、才合用方能以成其绩。由于耳、目、口、体易为外物所诱，若不能持志于心，必为不正之情所陷溺，由此以见其体为小"。具体论述可以参见陈明《"四端"与"思诚"——王船山对孟子性善说与为学工夫的重释》，《哲学动态》2018年第11期。

山耕时,居于木石之间,以其近木石故也,与鹿豕游,以其鹿与豕近于人也。然而舜于此,其所以有异于深山之野人不远,但能及其闻一善言,见一善行,其从之若决江河之水,沛然其势,莫之能御止之也"(《孟子注疏·尽心上》)。舜躬耕于历山之时,其所处的生活环境与山间之野人一般无二,但舜却能够做到修己自持,"闻一善言则从之,见一善性则识之,沛然不疑,辟若江河之流,无能御止其所欲行"(《孟子正义·尽心上》),以外界之善言、善行印证和启发自我内在的善性。正是舜的主观努力,使其内在的善性得到充分彰显,并最终成就圣人人格,这就是孟子一再强调的"求则得之,舍则失之,是求有益于得也,求在我者也"(《孟子·尽心上》)。

因此,为了恢复善的本性或本心,人就必须坚持不懈地提高道德修养,把在日常生活中逐渐放失的本心重新找回来。孟子认为,教化与修养的目的主要在于"求放心","学问之道无他,求其放心而已矣"(《孟子·告子上》)。而实现"求放心"的主要途径就是"反求诸己","爱人不亲,反其仁;治人不治,反其智;礼人不答,反其敬。行有不得者,皆反求诸己"(《孟子·离娄上》)。针对春秋战国时期社会生活的实际,孟子提出了一系列修养原则与方法,比如"先立乎其大者""反求诸己""思诚""寡欲""不动心""存夜气""养浩然之气""集义",而在孟子的思想体系中最为重要的无疑是"先立乎其大者"和"养浩然之气"。

第一,"先立乎其大者"。在个体的道德修养,尤其是自我修养方面,孟子提出了"先立乎其大者"的要求。

公都子问曰:"钧是人也,或为大人,或为小人,何也?"
孟子曰:"从其大体为大人,从其小体为小人。"
曰:"钧是人也,或从其大体,或从其小体,何也?"
曰:"耳目之官,不思而蔽于物,物交物,则引之而已矣。心之官则思,思则得之,不思则不得也。此天之所与我

者，先立乎其大者，则其小者不能夺也，此为大人而已矣。"（《孟子·告子上》）

在这里，君子与小人之别主要体现为"从其大体"还是"从其小体"，因此，要做"大人"，首先就必须处理好"大体"与"小体"的关系。所谓"大体"即"心思礼义"，也就是人先验的善性；而"小体"即"纵恣情欲"（《孟子注疏·告子上》），也就是人的耳目口腹之欲。孟子认为，耳目之官缺乏思虑功能，因此就易受到外界的浸染和干扰，从而使人心被物欲蒙蔽；而心则具有知觉和思虑的功能，当道德主体自觉地发挥人心知觉和思虑作用的时候，就可以使人心安定、人性彰显，这是天赋予人的独特的禀赋。故而，人应该树立坚定的道德信念和目标，保持对心性、道德和人格的价值追求，"存其心，养其性"（《孟子·尽心上》），用心之作用减少外物的干扰。焦循的解释至为明了，"人有耳目之官，不思，故为物所蔽"，"利欲之事，来交引其精神，心官不善思，故失其道而陷为小人也。比方天所与人性情，先立乎其大者，谓生而有善性也。小者，情欲也。善胜恶，则恶不能夺"（《孟子正义·尽心上》）。"先立乎其大者"就是使"大体"战胜"小体"、善性战胜物欲的根本途径。

对此，朱熹认为，"往古来今，孰无此心？心为形役，乃兽乃禽。惟口耳目，手足动静，投间抵隙，为厥心病。一心之微，众欲攻之，其与存者，呜呼几希！君子存诚，克念克敬，天君泰然，百体从令"（《四书章句集注·孟子集注·尽心章句上》）。善的人性、本心是人人皆有、人人皆同的，当心为物所役时，人性受到遮蔽，难以呈现，也就无法抵御外界形形色色的诱惑，长此以往，人性之善将在此状态下被消磨殆尽，以致一息不存，这就体现为"小人"。但君子可以凭借强大的信念，存诚守敬，保持本心的清明与纯净，使人的视、听、言、动无不合乎自然本心的要求，从而实现道德人格的自我完善。在价值选择上，孟子当然要求人们

生活与思想的互动

都拒绝"小人"而成就"大人",那就需要首先确立"大体"对于人身的主导作用,当道德信念充斥于胸的时候,道德主体自然就可以自动摒弃耳目之欲,心之知觉与思虑的功能立即就能发挥其应有的作用。"孟子呼吁人们做大人,不做小人,而做大人就必须'先立乎其大'。因为,人的'本心'或'良心'一旦确立了其'大体'的主体、主导地位,就不易为四官四肢之类的'小体'所篡夺所动摇。"① 由此可知,"先立乎其大者"对于人的心性修养是至关重要的,甚至是首要的。

朱熹所说的"君子存诚"是"先立乎其大者"的必然要求,在修养过程中具体呈现为"思诚"。

> 居下位而不获于上,民不可得而治也。获于上有道,不信于友,弗获于上矣。信于友有道,事亲弗悦,弗信于友矣。悦亲有道,反身不诚,不悦于亲矣。诚身有道,不明乎善,不诚其身矣。是故,诚者,天之道也;思诚者,人之道也。至诚而不动者,未之有也;不诚,未有能动者也。②(《孟子·离娄上》)

对于"诚",人们有不同的理解。其中,朱熹和王夫之对"诚"的阐释是很有特色的,体现了两种不同的思想理路。

朱熹从理本论角度出发,把"诚"理解为真实无妄,"诚者,真实无妄之谓,天理之本然也"(《四书章句集注·中庸章句》)。"诚"代表真实无妄、真诚无欺的天理。天道流行,至诚至真,所以能成就万物;人也应该效法天道,使自己内心本然的善性原原本本、真实无欺地呈现出来。如此,则人的视、听、言、动就皆

---

① 万海英:《孟子"先立乎其大"的哲学方法论——从"大体"、"小体"之辨谈起》,《孔子研究》2014年第1期。
② 类似的表达亦可见于《中庸》。

能自然合乎儒家伦理秩序和道德精神的要求，不待思勉而从容中道。"尽其心者，知其性也；知其性，则知天矣"，通过对自我心性的反省和挖掘，就能够达到与天为一的圣人境界，从而获得最大的精神愉悦，"万物皆备于我矣，反身而诚，乐莫大焉"（《孟子·尽心上》）。

而王夫之则从气本论角度出发，在张载"实在"思想的基础上，把"诚"理解为"实有"，"夫诚者实有者也，前有所始，后有所终也。实有者，天下之公有也，有目所共见，有耳所共闻也"（《尚书引义·说命上》），"诚也者实也；实有之，固有之也；无有弗然，而非他有耀也"（《尚书引义·洪范三》）。"实有"就是真切地存在，这是贯穿于天地万物的共同属性，其中自然也包括人伦关系以及调节人伦关系的道德规范与秩序。[①] 清代学者程瑶田非常赞同王夫之的观点，并重申了"诚者，实有而已矣"的观点。

> 诚者，实有而已矣。天实有此天也，地实有此地也，人实有此人也。人有性，性有仁义礼智之德，无非实有者也。故曰性善也者，实有此善焉者也。故曰诚者物质终始，不诚无物。死乃无此人，未死则实有此人，实有此性，实有此性之善。实有此性之善，故曰诚者；能实有此性之善，故曰诚之者。诚之者，自明诚者也。能自明诚，实有此能也。能由教入，实有此能也，故曰自诚明谓之教。虽不谓之性，非不实有此性也；如不实有此性，则自诚明者，天下一人而已矣。有诚者，无诚之者，虽有教无益也。惟人皆实有此性，故人人

---

① 因此，吴根友教授对王夫之关于"气"的理解和定位给予了很高的评价，"王夫之以'气'为最基本的物质性存有，从宇宙—本体论的角度批评了他之前一切唯心主义的本体论思想。他还进一步提炼'气'概念的哲学纯粹性，使之与经验感觉中的各种现象之气区别开来，将'气'的存在状态规定为'诚'与'实有'，这使得'气'范畴与现代唯物论的'物质存在'范畴颇为接近"。具体论述可参见吴根友《再论皖派与吴派的学术关系——以戴震与惠栋为例》，《中国高校社会科学》2014年第3期。

能择善而固执以诚之，而实有此教矣。(《通艺录·论学小记》)

在程瑶田看来，凡是存在的都是实有，虽然天地万物千差万别，世人也各有贤愚，但包括人的善性在内，所有这些都是从天地本体之中产生出来的，因而也都具有实有的性质，是真是存在的。

有学者认为，"儒家在对诚的诠释过程中，实际上有两种走向：一是从具体内涵入手，把诚解释为天道、人的道德、修养工夫乃至本体等具体事物，此时'诚'为名词、动词；二是从外在属性入手，把诚解释为'真正''真实''实在''实有'，这是用来修饰和定性具体事物的，此时'诚'主要为副词、形容词等"。无疑，王夫之遵循的是第二个走向，"王夫之把诚解释为'实有'，并以此作为天地万物的根本属性，这才是真正地抓住了事物属性的根本所在。从思孟学派到张载，再到王夫之，他们对诚的解释凸显出人们从关注具体事物本身到关注事物属性，到特别关注事物的根本属性——实有（存在），这是儒学思想发展的表现，也是中国哲学发展的体现"[①]。虽然恰如有学者所言，王夫之在一定程度上超越了"诚"的伦理范畴，而赋予其更多超验的意蕴，但不可否认的是，王夫之把他对"诚"的伦理内涵的阐释涵盖在了"实有"的观念之内，在这一点上，王夫之和朱熹观点的差别主要体现在阐释方式的不同，实质上并不存在根本性的差别。而如果从对孟子理解和阐释的角度来看，朱熹的解释似乎更加贴合孟子所想表达的思想内涵。

第二，"我善养吾浩然之气"。孟子认为，道德修养的关键在

[①] 郑熊：《从"实在"到"实有"——王夫之对张载"诚"说的继承与发展》，《船山学刊》2021年第4期。亦有学者提出，"王夫之扬弃了诚的伦理学意义，赋予诚以纯粹的哲学本体论内涵，这就是'实有'和'实理'"。参见章启辉《王夫之对传统〈中庸〉观的重新定位》，《中国社会科学院研究生院学报》2002年第5期。

第七章 修养与道德人格

于"养气"。当孟子的学生公孙丑问如何才能达到"不动心"的境界时,孟子回答道,"我知言,我善养吾浩然之气"(《孟子·公孙丑上》)。对于"浩然之气"的内容、性质和修养等问题,孟子做了如下说明。

"敢问夫子恶乎长?"
曰:"我知言,我善养吾浩然之气。"
"敢问何谓浩然之气?"
曰:"难言也。其为气也,至大至刚,以直养而无害,则塞于天地之间。其为气也,配义与道。无是,馁也。是集义所生者,非义袭而取之也。行有不慊于心,则馁矣。我故曰:告子未尝知义,以其外之也。必有事焉而勿正,心勿忘,勿助长也。"(《孟子·公孙丑上》)

对于"知言养气"章,杨泽波教授明确指出,"学术界公认这是《孟子》中最难理解的一章,古往今来争论不断"[①]。而"我善养吾浩然之气"则是"知言养气"章的核心部分,是我们理解孟子关于修养方法的关键所在。杨泽波教授将该章析解为十个问题,并逐一进行分析和解答,是我们理解该章最重要的研究成果之一。遗憾的是,虽然其中有四个具体问题涉及了"浩然之气"的部分,但不管是从提出问题的数量,还是从论述的丰俭和篇幅的长短来看,杨泽波教授显然是把关注的重点放在了对"不动心"及其相关问题的疏解上了;而对作为"浩然之气"问题重要内容的"集义"的论述仅二百余字,读起来使人多有意犹未尽之感。

张奇伟教授认为,"养浩然之气"与"存夜气"存在很大的不同,主要体现为三个方面。"首先,养'浩然之气'的目的不是找回失去的善心,而是达到不动心的精神境界。其次,'浩然之气'

---

① 杨泽波:《孟子气论难点辨疑》,《中国哲学史》2001年第1期。

是一种一往无前、理直气壮、无所畏惧的精神状态。再次，养'浩然之气'是一个在仁义道德引导制约下的艰苦长期的道德践履过程。"① 应该说，张奇伟教授对"浩然之气"的理解和基本定位是很有说服力的。在这样的总体认识之下，本书认为，"养浩然之气"作为一种自我修养的具体方法，理解其的关键点主要在于对"配义与道"和"集义"这两点的阐释。

关于"配义与道"，赵岐认为，"此气与道义相配偶俱行。义谓仁义，可以立德之本也。道谓阴阳，大道无形而生有形，舒之弥六合，卷之不盈握，包络天地，禀授群生者也。言能养道气而行义理，常以充满五脏。若其无此，则腹肠饥虚，若人之馁饿也"。在赵岐看来，"浩然之气"必须与天地阴阳之道和仁义道德之本相结合，"配偶俱行"才能赋予"浩然之气"以道德的至上性与合法性。在赵岐的基础上，孙奭在义理上做了进一步拓展，将浩然之气"至大""至刚"的属性与道义相结合，"孟子又重言为气也与道义相配偶，常以充满于人之五脏，若无此气与道义配偶，则馁矣，若人之饥饿也。能合道义以养其气，即至大至刚之气也。盖裁制度宜之谓义，故义之用则刚；万物莫不由之谓道，故道之用则大。气至充塞盈满乎天地之间，是其刚足以配义，大足以配道矣。此浩然大气之意也"（《孟子注疏·公孙丑上》）。总的来看，赵岐和孙奭对"配"的含义、"道""义""气"三者之间的关系等问题并没有进行深入的挖掘和阐发。针对这些问题，朱熹从天理论的立场给予了相应回答。

> 配者，合而有助之意。义者，人心之裁制。道者，天理之自然。馁，饥乏而气不充体也。言人能养成此气，则其气合乎道义而为之助，使其行之勇决，无所疑惮；若无此气，则其一时所为虽未必不出于道义，然其体有所不充，则亦不

---

① 张奇伟：《孟子"浩然之气"辨正》，《中国哲学史》2001 年第 5 期。

免于疑惧，而不足以有为矣。(《四书章句集注·孟子集注·公孙丑章句上》)

《说文解字》以"酒色"释"配"，段玉裁认为"配"字在日常使用中已经失去了其本来的含义，"酒色也。本义如是。后人借为妃字，而本义废矣。妃者，匹也。从酉。己声。己非声也。当本是妃省声，故叚为妃字"。因此，"配"的引申义为"匹也，媲也，对也，当也，合也"(《玉海》)。朱熹以"合而有助"释"配"，显然是在"匹""合"等意的基础上又有所延伸和补充，说明气必须在道、义共同作用下才能真正培养和显现出来。朱熹虽然强调三者共同发挥作用，但三者彼此之间的地位却并不平等，而是有主从之分的。焦循引清代名臣李绂《配义与道解》认为，"心之裁制为义，因事而发，即羞恶之心也。身所践履为道，顺理而行，即率性之谓也。未尝集义养气之人，自反不缩。尝有心知其事之是非而不敢断者，气不足配义也。亦有心能断其是非而身不敢行者，气不足以配道也。吾性之义，遇事而裁制见焉。循此裁制而行之，乃谓之道。义先而道后，故曰配义与道，不曰配道与义也"(《孟子正义·公孙丑上》)。李绂认为，在"其为气也，配义与道"的论述中，居于核心地位的既不是"气"，也不是"道"，而应该是"义"。没有"义"，就谈不上"道"，遑论"气"了。李绂的解读为接下来对孟子"集义"的阐发奠定了坚实的基础，因此，与下文的衔接就很顺畅了。

显然，在孟子看来，"浩然之气"代表了一种无可限量、不可屈挠的精神状态，这种精神状态以道义为基础，标志着一种能够使人"仰不愧于天，俯不怍于人"地挺立于天地之间的道德境界和高尚人格，它的养成是通过"集义"的方式实现的。焦循引全祖望之言提出，"配义则直养而无害矣。苟无是义，便无是气，安能免于馁？然配义之功在集义。集义者，聚于心以待其气之生也"(《孟子正义·尽心上》)。由此可见，这一论述是对朱熹思想的继承和深化。

关于"集义",赵岐认为,"集,杂也。密声取敌曰袭。言此浩然之气,与义杂生,从内而出。人生受气所自有者"。训"集"为"杂",这与其对"配义与道"的理解是一脉相承的。《说文解字》提出"杂,五彩相会",有参差之意,亦有"合"的意思。也就是说浩然之气与道义相杂生,这是赵岐没有理清气、道、义三者关系的又一例证。而朱熹的解释尤为精彩,"集义,犹言积善,盖欲事事皆合于义也。袭,掩取也,如齐侯袭莒之袭。言气虽可以配乎道义,而其养之之始,乃由事皆合义,自反常直,是以无所愧怍,而此气自然发生于中。非由只行一事偶合于义,便可掩袭于外而得之也"。

这说明,根据朱熹的理解,"集义"首先"并非仁义观念的积淀,而是仁义道德践履的积累"[①],也就是说"集义"表现为通过长期而艰苦的道德实践的积累,从而形成高尚的道德品格的过程。在此过程中,既不能因为道德实践的艰苦性而失去信心,弃而不养;也不能因为道德实践的长期性而失去耐心,操之过急,甚至拔苗助长。这同时说明,道德修养不是一蹴而就的,更不是"只行一事,偶合于义"便可实现的。当人们以心中的善性为指导,处处遵循仁义礼智等道德规范的要求,循序渐进地进行道德践履的时候,久而久之,在人的内心之中就会自然而然地涌现出一种纯洁、刚正、无所畏惧的精神气质和道德品格,从而形成坚定的道德信念。在这种信念面前,任何艰苦的环境、外在的诱惑与胁迫都是微不足道的,唯有"道义"二字能够代表其立身行事的唯一准则,做到"富贵不能淫,贫贱不能移,威武不能屈"(《孟子·滕文公下》)。只有这样,"浩然之气"才能逐渐培养起来。

在道德修养的基础上,孟子又对理想人格做了设定。"圣"代表了儒家共同的人格理想,孟子认为"可欲之谓善,有诸己之谓

---

① 张奇伟:《孟子"浩然之气"辨正》,《中国哲学史》2001年第5期。

信，充实之谓美，充实而有光辉之谓大，大而化之之谓圣"(《孟子·尽心下》)。在他看来，善、信、美、大代表着善性扩充的状态及程度，达到圣人之境的人，诚于中而形于外，内在的善性可以通过形体自然而然地表现出来，"和顺积中，而英华发外"(《礼记·乐记》)，所谓"形色，天性也；惟圣人，然后可以践形"(《孟子·尽心上》)，正是这个意思。圣人境界代表着对人性的深刻把握和充分扩充，是身与心、形与性、人与天的完满统一，标志着最高的道德境界和人格境界。

总的来说，孟子提出的道德修养的理论和方法强调道德自觉，注重道德实践，提倡反躬自省，都具有较大的理论价值和积极的指导意义。

（四）"学以成人"与"积以成圣"

荀子高度重视仁义、礼法在个人修养和社会生活中的作用，对代表道德秩序的君子和圣人给予了极大的关注。荀子认为，完美人格是通过学习和积累实现的，因此提出了"学以成人"的观点[1]，即通过"学"的方式来达到"成人"的目的。对此，有学者深刻地指出，"人来到世上，其存在的意义就是从其潜在的可能性将自身转变为作为理想的人即'成人'，而'成人'之道便是'学'。换句话说，'成人'是目的，而各种'学'则为达于目的之手段。既然作为理想的目的不是现成存在的或为某种超越于人的神所颁布给人的，而是由人所设定、所创造的，那么，这种设定、创造的过程也就是一种'学'"[2]，这是对"学以成人"的哲学阐释。

---

[1] 在当前学术界，"学以成人"是一个具有世界意义的话题，第24届世界哲学大会即以此为题，受到世界诸多学者的关注与讨论。
[2] 王南湜：《从哲学何为看何为哲学——一项基于"学以成人"的思考》，《哲学动态》2019年第4期。

以类行杂,以一行万,始则终,终则始,若环之无端也,舍是而天下以衰矣。天地者,生之始也;礼义者,治之始也;君子者,礼义之始也。为之,贯之,积重之,致好之者,君子之始也。故天地生君子,君子理天地。君子者,天地之参也,万物之摠也,民之父母也。无君子则天地不理,礼义无统,上无君师,下无父子,夫是之谓至乱。君臣、父子、兄弟、夫妇,始则终,终则始,与天地同理,与万世同久,夫是之谓大本。故丧祭、朝聘、师旅一也,贵贱、杀生、与夺一也,君君、臣臣、父父、子子、兄兄、弟弟一也,农农、士士、工工、商商一也。(《荀子·王制》)

荀子认为,不管是天地之生,还是国家治理,抑或是个体修养,都要从知"本"开始,天地是万物生灵的根本,礼义是国家治理的根本,而君子则是礼义道德。只有抓住了根本,才能够"以类行杂,以一行万",有始有终。因此,杨倞认为,"得其统类则不患于杂也","行于一人则万人可治也,皆谓得其枢要也","'始'谓类与一也,'终'谓杂与万也。言以此道为治,终始不穷,无休息则天下得其次序,舍此则乱也"。① 君子作为道德人格的代表,承载着天道的精神和内涵,是对礼义道德的直接体现,实行、贯彻、积累礼义,且习而不倦,都是君子的当然之责。因此,学习是君子人格的养成和道德礼义呈现的重要途径,显示了荀子对礼义和君子的高度重视。

在荀子看来,正是由于由君子所代表的礼义是国家治理的根本所在,因此,道德主体按照礼义的规范和引导所进行的自我修养就成了成就君子人格的关键,荀子关于礼义重要性的论证主要

---

① 王念孙认为杨倞有过度阐释的嫌疑,"杨注曰:始谓类与一也,终谓杂与万也。孙安:始终二字泛指治道而已,下文曰'君臣父子,兄弟夫妇,始则终,终则始',义亦同也。'始'非谓'类与一','终'亦非谓、杂与万"(《经义述闻·荀子》)。

着眼于此。对于国家治理而言，礼义就像是称对于轻重、绳墨对于曲直的作用是一样的，是衡量、评价国家治乱兴衰的标准，因此，"礼者，政之挽也。为政不以礼，政不行矣"。对于道德主体的个人修养而言，礼义同样是不可或缺的，"礼者，人之所履也，失所履，必颠蹶陷溺。所失微而其为乱大者，礼也"，"仁义礼善之于人也，辟之若货财粟米之于家也，多有之者富，少有之者贫，至无有者穷"（《荀子·大略》）。荀子认为，礼义就是人的行为准则和依据，失去了礼义的规范和引导，人必定会"颠蹶陷溺"，终将导致难以挽回的严重后果。因此，对于个体而言，礼义就像是货财、粮米之于家庭生活一样，礼义积累越多，个体的修养就越高，反之就会像家无隔宿之粮的家庭会陷入穷困一样，人也会在陷溺的过程中不断沦落而终成小人。

　　以上所有这些，都主要是通过学习获得的。因此，杨国荣教授指出，"在儒家那里，为'学'过程与成人过程无法分离：'学'的根本意义，就在于使人由'野'（前文明）而'文'（文明化）、成为真正意义上的人，'学'本身也首先以'成人'为目标"[1]。在荀子看来，人的德行境界是由学习的程度决定的，"我欲贱而贵，愚而智，贫而富，可乎？曰：其唯学乎。彼学者，行之，曰士也；敦慕焉，君子也；知之，圣人也。上为圣人，下为士君子，孰禁我哉！"（《荀子·儒效》）学习是一个人从卑贱变得高贵、从愚蠢变得聪明、从贫穷变得富有的唯一途径。不同的人，或者同一个人不同阶段学习程度的不同，决定了其道德修养和人格境界的高低，能够做到由知而行的人，可以算是"士"。敦慕就是勤勉的意思，王引之认为"敦、慕，皆勉也"（《读书杂志·荀子》），《礼记·曲礼》中有"敦善行而不殆谓之君子"，可见凡是能够勤勉于学习的，都可以被称为"君子"。而于事通达无碍，就

---

[1] 杨国荣：《学以成人——〈荀子·劝学〉札记》，《商丘师范学院学报》2013年第7期。

达到了圣人的境界。

因此，荀子非常重视学习和积累之于修身和治国的重要作用。"学恶乎始？恶乎终？曰：其数则始乎诵经，终乎读礼；其义则始乎为士，终乎为圣人。真积力久则入，学至乎没而后止也。故学数有终，若其义则不可须臾舍也。为之，人也；舍之，禽兽也。"学习是一个不断的从理论到实践的过程，首先从诵读《诗》《书》《礼》《乐》《春秋》等儒家经典入手，通过研习、思索，最终达到力行的目的。从人格修养及境界提升的角度来讲，学习就体现为一个通过"真积力久"的践履工夫而终至圣人的过程。在学习过程中，对于礼义的不懈追求是道德主体"不可须臾舍也"的目标，这是区分人与禽兽的根本所在，在这一点上，荀子和孟子是殊途同归的。

君子之学不同于小人之学之处主要在于，"君子之学也，以美其身；小人之学也，以为禽犊"（《荀子·劝学》）。君子之学是为己之学，其重点在于身心修养，因此人们对于所学之物能够做到入耳、入心、入行，举手投足，动静之间，无不合乎礼义的要求。而小人之学是为人之学，其学不在自身的提高，而在取悦人，谄媚逢迎。也就是说，在君子那里，学本是就是目的，是为了实现自我的提高[①]；而对于小人而言，学作为自己获取利益的方式，仅仅具有工具和手段的作用。因此，有学者指出，"身心之学以'美其身'为指向，后者意味着达到自身的完美、提升自身的德性。

[①] 对此，有学者指出，"哲学的意义不在于它能够带来多少有用的效果，而在于它对人自身之目的王国的塑造。也就是说，目的之学是一种'为己之学'，即是为了提高自身的境界，而非为了获得实际的效益。当然，我们这里只指明哲学对于人生之意义，而非贬低具体科学。具体科学自然有用，因为人必须首先在生物学意义上活着，才能够追求更高的境界，而离开了具体的有用之学，人不能够很好地在生物学意义上活着。但是，如果人只是满足于在生物学意义上活得好，那将是人生最大的失败：因为生而为自然意义上的人，一个人已经被赋予了'成人'甚至'成圣'的可能性，如果不去实现这种可能性，便是自甘堕落"（王南湜：《从哲学何为看何为哲学——一项基于"学以成人"的思考》，《哲学动态》2019年第4期）。

在这一意义上，身心之学同时表现为'为己之学'"①。王先谦在批评杨倞和郝懿行的基础上，提出了自己的理解，"杨注固非，郝说尤误。上言君子之学如耳箸心而布于身，故曰学所以美其身也；小人入耳出口，心无所得，故不足美其身，亦终于我禽犊而已，文义甚明。荀子言学，以礼为先，人无礼则禽犊矣"（《荀子集解·劝学》）。在这里，王先谦重点强调的是礼义对于学习和君子、小人之别的重要意义。

在学习过程中，荀子特别注重榜样的力量，主张"隆师而亲友"（《荀子·修身》）。因此，求贤师、择益友是彰显学习效果，从而提升人格境界必不可少的途径。

> 学之经莫速乎好其人，隆礼次之。上不能好其人，下不能隆礼，安特将学杂识志，顺《诗》、《书》而已耳，则末世穷年，不免为陋儒而已。将原先王，本仁义，则礼正其经纬蹊径也。若挈裘领，诎五指而顿之，顺者不可胜数也。不道礼宪，以《诗》、《书》为之，譬之犹以指测河也，以戈舂黍也，以锥餐壶也，不可以得之矣。故隆礼，虽未明，法士也；不隆礼，虽察辩，散儒也。（《荀子·劝学》）

对于学习而言，贤师的重要性甚至要超过诵读经典和研习礼义。《诗》《书》《礼》《乐》等经典都是先王留下来的，所记载的也都是先王之事，并不能直接观照当下的社会与生活。《春秋》文辞过于简约，文意艰涩，褒贬隐约难现，很难使人迅速把握其中的义理。而贤师则品格高尚，德行显明，知识渊博，通达世故，较之于直接学习先王经典更具启发意义。因此，荀子强调，"人无师无法而知，则必为盗；勇，则必为贼；云能，则必为乱；察，

---

① 杨国荣：《学以成人——〈荀子·劝学〉札记》，《商丘师范学院学报》2013年第7期。

则必为怪；辩，则必为诞。人有师有法而知，则速通；勇；则速威；云能，则速成；察，则速尽；辩，则速论。故有师法者，人之大宝也；无师法者，人之大殃也。人无师法则隆性矣，有师法则隆积矣。而师法者，所得乎情，非所受乎性，不足以独立而治"（《荀子·儒效》）。由此可知，师法对于身心修养的重要性是显而易见的，师法的存在，可以使人更快地通晓事理，积累知识，培养情操，提升境界。学习虽然并不是人的本性，但却是改变人的恶性从而"通于神明，参于天地"的有效途径。同时，"庸众驽散，则劫之以师友"（《荀子·修身》），这要求我们以师友为榜样克服和去除"庸众驽散"的惰性，"君子居必择乡，游必就士，所以防邪辟而近中正也"（《荀子·劝学》）。

由此，荀子坚定地认为，"见善，修然必以自存也；见不善，愀然必以自省也。善在身，介然必以自好也；不善在身，灾然必以自恶也。故非我而当者，吾师也；是我而当者，吾友也；谄谀我者，吾贼也。故君子隆师而亲友，以致恶其贼。好善无厌，受谏而能诫，虽欲无进，得乎哉！"（《荀子·修身》）师友就像是一面镜子，以师友为参照，道德主体可以清楚地发现并意识到自己在德行修养上的长处与不足，也只有如此才可以不断地审视自身，改过迁善。师友是以善为核心价值的道德秩序的集中代表，也是能够不断通过批评和肯定从而使人的品格和境界逐渐提升的动力。

如此，在不断学习和积累的基础之上，道德主体就能够很好地坚持自己的"德操"，从而实现"成人"的修养目标。

全之尽之，然后学者也。君子知夫不全不粹之不足以为美也，故诵数以贯之，思索以通之，为其人以处之，除其害者以持养之，使目非是无欲见也，使耳非是无欲闻也，使口非是无欲言也，使心非是无欲虑也。及至其致好之也，目好之五色，耳好之五声，口好之五味，心利之有天下。是故权利不能倾也，群众不能移也，天下不能荡也。生乎由是，死乎由是，夫是之谓德操。德操然后能定，能定然后能应，能定能应，夫是之谓成人。天见其明，地见其光，君子贵其全也。（《荀子·劝学》）

在德行修养上，"全之尽之"是君子人格的内在要求和最高标准。荀子以射、御为例，认为"伦类不通，仁义不一，不足谓善学"。杨倞认为，"通伦类，谓虽礼法所谓未该，以其等伦比类而通之。谓一以贯之，触类而长也。一仁义，谓造次不离，他术不能乱也"（《荀子注·劝学》）。学习必须要挂一漏万、触类旁通，而不能只是专注于既有的经典，恰如《礼记·学记》所批评的"记问之学，不足为师"。因此，只有通过学习、积累、力行的结合才能真正实现"全之尽之"的目标，"学然后全尽"。君子能够意识到自身在德行修养上的不足和缺陷，然后通过反复研习先王经典、用心思索圣王之意、与贤德之人相处来想方设法地除弊兴德，摒弃一切私心杂念，从而使自己的视、听、言、动都能够谨守礼义，外在所有的声色犬马、功名利禄都不能改变君子对道德和礼义的孜孜追求，"学则物不能倾移矣"（《荀子注·劝学》），即便是面对生死危局也不改其志。在荀子看来，这就是君子所矢志坚持的德操，"死生必由于学，是乃德之操行。郝懿行曰：德操，谓有德而能操持也。生死由乎是，所谓'国有道，不变塞'、'国无道，至死不变'者，庶几近之"（《荀子集解·劝学》）。当一个人具备了死生不移的德操时，内心自然可以安定不移，也就能够自如地、无过无不及地应对一切，从而成就完美的人格。因此，就像"天见其明，地见其光"一样，君子贵在德行的完美和人格的完善。由此可见，君子的德行和境界都是在对礼义的学习、积累和践履的基础上逐渐实现的，这也正是荀子所强调的"积礼义而为君子"（《荀子·儒效》）。

君子甚至是圣人人格的养成，都是学习和积累的结果。杨国荣教授认为，"荀子之论'学'，其内在之旨同样是'学'以成人。在突出'学'的同时,荀子又强调'积'(为学的过程性),进而将'学'以成人与'积'以成'圣'联系起来"[1]。因此,荀子明确提出了"圣人也者,人之所积也"的思想,《荀子·儒效》中有两段话很好地说明了这一点。

> 不闻不若闻之,闻之不若见之,见之不若知之,知之不若行之,学至于行之而止矣。行之,明也,明之为圣人。圣人也者,本仁义,当是非,齐言行,不失毫厘,无它道焉,已乎行之矣。
>
> 故积土而为山,积水而为海,旦暮积谓之岁。至高谓之天,至下谓之地,宇中六指谓之极,涂之人百姓,积善而全尽谓之圣人。彼求之而后得,为之而后成,积之而后高,尽之而后圣。故圣人也者,人之所积也。

在荀子看来,学习是一个从闻之、见之到知之、行之的不断延伸、拓展的过程,而道德践履就是这一学习过程的高级阶段。如果人可以将所学之知在日常生活中完全落实下来,就标志其能够明晓世事、通达无碍,达到了圣人的境界。圣人就是那些把仁义礼法作为立身行事的根本、根据仁义礼法分辨是非善恶,从而言行一致,把所学到的仁义礼法之道恰到好处地应用于社会生活的人。这样的境界就像积土为山、积水为海、积日成岁一样,体现为不懈的学习和积累的过程。即便是普通的老百姓,只要能够把对仁义礼法的学习坚持下去,同样有成为圣人的机会。一个人只有通过不懈的追求和努力才能够在德行修养上有所收获,只有以诚敬之心躬行、践履才可能有心得和成就,只有通过对仁义、礼法的持续积累才能够在身心修养方面有所提高,只有在对善的积累臻

---

[1] 杨国荣:《学以成人——〈荀子·劝学〉札记》,《商丘师范学院学报》2013年第7期。

于完美而无丝毫私弊的时候才能达到圣人的境界。对此，杨国荣教授认为，"对荀子而言，唯有身心之学（为己之学），才构成了'学'以成人、'积'以成'圣'意义上的真切之'学'"①。因此，圣人人格是通过对以仁义、礼法为主要内容的善的学习和积累而最终实现的。

三 圣人与道德人格

道德人格是道德形而上学和道德价值的集中体现，也是原始儒家道德哲学的重要内容。在儒家的思想中，道德人格体现为一个完整的体系，圣人和君子构成了原始儒家人格体系的主要部分。

因此，傅佩荣教授在对"人性向善论"分析的基础上，认为"任何人都有能力成为君子（'君子'是指孔子所标举的理想人格）。孔子自称不曾见过任何人用其力于仁（努力修德）而能力不足。孟子公开主张：'人皆可以为尧舜。'荀子（虽然并未提出根本的充足理由）也肯定：'途之人可以为禹。'《易传》相信：只要一个人'择善固执'，他就会'虽愚必明，虽柔必强'（二十章）"。同时，傅佩荣教授坚定地指出，"任何人都有责任成为君子"，"我们由古典儒家体认了一种责任意识，相当于康德所谓的'无上命令'。做人就是要做一个有德的人，此外别无选择。人的自然生命的目的是实现他的道德理想"，因此，"人这种成全自己到完美境界的要求，正是源于向善的人性"②。这里，傅佩荣教授虽然是以君子为中心立论的，但谈的都是原始儒家理想人格的问题，圣人自然也是应有之义。

在原始儒家的思想中，圣人代表着道德修养的最高境界，也

---

① 杨国荣：《学以成人——〈荀子·劝学〉札记》，《商丘师范学院学报》2013年第7期。
② 傅佩荣：《儒家哲学新论》，中华书局，2010年，第62页。

代表着体现儒家社会理想的最高人格境界。与天地合一、参天地之化育是圣人境界的重要标志。《周易》认为,圣人是人类社会一切道德价值、道德秩序、道德规范的直接来源,"圣人有以见天下之赜,而拟诸其形容,象其物宜,是故谓之象。圣人有以见天下之动,而观其会通,以行其典礼,系辞焉以断其吉凶,是故谓之爻,言天下之至赜而不可恶也。言天下之至动而不可乱也。拟之而后言,议之而后动,拟议以成其变化"(《周易·系辞上》)。所有的礼乐和制度都是圣人通过对天地日月和社会人生的仰观俯察而体认出来的,因此,圣人是人类社会中一切生活及其合法性的标志。后世生活中的一切都来自圣人的创造,这充分体现了对儒家圣人制礼作乐思想和传统的延续。

在孔子看来,易道艰深难解,对天地之理和天地之变的探察是只有圣人才能完成的伟大功业。"子曰:'《易》,其至矣乎!夫《易》,圣人所以崇德而广业也。知崇礼卑,崇效天,卑法地。天地设位,而《易》行乎其中矣。成性存存,道义之门。'"(《周易·系辞上》)后世儒者都表达了对圣人的景仰之情,在颜渊看来,孔子的形象就是"仰之弥高,钻之弥坚。瞻之在前,忽焉在后。夫子循循然善诱人,博我以文,约我以礼,欲罢不能。既竭我才,如有所立,卓尔。虽欲从之,蔑由也已"(《史记·孔子世家》)。另外,《中庸》也对圣人的气质和形象赞叹不已。

> 大哉!圣人之道!洋洋乎,发育万物,峻极于天。优优大哉!礼仪三百,威仪三千,待其人而后行。故曰:"苟不至德,至道不凝焉。"故君子尊德性而道问学,致广大而尽精微,极高明而道中庸。温故而知新,敦厚以崇礼。是故,居上不骄,为下不倍。国有道,其言足以兴;国无道,其默足以容。诗曰:"既明且哲,以保其身",其此之谓与!

在《中庸》看来，圣人的形象是最为高大的，与山相似，上极于天，这种形象是以至高的道德修养为基础和支撑的，"苟诚非至德之人，则圣人至极之道不可成也"（《礼记正义·中庸》）。

在孔子看来，"博施济众"是成为圣人的重要标准。《论语·雍也》记载了孔子和子贡关于圣人和仁人的问答。"子贡曰：'如有博施于民而能济众，何如？可谓仁乎？'子曰：'何事于仁，必也圣乎！尧舜其犹病诸！'"在子贡看来，仁人是一种极高的道德修养境界，一般人是很难达到的，因此，才向孔子提问，如果能够"博施于民而能济众"，这能算是仁的境界吗？对此，孔子认为，子贡对道德人格的理解过于保守了，"博施于民而能济众"是最高的人格境界，岂是仁者所能比肩的？即便是尧舜离这样的境界都还有一定的差距。因此，朱熹认为，"言此何止于仁，必也圣人能之乎！则虽尧舜之圣，其心犹有所不足于此也。以是求仁，愈难而愈远矣"。显然，在孔子看来，仁者更多体现为一种道德修养的境界，是内圣的具体体现；而圣人除了要在道德和人格上达到最高的境界，即内圣之外，还要把自己的修养展现在济世救民的现实社会生活中，也就是要通过外王才能真正体现出来。所以，在孔子的心目中，圣人就代表了内圣与外王的完美统一。

而孟子认为，圣人体现为"人伦之至"，这是与其性善的人性论和王道思想密切相关的。对于孔子的形象，孟子认为，"学不厌，智也；教不倦，仁也。仁且智，夫子既圣也"（《孟子·公孙丑》），圣就代表了仁与智的完美统一。所以在孟子看来，所有的圣人都是在道德上，至少是在某一方面的道德上达到极致而堪为万世之楷模的人。"伯夷，圣之清者也；伊尹，圣之任者也；柳下惠，圣之和者也；孔子，圣之时者也。"（《孟子·万章下》）也就是说，伯夷、伊尹、柳下惠都是在某一个方面达到道德的极致的人，或以清，或以任，或以和。但是，只有孔子不拘泥于某种单一的德行，而能周流诸德之中，当行则行，当止则止，周流万物而无所滞碍。因此，朱熹指出，"孔子仕、止、久、速，各当其可，盖兼三子之所以圣者而时出之，非如三子之可以一德名也"（《四书章句集注·孟子集注·万章章句下》）。因此，孔子是诸种德行的集大成者。

荀子从其人性恶的立场出发，认为从人性的角度来看，圣人和普通人并没有什么不同，"圣人之所以同于众，其不异于众者，性也"（《荀子·性恶》）。但圣人也有超越普通人的地方，那就是个人的主观努力，具体体现为"伪"。所以，荀子紧接着又提出"所以异而过众者，伪也"。因此，荀子认为，所谓圣人，并不是像孔子所说的那样是"生而知之"的，而是经过不断积累而逐渐培养起来的。"今使涂之人伏术为学，专心一志，思索孰察，加日县久，积善而不息，则通于神明，参于天地矣。故圣人者，人之所积而致矣。"（《荀子·性恶》）在荀子看来，任何路人，只要能够"伏术为学，专心一志"，经过不断的积善，最终都有可能达到像大禹一样的圣人之境。与孟子对圣的境界的理解不同，荀子认为，只有兼而不偏，才能真正达到圣人的境界。因此，圣人必须同时具备至重、至辨、至明德行，"天下者，至重也，非至强莫之能任；至大也，非至辨莫之能分；至众也，非至明莫之能和。此三至者，非圣人莫之能尽。故非圣人莫之能王。圣人备道全美者也，是县天下之权称也"（《荀子·正论》）。也只有这样"备道全美"的圣人才能真正成为天下所有人学习和效法的楷模。

虽然圣人的境界至高至上，但是，圣人只能作为一种道德价值的导向而存在。在现实的社会生活中，原始儒家同时关注的理想人格还有"君子"人格，孔子强调指出，"圣人吾不得见之，得见君子者，斯可矣"（《论语·学而》）。对此，前文已有论述，不再赘言。

第八章　王霸之辨与政治实践

在传统社会，政治实践是道德哲学和道德实践的延展与深化，具体体现为原始儒家关于王道和霸道及其相互关系的理解和论述。当儒家将自身对道德秩序的追求融入社会政治领域时，儒家的政治思想就会呈现伦理化的倾向，从而实现从道德哲学向政治哲学的过渡。从西周初年确立的"惟天惠民"思想，到春秋时期的民本观念和"富而后教"思想，再到孔子的"为政以德"、孟子的"民贵君轻"和荀子的"隆礼重法"等思想，都在很大程度上体现了这一点。

一　"民之所欲，天必从之"

惠民、民本思想源自殷商后期到西周初年人们对天及天民关系的理解。西周初年，作为自然宇宙、社会人生最高主宰的天被赋予了道德的内涵，惠民即体现了天的道德意志，民本思想由此成为几乎历代儒者所坚持的政治伦理和社会理想，构成了独具特色的传统政治文化的重要内容。[①]

从现有传世文献来看，重民、惠民、民本等思想的产生是很早的。从中国政治思想史的角度来讲，梁启超先生认为，上述思

[①] 此类成果以金耀基先生的《中国民本思想史》为代表，可做参考。详见金耀基《中国民本思想史》，法律出版社，2008年。

想的产生应当是从夏朝开始的,"中华建国,实始夏后。古代称黄族为华夏,为诸夏,皆纪念禹之功德,而用其名以代表国民也。其时政治思想,哲学思想,皆渐发生"①。萧公权先生则认为中国政治思想应自晚周始,"吾国历史,世推悠久。溯其远源,可至四千年以上。然研究政治思想史者,不能不断自晚周为始"②,甚至还提出了从春秋时期开始的观点,"研究中国政治思想史者,春秋以前可以存而不论,先秦时期则不能不认为全部工作之起点"③。对此,金耀基先生认为萧公权先生的这一观点略显保守,"此种论点,似难完全同意"④,因为这样的观点难以将中国政治思想的发展脉络和源流问题解释清楚,故而金耀基先生表示"笔者述中国之政治思想,仍愿沿梁任公之旧轨,上溯三圣之前,作一历史性的考察,以明其脉络渊源之所在。否则,吾国学术史之'黄金时代'(春秋战国),未免来得太突然了!"⑤ 在此基础上,就作为中国政治思想重要内容的民本思想而言,金耀基先生认为,"民本思想,在中国最初通过天治观念以展露者,此在《诗经》、《尚书》两书中表现得最是透剔"⑥。相传夏启之子太康由于"以游畋弃民,为羿所逐,失其邦国"(《尚书正义·五子之歌》),失国之后,他的五个兄弟共聚洛汭,于是作《五子之歌》,其中的论述就涉及了早期的民本观念。

> 皇祖有训,民可近,不可下,民惟邦本,本固邦宁。予视天下愚夫愚妇一能胜予,一人三失,怨岂在明,不见是图。予临兆民,懔乎若朽索之驭六马,为人上者,奈何不

---

① 梁启超:《论中国学术思想变迁之大势》,夏晓虹导读,上海古籍出版社,2001年,第10页。
② 萧公权:《中国政治思想史》,商务印书馆,2017年,第7页。
③ 萧公权:《中国政治思想史》,商务印书馆,2017年,第12页。
④ 金耀基:《中国民本思想史》,法律出版社,2008年,第26页。
⑤ 金耀基:《中国民本思想史》,法律出版社,2008年,第27页。
⑥ 金耀基:《中国民本思想史》,法律出版社,2008年,第29页。

敬？(《尚书·五子之歌》)

可以认为，《五子之歌》体现了太康对历史经验的深刻总结，其认为自己失国的根本原因在于万民的仇视与怨恨，"呜呼曷归？予怀之悲。万姓仇予，予将畴依？郁陶乎予心，颜厚有忸怩。弗慎厥德，虽悔可追？"对此，孔颖达认为：

> 我君祖大禹有训戒之事，言民可亲近，不可卑贱轻下。令其失分，则人怀怨，则事上之心不固矣。民惟邦国之本，本固则邦宁。言在上不可使人怨也。我视天下之民，愚夫愚妇，一能过胜我，安得不敬畏之也？……人之可畏如是，为民上者奈何不敬慎乎？怨太康之不恤下民也。(《尚书正义·五子之歌》)

在孔颖达看来，大禹在位时就已经有所训戒，要求天子对百姓要亲近而不能卑贱轻下。百姓是国家的根本，如果根本不固，国家自然也无法得到安宁，百姓的安宁就是天下安宁的根本保障。因此，太康失国完全是咎由自取，是其尸位素餐"以逸豫灭厥德，黎民咸贰""不恤下民"的必然结果。需要指出的是，学术界一般认为，《五子之歌》是后世儒者对夏代历史与思想的记述，应为晚出。尽管如此，其中所体现的"民惟邦国之本，本固则邦宁"思想仍是非常深刻且影响深远的。

在这里，民与天的关系体现为一种互动关系：敬德保民—获取天命—天命为王—敬德保民。在这样的因果链条中，民是一个重要变数，民意所指，民情所归，民心所向，都决定着其享有天命、成为王者。从西周开始，特别是经过先秦儒家的大力提倡，爱民、利民、重民、惠民一直是儒家思想家所追求的社会理想。

应该说，这种思想的理论来源就是西周初年人们对天民关系的理解。《尚书·泰誓上》指出，"天矜于民，民之所欲，天必从之"。孔安国认为,"矜,怜也",也就是说出于对百姓的怜悯之心,上天才愿意把百姓的意愿转化为自己的意愿,从而赋予百姓的意愿以形而上的超验性质。"天视自我民视,天听自我民听"(《尚书·泰誓中》),上天以百姓的声音作为自己的声音,以百姓的追求作为自己的意志,从而在天与民之间建构了紧密的联系。这种思想体现了一种民意论的天命观,天意以民意为内容,民意以天意为代表,下顺民心就等于上承天意,上承天意也就意味着佑民惠民。到春秋时期,民又获得了相对于神的优先性,"夫民,神之主也。是以圣王先成民而后致力于神"(《左传·桓公六年》)正是对民意论天命观的进一步深化。

在这样的认识的基础上,西周初年出现了"惟天惠民,惟辟奉天"的思想,强调"君天下者,当奉天以爱民"(《尚书正义·泰誓中》)的观念,《尚书·蔡仲之命》则更是明确地提出"皇天无亲,惟德是辅。民心无常,惟惠之怀",《尚书·康诰》也指出"天畏棐忱,民情大可见"。

对此,孔安国认为,"天之于人,无有亲疏,惟有德者则辅佑之。民之于上,无有常主,惟爱己者则归之"(《尚书正义·蔡仲之命》),"天德可畏,以其辅诚。人情大可见,以小人难安"(《尚书正义·康诰》)。天不会刻意地去眷顾某些人,德行是人们获得天命的唯一根据。同样,对于百姓而言,其不需要忠于某一位天子或君主,而只需依附那些关爱自己的人。因此,上天出于对百姓的眷顾,才会派聪明睿智、德行深厚的人代表自己治理天下,"惟天地万物父母,惟人万物之灵。亶聪明,作元后,元后作民父母"(《尚书·泰誓上》)。天子的责任就是保佑下民,为百姓提供生活的条件和利益。

春秋时期,"利民"成了君主首要的政治选择。《左传》中记载了"邾文公卜迁于绎"的故事。

邾文公卜迁于绎。史曰:"利于民而不利于君。"邾子曰:"苟利于民,孤之利也。天生民而树之君,以利之也。民既利矣,孤必与焉。"左右曰:"命可长也,君何弗为?"邾子曰:"命在养民。死之短长,时也。民苟利矣,迁也,吉莫如之!"遂迁于绎。(《左传·文公十三年》)

鲁文公十三年,邾国的诸侯邾文公试图通过卜卦的方式以决定是否迁都。卜卦的结果是,如果迁都的话,有利于民而必定不利于君主本人。对此,邾文公认为,如果能够对百姓有利的话,这就是对于君主而言最大的利益所在。上天为百姓选择君主的目的就是让君主能够更好地为百姓谋取利益,既然老百姓都能从中获得好处,那么这件事就值得坚定地去做,于是邾文公决定迁都至绎。对此,杜预指出,"左右以一人之命为言,文公以百姓之命为主。一人之命各有短长,不可如何。百姓之命乃传世无穷,故徙之"。孔颖达认为,"史明卜筮,知国迁君必死,不知君命自当卒也。左右之意,谓不迁命可长。左右劝君勿迁,以一人之命为言也。文公之意,人君之命在于养民,迁则民利,志在必迁,以百姓之命为主也。一人之命各有短长,长短先定,不迁亦死,是不可如何。百姓之命利在水土,迁就善居,则民安乐,乃传世无穷也"(《春秋左传正义·文公十三年》)。由此可见,不管是从历史经验还是从现实生活来看,政在养民,利于百姓则传世无穷,正是这个意思。

在此基础上,以孔孟为代表的儒家又赋予"惠民"以道德的内涵。在孔子看来,"惠"是指对人施以恩惠,给人以实际的好处,孟子则提出"分人以财谓之惠"(《孟子·滕文公上》)。其含义主要体现在两方面。第一,"惠"是仁德的具体体现,是君子之道。《论语·阳货》中有"子张问仁于孔子。孔子曰:能行五者于天下,为仁矣。请问之。曰:'恭、宽、信、敏、惠。'"可见,孔子将"惠"与恭、宽、信、敏并列,认为它是仁德的重要内容,是基于仁爱之心的施惠于人。第二,"惠"具有政治道德的含义,是指爱民利民、施惠于民、造福于民。《论语·尧曰》中有子张问政于孔子的记载。

> 子张问于孔子曰:"何如斯可以从政矣?"子曰:"尊五美,屏四恶,斯可以从政矣。"子张曰:"何谓五美?"子曰:"君子惠而不费,劳而不怨,欲而不贪,泰而不骄,威而不猛。"子张曰:"何谓惠而不费?"子曰:"因民之所利而利之,斯不亦惠而不费乎?择可劳而劳之,又谁怨?欲仁而得仁,又焉贪?君子无众寡,无小大,无敢慢,斯不亦泰而不骄乎?君子正其衣冠,尊其瞻视,俨然人望而畏之,斯不亦威而不猛乎?"子张曰:"何谓四恶?"子曰:"不教而杀谓之虐;不戒视成谓之暴;慢令致期谓之贼;犹之与人也,出纳之吝,谓之有司。"

孔子认为,"惠"是"从政"的"五美"之一,并用"因民之所利而利之"来解释"惠而不费",也就是说,顺应着百姓的基本利益需求,给百姓以实际的利益,既保证了百姓的实惠,同时又不过度奢靡。可见,孔子所说的"惠",具有一般的道德意义,是为政者的德性,具有政治道德的含义,是指爱民利民、施惠于民、造福于民。

春秋末期,鲁国大夫季氏富可敌国,但仍然横征暴敛、盘剥百姓。对此,孔子提出了"施取其厚,事举其中,敛从其薄"的主张。

> 季孙欲以田赋,使冉有访诸仲尼。仲尼曰:"丘不识也。"三发,卒曰:"子为国老,待子而行,若之何子之不言也?"仲尼不对。而私于冉有曰:"君子之行也,度于礼,施取其厚,事举其中,敛从其薄。如是则以丘亦足矣。若不度于礼,

而贪冒无厌，则虽以田赋，将又不足。且子季孙若欲行而法，则周公之典在；若欲苟而行，又何访焉？"弗听。(《左传·哀公十一年》)

根据《左传》记载，作为鲁国实际掌权的"三桓"之首的季孙氏想要在原来丘赋[1]的基础上再另收田赋，这无疑将大大加重百姓的负担，"旧制丘赋之法，田之所收及家内资财，并共一马三牛。今欲别其田及家资各为一赋，计一丘民之家资令出一马三牛，又计田之所收，更出一马三牛，是为所出倍于常也"(《春秋左传正义·哀公十一年》)。有鉴于孔子在鲁国的崇高地位，季孙氏遂派孔子贤弟子之一的冉求来征询孔子的意见，孔子推脱不知，以沉默的方式来表达对季孙氏加税的不满。在冉求的一再质疑和要求下，孔子在私下里给出了"施取其厚，事举其中，敛从其薄"的指导性原则。孔子之所以有这样的态度，主要是因为他认为冉求作为中都宰，加税的行为自然与其难脱干系，这件事在《论语·先进》中也有所记载。"季氏富于周公，而求也为之聚敛而附益之。子曰：'非吾徒也。小子鸣鼓而攻之，可也。'"在孔子看来，季氏通过盘剥百姓、欺压君主的方式获得了大量不义之财，甚至他比鲁国王室还要富有，却仍然贪心不足；而冉有作为鲁国的中都宰，不仅不思规劝，反而极力迎合季氏的无礼要求，"为之急赋税以益其富"。对此，朱熹非常赞同孔子的做法，"圣人之恶党恶而害民也如此。然师严而友亲，故已绝之，而犹使门人正之，又见其爱人之无已也"(《四书章句集注·论语集注·先进》)。由

---

[1] 据杜预注解，"丘赋之法，因其田财，通出马一匹，牛三头"。孔颖达引用《司马法》认为，"《司马法》方里为井，四井为邑，四邑为丘。丘出马一匹，牛三头。四丘为甸，甸乃有马四匹，牛十二头，是为革车一乘。今用田赋，必改其旧，但不知若为用。贾逵以为欲令一井之间出一丘之税，并别出马一匹，牛三头。若其如此，则一丘之内有一十六井，其出马牛乃多于常一十六倍。且直云'用田赋'，何知使并为丘也？杜以如此，则赋税大多，非民所能给，故改之"。

生活与思想的互动

此可见孔子对于通过加税而搜刮百姓的做法是深恶痛绝的，即便是最为亲近的弟子，孔子也给予严厉痛斥，阐明立场，表达了爱民、惠民的思想主张。《论语·颜渊》为我们揭示了孔子对于此类事件的真实态度。

  哀公问于有若曰："年饥，用不足，如之何？"有若对曰："盍彻乎？"曰："二，吾犹不足，如之何其彻也？"对曰："百姓足，君孰与不足？百姓不足，君孰与足？"

在这个讨论中，鲁哀公困于年成不佳、国用不足而向有若求教，有若提出了"彻"的建议。所谓"彻"，就是周代的什一之税，"彻，通也，为天下之通法"（《论语注疏·颜渊》）。朱熹的解释更加清楚，"周制：一夫受田百亩，而与同沟共井之人通力合作，计亩均收。大率民得其九，公取其一，故谓之彻"。但此时，鲁国实行的什二之税，相比于周制已超出一倍，因此，有若建议用"彻"，就是要鲁哀公"节用以厚民"。但哀公却认为，目前实行什二之税都无法满足国家开支的需求，如果恢复什一之税的话，财政就会更加紧张。对此，孔子对哀公的担忧提出质疑，"百姓足，君孰与不足？百姓不足，君孰与足？"对此，朱熹的分析是很透彻的，"民富，则君不至独贫；民贫，则君不能独富"（《四书章句集注·论语集注·颜渊》）。孔子和有若的主张代表了儒家的一贯立场，即要求减轻税赋，让利于民；否则，国家恐将陷于危险之地，恰如《大学》所讲的"财聚则民散，财散则民聚"。

  因此，在儒家那里，税收问题并不是一个单纯的经济问题或者管理问题，而是被视作一个严肃的政治问题，并进而上升为价值观问题，为国者只有从以仁义为核心的价值观入手，才能真正解决经济问题和政治问题，这也是儒家政治哲学伦理化的一个重要体现。

二 "富而后教"

儒家认为，道德教化是需要一定物质基础的，因此，又提出了"富而后教"的思想，将道德教化与个人的社会生活，尤其是物质生活紧密联系在一起。

> 子适卫，冉有仆。子曰："庶矣哉！"冉有曰："既庶矣。又何加焉？"曰："富之。"曰："既富矣，又何加焉？"曰："教之。"（《论语·子路》）

在孔子看来，当人们的物质生活达到了一定程度的时候，就必须对百姓进行道德教化。因此，朱熹认为，"富而不教，则近于禽兽"（《四书章句集注·论语集注·子路》），在人们的生活水平有所提高之后，就应该马上教之以礼义了。

同时，孔子也强调，"君子食无求饱，居无求安"（《论语·学而》），要求君子不要过于注重物质生活，而应该把对道义的追求放在首位，安贫乐道一直为儒家所大力提倡。因此，孔子对颜回的生活态度给予了高度评价，"贤哉，回也！一箪食，一瓢饮，在陋巷。人不堪其忧，回也不改其乐。贤哉，回也！"（《论语·雍也》）对于孔子对颜回的连声赞叹，朱熹认为，"颜子之贫如此，而处之泰然，不以害其乐，故夫子再言'贤哉回也'以深叹美之"（《四书章句集注·论语集注·雍也》）。

那么，这里就有了一个问题，那就是孔子到底是认可"富而后教"还是赞同"安贫乐道"。这两种表述是否存在思想上的矛盾呢？毋庸置疑，二者在义理上是不矛盾的，它们体现了孔子对两个不同问题的回答。

事实上，儒家对修养本身是有所区分的，即分为治身与治人，或者说治民。对此，董仲舒明确指出了内外之治在要求和条件上的不同。

君子求仁义之别,以纪人我之间,然后辨乎内外之分,而著于顺逆之处也。是故内治反理以正身,据礼以劝福。外治推恩以广施,宽制以容众。孔子谓冉子曰:"治民者先富之,而后加教。"语樊迟曰:"治身者,先难后获。"以此之谓治身之与治民,所先后者不同焉矣。诗曰:"饮之食之,教之诲之。"先饮食而后教诲,谓治人也。又曰:"坎坎伐辐,彼君子兮,不素餐兮。"先其事,后其食,谓治身也。《春秋》刺上之过,而矜下之苦,小恶在外弗举,在我书而诽之。凡此六者,以仁治人。义治我,躬自厚而薄责于外,此之谓也。(《春秋繁露·仁义法》)

显然,从仁义之别入手,董仲舒对内治与外治进行了严格的区分,提出了"内治反理以正身,据礼以劝福,外治推恩以广施,宽制以容众"的主张,要求"以仁治人"和"以义治我"。所谓"内治",即"治身",主要指自我修养,要求人们必须按照仁义的原则和礼的规范来节制和约束自身的行为,强调"治身者,先难后获"。所谓"外治",即"治人"或"治民",指教化百姓,或对他人提出道德要求,这就必须施恩广惠,宽厚容众。董仲舒认为,要实现治人或治民,就应该"富而后教","治民者,先富之而后加教"。内治与外治的不同,决定了先富后教还是先教后得,"以此之谓治身之与治民所先后者不同焉矣"。在这里,董仲舒重点引用了《诗经》中的"饮之食之,教之诲之"作为自身观点的力证。该诗出于《诗经·小雅·绵蛮》,"绵蛮黄鸟,止于丘阿。道之云远,我劳如何!饮之食之,教之诲之。命彼后车,谓之载之"。孔颖达认为,"渴则当饮之,饥则当食之,事未至则教之,临事则诲之,车败则命彼在后之倅车,谓之使载之。大臣之于小臣,其义当然"(《毛诗正义·绵蛮》)。在这里,先饮食而后教诲的意思是非常明显的。显然，这是针对教化百姓、治理万民而言的。

董仲舒认为，如果忽略了"治身"与"治人"的差别，就会带来严重后果。"以自治之节治人，是居上不宽也，以治人之度自治，是为礼不敬也"，有德君子如果用衡量自己的标准去要求别人的话，那就不够宽大了，百姓自然不会去亲近这样的，从而有德君子就无法得到万民拥戴；反之，如果用要求百姓的标准来衡量自己的话，那么自己的行为就不够恭敬有礼，这种损害礼节和品行的人，自然也无法得到百姓的信赖和尊重。这些都是由混淆了"治身"与"治人"而造成的混乱，同时也是为政者首先需要认真思考的要务。因此，有学者提出，"当我们说儒家是道德至上或者道德决定论的时候，是一种宏观上的总体定性和评价，所谓'子罕言利'或者'小人喻于利'，是着眼于人作为一种道德存在、超越存在的'应然'特质而立论，所拒斥和鄙夷的只是'不义而富且贵'。具体到关乎民生的问题，儒家并非不言利、否定利，而是主张让利于民，惠民富民；并非认为道德决定民生，而是认为民生决定道德"①。

刘向也借孔子之口提出了"既富乃教"的主张，"河间献王曰：'管子称仓廪实，知礼节；衣食足，知荣辱。'夫谷者，国家所以昌炽，士女所以姣好，礼义所以行，而人心所以安也。尚书五福以富为始，子贡问为政，孔子曰：富之，既富乃教之也，此治国之本也"（《说苑·建本》），这里把"既富乃教"作为治国之本。《盐铁论·授时》也认同"富民易于适礼"的观点，周公主政时，"易其田畴，薄其税敛"，国富民丰，"语曰：'既富矣，又何加焉？曰，教之。'教之以德，齐之以礼，则民徙义而从善，莫不入孝出悌，夫何奢侈暴慢之有？管子曰：'仓廪实而知礼节，百姓足而知荣辱。'故富民易与适礼"。显然，在《说苑》和《盐铁

---

① 关健英：《从税赋讨论看先秦儒家的民生关怀》，《中国社会科学报》2011年4月28日。

论》等文献看来,生活富足是对百姓进行道德教化的前提条件,孔子关于"富而后教"的思想对后世儒家和社会生活产生了重要的影响。在这里,儒家把民生问题上升到关涉国家长治久安的政治问题的高度。

因此,在"富"与"教"的关系问题上,儒家坚持了辩证的观点。

一方面,儒家强调"富"之后必须"教"。因此,孟子提出,"饱食、暖衣、逸居而无教,则近于禽兽"(《孟子·滕文公上》)。朱熹认为,"然无教则亦放逸怠惰而失之,故圣人设官而教以人伦,亦因其固有者而道之耳"(《四书章句集注·孟子集注·滕文公章句上》)。人享受富足的物质生活时,往往会放纵自己的身心,怠惰的本性就会愈加暴露,此时,对人的教化是十分必要的,以教化启发人的善性,从而使人格提升、人伦有序。否则,如果放任个人享受物质生活而不加以教化和节制的话,必然会使其成为东方朔口中的董偃一类的人,"偃不遵经劝学,反以靡丽为右,奢侈为务,尽狗马之乐,极耳目之欲,行邪枉之道,径淫辟之路"。董偃是汉武帝的宠臣,穷奢极欲,纵情于耳目之欢、狗马之乐,从而走上了"邪枉之道""淫辟之路",最终成为"国家之大贼,人主之大蜮"(《汉书·东方朔传》)。[①] 而且,清代理学家陆陇其认为,如果在上位者不能为百姓提供"富"的条件和机会,必将会造成百姓各自谋富的情形,"风气渐趋于薄,上不富之,彼将自谋富,黠者必操奇赢以网利,强者必恃豪暴以恣取,上不教之,彼将自为教,君子与君子必以学术相胜负,小人与小人必以意气相倚伏,一切货殖、游侠、异端之徒,将杂出于天下,此忧之意也"(《松阳讲义》卷九)。而一旦由此而产生大量货殖、游侠、

[①] 有学者指出,"社会'富而无礼',时贤俊彦多视为大'患'","官吏腐败、豪强骄暴、贫富悬殊是朝政亟需解决的问题,其中,整合社会人心是为首务"。具体论述可参见王纪东《儒家"富而后教"观与汉代儒学的社会化》,《山东社会科学》2019年第2期。

异端之徒，对于王道和教化而言意味着严重的威胁。

另一方面，丰富的物质生活也可以为教化提供更好的条件。孟子提出了"五谷熟而民人育"的思想，"后稷教民稼穑，树艺五谷，五谷熟而民人育"（《孟子·滕文公上》），丰衣足食可以使百姓更好地接受圣王的教化。

> 不违农时，谷不可胜食也。数罟不入洿池，鱼鳖不可胜食也。斧斤以时入山林，材木不可胜用也。谷与鱼鳖不可胜食，材木不可胜用，是使民养生丧死无憾也。养生丧死无憾，王道之始也。五亩之宅，树之以桑，五十者可以衣帛矣。鸡豚狗彘之畜，无失其时，七十者可以食肉矣。百亩之田，勿夺其时，数口之家，可以无饥矣。谨庠序之教，申之以孝悌之义，颁白者不负戴于道路矣。七十者衣帛食肉，黎民不饥不寒，然而不王者，未之有也。狗彘食人食而不知检，涂有饿莩而不知发。人死，则曰："非我也，岁也。"是何异于刺人而杀之，曰："非我也，兵也。"王无罪岁，斯天下之民至焉。（《孟子·梁惠王上》）

孟子认为，只有当百姓"养生丧死无憾"时，才会真正地理解和认同圣王之道，这标志着王道的真正开始。当黎民"不饥不寒"时，才会接受"庠序之教"和"孝悌之义"，社会上才会出现"颁白者不负戴于道路"的仁爱场景。在此基础上，荀子提出了"不富无以养民情，不教无以理民性"（《荀子·大略》）的思想，"故家五亩宅，百亩田，务其业，而勿夺其时，所以富之也。立大学，设庠序，修六礼，明七教，所以道之也。诗曰：'饮之食之，教之诲之。'王事具矣"。可见，富足的生活是养民之情、理民之性的基础和支撑。只有在丰富的物质生活的基础上实施必要的教化，才是贴近社会生活的。这一方面可以满足人们的生活需要和人性欲求，另一方面能有效规范人的思想和行为，这样的王道才算是真正完满无缺的。因此,程树德先生认为,"治民之法,先富后教,为自古不易原则"[①]。

儒家虽然一再强调"富民"对于教化的重要性,但在如何实现"富民"的问题上,却并没有提出更多切实可行且行之有效的方案。对于儒家而言,"井田制"和"学校"制度就是儒者们所能提供的最佳方案了。陆陇其明确指出了其中的问题,"'富'、'教'二字,当时圣门弟子平居必讲有条目,如《周官·王制》之所载,故冉有闻夫子之言,不复问如何富之,如何教之……若只空说一个'富'、'教',济不得事"(《松阳讲义》卷九)。程树德先生继而认为,"惟其方法因时代而不同,断不能于数千年之后,代古人拟出方案。朱子以井田学校为夫子富教之术,自以为圣王良法,无人敢提出反抗,而不知封建时代之制度,不可行于郡县;贵族政治之教育,不可行于今日"[②]。显然,这体现了对儒家"富而后教"主张的反思与批评。

需要说明的是,"富而后教"并不是指时间上的先后,更多的是在强调逻辑上的先后,并不能将其理解为只有在物质生活极大丰富之后才开始对百姓进行教化,那意味着在"未富"之前教化就没有存在的必要了。这样的理解显然是错误的,"然即不庶,亦应使富;即未富,亦不可无教"(《松阳讲义》卷九)。因此,"'庶'、'富'、'教'虽有次序,却不重在次序上,只重'富'、'教'不可须臾缓",这与改革开放之后我们一直所倡导的"两手抓,两手都要硬"的思想是有一定一致性的。

应该说,儒家关于"富而后教"的论述对于我们今天的生活

---

① 程树德:《论语集释》,程俊英、蒋见元点校,中华书局,2013年,第1044页。
② 程树德:《论语集释》,程俊英、蒋见元点校,中华书局,2013年,第1044页。在此,程树德先生引陆陇其之言对孟子"制民之产"的思想提出批评,"或疑古法不可施于今。晚村尝论此云:'问:如何富之?曰:行井田。问:如何教之?曰:兴学校。舍此,虽圣人亦无他术也。秀才好言权变,动云古法不可施于今,只是心体眼孔俱低小耳。'此段议论,最足破俗儒见识云云。陆氏在理学中最是实行家,犹作此言,其他更不必问矣"。

三　德治、仁政与王霸之辨

原始儒家把"仁者爱人"的道德原则贯彻到社会政治领域，提出了以"王道"为价值核心的政治哲学，具体体现为德治与仁政思想。在孔子看来，"为政以德，譬如北辰，居其所而众星共之"（《论语·为政》），"为政以德"是其王道政治的具体体现。孟子则认为，"以不忍人之心，行不忍人之政，治天下可运之掌上"（《孟子·公孙丑上》）。所谓的"不忍人之政"就是孟子所说的仁政。在孔孟的基础上，荀子重新梳理了儒家对王道政治的论述，提出了"隆礼尊贤而王，重法爱民而霸"（《荀子·大略》）的思想主张，实现了儒家政治哲学从仁义到礼法的转变。

春秋后期，政治动荡，战乱频仍，民不聊生，针对这种礼坏乐崩、天下无道的乱世，孔子试图通过赋予周礼以新的价值内涵的方式，恢复人们对周礼的信心，重新用西周初年所创立的典章礼乐文物制度来规范和引导人们的思想和行为，因此提出和论证了"为政以德"的思想，主要体现为"修己"、"安人"和"正名"三个方面[①]，分别针对个人、社会和国家三个不同的层面。其中，"修己"是基础，"正名"是途径，"安人"是目标。

孔子在《论语·为政》篇开宗明义地提出了"为政以德"的政治理念和原则，旗帜鲜明地高举西周时期"以德配天"的思想旗帜，把"德"视作国家政治生活的核心价值，德治是实现国泰民安的唯一途径。

---

① 有学者将孔子的政治哲学思想归纳为"正政"思想，"孔子认为，政治的本质是'正'，是端正、规范，强调道德规范。'正'的主要内容有正身、正心、正己。正政包含三方面：正己、正人、正国。正己就是'克己'，即仁。孔子把克己贯彻至政治，成为正政思想"。具体论述可以参见刘刚《论"正政"——孔子政治哲学思想简析》，《中国哲学史》2022 年第 5 期。

在何晏的基础上，邢昺通过借鉴道家思想认为，"'为政以德'者，言为政之善，莫若以德。德者，得也。物得以生，谓之德。淳德不散，无为化清，则政善矣。'譬如北辰，居其所而众星共之'者，譬，况也。北极谓之北辰。北辰常居其所而不移，故众星共尊之，以况人君为政以德，无为清静，亦众人共尊之也"（《论语注疏·为政》）。显然，邢昺是把道家"无为清净"的观念引入了"为政以德"的思想，认为只要"为政以德"，就可以实现无为而治。朱熹也在一定程度上借鉴了"无为"的观念，"政之为言正也，所以正人之不正也。德之为言得也，得于心而不失也。……为政以德，则无为而天下归之，其象如此。程子曰：'为政以德，然后无为。'范氏曰：'为政以德，则不动而化、不言而信、无为而成。'"（《四书章句集注·论语集注·为政》）显然，朱熹对于"无为"的运用有"垂衣裳而天下治"（《周易·系辞下》）的意味。邢昺和朱熹的解读遭到了后世儒者的反对和批评，王夫之即明确指出，"若更于德之上加一无为以为化本，则已淫入于老氏'无为自正'之旨。抑于北辰立一不动之义，既于天象不合，且陷入于老氏'轻为重君，静为躁根'之说。毫厘千里，其可谬与？"（《读四书大全说》卷四）

"修己"是"为政以德"的思想基础。在孔子看来，国家的政治生活必须以人，尤其是作为社会管理阶层的君主和贵族自身的德行修养为前提，这是"正名"和"安人"的基础。

> 子曰："其身正，不令而行；其身不正，虽令不从。"（《论语·子路》）
>
> 子曰："苟正其身矣，于从政乎何有？不能正其身，如正人何？"（《论语·子路》）
>
> 季康子问政于孔子曰："如杀无道以就有道，何如？"孔子对曰："子为政，焉用杀？子欲善而民善矣。君子之德风，小人之德草，草上之风必偃。"（《论语·颜渊》）

第八章　王霸之辨与政治实践

子禽问于子贡曰:"夫子至于是邦也,必闻其政,求之与,抑与之与?"子贡曰:"夫子温、良、恭、俭、让以得之。夫子之求之也,其诸异乎人之求之与?"(《论语·学而》)

在孔子看来,对百姓的教化必须以天子和诸侯等人的自我修养为前提。君子和小人的关系就恰如风和草的关系,如果天子和诸侯以仁义为本,严于律己,立身中正,就会对百姓产生积极的、正向的示范效应,"尧、舜率天下以仁,而民从之。桀、纣率天下以暴,而民从之",反之亦然。因此,"所谓平天下在治其国者,上老老而民兴孝,上长长而民兴弟,上恤孤而民不倍","未有上好仁而下不好义者也"(《大学》)。

"正名"是实现"为政以德"的重要途径。

子路曰:"卫君待子而为政,子将奚先?"子曰:"必也正名乎!"子路曰:"有是哉,子之迂也!奚其正?"子曰:"野哉由也!君子于其所不知,盖阙如也。名不正,则言不顺;言不顺,则事不成;事不成,则礼乐不兴;礼乐不兴,则刑罚不中;刑罚不中,则民无所错手足。故君子名之必可言也,言之必可行也。君子于其言,无所苟而已矣。"(《论语·子路》)

在回答子路关于何以为政的问题时,孔子明确提出了"正名"的观念。在孔子看来,"名不正"所带来的最终后果就是百姓无法对是非、善恶、美丑等道德判断给予正确的认识,不知道什么事情应该做、可以做,而什么事情不应该做、不可以做,这样就会导致百姓手足无措、无所适从。而"正名"就要是明确不同的社会等级、身份地位的人各自的权利义务关系,做到各安其分、各守其位、各司其职、各尽其责,恰如荀子所言,"治国者,分已定,则主相、臣下、百吏各谨其所闻,不务听其所不闻;各谨其所见，不务视其所不见。所闻所见诚以齐矣。则虽幽闲隐辟，百姓莫敢不敬分安制以化其上，是治国之征也"（《荀子·王霸》）。名分的确定，有利于主相、臣下、百吏，包括民众谨守本分，从而把所有的人及其思想和行为都纳入既定的道德秩序、政治秩序和社会秩序之内，如此即可以实现天下和乐、万民和谐的理想社会了。

"安人"是"为政以德"的目标。

> 子路问君子，子曰："修己以敬。"曰："如斯而已乎？"曰："修己以安人。"曰："如斯而已乎？"曰："修己以安百姓。修己以安百姓，尧舜其犹病诸！"（《论语·宪问》）

这段对话深刻地揭示了"修己"与"安人"的逻辑关系。朱熹认为，一个"敬"字代表了孔子在"修己"问题上最核心的价值旨趣，虽然文辞简约明了，但义理深奥，代表了修身、齐家、治国、平天下的根本所在，可谓"至矣尽矣"。因此，当君子把"修己"的成果扩而充之，推及万民百姓时，"所施为无不自然各得其理，是以其治之所及者，群黎百姓莫不各得其安，是皆本于修己以敬一言"。"安百姓"代表了"修己之极而安人之尽也"（《四书或问·宪问》），这是"为政以德"的最高境界，即便是尧舜也未必能够达到这样的层次。"老者安之，朋友信之，少者怀之"（《论语·公冶长》）就是"修己以安人""修己以安百姓"的具体体现。

在孔子思想的基础上，孟子把"仁者爱人"的道德原则转化为"恻隐之心""不忍人之心"，其在政治层面就体现为孟子所极力倡导的"仁政"。孟子的"仁政"思想得以成立的前提就是人所共有的善的本性，众人因物欲的蒙蔽而无法把内在的善性充分地扩充、展现出来，而只有圣人可以做到，"惟圣人全体此心，随感而应，故其所行无非不忍人之政也"（《四书章句集注·孟子集注·公孙丑章句上》)。

孟子非常赞同孔子"修己"的观点,认为王道政治的起点应是天子、诸侯等社会管理阶层对自己的严格要求,为政者的个人修养是推行"王道"的道德基础和根本保证,因此孟子提出并论证了"法先王"的思想,体现了孟子对当时政治生活的严重不满及其坚定的救弊决心。"孟子一方面对侯王的失德行为大加批判,对天下的失序格局深表忧虑;另一方面又在追忆文王德政仁政荣光的过程中,对于过去曾经存在过的王道政治大为赞赏,这种赞赏当然在法先王的政治历史观念基础上对于王道政治蕴含着理想和美化的成分。"[1]

> 孟子曰:"离娄之明、公输子之巧,不以规矩,不能成方圆;师旷之聪,不以六律,不能正五音;尧舜之道,不以仁政,不能平治天下。今有仁心仁闻而民不被其泽,不可法于后世者,不行先王之道也。故曰:徒善不足以为政,徒法不能以自行。"(《孟子·离娄上》)

在这里,孟子开宗明义地把"仁政"视作平治天下的唯一有效途径,而遵行先王之法则是实现"仁政"的根本所在,因此孟子发出了"为政不因先王之道,可谓智乎"的疑问。先王就是仁爱之心的代表,先王之法也就是仁政的体现。在孟子看来,先王之法的第一要义就是"惟仁者宜在高位",也就是要求在高位的天子、诸侯等人必须首先是"仁者",即德行高尚的人。否则"不仁而在高位,是播其恶于众也"(《孟子·离娄上》),这不仅不能示民以善,反倒容易将民众引入歧途,"上有好者,下必有甚焉者矣"(《孟子·滕文公上》)。反之,"上无道揆""上无礼"必将导

---

[1] 李友广:《先秦儒家王道理想的应然指向与现实困境——以〈孟子〉为探讨中心》,《现代哲学》2019年第1期。

致"下无法守""下无学"的严重后果,如此则"贼民兴"而"丧无日矣"。因此,当梁惠王诘问孟子"叟不远千里,亦将有以利吾国乎"的时候,孟子断然回答道"王何必曰利,亦有仁义而已矣"。在孟子看来,对仁义的追求应该是所有天子、诸侯等为政者首先需要考虑的。

"仁义""仁政"的核心即在于重民、惠民,孟子清醒地意识到民对于国家兴衰的重要意义,"诸侯只有宝三,土地、百姓、政事。宝珠玉者,殃必及身"(《孟子·尽心下》)。因此,孟子提出并论证了"民为贵,社稷次之,君为轻"(《孟子·尽心下》)的光辉思想,对后世的社会生活与政治伦理都产生了重大影响。

孟子认为,民心向背决定着国之存亡,民心是天子获取天下的合法性基础。因此,得民是治理天下的关键,"保民而王"正体现了孟子对王道和仁政的深刻理解。

> 桀纣之失天下也,失其民也;失其民者,失其心也。得天下有道,得其民,斯得天下矣;得其民有道,得其心,斯得民矣;得其心有道,所欲与之聚之,所恶勿施,尔也。民之归仁也,犹水之就下、兽之走圹也。(《孟子·离娄上》)

孟子用桀纣失去天下的实例,得出了"得民心者得天下"的结论。孟子对历史经验的总结和对现实生活的观察,都使其深刻地认识到民心向背的意义,"政之所行,在顺民心。政之所废,在逆民心"(《管子·牧民》)。民众的期盼就是上位者努力的方向,百姓的期待就代表了上位者的施政决策,这是对于西周以来的"民之所欲,天必从之"思想的进一步拓展。在孟子看来,民众对于仁德的归附,就像水之就下、兽之走圹一样,不可阻挡。"得道多助,失道寡助"(《孟子·公孙丑下》),所谓"道"即以仁政、民心为鹄的,"不仁而得国者,有之矣;不仁而得天下者,未之有也"（《孟子·尽心上》）。因此，民众才是决定国家政策和走向的根本因素，"国君进贤，如不得已，将使卑逾尊，疏逾戚，可不慎与？左右皆曰贤，未可也；诸大夫皆曰贤，未可也；国人皆曰贤，然后察之；见贤焉，然后用之。……如此，然后可以为民父母"（《孟子·梁惠王下》）。"为民父母"代表了孟子对君民关系的深刻理解。

因此，孟子把"仁政""王道"视作衡量、评判治国情况的唯一根据，并借孔子之口提出，"道二，仁与不仁而已矣"（《孟子·离娄上》）。赵岐的注解非常简明，"仁则国安，不仁则国危亡"（《孟子注疏·离娄上》）；朱熹则将之与"法先王"结合起来，认为"法尧舜，则尽君臣之道而仁矣；不法尧舜，则慢君贼民而不仁矣"。可见，能否体仁行仁、实行仁政，是区分王道与霸道的根本所在。而且，朱熹将王道与霸道视作非此即彼的独断，"二端之外，更无他道"，君主只能选择其中一条作为国家治理的原则与指导。因此，朱熹呼吁为政者必须谨慎考虑，慎重抉择，"出乎此，则入乎彼矣，可不谨哉？"（《四书章句集注·孟子集注·离娄章句上》）孟子认为，"仁与不仁"在王道与霸道两条道路上具体显现为"以德行仁"或"以力假仁"，在效果上就体现为"以德服人"和"以力服人"的不同。

> 孟子曰："以力假仁者，霸霸必有大国。以德行仁者王，王不待大。汤以七十里，文王以百里。以力服人者，非心服也，力不赡也。以德服人者，中心悦而诚服也，如七十子之服孔子也。《诗》云：'自西自东，自南自北，无思不服。'"此之谓也。（《孟子·公孙丑上》）

"以力假仁"是指霸者名义上假行仁义之道，而实际上却凭借大国的武力威慑诸国，如同齐桓、晋文一般；而"以德行仁"则是指通过德行和仁政，对天下百姓形成感召，使"近者悦，远者来"(《论语·子路》)。对此,朱熹引邹氏之语给予高度评价,认为孟子对王道与霸道的区分,自古及今,无人能出乎其右,"以力服人者,有意于服人,而人不敢不服;以德服人者,无意于服人,而人不能不服。从古以来,论王霸者多矣,未有若此章之深切而着明也"(《四书章句集注·孟子集注·公孙丑章句上》)。

  虽然,孔孟在坚守王道价值的立场上是完全一致的,但对于霸道的态度还是有所区别的。孔子在颂扬王道理想的同时,也在一定程度上肯定霸道的合理性和必要性,因此当子贡对管仲提出质疑时,孔子立即为管仲辩护,"管仲相桓公,霸诸侯,一匡天下,民到于今受其赐。微管仲,吾其被发左衽矣"(《论语·宪问》)。在孔子看来,虽然管仲协助齐桓公以武力称霸天下,但管仲和桓公的霸道却保证了天下几十年的安宁,对于社会秩序的维护和百姓生活的安乐贡献巨大,故而不能一概否定。但与之不同的是,孟子始终坚持王道理想,坚守仁政信念,坚决反对和批判霸道。当齐宣王欲效先王之志而向孟子请教关于齐桓公和晋文公的功业和称霸天下的秘诀时,孟子对齐宣王的提问倍感不屑,"仲尼之徒无道桓、文之事者,是以后世无传焉。臣未之闻也",在拒绝回答问题的同时他趁机向齐宣王提出了"无以,则王乎"(《孟子·梁惠王上》)的建议。由此可见,孟子所心心念念、念兹在兹的始终都是对仁政和王道的追求。

  恰如上文所言,在王霸关系上,对王道价值的认可和追求是儒家的一贯立场,荀子也概莫能外。但与孔孟稍显不同的是,荀子在肯定王道的前提下,对霸道的社会历史价值给予了一定程度的关注和论证,这与荀子隆礼重法的思想是密切相关的。荀子经常把礼与法作为一对概念来使用,礼是指道德秩序及其教化,与德的含义大致相当;法则指法律规范,荀子也称之为"刑"。因此,荀子"继承并发展了儒家'礼治'的思想,同时'引法入

第八章　王霸之辨与政治实践

礼',提出'隆礼重法',主张通过德法兼用进行社会治理"①。

首先,对于国家治理而言,礼和法都是不可或缺的,二者相互为用、相辅相成。于是,荀子提出了"君人者,隆礼尊贤而王,重法爱民而霸"(《荀子·大略》)的主张,隆礼而重法,才能实现国家的治理。与孔孟相比,荀子更多地阐述了法在国家治理中的作用,"法者,治之端也"(《荀子·君道》)。先秦时期,礼与法、德与刑代表了两种不同的治国理念,前者重视道德在社会治理中的重要作用,提倡道德教化;后者看重法和刑的作用,强调法治。荀子既坚持了儒家德治主义的思想路线,同时又在一定程度上吸收了法家的法治理念,德刑并举、礼法兼施,体现了儒法思想的融合,这是符合战国中后期的思想特点的。

其次,荀子认为,礼与法的地位和作用又存在巨大的差别,有轻重、本末之分,德治优于、重于法治。荀子推崇礼义的作用,主张以德服人,"凡兼人者有三术:有以德兼人者,有以力兼人者,有以富兼人者。……以德兼人者王,以力兼人者弱,以富兼人者贫"(《荀子·议兵》)。因此,荀子强调礼在国家治理中的突出地位,在"礼者,人道之极也"(《荀子·礼论》)的基础上,荀子甚至得出了"国无礼则不立"的结论。因此,与法治相比,德治的效果和威力更为强大、持久。

最后,在礼法实施过程中,荀子特意强调了实施主体,即君子的重要性。一方面,君子在社会治理中可以起到道德表率的作用,有德君子甚至比"良法"更为重要,"有良法而乱者,有之矣;有君子而乱者,自古及今,未尝闻也"(《荀子·王制》)。因此,有学者指出,"与这种重伦理、厚亲情的立场相应,儒家认为,王道理想的实现要以对伦理亲情的维护与重视为起点,轻视

---

① 庞金友:《从人性伦理到社会秩序:荀子政治哲学的内在逻辑》,《齐鲁学刊》2013 年第 5 期。

和脱离伦理亲情的政治制度与政治行为都很可能使天下处于无道和失序的状态"[1]，个人的德行修养更加有利于礼法的推行与实践。另一方面，君子也是礼法的主要推动者和实践者。"有乱君，无乱国；有治人，无治法。……故法不能独立，类不能自行，得其人则存，失其人则亡。法者，治之端也；君子者，法之原也。故有君子则法虽省，足以遍矣；无君子则法虽具，失先后之施，不能应事之变，足以乱矣。"（《荀子·君道》）"有治人，无治法"的论断代表了荀子在君子与礼法关系上的基本立场，君子作为"法之原"，有了君子，即便礼法简陋也可以全面实行；反之，如果缺少了君子，即便礼法再完备，也会因先后失序而失去作用。因此，君子是礼法得以实施的根本保障。对此，杨国荣教授从荀子政治哲学内在逻辑的角度认为，"荀子由肯定贤能而突出政治主体的作用，又由确认礼法而彰显了外在体制和普遍规范的意义"，"仅仅关注贤能，可能引向人治，单纯注重礼法，则容易导致形式化或程式化的政治模式，贤能与礼法的沟通，蕴含着对以上二重偏向的扬弃"[2]。

可见，从礼与法都不可或缺的角度来看，荀子主张"隆礼重法"，德治与法并存并举；而从礼法本末的角度来看，荀子则认为，德为本、法为末，礼为本、刑为末。这充分体现了荀子所固有的儒家价值，"隆礼贵义者其国治，简礼贱义者其国乱"（《荀子·议兵》）。因此，荀子对于"隆礼重法"的王霸并用思想的强调，在根本立场上仍然是儒家的德治主义。

综上所述，在社会政治领域，原始儒家先后提出了重民、惠民、教民、仁民等思想，将伦理价值深度融入国家治理之中，与并将之与天道、人性、仁义、礼法等相结合，构建了以"仁爱"

---

[1] 李友广：《先秦儒家王道理想的应然指向与现实困境——以〈孟子〉为探讨中心》，《现代哲学》2019年第1期。
[2] 杨国荣：《合群之道——〈荀子·王制〉中的政治哲学取向》，《孔子研究》2018年第2期。

为基础、以"民人"为核心、以"礼法"为途径的政治哲学体系，体现了政治伦理化和伦理政治化的色彩[①]，完成了从道德哲学向政治哲学的转向，对后世产生了至关重要的影响。

[①] 有学者对此进行了必要的区分，林宏星教授指出，"孟子希望从道德而说政治，荀子则试图从政治而说道德。由道德而说政治，其结果则可能由道德的理想主义转而成为政治的空想主义；由政治而说道德，其结果则可能由政治的现实主义导致道德的'控制主义'"。具体论述可参见林宏星《隆礼重法：荀子的政治哲学》，载梁涛主编《中国政治哲学史》第 1 卷，中国人民大学出版社，2017 年，第 221 页。

余 论

原始儒家道德哲学是在中国早期社会的道德生活和道德观念的基础上产生、发展和衍化而来的。原始儒家道德哲学在建构过程中,尤其是完成之后,又反过来对中国传统的社会生活和思想文化产生了重大影响。从思想文化的角度来看,原始儒家道德哲学奠定了中国传统儒家思想的精神价值、发展路向、理论框架和言说方式等内容。可以认为,两汉之后的儒学家对儒家思想和道德哲学的阐发都是建立在原始儒家道德哲学基础之上的,都具体体现为对原始儒家道德哲学的继承、发展、延伸和转化。从社会生活的层面来看,当董仲舒提出的"诸不在六艺之科、孔子之术者,皆绝其道,勿使并进"(《汉书·董仲舒传》)的思想并被汉武帝采纳之后,儒家思想就此成为中国传统社会精神价值的主流,原始儒家所建构起来的道德哲学的思想体系通过"春秋决狱""三老五更""举孝廉"等诸多的社会制度、法治政令、乡约民俗、家风家训、民间文化等方式贯彻和落实到社会生活的所有领域,不断转化为人民大众在一般社会生活中的思想、观念和价值,从而引导、规范、影响和推动着中国传统社会生活的深入发展,真正体现出社会生活与思想文化的双重互动。

参考文献

爱德华·泰勒:《原始文化:神话、哲学、宗教、语言、艺术和习俗发展之研究》,连树声译,谢继胜、尹虎彬、姜德顺校,广西师范大学出版社,2005年。

白寿彝总主编《中国通史》(第1~5卷),上海人民出版社,1989年。

班固:《汉书》(全十二册),中华书局,2016年。

北京市社会科学界联合会组织编写,郑杭生分册主编《新中国60年·学界回眸 社会学与社会建设卷》,北京出版社,2009年。

本杰明·史华兹:《古代中国的思想世界》,刘东、程钢译,刘东校,江苏人民出版社,2008年。

蔡元培:《中国伦理学史》,上海书店出版社,1984年。

常玉芝:《商代周祭制度》,中国社会科学出版社,1987年。

常玉芝:《商代宗教祭祀》,中国社会科学出版社,2010年。

晁福林:《先秦民俗史》,上海人民出版社,2001年。

陈壁生:《经学、制度与生活——〈论语〉"父子互隐"章疏证》,华东师范大学出版社,2010年。

陈鼓应:《庄子今注今译》(全三册),中华书局,2009年。

陈鼓应注译《管子四篇诠释——稷下道家代表作解析》,商务印书馆,2006年。

陈顾远:《中国婚姻史》,商务印书馆,2014年。

陈来:《古代思想文化的世界——春秋时代的宗教、伦理与社会思想》,生活·读书·新知三联书店,2009年。

陈来:《古代宗教与伦理——儒家思想的根源》,生活·读书·新知三联书店,1996年。
陈来:《孔子·孟子·荀子》,生活·读书·新知三联书店,2017年。
陈澧:《东塾读书记》(外一种),杨志刚编校,中西书局,2012年。
陈梦家:《陈梦家学术论文集》,中华书局,2016年。
陈梦家:《尚书通论》(外二种),河北教育出版社,2000年。
陈梦家:《西周铜器断代》(上册),中华书局,2004年。
陈梦家:《殷虚卜辞综述》,中华书局,1988年。
陈鹏:《中国婚姻史稿》,中华书局,1990年。
陈绍棣:《中国风俗通史·两周卷》,上海文艺出版社,2003年。
陈戍国:《中国礼制史》(先秦卷),湖南教育出版社,2002年。
陈苏镇:《商周时期孝观念的起源、发展及其社会原因》,载中国哲学编辑部编辑《中国哲学》第十辑,生活·读书·新知三联书店,1983年。
陈天祥:《四书辨疑》,光洁点校,中国社会科学出版社,2021年。
陈桐生译注《国语》,中华书局,2013年。
陈瑛主编《中国伦理思想史》,湖南教育出版社,2004年。
程颢、程颐:《二程集》(全四册),王孝鱼点校,中华书局,1981年。
程树德:《论语集释》(全二册),程俊英、蒋见元点校,中华书局,2013年。
邓晓芒:《儒家伦理新批判》,重庆大学出版社,2010年。
丁鼎:《〈仪礼·丧服〉考论》,社会科学文献出版社,2003年。
东方朔主编《荀子与儒家思想——以政治哲学为中心》,复旦大学出版社,2019年。
董治安、郑杰文、魏代富整理《荀子汇校汇注附考说》,凤凰出版社,2018年。
段玉裁:《说文解字注》,中华书局,2013年。
E. A. 霍贝尔:《初民的法律——法的动态比较研究》,周勇译,罗致平校，中国社会科学出版社，1993年。

E. E. 埃文斯－普理查德：《原始宗教理论》，孙尚扬译，商务印书馆，2001年。

E. 胡塞尔：《现象学与哲学的危机》，吕祥译，国际文化出版公司，1988年。

恩格斯：《家庭、私有制和国家的起源》，中共中央马克思恩格斯列宁斯大林著作编译局译，人民出版社，1999年。

恩斯特·卡西尔：《人论》，甘阳译，上海译文出版社，1985年。

范文澜：《中国通史简编》（修订本·第一编），人民出版社，1964年。

方勇、李波译注《荀子》，中华书局，2011年。

方玉润：《诗经原始》（全二册），李先耕点校，中华书局，1986年。

冯友兰：《三松堂全集》第七卷，河南人民出版社，2001年。

冯友兰：《中国哲学史》（上），中华书局，1984年。

弗洛伊德：《图腾与禁忌》，文良文化译，中央编译出版社，2005年。

傅佩荣：《儒家哲学新论》，中华书局，2010年。

高成鸢：《中华尊老文化探究》，中国社会科学出版社，1999年。

高尚榘主编《论语歧解辑录》（全二册），中华书局，2011年。

高诱注，毕沅校，徐小蛮标点《吕氏春秋》，上海古籍出版社，2013年。

葛兆光：《中国思想史》（第一卷），复旦大学出版社，1998年。

顾德融、朱顺龙：《春秋史》，上海人民出版社，2003年。

顾颉刚、刘起釪：《尚书校释译论》，中华书局，2018年。

顾颉刚：《古史辨》（一），上海古籍出版社，1982年。

顾颉刚讲授，刘起釪笔记《春秋三传及国语之综合研究》，巴蜀书社，1988年。

郭宝钧：《中国青铜器时代》，生活·读书·新知三联书店，1963年。

郭丹、程小青、李彬源译注《左传》，中华书局，2012年。

郭克煜等：《鲁国史》，人民出版社，1994年。

郭沫若：《中国古代社会研究》，河北教育出版社，2004年。

郭沫若主编《甲骨文合集》，中华书局，1982年。

郭沫若主编《中国史稿》（第一册），人民出版社，1976年。

郭齐勇：《儒家伦理争鸣集——以"亲亲互隐"为中心》，湖北教育出版社，1999年。

郭齐勇：《中国儒学之精神》，复旦大学出版社，2009年。

郭齐勇主编《〈儒家伦理新批判〉之批判》，武汉大学出版社，2011年。

郭齐勇主编《儒家伦理争鸣集——以"亲亲互隐"为中心》，湖北教育出版社，2004年。

黑格尔：《哲学史讲演录》第一卷，贺麟、王太庆译，商务印书馆，1960年。

黑格尔：《哲学史讲演录》第二卷，贺麟、王太庆译，商务印书馆，1960年。

洪亮吉：《春秋左传诂》，李解民点校，中华书局，1987年。

侯外庐、赵纪彬、杜国庠：《中国思想通史》第一卷，人民出版社，2011年。

侯外庐：《中国古代社会史论》，河北教育出版社，2000年。

胡厚宣、胡振宇：《殷商史》，上海人民出版社，2003年。

胡厚宣：《甲骨文合集释文》，中国社会科学出版社，2009年。

胡寄窗：《中国经济思想史》，上海人民出版社，1962年。

胡平生、张萌译注《礼记》（全二册），中华书局，2017年。

胡适：《胡适文存》，黄山书社，1996年。

黄怀信、张懋镕、田旭东：《逸周书汇校集注（修订本）》（全二册），黄怀信修订，李学勤审定，上海古籍出版社，2007年。

黄式三：《论语后案》，张涅、韩岚点校，凤凰出版社，2008年。

J. G. 弗雷泽：《金枝——巫术与宗教之研究》，汪培基、徐育新、张泽石译，汪培基校，商务印书馆，2013年。

江竹虚：《五经源流变迁考 孔子事迹考》，江宏整理，上海古籍出版社，2008年。
姜广辉主编《中国经学思想史》，中国社会科学出版社，2003年。
姜忠奎：《荀子性善证》，载《无求备斋荀子集成》第38卷，台北：成文出版社，1977年。
焦循：《孟子正义》，沈文倬点校，中华书局，2017年。
金耀基：《中国民本思想史》，法律出版社，2008年。
金泽：《宗教禁忌》，社会科学文献出版社，1998年。
荆门市博物馆编《郭店楚墓竹简》，文物出版社，1998年。
康学伟：《先秦孝道研究》，吉林人民出版社，2000年。
匡亚明：《孔子评传》，南京大学出版社，1990年。
劳思光：《新编中国哲学史》（一），生活·读书·新知三联书店，2015年。
黎翔凤：《管子校注》（全三册），梁运华整理，中华书局，2004年。
李鼎祚：《周易集解》，王丰元点校，中华书局，2016年。
李衡眉：《昭穆制度研究》，齐鲁书社，1996年。
李景林：《教化儒学论》，孔学堂书局，2014年。
李景林：《教化视域中的儒学》，中国社会科学出版社，2013年。
李零：《郭店楚简校读记》，北京大学出版社，2002年。
李申：《中国古代哲学和自然科学》，上海人民出版社，2002年。
李亚农：《李亚农史论集》，上海人民出版社，1962年。
李亦园：《人类的视野》，上海文艺出版社，1996年。
李宗侗：《中国古代社会新研 历史的剖面》，中华书局，2010年。
梁启超：《论中国学术思想变迁之大势》，上海古籍出版社，2001年。
梁涛：《"亲亲相隐"与二重证据法》，中国人民大学出版社，2017年。
梁涛：《中国政治哲学史》（第一卷），中国人民大学出版社，2017年。
廖名春解读《荀子》，国家图书馆出版社，2019年。

列维-布留尔：《原始思维》，丁由译，商务印书馆，1981年。

林桂榛：《"亲亲相隐"问题研究及其他》，中国政法大学出版社，2013年。

林惠祥：《文化人类学》，商务印书馆，2011年。

刘宝楠：《论语正义》（全二册），高流水点校，中华书局，1990年。

刘黎明：《〈春秋〉经传研究》，巴蜀书社，2008年。

刘师培：《经学教科书 伦理教科书》，广陵书社，2013年。

柳诒徵编著《中国文化史》（上册），中国人民大学出版社，2012年。

陆玖译注《吕氏春秋》，中华书局，2011年。

陆陇其：《松阳讲义——陆陇其讲〈四书〉》，周军、彭善德、彭忠德校注，华夏出版社，2013年。

路易斯·亨利·摩尔根：《古代社会》，杨东莼、马雍、马巨译，商务印书馆，1977年。

《伦理学》编写组编《伦理学》，高等教育出版社、人民出版社，2012年。

罗国杰、马博宣、余进编著《伦理学教程》，中国人民大学出版社，1997年。

罗素：《中国问题》，秦悦译，学林出版社，1996年。

吕大吉：《宗教学通论新编》，中国社会科学出版社，1988年。

吕留良：《四书讲义》（全三册），陈鏦编，俞国林点校，中华书局，2017年。

吕思勉：《先秦史》，上海古籍出版社，1982年。

吕振羽：《史前期中国社会研究》（外一种），河北教育出版社，2000年。

马承源主编《上海博物馆藏战国楚竹书》（一），上海古籍出版社，2001年。

马承源主编《上海博物馆藏战国楚竹书》（二），上海古籍出版社，2002年。

《马克思恩格斯文集》，中共中央马克思恩格斯列宁斯大林著作编译局编译，人民出版社，2009 年。

马林诺夫斯基：《巫术科学宗教与神话》，李安宅译，上海社会科学院出版社，2017 年。

毛奇龄：《四书改错》，胡春丽点校，华东师范大学出版社，2015 年。

皮锡瑞：《经学历史》，周予同注释，中华书局，2008 年。

启良：《中国文明史》（上），花城出版社，2001 年。

钱穆：《国史大纲》（上下），商务印书馆，1996 年。

钱穆：《孔子传》，生活·读书·新知三联书店，2018 年。

钱宗范：《周代宗法制度研究》，广西师范大学出版社，1989 年。

任骋：《中国民间禁忌》，作家出版社，1991 年。

容庚：《金文编》，中华书局，1985 年。

阮元：《揅经室集》（全二册），邓经元点校，中华书局，1993 年。

沈善洪、王凤贤：《中国伦理思想史》，人民出版社，2005 年。

《十三经注疏》整理委员会整理，李学勤主编《十三经注疏》，北京大学出版社，1999 年。

石磊译注《商君书》，中华书局，2011 年。

司马迁：《史记》，中华书局，1982 年。

苏舆：《春秋繁露义证》，钟哲点校，中华书局，1992 年。

孙希旦：《礼记集解》（全三册），沈啸寰、王星贤点校，中华书局，1989 年。

汤可敬译注《说文解字》（全五册），中华书局，2022 年。

唐君毅：《中国哲学原论·原性篇》，中国社会科学出版社，2014 年。

唐兰：《殷虚文字记》，中华书局，1981 年。

唐文治：《孟子大义》，徐炜君整理，上海人民出版社，2018 年。

童书业：《春秋史》，童教英导读，上海古籍出版社，2019 年。

童书业：《春秋左传研究》（校订本），童教英校订，中华书局，2006 年。

T. W. 阿多诺：《道德哲学的问题》，谢地坤、王彤译，谢地坤校，人民出版社，2007年。

万建中：《中国禁忌史》，武汉大学出版社，2016年。

王夫之：《读四书大全说》（全二册），中华书局，1975年。

王国维：《观堂集林》（附别集）全二册，中华书局，2004年。

王美凤、周苏平、田旭东：《春秋史与春秋文明》，上海科学技术文献出版社，2007年。

王念孙：《读书杂志》，徐炜君、樊波成、虞思徵、张靖伟等校点，上海古籍出版社，2021年。

王启发：《礼学思想探源》，中州古籍出版社，2006年。

王慎行：《古文字与殷周文明》，陕西人民教育出版社，1992年。

王世舜、王翠叶译注《尚书》，中华书局，2012年。

王先谦：《荀子集解》（全二册），沈啸寰、王星贤点校，中华书局，2013年。

王先慎：《韩非子集解》，钟哲点校，中华书局，2013年。

王引之：《经义述闻》（全三册），魏鹏飞点校，中华书局，2021年。

王应麟：《困学纪闻》，阎若璩、何焯、全祖望注，廖保群、田松青校点，上海古籍出版社，2015年。

王长坤：《先秦儒家孝道研究》，巴蜀书社，2007年。

王子今：《"忠"观念研究——一种政治道德的文化源流与历史演变》，吉林教育出版社，1999年。

韦昭注，徐元诰集解《国语集解》，王树民、沈长云点校，中华书局，2019年。

吴慧：《井田制考索》，农业出版社，1985年。

吴新颖、杨定明：《儒家教化论》，浙江大学出版社，2018年。

《西方伦理思想史》编写组编《西方伦理思想史》，高等教育出版社，2019年。

肖群忠：《孝与中国文化》，人民出版社，2001年。

萧公权：《中国政治思想史》，商务印书馆，2017年。

Ю. И. 谢苗诺夫：《婚姻和家庭的起源》，蔡俊生译，沈真校，中国社会科学出版社，1983 年。

谢维扬：《周代家庭形态》，中国社会科学出版社，1990 年。

徐复观：《中国人性论史》（先秦篇），上海三联书店，2001 年。

徐喜辰：《井田制度研究》，吉林人民出版社，1984 年。

许倬云：《西周史》（增订本），生活·读书·新知三联书店，1994 年。

颜炳罡主编《荀子研究》第一辑，社会科学文献出版社，2018 年。

杨伯峻编著《春秋左传注》（全二册），中华书局，2018 年。

杨伯峻译注《论语译注》（简体字本），中华书局，2017 年。

杨宽：《古史新探》，中华书局，1965 年。

杨宽：《西周史》，上海人民出版社，2003 年。

杨宽：《战国史》，上海人民出版社，2003 年。

杨荣国：《中国古代思想史》，人民出版社，1973 年。

杨向奎：《中国古代社会与古代思想研究》，上海人民出版社，1964 年。

杨向奎：《宗周社会与礼乐文明》，人民出版社，1992 年。

杨泽波：《孟子性善论研究》（再修订版），上海人民出版社，2016 年。

伊曼努尔·康德：《道德形而上学基础》，孙少伟译，中国社会科学出版社，2009 年。

袁俊杰：《两周射礼研究》，科学出版社，2013 年。

张岱年：《中国哲学大纲》，商务印书馆，2015 年。

张光直：《美术、神话与祭祀》，敦净、陈星译，王海晨校，辽宁教育出版社，1988 年。

张光直：《中国青铜时代》，生活·读书·新知三联书店，1999 年。

张继军：《先秦道德生活研究》，人民出版社，2011 年。

张锡勤：《中国传统道德举要》，黑龙江大学出版社，2009 年。

张亚初：《殷周金文集成引得》，中华书局，2001 年。

赵伯雄：《春秋学史》，山东教育出版社，2004 年。

真德秀：《四书集编》（上下），陈静点校，福建人民出版社，2021 年。

《中国伦理思想史》编写组编《中国伦理思想史》，高等教育出版社，2015年。

中国社会科学院考古研究所编《殷周金文集成》，中华书局，2007年。

周予同原著《中国经学史讲义》（外二种），朱维铮编校，上海人民出版社，2012年。

周远斌：《儒家伦理与〈春秋〉叙事》，齐鲁书社，2008年。

朱伯崑：《先秦伦理学概论》，北京大学出版社，1984年。

朱狄：《原始文化研究》，生活·读书·新知三联书店，1988年。

朱熹：《四书或问》，黄坤点校，上海古籍出版社、安徽教育出版社，2001年。

朱熹：《四书章句集注》，中华书局，2011年。

邹昌林：《中国礼文化》，社会科学文献出版社，2000年。

图书在版编目(CIP)数据

生活与思想的互动：原始儒家道德哲学之建构研究／张继军著. -- 北京：社会科学文献出版社，2023.3
（哈尔滨工程大学社会学丛书）
ISBN 978-7-5228-2114-6

Ⅰ.①生… Ⅱ.①张… Ⅲ.①儒家-伦理学-研究 Ⅳ.①B82-092 ②B222.05

中国国家版本馆 CIP 数据核字（2023）第 129898 号

·哈尔滨工程大学社会学丛书·

生活与思想的互动
——原始儒家道德哲学之建构研究

著　　者／张继军

出 版 人／王利民
责任编辑／庄士龙　胡庆英
责任印制／王京美

出　　版／社会科学文献出版社·群学出版分社（010）59367002
　　　　　地址：北京市北三环中路甲 29 号院华龙大厦　邮编：100029
　　　　　网址：www.ssap.com.cn
发　　行／社会科学文献出版社（010）59367028
印　　装／三河市龙林印务有限公司

规　　格／开　本：787mm × 1092mm　1/16
　　　　　印　张：30.25　字　数：404 千字
版　　次／2023 年 3 月第 1 版　2023 年 3 月第 1 次印刷
书　　号／ISBN 978-7-5228-2114-6
定　　价／198.00 元

读者服务电话：4008918866

版权所有 翻印必究